THE
INTERPRETATION
OF
DREAMS

Sigmund Freud

[奥] 西格蒙德·弗洛伊德 著

王文君 译

梦的解析

经典全译本

中国纺织出版社有限公司

国家一级出版社
全国百佳图书出版单位

内 容 提 要

《梦的解析》系统总结了弗洛伊德之前和同时代学者对于心理问题的各种研究，不仅局限于梦的研究，还有各种精神问题的研究，并开创性地提出了对人意识形成过程的系统研究，是了解心理学必读的一本书。

图书在版编目（CIP）数据

梦的解析 ／（奥）西格蒙德·弗洛伊德著；王文君译 . -- 北京：中国纺织出版社有限公司，2020. 9

ISBN 978-7-5180-6828-9

Ⅰ. ①梦… Ⅱ. ①西… ②王… Ⅲ. ①梦－精神分析 Ⅳ. ① B845.1

中国版本图书馆 CIP 数据核字（2019）第 227591 号

策划编辑：刘 丹 责任校对：江思飞 责任印制：储志伟

中国纺织出版社有限公司出版发行

地址：北京市朝阳区百子湾东里 A407 号楼 邮政编码：100124

销售电话：010 - 67004422 传真：010 - 87155801

http://www.c-textilep.com

中国纺织出版社天猫旗舰店

官方微博 http://weibo.com/2119887771

三河市延风印装有限公司印刷 各地新华书店经销

2020 年 9 月第 1 版第 1 次印刷

开本：880×1230 1/32 印张：14

字数：352 千字 定价：68.00 元

凡购本书，如有缺页、倒页、脱页，由本社图书营销中心调换

校订序

1899 年，心理学领域最为知名的一本著作《梦的解析》在奥匈帝国首都维也纳问世了。这本由精神病医师弗洛伊德历时 4 年完成的作品，在其出版后的一百多年里，以一种奇特的方式持续地影响着心理学的发展，这无疑是当时任何人都无法预料到的。

事实上，最初出版的《梦的解析》绝不像今天这般受人欢迎，这本书的首印版只印刷了 600 册，而这 600 册也足足卖了 8 年还没有卖完。在当时读者的眼中，《梦的解析》只是欧洲众多研究学者的论文中的一本，很少有人对它产生兴趣。而真正让《梦的解析》开始畅销起来的原因，其实是弗洛伊德本人在维也纳富人当中名气的上升。所以，在介绍这本书之前，我们有必要先了解一下弗洛伊德本人。

弗洛伊德全名为西格蒙德·弗洛伊德，1856 年出生于奥地利帝国摩拉维亚省的一个普通犹太商人家庭。弗洛伊德 4 岁的时候，他随同全家搬往奥地利帝国首都维也纳生活，当时，作为奥地利帝国首都的维也纳是欧洲文化艺术中心，在文化艺术上的地位要远超同时期的伦敦、柏林，大量的人文、艺术学者麇集于此，弗洛伊德就是在这样的环境下成长起来的。

1867 年，奥地利帝国因内部原因改组为奥匈帝国，统治集团哈布斯堡王朝虽然已经接近政治末路，但政治的弱势却造就了文化的大繁荣。在当时的帝国境内，奥地利人、匈牙利人、捷克人、吉卜赛人和犹太人集聚一堂，在首都维也纳，各个民族各个领域的学者人才彼此之间合作、竞争、讨论，文化、艺术、科学领域大量开创性的建设就是在这样的背景下完成的。

此时，欧洲大陆排犹主义虽然稍有抬头，奥匈帝国境内却歌舞升平，犹太人依然享有较高的地位，弗洛伊德就是在这样的人文和社会环境下度过了自己的童年和青年时期，他精通德语、法语、意大利语、西班牙语、英语、希伯来语、拉丁语和希腊语，都得益于幼年良好的教育和与其他民族人们的共处，这不能不说是祖国留给他的一笔巨大财富。

1873 年，弗洛伊德考入维也纳大学，他原本的计划是学习法律，但进入大学之后改为学医。在维也纳大学，弗洛伊德进行了六年时间的生理学学习和研究，他的一项比较成功的研究是将脊椎动物的大脑与无脊椎动物的大脑进行比较，为日后神经元的发现奠定了基础。

1879 年，弗洛伊德应征入伍。入伍的一年时间里，弗洛伊德并没有承担战争任务，他得以利用这段时间继续从事医学学术的研究，之后退伍的他在 1881 年获得了医学博士学位。

1882 年，弗洛伊德开始了自己的行医生涯，他作为维也纳总医院的医生对一些患有躯干疼痛的病人展开治疗，在治疗的过程中，弗洛伊德做出了大量与神经疾病相关的发现，他也因此获得了维也纳大学神经病理学讲师的职位。这个职位虽然没有薪水，但弗洛伊德得以向公众推广他的神经疾病理论发现，这让他在学术小圈子里获得了一定的名声。

1885 年，弗洛伊德前往巴黎与著名的神经学家让·夏科特进行了为期三个月的访学，夏科特的一项重要研究是催眠，正是与夏科特的探讨，最终让弗洛伊德放弃了神经病学方面的发展，转而专攻精神病理论和实践。1886 年，弗洛伊德从维也纳总医院辞职，开设了属于自己的诊所，主要治疗癔症等精神疾病患者，并在治疗中使用催眠术。

弗洛伊德曾一度非常笃信催眠的作用，然而临床效果的不一致最终导致他放弃了催眠，他得出的结论是，要鼓励患者自由地谈论他们的想法或记忆，这样可以实现更一致和有效的症状缓解。他将对于精神的分析作为新的临床方法和理论方向，正是在精神分析的治疗中，弗洛伊德第一次意识到对患者梦进行有意识的分析对于了解患者心理状况和精神问题起到一定的作用。

　　1896 年，弗洛伊德创造了"精神分析"这个词汇为他新的研究方法命名，也就是在这一年，父亲的去世让他对自己的梦境和回忆进行了一次自我分析。一年之前，弗洛伊德曾与约瑟夫·布鲁尔合著出版论文《歇斯底里症研究》，对精神疾病的心理遗传学进行了探讨，而经过 1896 年的这次自我分析，更是让他的心理学理论（神经起源理论）初步成形。

　　1899 年《梦的解析》出版，这在当时并没有引起广泛的关注，其中一个原因就是这本书太过冗长，无法吸引大众读者。1901 年，弗洛伊德转而将书中的一些关于解梦的章节出版，反而吸引了大众猎奇的目光。

　　1902 年，弗洛伊德在一位女性友人的帮助下获得了维也纳大学教授职位，也就是在这一年的秋天，维也纳大量的医生开始邀请弗洛伊德出席他们的聚会，并向弗洛伊德咨询他新的精神治疗方法。这种小范围的组织后来演变成为著名的"周三心理学会"，大名鼎鼎的阿德勒、格拉芙等人都是这个学会的成员。

　　在当时的奥匈帝国，医生除了能够获得较高的诊金收入之外，因为长期与中产阶层以上阶层打交道，也具有广泛的社会影响力。弗洛伊德在医学领域的闻名，最终让《梦的解析》从学术圈走出，进入大众的视野。

　　在经过了数年的沉寂之后，《梦的解析》终于成为畅销学术著作，在奥匈帝国境内再版多次，并被翻译成为各种语言传播到世界各地。

今天，即便不是心理学研究者和从业者，普通读者也至少听说过《梦的解析》这本书，而启发很多人走上心理学道路的一个诱因也是《梦的解析》，更不用说在一些对心理学不甚了解的大众心中，《梦的解析》几乎就相当于心理学的代表。

而在心理学内部，《梦的解析》也有着相当大的启蒙意义。《梦的解析》系统总结了弗洛伊德之前和同时代学者对于心理问题的各种研究，不仅局限于梦的研究，还有各种精神问题的研究，并开创性地提出了对人意识形成过程的系统研究，并以"俄狄浦斯情结"的分析开启了发展和心理动机的讨论。从这个意义上讲，《梦的解析》是启蒙心理学的第一本书。

然而，在《梦的解析》的启蒙意义之外，读者也需要了解这本书的局限性。从今天的科学研究角度来看，如果真的将其作为一本心理学学术书籍，无疑是牵强的。

在这本对于梦和心理的分析著作里，充斥着大量的个人回忆、主观臆断以及经不起推敲的哲学推导。这与今天建立在实证、实验基础上的心理科学是大相径庭的，书中的大量"科学结论"也是经不起验证的。

例如，支撑弗洛伊德得出某种结论的梦例，其来源都是某一位患者的口述回忆。那么患者的回忆是否准确？口述中有没有主观的改动？弗洛伊德在记录和理解上是否存在偏差？这些问题都是无法准确估量的。而一旦这些问题存在——事实上也一定存在——就足以推翻整个推理链条。结论赖以支撑的事实是虚构的，那么结论毫无疑问也就不成立了。

另一方面，弗洛伊德一生热衷于哲学和文学，他笃信自己的哲学导师布伦塔诺，熟悉莎士比亚的所有著作，这使得他经常用哲学思辨和文学思维来解读心理现象，在这本《梦的解析》中，用哲学思辨来分析人的心理现象，从文艺作品出发来对照人的行为的内容比比皆是，这种行为无疑让本书离真正的科学越走越远。

所以，今天的读者不能完全将《梦的解析》作为心理科学作品来阅读，更不能认为读过了《梦的解析》就是掌握了心理学的真谛。事实上，心理学发展到今天已经成为一个依靠数据、实验、调查支撑的全门类科学，掌握心理学门径的方法还是应该从科学的角度入手。

不过，科学层面上的缺失并不能否认这本启蒙著作的意义，无论其有何缺憾，对于人文领域和心理学领域，这本《梦的解析》依然是开创性的、前所未有的，是读者了解心理学发展史与早期心理学诞生不能不读的一本书。

就像弗洛伊德早期认为的那样，这本《梦的解析》确实太过冗长，虽然现在留存的版本是已经经过弗洛伊德删减的版本，但对于大多数读者来说，它依然是一本大部头作品。为了降低阅读难度，避免让读者因为书籍的冗长而半途而废，我们对于时间有限的读者提出以下阅读建议。

如果读者想要了解心理学的早期发展历程，即心理学是怎样从哲学中剥离出来的，那么读者只需要阅读本书第一章即可。第一章内容为弗洛伊德对历史上关于梦的理论研究的整理，从古希腊、古罗马中关于梦的文学记录、哲学记录到19世纪哲学家、医学家对于梦的研究，第一章为我们展示了梦和其他心理现象是如何从哲学思考慢慢转移到精神分析上面来的，就是在这个过程中，早期心理学的雏形诞生了。

如果读者是想要对本书的主旨做某种程度的了解，那么可以从本书的第三章、第四章和第五章入手，这三章的篇幅大致相当于全书的三分之一，在这三个章节中，弗洛伊德对于梦的理论基本已经表述清楚，对于做梦的原因、形成和素材进行了简单的介绍。

如果读者是想深入研究弗洛伊德的理论，那么则要通读第六章和第七章，这两章几乎占全书总篇幅的一半，在这里有弗洛伊德对于梦和心理学的深入讨论，包括"俄狄浦斯情结"的早期讨论。

本书第二章是弗洛伊德对于他解梦方法的简单介绍，在这一章弗洛伊德列举了几个梦例，这些梦例在后面的章节还将不断用到，所以这一章也是读者阅读之后章节前的必读部分。

《梦的解析》出版已经一百多年了，在这一百多年里，许多人就是通过这本书对心理学产生兴趣的，也希望更多的读者能够通过了解和阅读本书而走上心理学研究的道路。

《梦的解析》自引入中国的第一版以来，至今 50 年间共有 20 余种译本，本次出版虽然为英文全译，但在翻译和校订中也不免参考之前其他译本，在此对之前向中国读者介绍弗洛伊德的翻译者和审定者表示感谢和敬意。本书的一切荣誉属于弗洛伊德，如有翻译和校订上的不妥错漏之处，皆是作者水平有限所致，欢迎读者批评指正。

程瑞鹏

2019 年 12 月

译者序

关于梦我们有诸多好奇，为什么会做梦？梦是怎样产生的？梦真的会预测未来吗？不同的梦又各自代表什么意义？为什么我们做完梦醒来后就忘记了？当我们在谈论这些问题时，《梦的解析》就成了绕不过去的话题。

阅读这本书，读者会了解到梦不是凭空产生的，梦中的很多故事都是有原始素材的，你所做的每一个梦都是从诸多竞争对手中脱颖而出的，它们经历了"九九八十一难"才出现在你的梦境之中，并且还面临很快被遗忘的命运，所以请善待你的每一个梦，也许一睁眼你就不记得了。

在弗洛伊德之前，人们对梦的看法要不就是超自然力量的启示，认为梦可以预测未来；要不就觉得梦是没有任何意义的胡思乱想，根本无从解释。但是弗洛伊德认为这两种看法都不对，为了让人们对梦有一个科学的认识，他写了《梦的解析》一书，第一次试图用科学的方式来研究梦。

在《梦的解析》一书中，弗洛伊德对梦的全程进行了研究，他分析梦产生的动机是愿望的满足，做梦的材料主要来源是一些重要的事实经历和精神经历，这些梦的材料通过浓缩、移植、伪装、润饰等过程最终变成了梦。

《梦的解析》一书共分七章，分别讲述了关于梦的不同方面。

第一章，弗洛伊德将截至 1900 年前有关梦的科学文献进行了分门别类的总结，主要有以下几类：梦与清醒状态时的关系；梦中的记忆；梦的来源；梦为什么会被遗忘；梦的心理特征；梦中的道德感；梦的理论和功能以及梦与精神疾病之间的关系。通过这些材料，让读者对之前关于梦的一些研究有个清楚的认识。

第二章，弗洛伊德介绍了自己之所以从事这个课题研究的原因，然后通过对一个典型梦例的分析，简单介绍了梦的正确解析方法。

第三章，弗洛伊德提出了本书的核心内容——梦是愿望的满足。弗洛伊德认为所有的梦其本质都是愿望的满足，包括那些痛苦、焦虑的梦，他通过一系列的梦例对这个结论进行了验证。

第四章，弗洛伊德提出了梦的伪装这个概念，把那种需要解释的现象称为梦的伪装，并从潜意识和意识去分析了梦为什么要进行伪装。通过一些梦例的分析，进一步阐述了梦是愿望的满足这一结论。

第五章，弗洛伊德介绍了梦的材料的来源主要包括：最近几天发生的事、童年时期的经历以及身体的刺激，每一个来源弗洛伊德都用梦例进行了说明。最后，弗洛伊德又用几个典型的梦做了进一步的解释。

第六章，弗洛伊德介绍了梦伪装的工作机制，分别是浓缩作用、移植作用、一些表现手段以及表现力及润饰作用。弗洛伊德认为通过这些工作机制，梦的真实意图被完全隐藏起来了。

第七章，弗洛伊德用精神分析法进一步解释梦的遗忘、回归、愿望满足、惊醒等现象，并提出解梦的关键就是要找到做梦者想要达成的那个愿望，找到了那个愿望也就找到了解梦的钥匙。

《梦的解析》告诉我们，梦是与自己内心的一场真实对话，梦是我们最真实的渴望，有时甚至是我们身体真实的反应。通过对自己所做的梦进行解析，我们就能了解最真实的自己，如果再有针对地调整自己的习惯以及思考问题的方式，我们就能成就更优秀的自己。

梦是我们愿望的满足。在现实中那些可能永远都无法实现的愿望，在梦境中都能一一实现。梦就是我们的另一个世界，在那个无人可见的隐藏世界里，我们所见所感，我们的痛苦与快乐也都是有意义的。在那个世界，我们现实生活中被压抑的情感得到释放，我们的感情得到宣泄，从这点来说经常做梦对我们的心理健康还有一定的积极作用，所以尽情做梦吧。

王文君

2019 年 12 月

英文版序

1909 年，G. 斯坦利·霍尔邀请我到伍斯特的克拉克大学做精神分析讲座，这是我第一次做该类主题的演讲。同年，布里尔博士首次出版了该书的英文译本，紧接着又翻译并出版了我的其他作品。如果说精神分析在如今美国人的理性生活中能起到作用，或者在将来也能起到作用，这很大一部分原因都应该归功于布里尔博士为此所做出的种种努力。

布里尔博士首次翻译《梦的解析》是在 1913 年，从那时到现在，整个世界都发生了巨大的改变，我们对精神疾病的看法也发生了很多转变。本书于 1900 年出版时曾因其对心理学的贡献而震惊全世界，至今，这本书在内容上也基本上没有什么改动。根据我当前的判断，它仍包含了我所有发现中最有价值的那部分，这是我的幸运之作。人能有幸获得如此深刻的领悟，恐怕一生也就仅有一次。

弗洛伊德

维也纳，1931 年 3 月 15 日

第八版序

从 1922 年出版本书的第七版至现在这一版出版的这段时间，国际精神分析出版社在维也纳也出版了我的《著作集》。这本书的第二卷包含了《梦的解析》第一版的原文，而第三卷则包含了自那以后增补的所有内

容。在此期间，本书的外文版本都是以常见的单卷本形式翻译的：L.迈尔逊发行的法文版本名为《梦的科学》，收录进1926年的法国《当代哲学丛书》；1927年，约翰·兰奎斯特博士发行了瑞典语版本的《梦的解析》；1922年，路易斯·洛佩兹－巴勒斯特罗斯的西班牙语版本发行，并被收录在《科学作品集》的第六卷和第七卷。我以为匈牙利语版本的早在1918年就已完成，但至今未见发行。

在本书当前的修订版中，我基本上一直将其视为一个历史性文件，我只对一些有待确认或深化的部分做了修改。据此，我放弃了将此版本中有关梦问题的文献加以列表的想法。此外，在之前的版本中，奥托·兰克所做的《梦与创造性写作》和《梦与神话》这两篇文章也予以删除。

维也纳，1929年12月

第五版序

即使在世界大战期间，人们对《梦的解析》一书的兴趣也没有减弱，因此发行新版本已经成为必要。然而，自1914年以来，要我们全面注意到所有出版物是不可能的，从那时起，我和兰克博士根本不了解外国作品的信息。

霍尔博士和费伦茨博士准备的匈牙利语译本即将出版。1916—1917年，雨果·海勒在维也纳出版了我的《精神分析入门》，其中的中心章节，包括11讲关于梦的论述，目的在于更为集中地对梦进行阐释，而且更接近神经症的理论。总的来说，它本质上是《梦的解析》的缩影，不过在某些方面，它进行了更为细致的论述。

我一直没能着手对本书进行一些根本性的修订，从而使它达到我们目前精神分析观点的水平，但另一方面会破坏它的历史性。然而，我认为，本书在面世近二十年后，已然完成了它的使命。

布达佩斯——斯坦布鲁克，1918 年 7 月

第三版序

本书的第一版与第二版之间相隔了九年，如今，仅过了一年，就需要第三版了。我本应为此感到高兴，但正如以前我不愿意把读者对本书的忽视看作它毫无价值的证据一样，我也不认为现在人们对它感兴趣就是它卓越的证明。

即使是《梦的解析》，也会受科学知识进步的影响。当我在 1899 年写该书时，我的性学理论还未成形，对更为复杂的精神性神经症的分析才刚刚开始。我希望对梦的解释有助于对神经症的心理分析。不过，从那时起，对神经症的深入探究反过来又有助于我对梦的理解。释梦理论本身在本书第一版中尚未强调的方面上进一步发展。

我自身的经历以及威廉·斯泰克等人的其他著作，教会了我对梦中——或者更确切地说是潜意识思想中-——象征意义的程度和重要性做出更为准确的推断。这些年我积累了许多值得注意的材料，我努力将这些值得重新考虑的内容插入进本书中，并添加了一些脚注。如果这些附加内容有时会影响到书的整体框架，或者如果我没能使本文的论述达到目前知识发展的水平，还请读者朋友们能宽容这些不足之处。这是我们

科学迅速发展的结果和标志。

　　我甚至可以大胆地预言，如果有需要的话，这本书以后的版本会和现在的版本大有不同。一方面，它们将与丰富的文学作品、神话、语言习惯用法以及民间传说等有更密切的联系；另一方面，它们将不得不比现在更为详细地探究梦与神经症以及精神疾病的关系。

　　奥托·兰克先生在挑选补充梦的材料方面给我提供了宝贵的帮助，他还承担了该版的校样工作。在此，我要特别感谢兰克以及其他同人的帮助和指正。

维也纳，1911 年春

第二版序

　　这本书在出版快十年之际得以再版，并不是因为专业人士对它感兴趣。可见，我的精神病学的同行们似乎已经顺利克服了我所研究梦的新方法所造成的初期困惑。

　　专业的哲学家们习惯于用那几句老生常谈来解决梦中生活的问题，因为他们认为梦只是意识状态的附属物，显然他们没有注意到，我们可以从中得出一些能够改变我们心理学理论的结论。

　　科学期刊评论人所采取的态度，只会让人们认为我的作品注定要归于沉寂。而那些在我的指导下进行医学精神分析，并以我为范例解释梦，治疗神经症的一小群人或勇敢的支持者们，是永远都无法让本书的第一版销售一空的。

　　因此，我觉得我应该向更为广泛的那些具有良好教养与好奇心的读者致以真诚的感谢。是他们的兴趣促使我在九年后再次承担起这一艰巨的任务，虽然这项任务在很多方面还处于基础阶段。

我很高兴地宣布，我发现此书基本不需要改动。我只需在适当的地方插入一些新材料，根据我新增的经验来补充一些具体细节，并在一些观点上重铸我的看法。但我所写的关于梦例及其解释的本质，以及从梦中推导出的心理学基本原理，这些都是不变的。

不管怎样，从主观上讲，本书经受住了时间的考验。任何熟悉我的其他作品的人都知道，我从来不会把不确定的观点当成已得到证实的事实来发表，而且我总是试图完善我的论述，以便它们能与我不断提高的知识水平保持一致。就梦领域方面的研究而言，我能够保持我最初的观念不变。

在我多年从事神经症研究的过程中，我常常受到怀疑，有时自己也会对产生动摇的心理。而每当此时都是《梦的解析》使我再次坚定信念。可以说，某种显而易见的本能，导致我的许多科学界的对手们拒绝跟随我，尤其是在我对梦的研究上。

在修订的过程中，我书中所涉及的材料以及我自己的梦，同样能够经受住时间的考验和重大的改变。虽然这些梦在很大程度上会被事态的发展所超越，而使其失去价值，但它总归帮助过我用来阐明释梦的原则。

这本书对我个人来说还有一个更为主观的意义，这一意义在我写完之后才得以察觉。我发现本书是自我分析的一部分，是我对父亲去世的一种思考，也就是说，这是一个人对于生命中最重要的、最令人悲痛的事件的反应。在发现了这一点之后，我觉得无法抹去经验的痕迹。然而，对于我的读者来说，用什么样的材料来理解梦的重要性以及如何解释梦，是没有太大区别的。

贝希特斯加登，1908 年夏

第一版序

我在这本书中试图说明的是有关释梦的问题，我相信在这样做的过程中，并没有超越神经病理学所涵盖的范围。

心理调查与研究显示，梦是一系列异常心理现象中的首要成分，出于实际考虑，这些现象中的其他成分，如癔症恐惧症、强迫症和妄想症等，必然也是医生所关心的问题。正如我们所看到的，梦并没有这样实际的重要性，但从另一方面来说，它们作为一种范式则具备更大的理论价值。任何不能解释梦意象起源的医生，也几乎不可能正确理解恐惧症、强迫症和妄想症，也就很难成功治愈病人。

但是，影响释梦重要性的同一交互关系，也必须为本书的不足之处承担责任。经常打断我讲述的，无非是梦的形成问题和更广泛的精神病理学问题之间的许多联系点。这些问题将不会在本书中探讨，但是，如果时间和精力允许的话，并且有更多的材料，那我有可能另设专题加以分析讨论。

由于我必须用特殊的材料来阐明梦的解释，所以进一步增加了表达的困难。通过阅读本书，你将明白为什么在文献中已经刊载过的，或从未知来源收集的梦对我的写作没有任何用处。能为我所用的是我自己的梦和那些接受精神分析治疗的病人的梦。但我排除使用后一种材料，因为在这些梦例中，梦的过程由于神经功能的增加而受到不良并发症的影响。

然而，如果我分析自己的梦，那就不可避免地要向公众展示我私密的精神生活，这或者可以说已经超出了作为一个科学工作者或作家的正常要求，当然诗人除外。这很痛苦却无法避免，然而，为了心理学研究，我愿意接受。不过，我也当然地会通过省略或替换的方式来弱化我的一些轻率行为。可一旦我这样做，那我的实例价值肯定会大大降低。但愿本书的读者们能设身处地体会我的困境，并予以宽容。此外，如果有人发现本书中的梦例与自己有关联的话，请无论如何都允许我在梦中享有思想自由的权利。

目 录
Contents

第一章　有关梦的科学文献（截至1900年）

第二章　梦的解析方法：对一梦例的分析

第三章　梦是愿望的满足

第四章　梦的伪装

第五章　梦的材料与来源

第六章　梦的运作

第七章　做梦过程的心理学

第一章　有关梦的科学文献（截至1900年）

在下文中，我将证明用一种心理学技巧可以解释梦，而且，如果采用这种技巧，就能够揭示出梦是一个富有意义的心理结构，它可能同人们清醒状态下的某一特定精神活动有关。

此外，我将进一步阐释，导致梦具有奇异与模糊特征的精神力量的本质，正是这些精神力量的相互作用促使了梦的形成。我的描述至此告一段落，因为梦的问题将涉及更为复杂且广泛的问题，而想要解决这些问题，就必须借助其他材料。

首先，我拟对前人以及当代有关梦的问题进行概括性的介绍。因为在之后的论述中，我将很难再有机会谈及这些。

尽管先哲们在这几千年间一直努力研究梦，但关于其本质的认识依旧少得可怜。相关人员已普遍承认这一事实——就目前来看，没有一家之言能将梦的问题概括出来。

史前时期的原始人对梦、宇宙以及灵魂所形成的观念，是一个非常有趣的研究主题，不过我并不想在此论述。对此，我推荐大家阅读约翰·卢伯克爵士、赫伯特·斯宾塞、E.B.泰勒等名家的著作。需要说明的是，只有我们完成摆在眼前的解梦工作，才能真正了解这些问题与推测的重要意义。

从史前原始人类对待梦的表现，能够得出当时各族人对待梦的观

点 ❶。他们普遍认为梦与超自然的力量有关——是神的启示。他们还相信，梦对做梦者具有重要意义，是对未来的一种预示。由于梦过于复杂，并且每个人对梦的印象都不相同，于是很难得出一致的看法，也很难按照重要性和可信度来进行准确分类。通常情况，古代的一些哲人会根据预示内容的吉凶来对梦进行划分。

亚里士多德在他的两部著作中提到了梦，在书中他将梦归为心理问题。他认为梦与其说是神赐，不如说是人性所致。也就是说，梦并非什么神灵显现，而是受人类精神活动的影响，当然，一些人会将精神也视为与神灵相关。亚里士多德把梦定义为做梦者在睡眠状态下的精神活动。

亚里士多德了解一些梦例的特点，比如，梦会把人在睡眠中的轻微感觉放大成强烈的感觉（"如果睡梦中的人感觉身体的某一部位变热，他可能就会梦到自己正被大火灼烧"）。亚里士多德由此推断：梦很有可能最先向医生显露出做梦者的潜在病兆，而这些病兆是做梦者在清醒状态下很难察觉到的 ❷。

据说，在亚里士多德之前，人们并不把梦看作精神活动的产物，而将其视为神灵的来源。因此，也就形成了两种对立的思想。古人把梦分成两种：一种是真实、有价值的梦，这种梦向做梦者发出有关未来的预言与警示；另一种是具有欺骗性、毫无意义的梦，这种梦会给做梦者带去困惑，使其误入歧途，甚至毁灭。

格鲁伯引用了马克罗比乌斯和阿特米多鲁斯关于梦的分类观点："梦被分成两类。一类梦受现在或过去的影响，但对未来并无意义。这类梦包括失眠——它直接再现了一个特定的想法或它的对立面——如

---

❶ 译者注：以下内容引自比克森·许茨的学术研究（1868 年）。

❷ 译者注：古希腊名医希波克拉底在他的名著中，有一章专门论述了梦与疾病的关系。

饥饿或饱腹感；还包括梦魇，它是将想象融入特定的想法中——如噩梦。相反的，另一类梦被认为决定着未来。其中包括：梦中接收到的直接预言，对未来事件的预测，需要进行解释的象征性的梦。这个理论持续了好几个世纪。"

"赋予梦不同的价值"和"解梦"问题密切相关。自古以来，人们总是寄希望于能从梦中直接解读出重要结果，然而并非所有的梦都能被轻易理解，况且某个十分隐晦难解的梦也不能确定它就一定具有重大意义。为此，人们竭尽全力去寻找一种能使难解的梦变得通俗易懂且富有特定含义的方法。

古代出现的那些极具研究价值的关于梦的文献，最后能留存下来的寥寥无几。到了后期，阿尔特米多鲁斯被认为是解梦的最高权威。他被保存下来的解释梦书籍——《解梦》所涉内容十分广泛，足以弥补同类著作因散佚而造成的损失❶。

科学问世前，古人对梦所持有的观点与他们的普遍宇宙观相吻合，其主要依据的是早晨清醒状态下，对梦所残留的记忆，而记忆中有关梦的内容往往与事实相去甚远。尽管它们由现实引起，但将之与真实的外界进行比对时，你就会发现，它只有在精神活动中能成为可能。

如果认为当代没有支持梦的超自然理论的人，那就错了。因为在科学没有将超自然的领域完全征服前，那些虔诚的、崇尚神秘的学者们一定会坚守这一领域。除此之外，一些头脑清醒之人，虽然反对其他怪力乱神的思想，却往往相信梦是超自然的。某些哲学流派（比如谢林❷学

---

❶ 原文注：关于中世纪的解梦发展史，参考狄普根、弗尔斯特、戈特哈德等人的专著。犹太人关于解梦的研究，参考阿尔莫利、阿姆拉姆和勒温格尔的著作以及劳埃尔最近从精神分析角度考虑所做出的论述。阿拉伯人关于解梦的研究，参考德雷克斯、施瓦茨和芬克基的著作。关于中国人的解梦学说，参考塞克尔的研究。

❷ 原文注：弗雷德里希·威廉·约瑟夫·谢林是德国泛神论"自然哲学"的主要倡导者。

派）对梦现象的推崇，显然是"梦是神圣的"这一古老信仰一直延续的结果。而对于梦是否具有预知未来的力量，学界对此争议不断。一些学者为了从心理学的角度解释梦，收集了不少材料，却不足以推翻之前的这些观点。

整理前人关于梦的科学研究史是一件相当困难的事情，因为之前的这些观点即便存有一定的价值，却仍旧没能取得突破性的进展，同样也未能给之后的研究提供相对明确的方向。而后继研究者在重新审视到这一问题之后，就必须从头开始。

如果我按照时间来列举这些研究梦的学者，同时对他们每个人的观点做一番阐述，那我就无法全身心投入对这一主题做综合认知的描述中。所以我选择从主题入手，而不是按照各个学者的方式来论述。在我依次提及关于梦的主题时，将会适当应用前人有关梦的文献。

有一点希望能得到读者们的谅解，那就是资料过于分散，且有些文献会夹杂在其他文献中，所以难以全部找到。但愿我没有遗漏有价值的事实与观点。

截至现在，依然有许多学者倾向于把睡眠和梦作为同一主题来研究。另外，精神病理学边缘的类似状态和其他与梦相似的状态（如幻觉、幻视等），也常常被他们视为梦的同类。

不过，在近期的一些研究文献中出现了截然相反的研究方向，这些学者将有关梦的问题单独拿出来作为一项专题来研究。这种转变，让我相信：只有通过一系列细致的研究，才能从这些模糊的事物中总结出合理的解释，并达成共识。这种以心理学研究为主的细致研究，正是我在书中所要阐释的。

我对睡眠研究的相对较少，因为它主要涉及的是生理学问题，所以，关于睡眠的文献也不在本书考虑之列。

第一节　梦和清醒状态的关系

许多刚从梦中醒来的人会认为，梦尽管不是来源于另外一个世界，也至少把他们带进了另一个世界。

老一辈生理学家布达赫❶对于梦的问题做过深入细致的研究，他认为："人们白天所经历的劳作、休息、快乐、痛苦，不会重复出现于梦中，因为梦的目的是为让人们能够暂时从现实生活中解脱。即使人们有许多做不完的事，或者正承受着某种现实的折磨，抑或尽心竭力地专注于某项任务中，但他们的梦中所呈现的却都是些奇怪的东西，这些东西是以象征性反映世界的方式进入他们的睡眠中的。"

在同样的理解维度上，I.H. 费希特也提到了"互补的梦"，并把它们称为灵魂自我修复的一种秘密恩惠。

斯特伦佩尔也持有类似观点，他在一篇备受赞誉的解梦文章中提到："人在梦中时会暂时离开清醒的意识世界……在梦中，人们好像完全失去了对清醒意识下的正常行为记忆。"他还写道："在梦中，大脑的功能被切断，几乎没有记忆可言，梦中的内容与清醒状态下的日常生活完全分离。"

不过，对梦与清醒生活的关系持与以上三位相反观点的人依然是主流。

哈夫纳认为："梦首先延续了清醒的生活。人们的梦经常与那些不

---

❶ 译者注：文中提到如布达赫、I.H. 费希特等人名，多为与弗洛伊德同时代或在其之前的各领域学者，对于大多数学者弗洛伊德只是引用其观点以为研究和讨论，因此如无其他必要，对于这些人名本书不再另行注解。

久前意识中所存续的想法有关。只要仔细观察，总能找到梦与前一天的经历存在着联系。"

魏甘德则直接反驳了我刚刚所引用的布达赫的观点："人们很明显会注意到，大多数梦会把我们带回到日常生活中，而不是把我们从日常生活中解脱出来。"

莫里曾提出一个简单的公式："梦就是我们所见、所说、所想、所做的内容。"

而耶森在他的《心理学》一书中更详细地阐述："梦的内容总是或多或少地取决于做梦者的性格，取决于其年龄、性别、阶级、受教育程度、生活习惯以及之前的人生经历。"

在此问题上，态度最坚定的是哲学家 J.G.E. 马斯，他说："经验证实了我们的观点，即我们频繁梦到的是被我们的激情所围绕的事物，这表明我们的激情对梦产生了一定影响。雄心勃勃的人梦到自己赢得的桂冠，或那些他未能摘取却依旧想赢得的桂冠；热恋中的人梦到的是自己在为甜蜜的期待而奔忙。如果有什么欲望和厌恶充斥于心，它会使梦从与之相关的思想中产生，或者让那些思想进入已然形成的梦中。"

关于梦境对清醒生活的依赖，古人也持有同样的观点。

拉德斯托克曾说："在薛西斯开始对希腊远征之前，有臣下提出劝阻，可梦却一再驱使他出征。对此，古波斯一位明智的解梦老者阿塔巴努斯明确地指出，这只是日有所思，夜有所梦而已。"❶

卢克莱修的哲学长诗《物性论》中有这样一段内容："不管是我们目前迫切追求的，还是往日所关心的，我们的心中总会对其充满执念，因此会时常出现于梦中；就像律师努力寻找证据打赢官司，将军在沙场指挥军队打胜仗。"

---

❶ 译者注：此处指的是第一次希波战争。

　　早在多年前，西塞罗就写过这样的诗句，与几个世纪后莫里所提出的公式意思一致："梦中所展现的是世界，是日光下的一切的遗迹。"

　　以上两种关于梦与清醒生活之间关系的看法，互相存在着难以解决的实际矛盾。因此，现在来回想希尔德布兰特关于这个问题的观点很有必要。他认为梦的特征除了通过一系列看似会加剧矛盾的对比来描述外，别无他法。

　　希尔德布兰特写道："一方面，梦与真正的现实生活是完全分离的；另一方面，梦与现实生活相互渗透、相互依赖。梦是一种与现实完全分离的东西，正如人们所说的那样，梦是一种自我封闭的存在，一道无法逾越的鸿沟将其与现实生活分开。它使我们从现实中解脱出来，切断了我们对现实的正常记忆，将我们置于另一个世界，另一个完全不同的生活故事中，而实际上这与我们的真实生活毫无关系。"

　　希尔德布兰特进一步阐释，当人们睡着时，所有的存在形式都会消失，这就像从一个看不见的陷阱门后消失一样……梦中人远航到圣赫勒拿岛，给幽禁在那里的拿破仑送去摩泽尔葡萄酒，他受到了昔日皇帝的盛情款待。当他醒来时，他甚至会惋惜这个有趣的梦就这样结束了。

　　希尔德布兰特继续解释，做梦的人从未当过酒商，也不曾想过要当酒商，他也从未出过海，而且就算出海，圣赫勒拿岛也不会是他的首选之地。对于拿破仑，他没有任何同情之心，反倒是怀有极大的爱国主义仇恨心理。此外，还有非常重要的一点，就是拿破仑在岛上去世时，做梦者还没出生。因此，他不会和拿破仑建立任何私人关系。所以，梦中的经历就是一种插在生命的两个互有联系的部分之间的外来物。

　　"而且，这种对立是真实且正确的。"希尔德布兰特接着说，"我相信，在所有的事物中都存在密切联系，也存在着分裂与隔离。我们可以这样说，不管梦的内容是什么，其材料都出自现实生活。无论是高雅也好，荒谬也罢，这些梦的内容要么来自感官所认知的客观世界，要么就是做梦者清醒时幻想过的东西。换句话说，梦中的内容源于做梦者以前的经历与意识。"

第二节　梦的素材：梦中记忆

从某种程度上说，筑梦所用的素材几乎都是从现实生活中提炼出来的，也就是说，现实生活的经历在梦中被再次复制、加工，这至少被认为是一个无可争辩的事实。但是，如果认为梦的内容和现实之间的这种联系通过直接比较就能很轻易地被发现的话，那可就大错特错了。相反，这种联系需要用心去寻找，因为多数情况下，这种联系是处于隐藏状态的。其原因在于，梦中的记忆能力具有一系列独特性，尽管人们普遍认识到了这一点，但迄今为止还未出现相应的合理解释——这是非常值得深入研究的。

首先会出现这种情况：人清醒以后，不认为梦中出现的事物是其已有知识或经历的一部分。当然，人们也许会记得自己梦见过某个事物，却不记得在现实生活中经历过，也不记得它发生于何时。于是，人们会对引发梦的源头产生怀疑，并试图相信梦能够独立生成。通常在隔了很长一段时间后，一些新的经历会使人们想起另一些被丢失的记忆，这时梦的源头也将被牵出。所以，我们不得不承认，在梦中，人们所知道并回忆起来的，正是清醒时无法想起的事情。❶

德勃夫根据自己的经历总结出一个特别显著的梦例。

---

❶ 原文注：瓦希德说，人们经常察觉到，在梦中说外语比在清醒时更流利、更正确。

他在梦中看到自家院子被雪覆盖，两只小蜥蜴被埋在雪里，都要冻僵了。作为一名动物保护者，他把它们捡起来，焙热，然后放归有砖石结构的小洞里。他还特地弄了些长在墙上的蕨类植物的叶子送给它们。据他所知，小蜥蜴们很喜欢这类植物。在梦中，他知道了这种植物的名字：Asplenium ruta muralis❶。经过了一个小插曲后，梦还在继续，且又回到了小蜥蜴身上。德勃夫接着惊奇地发现，又有两只新来的蜥蜴在忙着吃剩下的蕨类叶子。他环顾四周，看到第五只、第六只蜥蜴正朝着墙上的洞爬去，之后，一队蜥蜴挤满了整条路，它们都朝着同一方向移动。

之后，德勃夫醒来。要知道，在他清醒的时候，他的知识体系中只有很少的几种植物的拉丁文名字，这其中并不包含蕨类。但接下来就是令他吃惊的了，那就是他确实找到了一种类似名称的蕨类植物，它的正确叫法是 Asplenium ruta muraria（银粉铁角蕨），与梦中的稍有偏差。这几乎不可能只是巧合，但德勃夫在梦中是如何得知此种蕨类名字的，这在他看来是一个谜。

德勃夫的这个梦做于 1862 年。16 年后，当这位哲学家去拜访一位朋友时，他看到一本小型的、里面夹着干花的标本集，这些标本在瑞士的一些地方被当作纪念品卖给外国人。这勾起了他的回忆，他打开标本集，在里面找到了他所梦见的那种蕨类植物，并看到了写在下面的拉丁文名称，笔迹正是他自己的。

到这里事实已经很清晰了。1860 年（梦见蜥蜴的前两年），这位朋友的妹妹在度蜜月的途中拜访了德勃夫。当时，她随身带着这本要送给哥哥的标本集，德勃夫在一位植物学家的口述下，给每一棵晒干的植物

---

❶ 译者注：此处为拉丁文，在西方学术界，动植物的学名多用拉丁文表示，这种传统直到今天依然如此。

标上拉丁名。

幸运的是，梦中另外一部分内容也能在现实中追溯到，因此德勃夫的这个梦例更值得记录。1877年的一天，他偶然拿起一本旧的带插图期刊，在其中的一页他看到了一张蜥蜴排成一队的图片，这与他1862年梦到的画面一样。而这本期刊的出版年份是1861年，德勃夫记得它刚开始发行自己就成了订阅户。

很显然，梦具有回忆功能，而这种回忆在清醒状态下很难获得，这一点十分值得研究，在理论上意义重大。因此，我想再进一步举一些"超记忆梦"来引起更多的关注。莫里曾说过，有一段时间"穆西丹"这个词常于白天出现在他脑中。他只知道这是法国一个城镇的名字。

一天晚上，他梦见自己同一个自称从穆西丹来的人交谈，而当他问这个人穆西丹在哪里时，这个人回答说："穆西丹是多尔多涅行政区的一个小镇。"莫里醒来后不相信梦中得到的答案，可是地理词典却显示梦中那个所说是完全正确的。这个例子证明，梦中出现的额外知识是正确的，但这一知识的来源却已然被忘记了。

耶森也讲述了一个发生时间更为久远的梦："老斯卡利格写了一首赞美维罗纳著名人物的诗，他梦到一个自称布鲁克纳鲁的人向他抱怨自己被忽视了。尽管老斯卡利格记不起自己曾经听说过他，但他还是写了一些关于他的诗。后来，他的儿子在维罗纳得知，确实有一个叫布鲁克纳鲁的人，作为著名评论家在当地备受赞誉。"

回忆加强梦的特殊性表现在，人们在最初的梦中并未发现它是自己记忆中的一部分，结果再次梦到时这种记忆被增强了。

瓦希德曾引用圣丹尼斯的戴尔维侯爵所描述的这类具有特殊性的"超记忆梦"。他说：

"我曾经梦见一个拥有金色头发的女郎，正同我妹妹谈论刺绣的话题。在梦中，我和她似乎很熟，我想以前我们应该经常见面。等我醒来后，她的面容依旧清晰地印在我的脑海中，可我并没有想起来她是谁。之后我又梦到了她。在第二个梦里，我和她交谈，并问她我以前是否有幸在某个地方见过她。'当然了，'她回答说，'你不记得伯尼克的海滨浴场吗？'我马上醒来，然后我终于清晰地回忆起与梦中这位美丽的女郎相关的细节。"

瓦希德还引用了这位学者所讲述的他一位音乐家朋友的梦。这位音乐家在梦中听到一首完全陌生的曲子。直到几年后，他才在一本旧的音乐集里找到了同样的曲调，虽然他仍然记不起自己曾经看过它。

据我所知，麦尔斯曾在《心理学研究协会会刊》上发表过一系列关于"超记忆梦"的文章，可惜的是，我没能找到他究竟发刊在哪一期。我相信，每位沉溺研究梦的人都会认为这十分常见——人在清醒状态下不知道自己拥有这种知识或记忆，可它们却在梦中显现出来。

之后我会讲到，在为神经症患者进行精神分析时，我每周都会用他们所做的梦来证明他们对一些格言、秽语等非常熟悉，并常常在梦中说出来，尽管在清醒时，他们都表示不记得。

这里，我先说一个简单记忆增强的梦例，因为在这个梦里，我们可以很容易地追踪到梦中所获信息的真实来源。

我的一位病人做了一个相当长的梦，他梦见自己在咖啡馆点了一份"Kontuszówka"。之后他问我"Kontuszówka"是什么，他可从未听过这个名字。我告诉他这是一种波兰白酒，这当然不是他在梦中自己发明的名字，因为我早就从广告牌上获悉这个名字了。起初他不相信我所说的。几天后，他在街角的一张海报上看到了这个名字，而这处街角在近几个月内他每天至少要经过两次。

　　我从自己的梦中发现，一些偶然出现的事物往往是梦中特定内容的来源。比如，在写这本书的几年里，我经常梦到一座设计非常普通的教堂塔楼，我不记得自己在现实中见过它。之后，在萨尔茨堡和赖兴哈尔 ❶ 之间的一个小车站我发现了它。那是在 19 世纪 90 年代后期，而 1886 年是我第一次乘车经过那里的时间。在之后的几年中，当我已深深专注于梦的研究时，一个十分不寻常的地方频繁出现在我的梦里，困扰着我。

　　以我为中心，左手边有一个黑暗的房间，里面有许多奇形怪状的砂岩雕像，我仿佛依稀记得那是一个啤酒窖的入口，但又不太确定。

　　1907 年我去了一次帕多瓦，遗憾的是，自 1895 年以来我一直没去过那里。第一次游览这座美丽的大学城时，我未能尽兴，因为我没能在马多纳·德尔竞技场教堂看到乔托的壁画，有人告诉我教堂在那天是关闭的，我不得不半路返回。

　　12 年后，第二次来到这里，我决定弥补上次的遗憾，第一件事就是前往教堂。当走到我上次中途折返的路段时，在我的左手边出现了我梦中经常看到的地方，那里有砂岩雕像，实际上那是一家餐厅花园的入口。

　　梦中进行再加工的材料，其中一部分是人在清醒时回忆不起来的，也是用不到的，典型例子就是童年经历。在此，我只引用一些注意到并强调过这一现象的学者的观点。

　　希尔德布兰特说："我已经明确表示，梦有时会具有惊人的再加工能力，它能将时隔久远的，甚至是我们人生最初期所遗忘的事情，带回

----

　　❶ 译者注：作者此处提到的萨尔茨堡是当时奥匈帝国重镇，赖兴哈尔则属于德意志帝国的巴伐利亚，后文提到的帕多瓦则在意大利境内，20 世纪初期"一战"爆发之前，欧洲各国之间对于互相的旅行者，多是不要求持有签证和护照的，任何人都可以自由旅行。

到我们的脑海中。"

斯特伦佩尔说："通过观察，我们发现梦可以将深埋在童年经历中的一些特定地点、事物或人物，一成不变、活灵活现地展示出来。梦中的内容包括那些生动的或具有高度精神价值的事情，这不仅使人们清醒时能够忆起往昔，还会使人们因回忆而感到欢欣雀跃。梦中的记忆范围还包括童年时不具有任何精神价值的，或者内容早已残缺的人物、事物、地点和经历。相反的，在未找到这些梦中记忆的来源之前，清醒时的人们对此会感到完全陌生。"

沃克特说："值得注意的是，童年和青少年时期的记忆很容易进入梦境。梦会经常性地提醒我们那些已经长时间不被思考的或对我们来说早已不重要的事情。"

正如我们所知道的，在清醒的状态下，大部分童年经历会被有意识的记忆能力所掩盖。在梦的指引下，童年记忆材料会生成令人惊奇的"超记忆梦"，接下来我会继续举例。

莫里讲述了他小时候经常从自己的家乡莫城去邻近的提尔普特村，那时他父亲正在那里主持修建一座桥。多年后的一个晚上，他梦见自己在提尔普特村的街道上玩耍，一个身穿制服的人走到他面前。莫里问他叫什么名字，那人回答说他叫C，是守桥人。莫里醒来后，对梦中内容的真实性半信半疑。于是，他问自家的老女仆，她是否还记得一个叫C的人。她很明确地回答："当然记得，你父亲当年修桥时，他就是守桥人。"

莫里还讲了一个同样能证明梦中所出现的童年记忆具有准确性的例子。这一梦例的做梦者是F先生，他小时候生活在蒙布里松。阔别家乡25年后，他决定重返故土，探望那些许久未见的亲友。

临行前的那个晚上，他梦见自己已经回到蒙布里松，在那附近遇到了一位先生，但他并不认识。那位先生说自己叫 T，是他父亲的朋友。在梦中，F 先生知道自己还是孩子的时候，确实认识一个叫 T 的人，可醒来后却不记得他的长相。当他到达蒙布里松，找到梦中他没能认出的地方，并遇到了一位先生，他立刻就认出他——那位梦中出现的 T 先生。不过，真人看起来要比梦中的老了不少。

此处，我讲一个自己的梦，梦中的内容展现的是一种联系。我在梦中见到了我家乡的医生，他的脸模糊不清，和我中学一位老师的样子很像，而这位老师我到现在还偶尔会见到。等我醒来后，我想不清楚两人之间有什么联系，于是从母亲那儿打听到一些关于医生的情况。原来他只有一只好眼，而那位中学老师也是独眼。我已经有 38 年没见过这名医生了，尽管下巴上的一个伤疤可能让我想起他曾医治过我，但我确定自己在清醒时从未想到过他。

一些学者表示，最近一段时间的经历是大多数梦的来源，这听起来像是一种试图平衡童年经历在梦中起重要作用的尝试。罗伯特甚至宣称，大多数梦通常只与过去几天的经历有关。罗伯特所建构的梦理论，主要强调的是近期经历的重要性，而将童年经历忽略。不过，他所说的事实有其正确性，我可以用我自己的研究来证明。

美国学者纳尔逊认为，梦中的内容多来自做梦前两三天的经历，而不是印象最深刻的前一天的经历。

还有一些学者并不急于怀疑梦的内容和清醒生活间的密切联系，他们被这种现象吸引：那些在人们清醒时表现强烈的印象，只有当它们在现实世界被推开之后，才有可能出现在梦中。所以，当亲人去世后，只要活着的人还处在悲伤的情绪中，通常是不会梦到他们的。近来，观察者哈勒姆女士收集了一些相反的例子，关于梦的材料来源，她主张从个人心理方面着手。

　　第三个最引人注目、最难理解的梦中记忆的特点，表现在对再加工材料的选择上。我们发现，与人们在清醒状态下主要关注重点内容不同的是，在梦中，那些最无关紧要的东西也包含在内。对此，我将引用一些学者的原话，这些学者都对自己的研究感到惊讶。

　　希尔德布兰特说："值得注意的是，梦的内容往往并非来源于重大而激动人心的事件，也不是来源于前一天引人注目的事件，而是来源于偶然的、最近的或更久远的无甚价值的琐事中。丧亲之痛让我们夜不能寐，在梦中，悲伤的记忆短暂脱离，直到醒来后，它再席卷而来。相反的，当我们在街上遇到一个额头上长疣的陌生人，我们在清醒时不会想起他，但在梦中这一材料很可能成为主导内容。"

　　斯特伦佩尔说："对有些情况下的梦，进行分析表明，梦的某些内容确实来源于昨天或前天的经历，但从清醒状态的角度来看，这些经历都是琐碎、无关紧要，甚至被遗忘的内容。包括偶然听到的谈话、不甚在意的行为、从自己身边路过的人、不经意瞥见的事物、书中的一些片段，等等。"

　　哈夫洛克·埃利斯说："清醒生活中的深刻情感，以及那些我们自愿消耗大量脑力和心力的事务，通常不会马上出现在梦中。就目前刚过去的时间而言，梦中内容的来源主要是日常生活中的琐碎、偶然、被遗忘的印象。现实中最紧张、激烈的精神活动，是沉入深层睡眠的活动。"

　　宾茨从梦中记忆的特殊性角度出发，来表达他对自己曾支持的解梦理论的不满，他说："普通的梦也会产生类似问题。为什么我们梦到的不是刚刚经历的那一天的印象呢？为什么我们常常没有任何显著动机，就陷入久远到几乎绝迹的过去呢？为什么梦中的意识经常受那些无关紧要的记忆所影响，而储存着最敏感经历的脑细胞却都保持沉默，除非在清醒时突然被一个新刺激所激活？"

　　梦中记忆所表现出的偏好显而易见，这使人们忽视了梦对清醒生活的依赖性，也因此很难说明梦与现实生活的关系。惠顿·卡尔金女士在统计她自己和她同事的梦例研究中发现，有11%的梦与清醒生活没有明显的联系。

希尔德布兰特认为，如果我们花足够的时间和精力来追踪每一个梦的来源，我们就能够解释梦的起源，这毫无疑问是有道理的。他说这是"一项极其艰巨又吃力不讨好的工作。因为，一般来说，梦会将那些久远的、毫无价值的事件，一批批从被埋葬的地方拖出来"。让我深感遗憾的是，这位目光敏锐的学者没能沿着这条由他开启的道路走下去，如果他这样做了，他的理论极有可能成为解梦理论的核心。

梦中记忆的行为方式无疑对任何一种记忆理论来说都十分重要。它告诉我们，"我们曾经拥有过的一切精神上的东西都不可能完全消失"（舒尔茨）；或者，如德勃夫所说，"即便最无关紧要的印象也会留下不可磨灭的痕迹，也许某天它就会出现"。

许多别的精神病理现象也促使我们得出这一结论。一些梦的理论，试图通过对白天内容的部分遗忘，来解释梦的荒谬和不连贯，关于这些理论，在后面的文章中会继续介绍。当我们明了梦中记忆的非凡能力时，我们会对这些解梦理论所牵涉的矛盾深有体会。

也许有人会想，梦的现象完全可以简化为记忆的现象，即梦是记忆活动在晚上工作的表现形式，其本身就是加工目的。这与皮尔茨的观点相吻合，他认为：在梦产生的时间和梦的内容之间存在一个固定关系。也就是说，久远的过去印象在人们沉睡时被再加工，而近期印象则是在刚刚醒来时被再加工。然而，由于梦对记忆选择的特殊性，注定这种观点难以成立。

斯特伦佩尔明确地指出，梦不会重现经历，也许在开头时会与现实经历相同，但之后的环节则一定会有改变，或者被无关紧要的材料所取代。梦中的内容只是记忆再加工后的片段，这是非常普遍的规律，也可以说是具有理论意义的结论。当然，也不能完全排除例外现象，有时候，梦也会重复一次经历，其内容和人们清醒时的记忆惊人相似。

德勃夫就讲过他大学同学的一个梦。在梦中，他从一次危险的交通事故中奇迹般逃生，这与他现实所经历的完全一致。卡尔金女士也提到了两个梦，其内容都再现了前一天所发生的事。后续文章中，我也会分享一个我所知道的梦例，一次童年经历重新再现的梦例。❶

第三节　梦的刺激和来源

我们可以用一句流行谚语——"梦来自消化不良"——来解释梦的刺激和来源是什么，如果这个解释说得通，那么这个说法的背后蕴藏着一个理论，该理论表示梦是睡眠障碍的结果。也就是说，我们本不应该做梦，除非在我们的睡眠过程中出现一些干扰因素，而梦就是干扰因素的一种反应。

关于梦的成因的讨论，在所有与梦相关的文献中占据的篇幅是最大的。但显然，这个问题只是在梦成为生物学研究主题之后才出现的。

古人相信梦是神意，所以不需要到处寻求它的刺激来源。而一旦从科学角度出发，我们立即就会面临这样的问题：对梦的刺激是否是相同的，或者是否是多样的；接下来涉及的问题是：对梦因的解释是属于心理学范畴还是生理学范畴？

大多数权威学者几乎都认为干扰睡眠的原因是梦的来源，可能有很

---

❶ 原文注：基于后来的经验，我需要补充说明，在梦中，我们白天所做的一些不重要的琐事会重复出现，例如：打包行李、在厨房准备食物，等等。然而，在这类梦中，做梦者所强调的并不是记忆的内容，而是"真正"的事实："我白天真的做过这些。"

多种身体刺激和精神刺激都可能成为梦的诱因。然而，学者们对梦的来源偏好，以及它们作为梦的诱因顺序，存在着许多不同的观点。

关于梦的源头，无外乎以下四种，这些梦源也被用于对梦本身进行分类。它们是：外部（客观）感觉刺激，内部（主观）感觉刺激，内部（官能的）躯体刺激，纯粹的心理刺激源。

第一，外部客观感觉刺激。

哲学家斯特伦佩尔的儿子小斯特伦佩尔著有一本有关梦境的书，从中我们得到了一些提示。他还发表过一篇著名的文章，内容是他对一位病人的观察记录，这位病人患有皮肤失觉症和高级感官麻痹症，如果将其仅有几条可用感官通道关闭，他就会立即沉睡。

如果我们想睡觉，也可以试着创造一种类似于小斯特伦佩尔实验的情况：关闭我们最重要的感应通道——我们的眼睛，同时尽量保证其他感官免受刺激。尽管这种方式从未完全实现过，但我们还是睡着了。不过现实中我们不可能让感官与刺激完全隔离，也无法消除感官本身的兴奋性，而且一个相对强烈的刺激可以随时将我们唤醒，这就证明了"即使在睡眠中，人的精神也与外部世界一直保持着联系"。而这些因为联系而带来的刺激则很有可能就是促使梦形成的主因。

有许多这样的刺激：睡眠状态本身必然会涉及的刺激，或必须偶尔容忍的避无可避的刺激；可能会使睡眠停止的刺激或令人兴奋的刺激。比如刺眼的光线、刺耳的噪声、刺鼻的气味。

我们在睡眠中无意识地转动身体，可能会将身体的某些部位暴露出来，产生寒冷的感觉，或者通过改变姿势，我们会感到压迫感或触感。我们可能会被蚊虫叮咬，或者晚上发生一些小事故也会影响到我们的一些感官。细心的观察者收集了一系列梦境，当人们清醒时，会注意到刺激和梦境的部分内容是相吻合的，从而将刺激视为梦境的来源。

我将引用耶森所收集的一些梦例，它们或多或少是偶然产生的。比如：每一种模糊的噪声都会引起相应的梦象。轰隆隆的雷声让人进入战场的梦境，公鸡的啼叫变成梦中人的惊惶呼号，屋门的吱吱声让人梦见盗贼入室。晚上被子滑落，人们也许会梦到自己赤身裸体地走在大街上，或者掉进水里。如果横躺在床上，把脚搭在床沿外，人就有可能梦到自己正站在悬崖边上，或者正从悬崖上跌落。如果头正好滑到枕头下，人就有可能梦到自己躺在一块巨大的悬着的岩石下面。**精液的积累可能会使人梦到性爱。身体局部的疼痛可能会使人梦到被虐待、攻击或者身体受伤……**

迈耶曾梦到自己被几个人打倒在地，他们还在他的大脚趾和二脚趾之间钉入木桩。等他醒来时，发现自己的脚趾间夹着一根稻草。据赫宁斯说，迈耶还有一次因衬衫领口太紧而梦见自己被吊死了。

年轻时的霍夫鲍尔，有一次梦见自己从高墙上摔下来，当他醒来时，发现床散架了，他也确实掉在了地上。格里高利在报告里说，有一次，他睡觉时把热水瓶放在了脚边，结果他梦见自己爬到埃特纳火山的山顶，那地面热得让人无法忍受。有个人，头上贴着热敷膏药睡觉，他梦见自己被一群印第安人剥了头皮。还有一个人，穿着湿衣服睡觉时，梦见自己被拖着蹚过一条小溪。

在睡梦中，痛风突然发作，会使病人梦见自己落到了宗教裁判所手中，并在架子上接受严刑拷打。

如果能将感官刺激传递给睡着的人，并使其产生与刺激相应的梦，那么刺激和梦的内容之间存在着相关性的论点就更能使人信服。

根据麦克尼西所述，吉鲁·德·别沙连格已经做过类似实验。他睡觉时把膝盖露在外面，结果梦见自己晚上乘坐邮车旅行。他说，只有晚上坐邮车旅行的人才知道膝盖露在外面有多冷。还有一次，他睡觉时把后脑勺露了出来，然后他梦到自己参加了一个户外宗教仪式。在他居住的地方，除了这种仪式外，人们平时是要盖着后脑的。

莫里根据自己的一些梦的实验总结出新的观察结果（其中有许多实验都以败告终）。

（1）用一根羽毛挠一下他的嘴唇和鼻尖——他梦见自己遭受折磨：一张用沥青做的面具生生覆到他脸上，面具被摘下来时，他的脸皮也跟着脱落。

（2）在钳子上磨剪刀——他梦见闹钟声，接着是警铃大作，他被带回1848年6月大革命时期。

（3）当他闻到古龙香水味时——他梦见自己来到约翰·玛利亚·法丽娜在开罗经营的一家店里，接着他经历一系列荒谬的冒险，只不过他醒来时已想不起具体内容。

（4）他的脖子被轻轻捏着——他梦见有人给他贴了块膏药，由此他想起了小时候给自己治疗的医生。

（5）当一个热熨斗靠近他的脸时——他梦见一伙"司炉"❶溜进了民宅，并胁迫住户把他们的脚伸进火盆里，逼他们交钱。之后，阿布朗泰斯公爵夫人出现了，他在梦中担任她的秘书。

（6）一滴水掉到了他的额头上——他梦见自己到了意大利，大汗淋漓地喝着白葡萄酒。

（7）烛光透过红纸照在他身上——他梦见狂风暴雨和炎热的天气相互交织。接着他在英吉利海峡遭遇了风暴，这与他现实中的那次经历一致。

戴尔维、魏甘德还有另外一些学者也做过类似的造梦实验。

在这方面，许多学者都发表了自己的见解。希尔德布兰特认为梦能

---

❶ 译者注："司炉"是法国大革命时期旺代省的一群强盗，他们惯用上述酷刑。

够将感官世界的突发事件编织进梦境中，并逐渐形成一个似乎是预设好的灾难式结局。他说："我年轻时，为了在早晨的固定时间起床，就在家里摆了一个挂式闹钟。铃声响起时，它刚好融进一个看似冗长又前后相通的梦，仿佛整个梦境都在为铃声的加入而作铺垫。而铃声就是整个梦在逻辑上不可或缺的终极阶段。这种梦境已经出现过几百次。"

在下面，我还将从其他方面继续引用三个与外部相关的梦，之后是希尔德布兰特的三个与闹钟有关的梦。

沃克特写道："一位作曲家曾梦到自己在课堂上，就一个问题为学生答疑解惑。解释完后，他转向一名男同学，问他是否听懂了。那名男生好像疯了一样喊道：'哦！哈！是的！'他生气地责备男生不应该如此喊叫，结果全班同学都喊了起来'Orja'，接着喊'Eurjo'，最后喊'Feuerjo'。此时，他被街上真正的'Feuerjo'（救火）喊声惊醒了。"

卡尼尔跟拉德斯托克讲了这样一个梦。一次，拿破仑一世在马车里睡觉时，梦见自己又一次在奥地利人的炮击下穿过塔利亚门托河，他从梦中呼喊着"我们遭埋伏了"而惊醒。现实是，的确有炮弹爆炸发出猛烈的声响。

莫里做的一个梦非常有名。他生病卧床，母亲陪在他身边。他梦见自己处在大革命时期的恐怖统治阶段，目睹了许多可怕的谋杀场面。后来他被带上法庭，在那里，他看到了罗伯斯庇尔、马拉、富基埃·坦维尔和那个可怕年代里的所有悲剧式英雄。他同样接受了审问。在经历了一些他清醒后难以重述的事件后，他被判处死刑。在一大群人的包围下来到刑场。他走上断头台，被刽子手绑在木板上，头顶的铡刀落了下来，他感到自己身首异处，在极度恐慌中惊醒。他发现床顶的饰物掉下来砸到他的颈椎，那感觉跟梦中被斩头一样。

勒·洛林和艾格尔曾在《哲学评论》上针对这个梦发起了有趣的讨论。他们所围绕的主要问题是：做梦的人是否能在他感知到唤醒刺激和他醒来之间的短暂时间内，将如此丰富的内容融合到一起，又是如何办到的。

这类梦给我们留下这样的印象：在所有梦的来源中，最可靠的就是外部感觉刺激。可以说，这是外行人所认为的梦的唯一来源。

如果一个受过教育但对梦的问题不甚熟悉的人，被问道梦境是如何产生的，他通常会用一个例子来回答。在这个例子中，梦是由醒后发现的外部感觉刺激来解释的。然而，科学研究不可能就此止步。研究者们通过观察发现，在睡眠中影响感官的刺激并不是以真实状态出现在梦中，而是以某种方式被另一个与之相关的形态所替代。

这就进一步引出了问题，梦的刺激和梦境之间的联系，借用莫里的话就是"具有某种密切关系，但并非独一无二"。从这方面来参考希尔德布兰特那三个与闹钟相关的梦，就会出现这样的疑问：为什么同一个刺激会引发不同的梦境？为什么引发的是这些梦境而不是其他梦境？

第一个闹钟梦：

我梦见自己在一个春天的早晨漫步在碧绿的田野中，之后走进一个村庄，那里的村民穿着节日盛装，胳膊下夹着赞美诗集，成群结队地去教堂。今天是星期天，晨祷很快就要开始了，我也决定参加。但是，我因为走得很热，所以想在教堂墓地的阴凉处降降温。当我在墓地读着碑文时，我听到敲钟人登上教堂塔楼的脚步声，接着看到了塔楼顶的那口小钟，它将发出晨祷的信号。有好一阵子，它都挂在那里一动不动，然后它开始摇晃起来，一下子，它的嗡嗡声清晰且刺耳地响起来，我被惊醒了，我的闹钟也的确在猛烈地响着。

第二个闹钟梦：

我梦见那是一个晴朗的冬天，街道上覆盖着厚厚的积雪。我应邀参加一个雪橇之旅派对。我等了很久才接到通知说雪橇到门口了。我穿上皮衣、戴上脚套出门，然后坐到自己的座位上。出发的时间被耽搁了会儿。车夫拉动缰绳给马儿发出了信息号，雪橇开始启动，雪橇铃也开始发出熟悉的叮当声，我的梦境也随之破碎。醒来一看，是那个闹钟在响。

第三个闹钟梦：

我在梦中看见一名厨房女仆捧着几十个摞起来的盘子，沿着走廊走向餐厅。在我看来，她怀里的那摞盘子正处于失去平衡的危险之中。"小心点儿！"我大声提醒道，"不然整摞盘子都会掉到地上！"女仆对我的忠告充耳不闻，她表示自己已经习惯了这个工作。我带着忧虑的目光追随着她的身影。果然，她在门槛处绊了一跤，盘子掉了一地，发出了一连串的声音，不过这声音明显和盘子碎裂发出的声音不同。我醒来一看闹钟又按时响了。

关于大脑为何会对梦中客观刺激的本质产生误判的问题，冯特和斯特伦佩尔给出的答案几乎相同：在睡眠中受到相应的刺激时，形成了大脑容易产生幻想的条件。

如果将感觉印象放进我们的记忆系统中，根据以往的经验，只要这个印象足够强烈、清晰和持久，并且我们有足够的时间来进行思考，那么这一感觉印象就能得到正确地解读。如果条件不够充分，大脑就会对感觉印象的来源做出错误判断，也可以说形成错觉。"如果有人在野外散步，看到远处模糊不清的物体，他有可能首先会认为它是一匹马。"稍稍走近些，他会觉得那是一头卧在地上的母牛。而这一形象的最终答案是：一群坐在地上的人。

同样的，大脑在睡眠中因外部刺激接收到的印象在本质上也会具有不确定性。通过这种印象，大脑就容易产生幻想。因为记忆或多或少是由印象引起的，如此印象也就获得了心理价值。而关于感觉印象究竟是从众多记忆中的哪一组记忆中唤醒相应的图像，以及哪种可能的联系会最终形成梦境的问题，斯特伦佩尔没有给出定论，他认为这些由人的心理状况决定。

我们面临着两种选择。可以承认的是，一方面，关于梦形成的规律，事实上很难确定，如此也就不必再追问：是否存在其他决定因素来对"感觉印象"所引发的幻想进行解释；另一方面，我们可以假设影响做梦者的外部感官刺激，对于他梦境的产生只起到了有限的作用，而其他因素则决定了被唤起的对应记忆信息。

事实上，如果我们分析一下莫里实验中产生的梦（我已经详细地讨论过这些梦），我们可能会说，这些实验只是解释了梦的一个来源元素而已。而梦的其余内容似乎又是独立的，并带有很多细节，这些几乎都无须从外部引入实验元素来进行解释。当人们发现这些外部刺激在梦中受到最奇特、最牵强的解读时，他们就会怀疑梦的幻想理论和客观印象定型梦境的能力。

比如，西蒙就讲了这样一个梦。他梦见一些巨人坐在桌旁，清楚地听到了他们咀嚼时发出可怕的咔嗒声。他醒来后听到了从他窗前飞速飘过的马蹄声。如果我可以不经做梦者的帮助来冒险解释的话，我会想到马蹄声唤起了一组与《格列佛游记》相关的记忆：大人国的巨人、理性的慧骃马。那么，对应客观刺激为何要选择这样一组不寻常的记忆呢？更简单的联想岂不更好些。[1]

第二，内部（主观）感觉刺激。

尽管反对意见众多，但必须承认的是：在睡眠中，客观感觉刺激对激发梦境的作用是无可争辩的，但从这些刺激的本质和频率来看，它们还不足以解释每个梦中的内容。这就需要我们继续寻找作用类似的其他梦源。除客观感觉刺激外，还要考虑内部感觉刺激，这一研究想法我不

---

[1] 原文注：根据梦中出现的巨人，人们可以推测出做梦者童年生活的某些场景。另外，解梦者不能忽视做梦人的联想而随意添加自己的创造力，上面用《格列佛游记》里的内容来解释梦，可以说是一个很好的反面例子。

清楚是何时由何人提出的，不过在近期所有关于梦起因的讨论中，研究者们都或多或少地强调了这一点。

冯特说："我认为，主观的视觉和听觉对梦里幻觉的产生具有重要作用。在清醒状态下，我们对这些主观感觉非常熟悉。当我们的视野变暗时，我们依然能够感受到他们，如耳鸣或嗡嗡声等。其中最为主要的是视网膜的主观兴奋。这也就解释了梦里大量类似或相同的物体形象出现在眼前的奇特倾向。所以，无数的鸟儿、蝴蝶、鱼、彩色的珠子、鲜花等，就会出现在眼前。

在黑暗的视野中，发光的尘埃会呈现出奇幻的形象，无数微小的光点在梦中以等量的具体形象展现出来。因为光的活动性，它们被眼睛看成运动的物体。这也就是梦中经常会出现各种动物的原因。因为多样性的动物形象很好地适应了主观光影的各种形式。"

作为梦象的来源，主观感觉刺激具有明显的优势，即不似客观感觉刺激那样受外部条件的制约。可以这样说，它们随时为我们提供解释。不过，客观感觉刺激对激发梦的作用，可以通过观察和实验得到证实，而主观感觉刺激对梦的激发作用却很难或根本无法得到证实。

支撑主观感觉刺激对梦具有作用的主要依据是"睡前幻觉"，或者用约翰·米勒的说法是"幻视现象"。这类意象非常生动且变化速度极快，经常在人们入睡前产生，而且即使睁开眼，这些形象也能在大脑中持续一段时间。

莫里就是经常出现这种幻觉之人，他对它们进行了细致调查，并认为其与梦中形象有关甚至一致（约翰·米勒也有同样的主张）。莫里说，为了产生睡前幻觉，将精神转为一定程度的被动状态、降低注意力、放松身心是非常必要的。而且，只要进入这种昏睡状态片刻就足够了。之后，你可能会再次醒来，将这一过程多重复几次，直到最终入睡。

莫里表示，如果他睡得不是太久，那么醒来后，他就能清晰地发现梦中漂浮在眼前的形象和睡前幻觉一样。有段时间，一些面部表情扭曲、发型奇怪的人物形象，经常在莫里入睡前浮现在他脑海，这使得他倍感烦扰。醒来后，他还记得自己梦到过这些怪人。

再有一次，他因节食而忍饥挨饿时，眼前催眠般地出现了一个盘子和一只拿着叉子正从盘子里取食的手。在之后的梦中，莫里坐在一张布满美食的餐桌旁，听到人们使用刀叉时发出的声音。

还有一次，他在眼睛肿痛难耐的情况下入睡，睡前产生了一种幻觉，那是一些极微小的字符，他只能一个接一个吃力地辨认。一小时后，他醒了，想起自己梦见了一本书，里面的内容用极小的字体印刷，阅读起来很费力。

单词、名字等听觉幻觉也能像视觉幻觉那样在睡前幻觉中出现，然后在梦中重现，就像序曲一样宣布了接下来歌剧的主题。

最近，一位研究睡前幻觉的学者乔治·特朗布尔·拉德所采用的方法和约翰·米勒以及莫里的相同。经过一番练习，拉德逐渐能做到在入睡后的两分钟到五分钟突然醒来，但却不睁眼。如此，他就有机会将刚刚消失的视网膜感觉与记忆中留存的梦中形象进行比较。他宣称，每次都能在二者之间找到内在联系。

视网膜上光点与光线的结合，为梦境中心理感知的形象提供了轮廓图。例如，他梦到自己正在读一行行印刷清晰的字，这与视网膜上光点的平行排列是相对应的。或者，用他的话说："我在梦中读到那印有清晰文字的纸，在意识清醒的时候，由于距离那真实的印刷纸太远，所以想要看清它，必须通过纸上的一个椭圆形小孔来看。"

拉德认为，几乎没有一个视觉梦的发生不依赖于视网膜内部刺激来提供材料（如此说并非低估核心因素在该现象中所起的作用）。这尤其适用于在黑暗的房间中入睡不久后所做的梦。而在早晨醒来前不久所做的梦，其刺激来源则是客观真实的光，它直接照在眼睛上。视网膜内部光激发不断变化的特性，正好与梦境中出现的变化无穷的形象相对应。

如果我们认为拉德的观察具有价值，那么就不会低估这些主观感觉刺激的作用。正如大家所知，视觉图像是我们梦的主要组成部分。除听觉外，其他感官的作用是间或发生的，且不太重要。

第三，内部（官能的）躯体刺激。

既然我们正致力于在有机体内而不是有机体外寻找梦的来源，那就必须注意一点，在所有内部器官健康的状态下，我们几乎是察觉不到它们存在的，不过，一旦它们呈现相应的刺激反应或产生病变，就成了我们痛苦的来源，这就如同从外部受到感觉刺激和痛苦一样。斯特伦佩尔曾说："人在睡眠中，大脑对身体的感知比在清醒状态下更深刻、更广泛。它必须接受来自身体各部分的刺激印象，以及在清醒状态下难以察觉的身体变化情况。"

亚里士多德很早就认为，人在梦中能够最先感知到疾病的开始，因为梦能够将清醒状态下不易察觉的感知放大，以此来提醒人们注意。一些医学专家虽不相信梦的预知能力，却对梦能够预兆疾病的观点表示认可，许多更早期的研究者也认同这一点。❶

古希腊人就通过梦来诊断疾病。当病人到阿波罗神庙或阿斯科勒比俄斯神庙祈求康复时，会要求接受沐浴、按摩、香薰等各种仪式，等进入亢奋状态后就平躺在一张祭祀用的公羊皮上。病人入睡后就会梦到一些药物的具体形态，或者具有象征意义药物的图像。病人将自己梦到的东西告诉神职人员，神职人员对其进行解读，然后进行相关的治疗。如果对希腊人的这种治病方法感兴趣，可以阅读雷曼、布谢·莱克勒克、

---

❶ 原文注：古人除意识到梦具有诊断价值（如希波克拉底的作品）外，还考虑到了梦的治疗作用。在古希腊有梦境神谕所，病人们经常通过梦境神谕来祈求康复，具体的方法是进入神庙，在那里接受各种仪式，然后，躺在一张公羊皮上入睡。醒来后，将梦境中的内容告知神职人员，他们会据此进行解答。

海尔漫、博严格、劳埃德、德林格尔的作品。其实在近代也不乏梦具有诊断功能的例子。比如，蒂西引用阿蒂格的记录讲述了一个 43 岁女人的故事：她虽然看起来身体很健康，但多年来一直被焦虑的梦境所折磨。体检之后，医生发现她得了心脏病，不久，她就因此病离世了。

许多病例显示，内部器官的病变会导致相应梦境的产生。通常，患有心脏病和肺部疾病的人会频繁做焦虑梦。这一现象受到许多学者的关注，以下我只简单列举一些相关参考，如拉德斯托克、斯皮塔、莫里、M. 西蒙、蒂西的文章。

蒂西甚至认为，患病器官会给梦境内容留下独特的印象。那些心脏病患者的梦通常都很短暂，而且常常是在可怕的死亡场景下惊醒。肺病患者则常常会梦到窒息、拥挤、逃跑等场景，其中许多人都受到熟悉噩梦的困扰。

伯尔纳通过实验来收集这些噩梦，做法是用东西盖住脸或堵住呼吸道。消化系统紊乱时，梦中会出现与享受或厌恶食物有关的内容。最后，性兴奋也会对梦的内容起作用。依照我们自身的经验，这一点能够被充分理解，同时，它还为"内部器官刺激影响梦境产生"的理论提供了最有力支持。

此外，查阅过有关梦的文献资料后我们不难发现，一些学者，如莫里、魏甘德等人，正是由于察觉到自己的病症对他们所做梦的内容有影响才开始了对梦问题的研究。

尽管这些学者的梦让研究梦之源的证据更加丰富，但其重要性并没有期望的那样高，因为梦毕竟是普遍现象，每个人都有可能做梦，健康的人当然也会做梦。由此可见，内部器官病变不能算是梦产生的必要条件。我们主要关注的不是某些特殊梦的来源，而是普通人梦境激发的源头。

现在，我们只需再往前探究一步，就可以找到一个比我们目前所了解的任何源头都更丰富的梦源，这一梦源似乎永远不会枯竭。如果确定体内患病会成为梦的刺激源，同时，我们承认在睡眠状态下，大脑活动会与外部世界隔绝，而更多地关注身体内部，那就可以合理假设：内部器官在不需要病变的情况下，也能使处于睡眠状态的大脑受到刺激产生相应梦境。

我们在清醒时感受到的是一种模糊的、人所共有的普遍感觉，照医生的话说，这种感觉是身体所有机能的共同作用。然而到了晚上，这一普遍感觉开始增强，各组成部分都有可能得到最大限度的调动，从而成为梦境内容最强大、最常见的来源。剩下需要研究的是器官刺激转化为梦境的规律。

这类关于梦的来源理论受到了医学研究者的推崇。对于人类自我核心（蒂西称之为"内器官自我"）的认识，与梦的起源一样，我们几乎一无所知，也难以找到二者间的联系。将潜意识器官感觉视为梦境构造者的想法引起医学界的极大兴趣，因为这样就可以用一元论来解释梦和精神疾病产生的原因，它们之间有诸多共同点。来自内部器官的刺激和感觉到的变化与精神病的起源有关，因此，躯体刺激理论的起源不止一家，也就没什么可奇怪的。

哲学家叔本华在 1851 年提出的观点对许多学者产生了决定性影响。叔本华认为：人们会按照时间、空间、因果关系等智力形式，来建立对宇宙万物的认知。机体内部的刺激源于交感神经系统的刺激。白天，它们对我们的情绪至多是一种无意识的影响。但是到了晚上，当白天印象的影响力减至最弱时，那些深埋在我们体内的印象就能突现，就像在晚上我们能听见白天很难注意到的潺潺的溪水声一样。然而，智力如何对这些刺激做出反应，与它所执行的特殊功能之间又有何不同呢？因此，刺激还是会被重塑成具有时间和空间的形式，并遵守因果关系规则的形象，从而梦就产生了。

舍尔纳和其后的沃克特都曾更为详细地研究身体刺激和梦中形象之间的关系，关于他们的理论我会在"关于梦的理论和功能"一节中阐述。

精神病学家克劳斯在一项为期很长的调查研究中，将显著由内部机体导致的感觉视为梦、谵妄以及妄想的起源。克劳斯认为，有机体内的任何部分都可能成为梦或幻觉的起点："这些由有机体决定的感觉可以分为两类：①构成普通心境的一般机体感觉；②无意识状态下有机体主要系统内固有的特定感觉。而在第二类中又可以分成五种：肌肉的、呼吸系统的、消化系统的、性的以及皮肤的感觉。"

克劳斯提出机体刺激导致梦境产生的过程如下：刺激激发感觉后，按照某种联系法则，唤醒感觉对应的同源意象，并与之结合成一个有机结构。不过，意识会对其作出异常反应，它不会关注感觉问题，而只会注意到对应而生的意象，这也就解释了为什么真实的事实长期被误解。克劳斯用一个专门术语来描述这一过程：感觉转化成实体梦中意象。

如今，有机躯体刺激对梦的形成具有影响的观点已被普遍接受，但是有关支配它们之间关系的规律问题则莫衷一是，目前还没人能说清楚。因此，按照有机躯体刺激理论，解梦将面临将梦的内容追溯到导致其形成的机体刺激这一特殊问题上。如果舍尔纳得出的解梦规则不被接受，人们往往要面对这样一种尴尬的事实：揭示机体刺激来源的唯一途径是梦本身的内容。

然而，人们对于被描述为"典型"的各种形式的梦的解释，则基本持一致意见，因为它们出现在大多数人身上，且内容相似。这类梦比较常见的有：从高处坠落、掉牙、飞起来的梦，以及赤裸身体或衣不蔽体的尴尬梦境。最后这种梦境，通常是因为人们睡着时把被子踢开，将身体暴露在空气中所致。掉牙的梦可以追溯到"牙齿刺激"，尽管这并不一定是病理性刺激。

根据斯特伦佩尔的说法，"飞行梦"是因为人在睡着时，胸肌停止感觉清醒时肺叶的张合运动刺激，让人有种漂浮的错觉，而肺叶的张合运动则刺激大脑产生相应的飞行幻象。从高处坠落的梦是由于皮肤的压力感消失时，一只手臂从身体上滑落或弯曲的膝盖突然伸直，导致皮肤的压力感复苏，这种无意识向意识的转变会在心理上表达成坠落的梦境。

尽管这些解释看似十分合理，但其缺陷仍很明显，主要表现为：人们在没有任何依据的情况下可以提出一系列假设，即让这一组或那一组机体感觉进入或消失于心理知觉中，直到对梦做出解释为止。

西蒙试图通过比较一系列相似的梦境，来推断机体刺激决定最终梦境的一些规则。他认为：如果一个正常参与情感表达的机体器官在睡眠中被外来刺激激活，那么一个梦就产生了，而且它将包含与器官所具有的情感功能相符的意象。另一条规则是，如果一个器官在睡眠中处于活动、兴奋或受干扰的状态，那么梦将产生与该器官所具备的功能相符的意象。

穆利·伏尔德通过对特定机体区域的实验，来证明躯体刺激对梦形成的作用。他的实验包括改变睡眠者的肢体姿势，并将生成的梦与所做的改变进行比较，最后总结出如下实验发现：

（1）梦中肢体姿势与现实中大致吻合。也就是说，人们梦见肢体处于静止状态，与实际情况相符。

（2）如果人们梦到肢体移动，那么在梦里完成动作的过程中，总会有一个姿势与实际情况相符。

（3）在梦里，做梦者可能将自己的姿势放到其他人身上。

（4）梦中的某些肢体运动可能受到阻碍。

（5）人们呈现特殊姿势的肢体在梦中可能会以动物或怪物的形象出现，此时，二者间具有某种相似性。

（6）肢体的姿势可能在梦中引起与肢体有某种联系的思想。比如，活动手指，人们就有可能梦到数字。

综合以上这些研究发现，我认为，躯体刺激理论也无法完全消除——决定唤起的梦境意象具有任意性。❶

第四，纯粹的心理刺激源。

当我们分析梦与清醒生活之间的关系，以及梦境的来源问题时发现，不管是古代还是现代，研究者们都普遍认为：人们梦到的是白天所做的事，是清醒时感兴趣的事。这种兴趣，从清醒的生活延续到睡眠中，它不仅是一种梦与现实生活的精神联系，而且还是一种更为深入的、不可轻视的梦的来源。它结合睡眠过程中产生的新兴趣（即影响做梦者的刺激），就足以解释所有梦的起源。

不过，有些人对此也有不同的看法，即梦把做梦者从白天的兴趣中隔离出来。通常只有当白天最令人们激动的事情失去对现实的刺激时，才能产生与之相关的梦。因此，在分析梦时，如果不用"经常""一般而言"或"在大多数情况下"等限定词，以及时刻准备着承认例外情况，就不可能做出普遍性概括。

如果将清醒时的兴趣与睡眠中的内外部刺激结合在一起，就足以解释梦的成因，这样我们也能对梦的每一个元素的起源做出一个令人满意的解释，梦的来源之谜将被解开，剩下需要做的是分析每一个梦中，心理刺激和躯体刺激各自所占的比例。事实上，人们还未对梦做出如此完整的解释，任何参与解梦的研究者都无法明确说出梦中大部分内容的来源。白天的兴趣显然不是梦的深远心理来源，也无法断定人在梦中继续进行日常事务。

---

❶ 原文注：自那以后，这位学者就他的实验编写了一份关于梦的研究报告，下文还将继续阐述。

除此之外，目前还不清楚梦的其他心理来源。因此，当涉及追溯最具特征意象的起源时，有关这一主题的相关文献解释，除了之后会讨论的舍尔纳的理论外，都会存在一个巨大空白。在此种情况下，大多数研究这一主题的学者，都倾向于将心理因素在梦中所起的作用降至最低，因为它实在太难找了。

尽管他们把梦分成两大类，即由神经刺激引发的梦和由联想引发的梦，其中后者的来源完全依靠记忆再现，却依旧难以逃避"梦是否可以在没有某种躯体刺激的情况下产生"这类问题，当然也很难描述一个纯粹联想梦的特征。

沃克特说："在联想性梦境中，很难找到这样稳定的核心（源于躯体刺激的），整个梦就是松散的集合，是不受理性和常识控制的思想过程，也不与任何相对重要的身体或心理刺激联系在一起，而是完全听任其自身随心所欲的变化和自身的杂乱无章。"

冯特也试图在梦中将心理因素最小化。他表示："似乎没有合适的理由将梦的幻想视为纯粹的幻觉，大多数梦中形象实际上可能是幻觉，因为它们是由睡眠中微弱的、从未停止过的感觉所产生。"

魏甘德采用了这一观点，并将其应用于一般领域。他认为："所有梦境的主要原因都是感官刺激，后来才会有联想性因素依附进来。"

蒂西更进一步地限制了刺激的心理来源："不存在什么绝对的精神刺激来源。"他还曾在其他场合宣称："我们梦中的思想均源自外部世界。"

还有一些学者保持了中间立场，他们认为，在大多数梦中躯体刺激和心理刺激（无论心理刺激在白天作为兴趣而言是有意识的还是不被注意的）是联合作用的。

之后我们会发现，梦的形成之谜可以通过揭示一个意想不到的心理刺激源来解决。另外，我们无须感到惊讶的是，人们高估了由心理刺激引起做梦的作用，因为这类刺激很容易被发现，甚至可以用实验证实，而且梦境起源的身体观，完全符合当今精神病学的主流思想。

虽然，人们确信大脑对有机体具有主导作用，但是，任何可能表明精神生活独立于有机体或以任何方式自发引起自身的想法，都会让当代精神病学家感到吃惊，似乎对这些事物的认识将不可避免地带回到哲学的时代。

精神病学家们的怀疑使自己的思想受到一种监护，精神病的任何冲动都不被允许泄露出自主能力。他们的这种行为只表明了他们对肉体和精神之间因果关系的有效性的信任极少。即使调查显示某一现象的主要令人兴奋的原因是精神上的，更深入的研究终有一天会追寻到新的路径，并发现心理事件的有机体基础，但是，如果我们目前不能超越精神去看，那就没有理由否认它的存在。

第四节　人醒后为什么会把梦遗忘

一个众所周知的事实是：梦在人醒来后会"消失"，当然，有些梦是可以被记住的，因为我们知道有梦这一回事是需要通过清醒后的回忆的。然而，我们经常会有这样的感觉：我们只记得一个梦的一部分，可昨晚明明做了很多丰富多彩的梦。我们还能观察到，早晨醒来时我们对梦的记忆还很深刻，但在白天的时候这些记忆会慢慢消失，最后只剩下零星的记忆碎片。

我们经常知道自己做了梦，却不记得梦的内容是什么。我们已经习惯了梦被遗忘，甚至于我们不清楚自己究竟有没有做梦？究竟做了何种荒谬的梦？有时候梦中的内容能够长时间存在于人们的记忆中。我分析过我的病人25年前甚至更早之前所做的梦，我也清楚地记得自己37年前做的那个梦。所有的这些都令人吃惊，且难以被马上理解。

斯特伦佩尔给出了有关梦的遗忘性最详细的描述，这显然是一个非常复杂的现象，因为斯特伦佩尔列举了一系列原因，而不是单纯的一个。

首先，所有导致人们清醒时遗忘的因素，对梦的遗忘同样起作用。我们在清醒时，经常会同时忘记很多感觉和知觉，因为它们的存在感太微弱，或者说是与它们相关的心理刺激太微弱。

此道理也同样适用于许多梦象，它们被遗忘就是因为存在感太弱，而与其相比，更为强烈的梦象则容易被记住。然而，强度因素本身并非梦象是否能被记忆的决定性因素。斯特伦佩尔和许多其他学者都承认，一些十分生动的梦象经常被忘记，而大量模糊的、很难被察觉到的梦象却被记住了。

此外，当我们清醒时，往往容易忘记只发生过一次的事件，而更容易记住反复被感知的信息。大多数梦象都是一次性经验，这一事实也导致了我们很容易忘记梦。❶

第三个原因则更为重要，如果感觉、思想、观念等要想具有某种程度的可被记忆性，那么它们就不应该孤立存在，而是应该进行适当的连接与分组。如果将一段诗句拆分成独立的词语，并打乱顺序，那它就很难被记住。但如果单词按照恰当的顺序排列，各词语间形成互助效果，这样就组成了一个有意义整体，那么它就能够长时间地保留在人的记忆之中。

一般来说，荒谬的、混乱无序的东西同样难以被记住。大多数情况下的梦都缺乏易懂性和秩序性，梦的结构本身就缺乏能够使人想起的特质，它们快速地支离破碎，导致其很容易被遗忘。不过，拉德斯托克却

---

❶ 原文注：人们经常注意到周期性的梦境，参照沙巴内科斯收集的例子。

声称：人们记得最清楚的，往往是那些最奇特的梦。这一观点明显与之前所说的不符。

斯特伦佩尔认为，从梦境和清醒生活之间的关系中衍生出的某些其他因素，在导致梦被遗忘方面具有更大的影响力。梦境在清醒时容易被忘掉，显然只是与前面提到的事实相呼应，即梦几乎从没接受过清醒生活中完整有序的回忆，它仅仅是从中选择了某些细节，而这些细节很难建立相关联系，从而也就很难被记住。于是，梦的构成就很难在充满心灵精神序列的组织中找到自己的位置，因为没有条件帮助回忆。

斯特伦佩尔说："就这样，梦境仿佛脱离了我们精神生活的土壤，像云一样飘浮在精神空间中，被醒来后的第一次呼吸瞬间吹散。"醒来后，感官世界会立即占领精神的注意力，只有很少的梦象能将其抵挡住，其余大部分都会让位于新一天的印象，就像星星屈服于太阳的光芒一样。

最后，还有一个需要铭记的事实，那就是梦之所以很容易被遗忘，是因为大多数人很少对他们的梦感兴趣。如果一个人在一段时间内持续关注自己的梦，那么他就会比平时做更多的梦，他也能更加轻松、频繁地记住自己的梦。

贝尼尼所引用的博纳泰利总结出来的两个关于梦被遗忘的原因，是对斯特伦佩尔理论的补充——事实上斯氏的理论似乎已经包含了这两点，即（1）睡眠状态和清醒状态间的总体感觉更换，不利于它们间的相互再现；（2）梦象素材的不同排列，使它们在清醒状态下很难被解读。

斯特伦佩尔提醒非常值得注意的是：虽然有很多原因促使梦被遗忘，但是依旧有不少梦被保留在记忆中。学者们在这个问题上一再试图找到梦的回忆规则，这相当于承认了在该方面存在着一些令人费解之事。最近，人们注意到了梦的回忆的某些特征。例如，人们认为自己忘了那个梦，却被某种偶然的感知所触动，又将梦的内容回忆出来。

不过，对梦的回忆也遭到了一些学者的批判，他们的意见很显然是在降低梦的价值。因为梦有很大一部分被遗忘，所以人们有理由怀疑那些遗留的梦境是否存在伪造成分。对此，斯特伦佩尔也持有疑问："因此，在清醒时很容易无意识地将其他内容加进梦中，我们认为自己梦到了所有事物，而这其中包含了实际在梦中未出现的内容。"

耶森的怀疑态度更为强烈，他写道："在我看来，迄今为止人们在调查研究连贯、一致的梦时，很少关注这一特殊情况，即人们几乎总是将事实混入梦的回忆中：当人们在清醒状态下回忆梦时，总会下意识地填补梦中的空白。尽管有的梦很连贯，却也不如我们回忆中的连贯。即使是最热爱真理的人，也很难在描述自己的梦时不添加任何补充或修饰。人们的思维倾向于把所有的事物都联系起来，在回忆一个不连贯的梦时，人们总会下意识地填补任何缺乏连贯性的地方。"

艾格尔虽然也独立发表了一些观点，但听起来几乎像是耶森上述话的翻译："对梦进行观察有一些特殊困难，避免在类似问题上出现错误的唯一方法是立即把刚刚经历的事情记在纸上，否则，会很快遗忘部分或全部内容。

全部遗忘还不算严重，部分遗忘才真的危险。因为，如果我们开始讲述那些没被忘记的事情，我们就会用想象力来补充记忆中那些前后不一致或内容脱节的片段……我们一不小心就成了极具创造力的艺术家。如果这个故事不时地被重复，最后会使我们自己相信这一切都是合理事实，并将其呈现给他人。"

斯皮塔也表达了类似的观点，他认为，当我们试图描述一个梦时，杂乱无章、结构松散的梦会被下意识地整理成逻辑有序的框架，"我们将那些仅有的并列结构，改变成具有前后、因果等逻辑关系的结构，简单说就是，我们将逻辑关系引入梦中"。

除了客观的证据，我们没有检查记忆有效性的其他方法。然而，梦是我们自己的个人经历，想要知道梦的内容只有依靠回忆，所以对于梦来说，想要客观证据是不可能的，那我们对梦的回忆还有何价值呢？

第五节　梦的心理特征

我们对梦的科学思考开始于这样一个假设：梦是我们自身心理活动的产物。尽管如此，梦还是让我们感到陌生，我们甚至不愿承认自己是它的创造者，于是，我们常常会说"我有一个梦"（mir hat geträumt：I had a dream）❶，就像说"我做梦了"（ich habe geträumt：I dreamt）一样自然。这种感觉源自哪里呢？

鉴于我们对梦来源的探讨，我们得出这样的结论：对于梦的陌生感并非源于梦中的材料，因为这些材料往往在梦与清醒生活中都十分常见。问题出在，是否是梦中心理活动的变化导致了这种印象的产生。因此，我们需要描绘一幅梦的心理特征图。

关于梦中生活与清醒生活间的本质区别，没有人比费希纳在《心理物理学元素》中的一段话说得更强烈、更能进一步引出结论的了。在他看来，"不管是将清醒状态下的精神生活压至感觉阈限以下"，还是将注意力从外部世界的影响中转移，都不足以解释梦中生活与精神生活之间的区别。

相反，费希纳认为，梦和清醒生活之间有着不同的行为场景。"如果在睡眠和清醒时，身心活动的场景是相同的，那么梦就只是将清醒的意象活动以较低的强度进行延续，同时，梦必须具有和清醒的意象相同

---

❶ 译者注：括号中前句为作者母语德文。

的内容和形式。事实上，此二者恰恰相反。"

人们并不清楚费希纳提到的这种精神活动场所的变化，到底指的是什么。据我所知，也没有人对他的上述观点进行更深入的研究。我认为，可以忽略从生理性的大脑定位甚至大脑皮层的组织分层中对精神活动场所进行解剖学上的解释。不过，如果其所指的是一种精神结构，它最终有可能被证明是有道理和有意义的。

其他一些学者则满足于关注梦中生活的某个显著特征，并在此基础上进行更为深入的研究。

有人注意到，梦境生活的一个主要特点出现在入睡的过程中，并称之为预睡现象。根据施莱尔马赫的观点，清醒状态的特点是思维活动产生的是想法而非影像。但是，梦基本上以影像为主要思考方式，在临近睡眠状态时，我们可以观察到：随着自主活动变得越来越困难，非自主的想法是如何产生的，而且所有这些想法都属于影像的范畴。

那些我们认为思想活动和影像的出现（习惯性伴有出神的状态），这是两个留存在梦中的特征。而对梦的心理学分析迫使我们将其视为梦中生活的基本特征。通过之前的介绍，我们已经发现：睡前幻觉在内容上与梦中的影像是相同的。❶

梦主要用视觉图像思考，除此之外，它们也会利用听觉图像，甚至在较小程度上利用其他感官的印象。在梦中，人们会对许多事情进行思考或想象（就像在清醒时通常做的那样），我们可以认为这是语言表达的残余形式。而梦的主要特点表现为与影像类似的内容，与记忆表征相比，它更像是感知的影像。

把精神病学家所熟悉的，关于幻觉性质的所有争论都放在一边不

---

❶ 原文注：西尔伯勒搜集了一些很好的例子，来说明在昏昏欲睡的状态下，抽象的思想也会转化为试图表达相同含义的生动影像。

谈，在这个问题上权威人士能够达成一致观念，即认为梦会产生幻觉，梦会用幻觉代替思想。由此方面说，视觉和听觉的表现是没有区别的。据观察，如果一个人在脑海中回忆着一段曲子入睡，那么对于这段曲子的记忆就会转化成同一个旋律的幻觉。在打瞌睡的情况下，由于睡眠状态与清醒状态是交替进行的，所以幻觉与相应记忆也会不止一次地交替出现。与之前的记忆相比，后来者的质量明显变弱。

在清醒生活中，将想法转化为幻觉，并不是梦与相应概念的唯一不同点。梦借助幻觉影像构建一个场景，呈现出一个实际发生的事件。正如斯皮塔所说，它"戏剧化"了一个想法。通常（一些例外情况需要特别说明），人们在做梦时，似乎并不认为自己在思考，而是认为自己在体验，也就是说，人们会完全相信并接受幻觉。只有认识到这一点，我们才能完整理解梦的这一特点。

也有学者认为，睡眠中的人们只是以一种特殊的方式思考（也就是做梦），而并没有经历任何事情。这种情况事实上是在清醒时发生的，也正是这一情况，使得真正的梦与白日梦区别开来——白日梦从不与现实混淆。

布达赫总结了迄今为止人们所探讨的梦的特点，主要有：

（1）在梦中，我们心灵的主观活动以客观形式出现，因为我们的感知能力将想象中的产物视为感官的印象。

（2）睡眠意味着自主行为的终结，因此，入睡会带来一定程度的被动性。伴随睡眠的影像只有在自主行为力降低的情况下出现。

接下来我需要试图解释的是：当自主行为力降低时，心灵是如何轻易相信梦中幻觉的？斯特伦佩尔认为：在这方面，心灵按照自己的机制正确执行其功能，梦中的元素绝不只是单纯的想象，而是心灵的真实体验，与清醒状态下通过感官作用所产生的体验一样。

在清醒的状态下，心灵用言语意象和语言方式表达思想和想法，但在梦中，心灵则以真实的感官图像表达思想和想法。此外，梦还有空间意识，就像清醒时一样，感觉和影像被分配到一个外部空间。因此，我们必须承认，在梦中心灵对影像和感觉的接受度和清醒状态下相同。如果这样做仍然出错，那是因为在睡眠状态下，心灵缺乏一个标准，这个标准可以区分外部和内部产生的感官知觉，而缺乏这一标准的心灵，将无法检验梦中影像是否是客观事实。

除此之外，心灵还忽略了可以任意互换的影像和不存在任意性要素的影像之间的区别。心灵之所以出错，是因为它不能用因果律来解释梦中的内容。简言之，心灵已经脱离了外部世界，所以它相信主观梦世界。

在稍有偏离的心理分析上，德勃夫得出了相同的结论。他说："我们之所以相信梦中影像的真实性，是因为我们与外部世界分离，在睡眠中没有其他印象可以与之相比。"不过，我们并不是因为梦中没有检验的途径，所以才相信这些幻觉的真实性。梦似乎可以给我们提供这样的检验：它可以让我们触摸看到的玫瑰，事实上我们此时还在梦中。

在德勃夫看来，只有一个可靠标准能判断我们是在梦中还是现实中，即我们是否处于清醒状态。当醒来时，发现自己赤身躺在床上，就会认为，自己在入睡和醒来之间所经历的一切都是幻象。在睡眠中，将梦中的影像视为真实的，是因为心理习惯没有消失所致，它会认为存在一个与自我对应的外部世界。❶

如果心灵脱离外部世界，成为决定梦中生活最显著特征的因素，那么，老布达赫的一些精辟理论就很值得一提。他的理论揭示了沉睡的心

---

❶ 原文注：哈夫纳同德勃夫一样试图通过实验来解释梦中的活动：引入一个非正常条件，必然会导致精神机制的正常运作发生改变。但是哈夫纳对这一条件的解释有些不同，在他看来，梦的第一标志是它存在独立的时间和空间。与此相关的第二个基本特征是幻觉、幻象和想象的组合与外部知觉相混淆。

灵与外部世界间的关系，并防止人们给上述结论过高的评价。

老布达赫写道："睡眠只有在心灵不被感官刺激的情况下才能发生。不过睡眠的真正前提不仅限于缺乏感官刺激，而是缺乏对它们的兴趣。为了使心灵平静，一些感官印象实际上是有必要的。比如，磨坊主只有听着石磨碾动的声音才能入睡；如果一个人认为晚上开灯是以防不测的措施，那么他很难在黑暗中入睡。

"在睡眠中，心灵与外部世界隔绝，并从它们之间的界限撤回。然而，连接并没有完全中断。如果我们在睡觉时听不到或感觉不到，但在醒来后可以，那么人就不可能被叫醒。感觉的持续性通过更有力的事实得到清楚的证明：唤醒我们的并不总是单纯的感官刺激力量，还有与之相关的精神联系。一个沉睡的人不会被一个无关紧要的词唤醒，但如果喊他名字，他就会醒来。可见，在睡眠中，心灵依然能够区分感觉。

"如果一个感官刺激与某个对他有重要意义的事物有关，那么不用感官刺激也能唤醒他。所以，夜灯一熄灭，那个人就会醒；磨碾一停，磨坊主也会醒。他们都是被感官活动的停止所唤醒，这就意味着这种活动已经被他的心灵所感知，但由于它无关紧要，或者说是能满足人们的需要，所以并不会扰乱他的思想。"

这些反对意见并非无关紧要，即使我们想无视它们，也必须得承认迄今为止我们所讨论的梦中生活与外部世界分离而具有的特征，并不能完全解释所有梦的陌生性，不然，我们就有可能把梦中的幻想变回观念，把梦中的景象变回想法，从而完成解梦工作。

事实上，我们除了通过醒来后对梦进行回忆，别无他法。而且，无论我们是否能成功地全部或者部分解释这个梦，它依旧很神秘。

另外，所有权威学者都毫不犹豫地认为：清醒生活中的意识形态材料进入梦中，会发生其他更为深刻的变化。

斯特伦佩尔曾试图分析其中的一项变化："随着感官功能和正常意

识的停止，心灵失去了情感、欲望、兴趣和行动所植根的土壤。而那些在清醒生活中，与记忆图像相关的心理状态、情感、兴趣、价值判断也会受到一种模糊的压力，使它们与记忆图像的联系中断。清醒生活中的事物、人、地点、事件和行为的知觉图像被大量地单独复制，却不具有原本的精神价值。它们与这些价值分离，因此只能在心灵中随意游荡。"

图像被剥夺了精神价值，是由于心灵与外部世界的分离。根据斯特伦佩尔的说法，这是导致梦具有陌生性的主要因素，而陌生性使记忆中的梦与现实生活产生区别。

我们发现，人一入睡就会丧失某种精神活动，也就是说，我们会失去对思想进行有意识控制的能力。那么我们将获得在任何情况下都合理的建议，即睡眠状态的影响可以扩展到所有的心灵能力上。其中一些官能似乎被完全中止了，现在的问题是，其余部分是否能继续正常运行，以及它们在这种情况下是否还能正常工作。

此时，有人可能会问，梦的不同特征是否不能通过睡眠状态下受限的心理活动来解释。这种看法在清醒时判断的印象中找到支持。梦是断断续续的，它们没有原则地接受激烈的矛盾，承认不可能的事情，却无视我们日常生活中有重要作用的知识，我们在梦中的伦理道德素质低下。

任何人在醒着的时候用梦中的行为表现，那一定会被认为是精神错乱了；任何人在醒着的时候用梦中的方式说话，或向他人大谈特谈其梦中发生的事情，都很有可能被认为是脑子有问题。因为人们坚持这一事实评价，即梦中精神活动能力减弱，特别是高级智力活动在梦中受损或被中止。

学者对这种评价表现出不寻常的一致性（稍后会讨论例外情况），这些判断直接导出有关梦的特定理论或解释。现在是时候改变泛论方式，转而从不同的学者（包括哲学家、医生）那里借用一系列关于梦的心理特征的引文。

据莱蒙尼说，梦中意象的"无理性"是梦的一个基本特征。

莫里同意莱蒙尼的观点，他认为：没有绝对合理的梦，所有梦都存在无理性、时间错乱或内容荒谬之类的特征。

斯皮塔引用黑格尔的说法——梦缺乏目标以及合理的逻辑联系。

杜加斯写道："梦是精神上的、情感上的和心理上的无政府状态，它是各种自身官能在无控制状态下的自由发挥，是一架精神自动装置。"

即使沃克特的理论没有把睡眠中的精神活动视为无目的的，他也论及了"在清醒状态下，人的思想活动由自我逻辑能力维系在一起，但在梦中，它们就会松懈、断开以及变得混乱"。

西塞罗对梦中思想联系的荒谬性进行了最为尖锐的批评："对于梦来说，我们想象不出比它更荒谬、更复杂、更不正常的事情。"

费希纳认为："仿佛心理活动是从一个理性人的大脑转移到一个傻瓜的大脑。"

拉德斯托克说："事实上，在这种疯狂的活动中，似乎不可能发现任何固定的规律。失去了清醒时理性的意志和注意力的控制，梦将一切东西都卷入旋涡般的混乱中。"

希尔德布兰特说："例如，一个做梦的人在做出理性判断时，常常会产生多么惊人的跳跃！他是多么平静地看着最熟悉的经验常识被颠倒！也就是说，在梦中的内容过度荒诞、胡扯到让人惊醒之前，他已经接受了在自然规律和社会规律中明显被视为可笑的矛盾。毫无顾忌地算出'3×3=20'；狗可以背诗；死人走到自己坟前；巨石浮在水面上；怀着庄重之心前往贝恩堡公国或列支敦士登公国，参观他们的海军；或者在波尔塔瓦战役开始前，赶赴到查理十二世的军队中效力。凡此种种，我们在梦中完全不会感到惊讶。"

宾茨基于这些印象的解梦理论写道："十个梦中至少有九个的内容

是荒谬的。我们把人和事物聚集在一起，不管它们之间有没有联系，都可能互相结合成各种各样的组合，就像万花筒一样，一转眼，新的组合就形成了，而且有可能比之前的更无意义、更疯狂。因此，没有完全沉睡的大脑就不断地进行这样变化的游戏，直至我们醒来后，扶额自问，我们是否仍拥有理性的思维和思想能力。"

莫里发现了一种梦境和清醒想法之间关系的类比，这对医生来说极具意义："这些梦中影像在智力范围内产生（在清醒状态下，通常是由人的意志决定的）的位置与舞蹈症、麻痹症在运动范围内产生的位置相对应。"他进一步认为梦是"思维和推理能力的一系列退化"。

斯特伦佩尔指出，在梦中，即使没有胡言乱语，基于关系和联系的逻辑思维也会消失。斯皮塔宣称，梦中的想法似乎已完全不遵循因果规律。拉德斯托克和另外一些学者认为，梦中人的判断和推理能力很弱。

据约德尔说，梦中不存在批判能力，也没法通过总体意识来纠正一系列感知，他还认为："任何一种有意识的活动都会出现在梦中，不过都是以不完整的、受抑制的、孤立的方式出现。"斯特里克对其他学者解释说，人们清醒时的知识经验与梦中内容产生矛盾，要归因于事实在梦中被遗忘，或是想法间逻辑关系的消失，等等。

然而，那些对梦中精神活动总体上持否定看法的学者们，却承认某种心理活动的残余仍存在于梦中。冯特对此加以明确，他的理论对该领域的许多学者产生了决定性影响。我们可能会问，在梦中持续的正常精神活动残余的本质是什么？学界普遍认为，再现能力，即记忆，似乎在梦中受到的损坏最小。

尽管梦的某些荒谬之处似乎可以通过它的遗忘性来解释，但事实上，与在清醒生活中相比，梦中记忆显示出了某种优越性（参见前面小节的相关阐述）。斯皮塔的观点是，大脑中不受睡眠影响的部分是情感，正是它在引导着梦。他所说的"情感"是指"各种感情的稳定组合体，它构成了人类最内在的主观本质"。

舒尔茨认为，在梦中进行的精神活动倾向于把梦中材料"用比喻的方式再阐释"。西贝克也在梦中发现一种"更广泛解释"的思维能力，这种能力可以作用于梦中所有感觉和知觉上。评判梦中最高级精神功能——意识在其中的价值，是非常困难的。因为，我们只有通过意识才能了解梦，毫无疑问，意识会一直存在梦中。然而，斯皮塔认为，梦中存在的只有意识，没有自我意识。德勃夫则承认自己不明白这二者有何区别。

控制思维顺序的联想法则对梦中意象同样有效，事实上，它们的支配作用在梦中表现得更为清晰和强烈。斯特伦佩尔说："梦似乎是按照纯意念法则或伴随这些意念的有机刺激来运行，而丝毫不受反思、常识、审美情趣以及道德判断的影响。"

我所引用的学者们的观点这样描述梦的形成过程：各种来源在睡眠中产生的感官刺激的总和，首先在头脑中引起许多想法，这些想法以幻觉的形式表现（根据冯特的观点，他认为更应该称之为"错觉"），之后按照已知的联想规律联系在一起。

根据同样的规律，会产生一系列想法（形象）。然后，所有这些材料在可能的情况下，都会通过残留在梦中的组织、思维能力来运作。但是我们还未发现——决定非外部来源图像的调用，是否应沿着一个或另一个关联链进行的动机。

然而，人们经常注意到，将梦中的意象联系在一起的联想是一种非常特殊的联想，不同于那些在清醒时思考的联想。因此，沃克特写道："在梦中，联想按照偶然的相似性和几乎不被察觉的联系，自由式地发挥作用。每一个梦都充满了这种散漫的、随便的联想。"

莫里非常重视梦中想法互相联系这一特点，因为这使他能够在梦与某些精神疾病之间进行密切的类比。他描述了"délire（妄想状态）"的两个主要特征：①一种自发的、自动的心理行为；②一种站不住脚的、不规则的联想。

莫里还讲述了他自己的两个极好梦例，梦中的意象仅通过单词发音的相似性就联系在一起。

有一次，他梦见自己前往耶路撒冷或麦加朝圣（pélerinage），在经历了多次冒险之后，他转道拜访了化学家佩尔蒂埃（Pelletier）。与佩尔蒂埃交谈后，他得到了一把锌制的铲子（pelle）；在梦的后一部分，这把铲子变成了一把巨大的刀。

还有一次，莫里梦见自己沿着一条高速公路行走，边走边读着里程碑上的公里数指示牌（kilometres）；之后他到了一家杂货店，那里有一座大天平秤，一个人正在往秤里加公斤砝码（kilogramme weights），以便测量莫里的体重；然后店主对他说："你并不是在巴黎，而是在基洛洛（Gilolo）岛上。"在接下来的几个其他场景中，他又看到了半边莲（Lobelia），还见到了不久前登出死讯的洛佩兹（Lopez）将军，最后，当他玩乐透（lotto）时就醒了。❶

然而，毫无疑问，这种低估梦中精神功能的观点同样遭到了反对，尽管这种反对并不容易。例如，斯皮塔（低估梦中精神功能的学者之一）坚持认为，控制清醒生活的心理规律同样适用于梦中生活。杜加斯（另一位低估梦中精神功能的学者）宣称："梦并不违背理性，甚至是完全不缺乏理性。"

但是，这些学者的观点与他们对梦的一般描述（精神无政府状态和每一种器官功能的消失）并不相符，如此，这些观点会显得很没意义。然而，有些学者似乎已经意识到：梦中的精神错乱也并非毫无条理，甚

---

❶ 原文注：梦中充满了第一音节采用头韵法和发音相似的单词，在之后，我们会理解其中的含义。

至有可能是假装出来的，就像丹麦王子哈姆雷特那样装疯躲过精明的审判。后面这类学者可能避免了只凭外表做判断，也可能梦境呈现给他们的是不同的表象。

哈夫洛克·埃利斯没有仅停留在梦的明显荒谬性上，他称其为"一个充满着丰富情感和不完美思想的古老世界"，对这一世界的研究，可能会揭示人类精神生活进化的原始阶段。

詹姆斯·萨利则以一种更为全面、更具穿透力的方式表达了同样的看法。他比其他心理学家更坚定地相信梦的隐藏性，所以他的观点应该得到更多的关注。他说："事实上，梦是我们的（早期）个性能够一直存续的一种方式，当我们睡着时，我们会用过去的方式看待和感知事物，回到很久以前去控制我们的冲动和活动。"

德勃夫表示（他没有对自己论文中自相矛盾的材料提出反驳，因而他的观点会存在错误）："在睡眠中，除知觉外，所有的心智能力（智力、想象力、记忆力、意志力和道德）基本上保持不变，它们只不过被应用于假想和不稳定的事物中。做梦的人就像一个演员，随意扮演着疯子和哲学家、刽子手和受刑者、矮人和巨人、恶魔和天使。"

对于那些低估梦境中精神功能的人来说，最强烈的反对者要属赫维·德·圣丹尼斯侯爵，他与莫里展开了激烈的争论。

我费尽心思寻找侯爵的相关作品，却一直没能找到。莫里是这样写的："赫维侯爵认为，睡眠似乎仅仅阻碍了感官与外部世界的联系，而大脑依旧具有行动和注意力上的完全自由。因此，在他看来，一个沉睡的人和一个闭门不出、任由思想飘荡的人几乎没有什么不同；平常的思想和睡眠中的思想之间唯一的区别就是，后者以可见的、客观的形状呈现，并且很难与外部事物引起的感觉相区分，而记忆却呈现了现实事件的外观。"莫里对此补充道："还有一个更为重要的区别，即睡眠中人的智力不能像清醒状态时那样保持平衡。"

对于赫维侯爵的相关文章，瓦西德为我们提供了更为透彻的分析，并引用了一段关于梦具有显著不连贯性的段落："梦中影像是思想的复制品，最根本的是思想，影像只是附属品。一旦这一点被确立，我们就该懂得如何遵循思想的顺序，懂得如何分析梦的结构；梦的不连贯性就可以被理解，最荒诞的想法也会变成简单而完美的逻辑事实。如果我们知道如何分析最奇怪的梦，那么我们就可以找到最合乎逻辑的解释。"

约翰·施泰克表示，一位名叫沃尔夫·戴维森的学者，曾在 1799 年发表著作（我对这位学者的著作一无所知），同样对梦的不连贯性提出了类似的解释："我们梦中想法的奇特跳跃性，都是以联想规律为基础的；然而，有时，这些联系在我们的头脑中呈现得非常隐晦，以至于我们的想法经常在实际上根本不存在的时候出现跳跃。"

广大学者针对"梦是精神活动产物"这一主题提出了诸多不同的观点：从我们熟悉的低估态度，到暗示梦还有尚未发现的价值，再到高估梦的功能价值。

正如我们所知，希尔德布兰特总结了梦中生活全部心理特征的三组矛盾（参见本章第一节），他通过诸多观点中的两个极端来解释第三组矛盾："这是一种精神活动的强化（这种强化等同于一种技艺）与弱化（这种退化通常低于人类的水平）的对比。就前者而言，几乎所有人都可以根据自己的经验证明：在梦所创造的结构中，有时会出现深厚而亲密的情感、温柔的感觉、清晰的视野、敏锐的观察力和聪明的才智，而我们在清醒生活中很难拥有这些。

梦里有精彩的诗句、恰当的讽喻、无比的幽默、罕见的讽刺。梦以一种奇特的理想主义眼光看待世界，它常常通过对世界本质的深刻理解来增强所看到事物的影响。梦以真实的如天堂般的光彩来描绘人世间的美好，以最雄壮的威严来彰显尊贵，以最可怕的形象来展示我们的日常恐惧，以难以形容的滑稽方式来表现我们平时的笑料。有时，当我们醒来，**依然会沉浸在梦中，因为我们能够享受到现实世界从未给予过我们的体验。**"

我们不禁会问，前面所引用的低估性观点和这段热情的颂词，是否针对的是同一个对象？是不是一些权威学者忽略了荒谬的梦，而另一些则忽略了深刻且精妙的梦？如果这两种类型的梦证明了两种评估的正确性，那么寻找梦的典型心理特征难道不是在浪费时间吗？说梦中一切——从最底端的精神生活到清醒时都无法超越的精神生活——皆有可能，不就够了吗？这种解决方法多么得简单方便，但必定会遭到反对，因为研究梦问题的所有努力都要基于这样一个信念，即他们坚信在梦的总体特征中确实存在一些普遍有效的显著特征，这些特征足以清除上述矛盾。

毫无疑问，在以往人类思想被哲学所支配，而不是被严谨的自然科学所支配的年代，梦的精神成就得到了心甘情愿且热情地认可。

舒伯特曾说，梦是精神从外部自然的力量中解放出来，是灵魂从感官的束缚中解放出来。

小费希特以及另外一些人也有过类似的言论，他们都认为梦将精神生活提升到一个更高的层次，这对于现在的人们来说，似乎很难理解。如今，只有神秘主义者和虔诚的信徒才会重复这种说法。❶

科学思维方式的推行，伴随而来的是对梦的全新评价。医学学者尤其倾向于认为梦中的心理活动是微不足道和毫无价值的；然而哲学家和非专业观察家（业余心理学家）仍相信梦的精神价值（这与大众的感觉更为一致），他们对这一特定领域的贡献不容忽视。任何一个倾向于低估梦的精神功能的人，自然会倾向于将它们的来源分配给身体刺激；而

---

❶ 原文注：才华横溢的神秘主义者杜普里尔，是我在本书早期版本中所忽略的学者之一，我对此深感歉意。他曾宣称，就人类而言，通向形而上学的大门不在清醒生活中，而在梦中。

那些认为梦中的头脑依旧保留清醒时的大部分能力的人，当然没有理由否认梦中的刺激可以从做梦的头脑中产生。

即便是冷静地比较，也会倾向于认为梦中生活具有高级能力，其中最显著的是记忆力。我们在之前已经详细讨论了支持这一观点的常见证据（参见本章第二节）。

梦的另一个优势经常被早期学者称赞，即它有超越时间和空间的能力。不过，这很容易被证明是一种错觉。正如希尔德布兰特的评论，这种优势是一种虚幻的优势，因为梦超越时间和空间的方式，与清醒时的思想完全相同，而梦也只是思维的一种形式。

就时间而言，有人认为，梦比清醒时的生活具有另外一个优势，即梦不受时间的约束。如前文中，莫里做了自己被砍头的梦，似乎可以表明，梦能够在很短的时间内呈现大量的感觉状况，这远比清醒状态下受大脑控制的思维信息要多得多。然而，这个结论同样受到了各种反驳。自从勒洛林和艾格尔的论文——《关于梦的明显持续时间》发表以来，涉及该主题的一场长期且有趣的讨论就此展开，但并未得出最终结论。

诸多案例报告以及沙巴内科斯所收集的案例材料，似乎都无可争辩地指出：梦可以继续进行白天的智力活动，并能得出白天没能得出的结论；梦能解决疑问和问题，还能给诗人和作曲家带来灵感。尽管这一事实无可非议，但对其含义所做出的解释却受到许多质疑。

最后，对于梦具有预言能力的话题也存在着诸多争议。有些人对此充满怀疑，有些人则坚决拥护这一观点。我们当然应采取公正的态度，对相关看法不进行完全的否定，因为不久之后，我们将引用一些例子，而这些会在自然心理学的范围内找到解释。

第六节　梦中的道德感

我之所以从"梦的心理特征"这一主题中抽出一个特殊问题，即清醒状态下的道德倾向和情感是否以及在多大程度上延伸到梦中，是因为只有将我自己对梦的研究考虑进去才能明确其中原因。在这方面，同样的矛盾又出现了，对于梦中心灵的其他功能，不同的学者采取了不同的看法。有些人认为道德要求在梦中起不到作用，而另一些人则认为人类的道德品质在梦中依然存在。

根据我们做梦的经验，毫无疑问前一种观点更为正确。耶森在文章中写道："我们在梦中不会变得更好、更高尚。相反的，我们的良心会在梦中保持沉默，不会有怜悯之心，甚至很有可能犯下严重的罪行——盗窃、暴力、谋杀，之后也不会感到悔恨，反而是漠不关心。"

拉德斯托克说："应该注意的是，联想是在梦中发生的，想法由此联系在一起，人清醒时的思维、常识、审美趣味以及道德判断几乎不会起作用，而漠不关心占据主导地位。"

沃克特说："正如我们所知，在梦中，有关性的内容通常是不受约束的，做梦者没有任何道德感和道德判断，不仅自己毫无羞耻感，还会看到其他人——包括那些他尊敬的人——也在做那样的事。而这些，在醒着的时候，即使是想想，都会让他们感到厌恶。"

叔本华的观点与他们截然相反，他表示每个人在梦中都是按照自己的性格在行事、说话。费舍尔认为人在梦中自主地展现了主观感受和渴望，或者冲动和激情，这是他道德品质在梦中的体现。

哈夫纳说："除极少数例子外……一个道德高尚的人在梦中同样道德高尚，他会抵制诱惑，远离仇恨、嫉妒、愤怒和其他恶习。而品质坏的人，他梦中的内容往往与清醒时一样。"

舒尔茨说："事实上，在梦中，我们就算进行了所有的伪装，我们仍然能认清自己。正义的人不会在梦中犯罪，如果他犯了罪，他会为此感到恐惧，因为这违背了他的本性。罗马皇帝将一个梦见自己暗杀了统治者的人处死，是因为他觉得此人梦中的想法在清醒时也会有。他这么想其实并非毫无道理。所以，当人们心中或头脑中从未想过的事情发生时，我们常用这样一句话来表达——我做梦都没想过这样的事情。"（相反的，柏拉图认为，高尚的人只在梦中经历别人清醒时所做的事。）

普法夫用一句稍加改动的俗语表示："告诉我你的那些梦，我就能说出你真正的内心。"

梦中的道德问题是希尔德布兰特最感兴趣的话题，他曾写过一本小卷，我从中借鉴了很多。在我对梦研究所引用的文献中，它是形式上最完美、思想上最丰富的。希尔德布兰特也坚持这样一条规律：生活越单纯，梦就越单纯；生活越复杂，梦也同样复杂。他相信人的道德本性会在梦中存续。

他写道："即使是最严重的计算错误，最奇妙的科学法则颠倒，甚至是最荒谬的时代错误，都不能使我们不安，甚至不能引起我们的怀疑，然而，我们永远不会忽视善与恶、对与错、美德与罪行的区别。尽管白天伴随着我们的许多东西在睡梦中可能会消失，但康德的绝对命令像一个紧跟着我们的同伴，即使在睡眠中，我们也无法摆脱它。这只能如此解释：人的本性是他存在道德，它坚定地融入我们内心深处，想象、理性、记忆和其他类似能力会在梦中受到万花筒般地干扰，但人的道德品质不会。"

然而，随着对这一主题讨论的深入，两派学者的观点开始发生显著的变化。严格地说，那些认为人的道德品质在梦中停止运作的人，就应该对不道德的梦失去所有兴趣。就像他们确信，不能通过梦的荒谬性，来推断做梦者在清醒时的智力活动毫无价值一样，他们也应该确定，任何让做梦者对自己的梦负责的观点都是错的，或者确定，从梦境的邪恶推断出，做梦者性格中具有邪恶倾向的观点是错的。

另一派认为"绝对命令"延伸到了梦中，照他们所说，做梦者就应该对自己不道德的梦负责。但愿他们不会做这种所谓需要负责的梦，以免打破他们对自己道德品质的坚定信念。

然而，没有人能确定自己有多好或有多坏，也没有人能否认自己做过不道德的梦。对于这两派学者来说，不管他们对梦的道德问题有怎样不同的观点，都要努力解释不道德梦的起源，由此新的意见分歧又产生了，因为有些人会从心理功能上寻找它们的起源，有些人则从身体刺激对精神的影响上寻找起源。令人信服的事实迫使两派学者就"不道德的梦具有特定心理根源"的问题达成一致。

然而，那些认为道德延伸到梦中的人，却要小心避免为自己的梦承担责任。因此，哈夫纳写道："我们对梦不负有责任，因为在梦中，我们的思想和欲望失去了只有在清醒生活中才能拥有的真理和现实基础……因此，任何梦都不可能被定义为美好的或罪恶的。"但是，哈夫纳也表示，人们要对自己间接导致的罪恶之梦负责。他们有义务在清醒的时候，尤其是在睡觉前，从道德上净化自己的思想。

希尔德布兰特对此进行了更为深入的分析。他认为针对梦的不道德表现，必须考虑到梦境的戏剧化形式的影响，它能将最复杂的思考过程压缩到最短的时间内，同时，梦中的意识形态元素会变得混乱，甚至失去其本质意义。这些都是影响梦的不道德表现的因素。然而，他也承认自己并不确定要拒绝对梦中的罪恶与过错负有责任的观点。

希尔德布兰特说："当我们急于反驳一些不公正的指控时，特别是与我们的信念和意图有关的指控时，我们经常会说'我做梦都没想过这样的事情'。这句俗语，一方面，我们觉得梦境是我们能够对自己的思想负责的最遥远、最终极的区域，因为梦中的思想与现实中我们的思想是松散地联系在一起的，以至于它们几乎不被视为我们的思想；另一方面，由于我们明确否认了某些想法不存在梦中，也就间接地承认我们的辩护是不完整的，除非它能扩展得更广。我认为，这是在无意识中说出了大实话。"

　　他接着说："梦中的任何行为，其最初的动机一定是源于清醒时，通过头脑产生的一种愿望、欲望或冲动。我们必须承认，最初的冲动不是由梦创造的；梦只是在进行复制与编织，它以戏剧的形式来展现从我们身上搜集到的一点历史片段。它会把耶稣使徒的话演绎成'凡恨他兄弟的人就是杀人犯'。虽然醒来后，我们会意识到道德的力量，而且会对罪恶梦的整个精心安排感到好笑，但梦的原始材料却并不好笑。我们觉得做梦者需要负责的不是全部的错误，而是一部分错误。简言之，如果我们能理解耶稣所说的'恶念来自内心'，就难免相信：在梦中犯下的罪行，至少会让我们产生某种模模糊糊的小罪恶感。"

　　白天，邪恶的萌芽与冲动以诱惑的形式通过我们的心灵，由此，希尔德布兰特在梦中发现了不道德的根源。他会毫不犹豫地将这些不道德的因素列入对一个人的道德评价中。我们都知道，这样的思想与道德评价是使得从古至今虔诚和圣洁的人都承认自己是罪人的原因。

　　毫无疑问，存在相互对立的思想是一种普遍现象，大多数人都会遇到。当然，在道德以外的其他领域也存在。然而，有时人们对此现象的评价并不那么严肃。对此，斯皮塔引用了策勒曾说过的话："人的思想很少能被有效地组织起来，以至于它不能每时每刻都拥有充足的力量，或者说规律且清晰的思维过程不常有，因为这种思维过程总是被不重要的、荒诞的思想所干扰。事实上，那些最伟大的思想家们，也曾抱怨过自己被梦幻的、戏弄人的、令人着魔的思想纠缠，它们会阻碍他们进行更深入的研究和更严肃认真的思考。"

希尔德布兰特的另一些观点，揭示了对立思想的心理学内容。他认为，梦偶尔能让我们触及，在清醒状态下无法进入的内心深处。

康德在他的著作《人类学》中也提出了同样的看法，他表示，梦的存在可能是为了展示我们隐藏的本性，并不是反映"我们是什么样的人"，而是揭示如果成长道路不同"我们可能是什么样的人"。

拉德斯托克的观点是："梦往往只会向我们揭示我们不愿承认的事情，因此，我们偏心地认为它们是骗局，是谎言。"

埃德曼也曾说："梦从未直接告诉我该如何看待一个人，但令我感到惊讶的是，我偶尔会从梦中学到对一个人的看法以及我对他的感受。"同样的言论，I.H. 费希特也曾发表过："梦给予了我们整个内在性格的真实反映，这是我们无法从清醒生活的自我观察中意识到的。"

由此可见，所出现的令我们的道德意识感到陌生的冲动同我们已经知晓的梦的特性相类似，即梦可以触及我们清醒状态下所没有的思想材料。因此，贝尼尼这样写道："我们的某些欲望，似乎已经被扼杀和消灭了一段时间，它们在梦中被再次唤醒，往日被掩埋的激情再次出现，我们从未想到的事物和人也出现在我们面前。"

沃克特也曾说："那些几乎没被注意到，甚至很快被遗忘的思想也进入了清醒的意识，它们经常通过梦中的心灵来宣布自己的存在。"在这一点上，我们可以回想一下施莱尔马赫的断言❶，即"无意识的想法"或图像伴随着睡意出现。

那么，所有出现的令我们感到困惑不已的、不道德的、荒谬的梦中思想材料，都可以归在"非自主想法"的分类下。然而，有一个重要的区别：道德领域中的"非自主想法"与我们通常的心态相矛盾，而其他的"非自主想法"只是让我们觉得很奇怪。目前还没有相关研究来深入

---

❶ 译者注：见本章第五节。

解决这一区别。

接下来的问题是，梦中出现"非自主想法"的意义为何？以及在道德上相对立的冲动，对清醒和做梦时的心理造成什么影响？此处，我们发现了新的意见分歧，还有另一个不同意见的学者组织。希尔德布兰特和其他与之有着共同立场的人认为：不道德的冲动，即使在清醒的生活中也具有一定程度的力量，就算它是一种被抑制的力量，不能产生直接行动，但在睡眠中，相应抑制消失了，我们在梦中能够意识到这种冲动的存在。因此，梦可以揭示人的真实本质，尽管不是全部本质，却也是让我们可以接近自己隐藏的内心的一种手段。

在这样的前提下，希尔德布兰特的观点揭示了梦具有警告的功能，这将我们的注意力引向我们心中的道德缺陷，正如医学家承认梦可以使我们意识到不易察觉的身体疾病一样。斯皮塔也采纳了这一观点，当他谈到梦的刺激来源时（如青春期的），他安慰做梦者，并保证如果他在醒着的时候过着一种严格的道德生活，同时注意抑制罪恶的思想，防止它们形成成熟的行为，他会尽力做好一切。

根据这种观点，我们可以把"非自主想法"定义为白天被"压制"的思想，我们应该把它们的出现看作一种真正的精神现象。

不过，一些学者认为上述结论是不合理的。对此，耶森的观点是，无论在梦中还是清醒时，或者发烧和其他精神错乱的情况下，非自主的想法都表现出一种静止的意志活动特质，以及或多或少由内在冲动引发的机械性图像和想法。在耶森看来，就做梦者的精神生活而言，一个不道德的梦，只能证明做梦者在某些时候会意识到一些思想内容，这当然并不能作为做梦者自己精神冲动的证据。

莫里似乎也认为梦具有某种能力，它能将精神活动分解成它的组成部分，而不是对其进行任意破坏。他在谈论违反道德界限的梦时表示："尽管我们的良心有时会发出警告，但它并没有阻止我们的冲动去付诸行动。我有缺点和邪恶的冲动，清醒的时候，我会努力压制它们，而且往往会取得成功。可是在梦中，我总是屈服于它们，或者更确切地说，我在它们的影响下没有恐惧或悔恨地行动。那些展现在我心里的梦中幻象，显然是由我感觉到的欲望所驱动，而我在意识暂停的情况下无法压制它们。"

在所有相信梦能够揭示做梦者虽然被压制或隐藏，但确实存在不道德倾向的人中，没有谁比莫里的话更能准确表达这种观点："在梦中，一个人将其所有的本质赤裸地呈现，一旦他的意志停止运作，他就成了所有激情的玩物，这些激情是清醒时被他的理性、荣誉感和恐惧所抵制的。"在莫里的另一篇文章中，我们也发现了类似的句子："梦中所揭示的主要是人的本质。可以说，人在梦中回到了自然状态。他的思想越不被后天获得的思想所渗透，在梦中他就越能被相反性质的冲动所影响。"莫里继续举例说明，他曾发表文章强烈抨击一些迷信言论，而在他自己的梦中，他又常常受到迷信干扰。

然而，由于莫里把他所有观察到的现象看作"自主心理"的证据，因此，他这些深刻的反思极大地失去了对梦中生活调查的价值。在他看来，自主心理支配着梦，并且与精神活动完全相反。

斯特里克在他的文章中写道："梦不仅仅是幻象。例如，如果一个人害怕梦中的强盗，虽然强盗是虚构的，但恐惧是真实的。"这让我们注意到一个事实：要用不同的方式判断梦中的情感与其余内容。于是，我们将面临这样的问题：在梦中发生的心理过程，哪一部分被认为是真实的？或者说，哪一部分可以被归入清醒生活的心理过程中？

第七节 关于梦的理论和功能

有关梦的任何研究，如果都试图从特定的角度，尽可能多地对观察到的梦的特征进行解释，同时定义梦在更广泛的现象领域中所占据的位置，这些说法就应该称为梦的理论。人们会发现，各种理论的不同之处在于，他们选择梦的其中一个特征作为基本特征，并将其作为解释、分析的出发点，他们认为对梦的研究无须从梦的理论中推断梦的功能（无论是功利性的还是其他的）。然而，由于我们有寻找目的论解释的习惯，所以，我们将更愿意接受那些涉及梦的功能的理论。

我们已经了解了一些有关梦的不同观点，从术语意义上来讲，这些观点或多或少可以被称作梦的理论。在古代，人们认为梦是神所发出的启示，这是一个完整的梦的理论，它提供了所有值得了解的有关梦的信息。自梦成为科学研究对象以来，已经发展出许多相关的理论，其中还包括许多不完整的理论。

在不进行详尽列举的情况下，我们可以按照梦中心理活动的数量和性质为基本假设，将梦的各种理论分为以下三类。

第一类理论认为，清醒时的心理活动会在梦中得以延续，代表人物有德勃夫。他们认为，在梦中心灵依旧在运作，而不会入睡，但是由于它处在睡眠状态下，与清醒时的各种环境状态都不同，所以必然会产生不同的结果。对于这些理论来说，主要面临的问题是：是否能够从睡眠状态的条件中得出梦和清醒思维之间的区别？

此外，这类理论没有涉及梦的功能，没有说明我们为什么会做梦，也没有解释复杂的精神机制，为何能在非预设的情况下继续运行。无论是只睡觉不做梦，还是当干扰性刺激出现时就惊醒，这两种似乎都是最合理的反应，而不会选择做梦。

第二类理论刚好相反，它们认为梦意味着精神活动的降低、联系的松散以及材料的减少。这些理论所揭示的人在睡眠中的心理特征与德勃夫的理论截然不同。根据这种理论，睡眠对心灵产生巨大的影响，它不仅仅将心灵与外界隔绝，而且还进入心理机制中暂停了它的运作。如果我用精神病学的一个类比来形容，第一类理论按偏执狂的模型来构建梦，第二类理论把梦看成类似于智力低下或精神错乱的状态。

而迄今为止，医学界和科学界最流行的理论认为，精神活动在梦中基本处于麻痹状态，只有一部分在梦中表现出来。值得注意的是，这一理论很轻易地就避过了解梦时最大的绊脚石——解释梦中所涉及矛盾的难度。它认为梦是部分清醒状态的产物，用赫尔巴特的话来说，梦就是"一种渐进的、局部的，同时又高度异常的清醒状态"。因此，这种理论可以利用一系列逐渐增加的清醒状态，直至最终达到完全的清醒，来解释梦中心理活动的一系列变化，即从荒谬的梦境到完全集中的智力活动。

那些认为从生理学角度来描述梦更为科学的人，可以从宾茨给出的描述中找到他们想要的："这种状态（麻痹）将在清晨慢慢结束。在脑蛋白中积累的疲劳物逐渐减少，随着血液的不断流动，越来越多的疲劳物被分解或消除。有些细胞群已经开始觉醒，但它们周围的一切还处于麻痹的状态。于是，这些细胞群在我们模糊的意识下孤立地工作，它们此时不受主管联想功能的脑部结构的控制。因此，所产生的图像大部分与近期的印象相对应，并以十分杂乱无章的方式串在一起。然而，随着被释放的脑细胞数量的不断增加，梦的无知觉程度也会降低。"

在所有现代生理学家和哲学家的著作中，都可以发现梦被视为一种不完整的、部分清醒的状态，其中莫里对它进行了最详尽的阐述，他认为清醒或睡眠状态可以从一个生理区域转移到另一个生理区域，而且每个生理区域都和特定的心理功能相联系。在这一点上，我只想说，即使部分清醒状态的理论得到了证实，它的许多细节仍然有待讨论。

这类观点自然没有为梦的功能留有任何解释空间。宾茨准确地阐述了由此得出的关于梦的位置和意义的逻辑结论："我们所观察到的每一个事实都迫使我们承认，梦必须被描述为躯体性过程，它在任何情况下都是无用的，甚至在许多情况下是病态的。"

"躯体性"一词能够在梦问题上得到应用，这要感谢宾茨，其含义远不止一个。首先，它涉及梦的病因。当宾茨通过使用药物来研究实验性梦的产生时，这一点就非常可信，因为，这类理论含有一种倾向，即尽可能地将梦的刺激因素限制躯体的范围内。

从最极端的角度来看，这一观点可以这样表述：一旦我们通过排除所有刺激因素使自己进入睡眠状态，就没有必要也没有理由做梦，直到第二天早晨，受新刺激的影响逐渐唤醒的过程，可能反映在做梦的现象中。然而，让我们的睡眠不受刺激是不可能的，它们从四面八方冲击着睡眠者，就像梅菲斯特抱怨的生命胚芽，❶从他身体的外部、内部甚至从他清醒时不被注意到的部位而来。梦就是对由刺激引起的睡眠干扰的一种反应，而且这种反应是多余的。

把梦（它毕竟具有精神活动功能）描述成一种躯体性过程，还意味着另一层意义，它旨在表明梦不值得被列为心理过程。做梦长久以来被人们比作"一个乐盲的十指在琴键上徘徊"，这个比喻也许能形象地说明持有严谨科学观点的人通常对梦的看法是怎样的。由此观点来说，梦是完全无法解释的，因为一个乐盲怎会弹出曲子呢？

人们早就不乏对梦的部分清醒理论的批判。布达赫在文章中写

---

❶ 原文注：出自《浮士德》第一部分第三场，梅菲斯特在与浮士德的第一次谈话中，痛苦地抱怨无穷无尽的新生命的出现，让他的破坏力受到了挫败。

道："认为梦是部分清醒，首先，这就没解释清楚到底是清醒状态还是睡眠状态；其次，该理论所说的也只是一些精神力量在梦中活跃，而另一些则处于停止状态，但这种反复不定的状态是充满了人的一生的。"

这种将梦视为一种躯体性过程的理论，是在1886年罗伯特所提出的一个有趣的假设为基础建立的。这个假设似乎很有说服力，因为它能够说明梦的功能和实用目的。罗伯特把我们在研究梦的材料时已经考虑过的两个观察事实作为他理论的基础❶，即我们经常梦见最微不足道的日常印象，而很少梦到日常生活中具有重大意义的事情。

罗伯特认为，经过我们深入思考的事情从来不会成为梦的刺激源，而那些我们头脑尚未考虑或者尚未考虑清楚的事情反而会成为刺激源，这是普遍的真理："正是因为梦是由前一天未能引起做梦者足够注意的感官印象所产生，所以它通常是无法解释的。"因此，决定一个印象能否进入梦中的条件是，其加工过程受到了干扰，或者它由于不重要而根本没得到加工。

罗伯特把梦描述为："它是一种躯体性的清除过程，我们会在它的精神反应中意识到它。"梦是那些在萌芽状态下就被扼杀的思想的表现形式。"一个失去做梦能力的人，随着时间的推移，会变得精神错乱。因为他的大脑中积累了大量未完成的、未被加工的、肤浅的印象，受这些印象的束缚，那些已被加工完成的整体保存于记忆的内容就会窒息而亡。"梦就像安全阀一样为过度负荷的大脑进行调节，它具有治愈和减压的能力。

如果我们对罗伯特提出这样的问题——梦中的思想表达是如何减轻心灵负担的，那可能就误解他的本意了。显然，罗伯特结论只是从梦中材料的两个特征中推断而出的，即在睡眠中，消除无意义的印象是作为

---

❶ 译者注：见本章第二节。

某种躯体过程完成的，而不是一种特殊的心理过程，它仅仅是我们从那些被淘汰的印象中得到的信息。

此外，清除并不是心灵在夜间所进行的唯一活动。罗伯特还补充说，白天的刺激也同样得到了加工："那些未被消化的想法中的任何部分，都会被从联想中借来的思想结合成一个整体，从而以一幅无害的想象画面插入记忆中。"

但是，罗伯特的理论在梦的来源问题上与主流理论截然相反。主流理论认为，如果人的心灵没有被外部和内部的感觉刺激不断地唤醒，就根本不会做梦。但在罗伯特看来，做梦的动力在于心灵本身，因为它负荷过重，需要通过一些方式来释放。

罗伯特所做的结论具有完美的逻辑，他认为，由身体条件引起的刺激，作为做梦的决定因素起着次要作用，如果头脑里没有从清醒意识中产生构梦的材料，就无法做梦。他唯一承认的是，在梦中从心灵深处产生的幻象可能会受到神经刺激的影响。

因此，罗伯特认为梦并不完全依赖于躯体因素，梦不是精神活动过程，它们在清醒生活的精神活动中不占据位置，它们是每晚在与精神活动有关的机制中发生的躯体活动过程，它的作用是避免精神结果压力过重，我们或者可以把它比作心灵的清洗师。

另外一位叫伊维斯·德拉格的学者，也根据梦的这些特点（在选择梦的材料时所揭示的特点）来建立他的理论。我们能够注意到，对相同事物的看法的细微变化，可能会导致截然不同的结论，这很有启发作用。

德拉格在亲历了一次痛失至亲的事情时，向我们讲述了这样的事实：我们并不会梦到白天占据我们所有思想的事情，除非它开始被其他事情所取代。德拉格在调查其他人的梦例时，也发现了这一事实的普遍性。他曾观察过年轻的新婚夫妇所做的梦，并得出了很有趣的结论："如果他们深爱着对方，那么在结婚前或蜜月期间几乎不会梦到对方。如果他们做的是与性欲有关的梦，他们在梦中会与不相干的人或者令其厌恶的人发生不忠关系。"那么，我们会梦到什么呢？

德拉格认为，前几天或更早些的印象碎片与残留物是构梦的材料。在我们梦中出现的每个事物，即使我们起初把它看作梦自身的创造物，当更仔细地审视时，结果还是未被识别的之前印象的复制品，是"无意识的留念"。但是，这些思想材料有一个共同的特点：它们都来源于印象，这些印象对我们感官的影响可能要比对我们智力的影响强烈，或者它们出现后很快就从我们的注意力中消失了。越不受意识关注的印象越强烈，它在梦中出现的概率也就越高。

在这里，有两类印象是罗伯特所强调的，即无足轻重的印象和那些未被处理的印象。然而，德拉格却这样解释，他认为，正是由于这些印象没有得到处理，所以它们才能在梦中出现，而不是因为它们无足轻重。

从某种意义上说，一些无足轻重的印象也没有得到完全的处理，由此具有新印象的性质，就像是"许多绷紧的弹簧"需要在睡眠中释放出来。那些碰巧被打断或被有意地限制的强烈印象，比起微弱的、最不被注意到的印象，更容易在梦中出现。白天通过被打断和抑制而储存起来的精神能量成为晚上做梦的动力，被压抑的精神物质在梦中显现出来。

可惜的是，德拉格的思路到此中断了，他只将梦中很小部分的成因归因于独立的精神活动，因此他的理论大部分还是与主流理论相一致，简言之："梦是思想无目的或无方向游荡的产物，这些思想依附于记忆，而记忆又保留了足够的专注力来阻挡它们的前进，中断它们的进程，并通过或微弱，或模糊，或强烈的纽带将它们联系在一起，而这种联系的状态取决于大脑活动当前有多大程度被睡眠所废止。"

第三类理论认为，做梦的心灵有能力和倾向进行特殊的精神活动，而这种活动在清醒的生活中基本上或完全不能进行。这种能力的运用通常为做梦提供了功能性用途。更早期的心理学家对梦的看法大多都属于这一类，我只需引用布达赫的观点就足够了。他认为，做梦是心灵的一种自然活动，它不受个性力量的限制，不受自我意识的干扰，也不受自我决定的指引，只是感官中枢内在生命力的自由运作。

布达赫等学者，显然把心灵可以自由使用自身力量视为这样一种状态：心灵得到修复，为新一天的工作积蓄新的力量，仿佛在享受一次度假。因此，布达赫十分认可地引用了诗人诺瓦利斯赞美梦王国的一些动人诗句："梦是阻挡单调乏味生活的盾牌，它们把想象从枷锁中解放出来，使它把日常生活中所有的画面都弄得混乱不堪，用孩子的快乐游戏去冲破成年人的忧思烦扰。如果没有梦，我们一定会很快就变老。因此，我们就算不把梦看作上天赐予我们的礼物，也应该把视为珍贵的消遣，视为我们走向坟墓的朝圣之旅的好伙伴。"

浦金野对梦的修复和治疗功能给予更坚定的描述："这些功能尤其是由创造性的梦来实现。这些梦是想象力的自由发挥，与白天的事情毫无关系。心灵不愿延续清醒生活中的紧张状态，它试图让它们放松，以得到休息与恢复，因此最要紧的就是生成与清醒时相反的状态。它以欢乐来治愈悲伤，以希望和快乐的画面来治愈忧虑，以爱和友谊来治愈仇恨，以勇气和远见来克服恐惧，以信心和坚定的信念来消除怀疑，以实现来替代虚无的期望。许多在白天不断被重新打开的灵魂创伤，都被梦所治愈，梦可以保护它们免受新的伤害，时间的治疗作用有部分就是基于此。"

我们都能感觉到，睡眠对精神生活具有有益影响，而且人们通过心中的模糊活动得出这样一种信念：做梦是睡眠所具有的好处之一。

1861 年舍尔纳最早提出这种极具独创性与深远意义的观点，即梦作为一种特殊的精神活动，只能在睡眠的状态下自由地扩展。舍尔纳将其作品以一种夸夸其谈的风格来论述，文中流露出其对所研究内容的无限热情，当然这也必会让那些不能理解他热情的人所反感，也给分析带来了困难。

所以，我们转而引用哲学家沃克特对舍尔纳理论，所做出的更为清晰、简短的评价："具有启发意义之光如闪电般穿过神秘的聚集物，衬得云朵光彩夺目，却没能照亮哲学家的道路。"即使舍尔纳的弟子也如此评价他的这部作品。

舍尔纳不认为心灵的能力在梦中毫不减弱，对此他向我们阐述了人的自发能量是如何在梦中变得麻木的，由此，人的认知、感觉、意愿和想法的过程是如何改变的，以及心理功能如何不再具有真正的心理特征，而只是一种生物机制。

但与此同时，被描述为"想象"的精神活动从理性的支配与控制中解放出来，一跃到梦中的主导地位。尽管梦中想象利用了最近清醒状态下的记忆作为材料，但它把它们建立在与醒着的生活最不相似的结构中。它不仅有再现能力还有创造能力。它的特点是赋予梦独特性。它显示出对过分、夸张和怪异的事物的偏好，同时，它从思想范畴的限制中解放出来，在柔韧性、灵活性和变通性等方面得到了发展。它极易受到温情与激情的影响，并迅速把内心活动大量地转化成外部形象。

梦中的想象没有概括性语言的能力，它必须用形象的画面来表达意思，而且，由于梦的无节制性，它能完全利用图像形式来阐述所要表达的内容。这样，无论它表现得多么逼真，但在内容上还是显得啰唆的、模糊的、笨拙的。梦中语言的清晰性尤其受到这样一个因素的影响：梦中的想象不喜欢用物体原本的形象来表示，而更喜欢用一些外来的形象，这些形象只能展现它所要表达的物体的某一特定属性。这就是梦中想法的"象征性活动"。

还有非常重要的一点是，梦中的想象从不会完整地描绘事物，只是勾勒其轮廓，甚至是以最粗糙的方法。因此，它的画面看起来像是灵感四射的素描。然而，它不会仅仅停留在对一个物体的再现上，在内在必要性的驱动下，将梦中的自我或多或少地与这个事物建立起联系，从而形成一个事件。比如，一个由视觉刺激引起的梦可能表现为金币散落在街上的画面，做梦的人会愉快地把它们捡起来带走。

根据舍尔纳的说法，梦中想象完成其艺术品的材料主要是由白天非常模糊的身体刺激提供的。舍尔纳提出的假设可能过分奇妙，而冯特以及另一些生理学家又过于理性，这两种学说除在关于梦的来源和梦的刺激因素上存在一致的看法外，其他方面是截然相反的。

然而，从生理学理论来看，心灵对内部刺激的反应只会激发与之对应的想法，这些想法会沿着联想路线而产生其他想法，此时，梦中的心理活动事件似乎已然结束，但根据舍尔纳的说法，躯体刺激只不过给心灵提供了一种材料，它可以利用这种材料展开想象。在舍尔纳看来，梦是在其他学者视之为结束的点才开始的。

当然，人们不会认为梦中的想象对躯体刺激的做法会有任何目的性。它与躯体刺激一起互动，以某种象征性的方式描绘出躯体刺激的来源。沃克特等人否定了舍尔纳的另一种观点，即梦的想象有一种特别喜好的方式来代表整个有机体——房子。然而幸运的是，它似乎并不局限于这种表示方法。

有时候，它利用整排房子来表示一个器官。例如，一条长街上的房子可以表示肠子的刺激。同样，一个房间的不同部分也可能代表身体的不同部位。比如，在一个由头痛引起的梦中，头部可能由一个房间的天花板表示，天花板上布满了像蟾蜍一样令人恶心的蜘蛛。

把房子的象征性放到一边，任何其他事物都可以用来代表梦中源自躯体刺激的部位。正如"呼吸的肺可以象征性地以一个燃烧的、炉内火焰作响的炉子来表示；心脏可以象征性地由空心的盒子或篮子来表示；

膀胱可以由圆形袋状物体来表示，或者随便由空心的物体来表示。由男性性器官产生的刺激所引起的梦中，可能会使做梦者看到单簧管的顶部或者烟斗，并在街上捡到一块皮毛。这里的单簧管和烟斗代表的是男性性器官的大致形状，皮毛代表的是阴毛。在女性由性器官刺激所引起的梦中，大腿合拢的狭窄空间可以用一个被房屋包围的狭窄庭院来表示，而阴道可以用一条穿过庭院的小路来表示，而做梦者必须经过这条小路，也许是去给一位绅士送信。"

特别重要的是，在由躯体刺激引起的梦结束时，梦中想象往往会抛开面纱，公开揭示出相关的器官或其功能。因此，"牙齿刺激所引发的梦"通常以做梦者想象从自己嘴里拔出牙齿的情景结束。

然而，梦中想象不仅仅把它的注意力集中在刺激器官的外形上，也可能象征着这个器官的本质特征。通过这种方式，一个有肠道刺激的梦可能会使做梦者梦到沿着泥泞的街道走，或者一个有膀胱刺激的梦可能会使做梦者梦见冒着泡沫的水。

另外，刺激本身的性质或引起它欲望的对象，都可以象征性地表现出来。梦中的自我也可能与自身状态的象征物产生具体关系。例如，在因疼痛刺激引发的梦中，做梦者可能在与凶猛的野狗或野牛进行绝望的搏斗；在性梦中，女人可能正被一个裸体男追逐。

除了丰富的表现手法，想象的象征性活动是每个梦的中心力量。沃克特在他的书中试图更深入地阐述这种想象的本质，并在哲学思想体系中为它找到一席之地。但是，尽管这本书写得很好，也很感人，但对于那些之前没有接受过哲学体系建构的人来说仍然是非常难理解的。

舍尔纳的象征性想象理论不包含梦的功能性用途——心灵在睡眠中与受到的刺激进行游戏。有人可能会怀疑这是在恶作剧，但有人也可能会问，我对舍尔纳梦理论的详细考察是否能得出功能性结论，因为它的任意性和不符合所有研究规则的随意性都太明显了。

作为反驳，我会对不加以分析就质疑舍尔纳理论的傲慢态度提出抗议。舍尔纳的理论是建立在人们对自己梦中印象的基础上，人们对梦中印象给予极大的关注，并且舍尔纳似乎拥有研究这种模糊事物的天赋。毫无疑问，它不仅涉及一个数千年来被人类视为神秘现象的主题，而且它本身及其含义也同样重要。

对于这一主题，长久以来，以精确著称的科学研究除了试图否定它的意义和重要性外，几乎没有任何贡献。最后，可以诚实地说，在试图解梦的过程中，想要避免想象的成分似乎是不可能的。

神经节细胞也很神奇。我在本节开始部分曾引用了冷静而准确的研究者宾茨的一段话，这段话描述了清晨的曙光是如何进入大脑皮层的睡眠细胞群的。这段描述的不可思议程度不亚于舍尔纳对梦的解释。我希望能够证明后者的理论背后有某种真实性的元素，尽管它只是被模糊地感知，缺乏构成梦理论特征的普遍属性。同时，舍尔纳的理论与医学界的理论对比向我们展示出两个极端，在这两个极端之间，对梦的解释无疑会一直摇摆不定。

第八节　梦与精神疾病的关系

当我们谈到梦与精神疾病的关系时，通常会涉及以下三方面的内容：

（1）病因学和临床的联系，比如梦显示或引发一种精神病状态或是梦后遗留一种精神病状态；

（2）在精神病状态下，梦产生的变化；

（3）梦和精神疾病间的内在联系，也可以说，它们本质上存在相似性。

正如斯皮塔、拉德斯托克、莫里、蒂西所收集的有关文献所示，梦和精神疾病间的复杂关系是早期医学研究者十分钟爱的课题，如今更是如此。最近，桑特·德·桑克蒂斯把他的注意力也转移到该问题上，就我的研究方向而言，对于这一重要课题，我只需简略提及便可。

关于梦和精神疾病间的临床与病因学联系，我可以提供以下观察结果作为样本。克劳斯引用霍恩鲍姆的话说，初次妄想性精神错乱的爆发往往起因于焦虑或可怕的梦，其主导思想与这个梦有关。

桑特·德·桑克蒂斯在偏执狂的案例中也提出了类似的观点，并宣称，其中一些案例表明，梦是导致"精神错乱的真正原因"。

桑克蒂斯说，精神病可能会随着妄想性梦的出现而突然爆发，或者它可能会通过一系列递进的梦来缓慢发展，其间仍要克服一定程度的怀疑。在他收集的案例中，有位病人做了一个意味深长的梦之后，随即出现轻微的癔症，后来发展成焦虑性忧郁症。费里也提到过一个导致癔症性麻痹的梦。

通过这类例子，人们将梦视为精神错乱的病因。如果我们认为精神疾病最初是在梦中出现，那么也可以在梦中将其解决。在其他案例中，梦包含一些病理症状，或者某些精神疾病只在梦中呈现。

托迈耶尔在认真观察某些焦虑梦境后，提出这些梦境应被视为癫痫发作的观点。埃里森描述过一种"夜间精神错乱"。白天，患者看起来完全正常，一到晚上就会出现幻觉、狂乱等症状。

桑克蒂斯和蒂西也提到过类似的观察结果（如一个酗酒之人的梦就是妄想症，他好似听到了指责他妻子不忠的声音）。蒂西收集了大量最近的例子，其中伴有病理性的行为，如妄想症和强迫性冲动的行为，都是从梦中衍生出来的。盖斯兰也描述了一个由间歇性精神错乱代替睡眠的案例。

毫无疑问，除了梦的心理学外，医生们总有一天会把注意力转向梦的精神病理学。

从那些精神疾病康复的案例中，我们可以很清楚地看到：患者白天完全正常，但晚上做梦就会呈现精神病状态。据克劳斯所说，格里高利首先注意到了这种情况；蒂西则引用马卡里奥收集的案例：一个狂躁症患者，完全康复一周后，仍会在梦中感受到发病时的那种恍惚与躁动。

迄今为止，对慢性精神病患者梦中生活有何变化的研究少之又少，然而，人们很早就注意到梦和精神障碍之间存在广泛一致性的本质关系。莫里告诉我们，卡巴尼斯是第一个对此发表论述的人，之后还有莱卢特、莫罗以及哲学家梅恩·德·比让。当然，这一比较可以追溯到更早的时候。拉德斯托克在其著作中单列一章来讲述该问题，其中引用了很多相关格言，以此描述梦和精神障碍间的类比。

康德曾写道："疯子是清醒时的梦想家。"克劳斯宣称"精神错乱是感官清醒时的梦境。"叔本华把梦称为短暂的疯狂，疯狂是一个漫长的梦。哈根把精神错乱描述成不是由睡眠引起的，而是由疾病引起的梦中生活。冯特写道："事实上，我们可以在梦中体验到几乎所有在精神病院中出现的状况。"

斯皮塔和莫里所用的方法大致相同，根据二者相似性的类比，列举出它们的共同点：

（1）自我意识被中止或被延迟，这导致缺乏对所处状态的判断，并因此不会感到惊讶，同时丧失道德意识；

（2）感官的知觉能力被改变，也就是说在梦中这种能力下降，但通常会在精神错乱时大大增加；

（3）想法间的相互联系完全是按照联想的规则和再现的规律产生的，即想法自动地按顺序排列，因此会导致想法间的关系（夸大和幻想）不成比例；

（4）这一切导致了性格的改变，或性格的逆转（反常行为）。

拉德斯托克又对此添加了一些类似的特征："大部分幻觉和错觉发生在视觉、听觉以及体腔感觉的区域内；与做梦一样，嗅觉和味觉提供了最少的元素；发烧人的状态就像做梦一样，会回忆起遥远的过去；睡着时和生病时能够回忆起清醒时和健康时已然忘记的事情。"只有当我们注意到梦和精神疾病间的类比延伸到具体细节（人的表情动作和面部表情特征）时，才能充分理解二者间类比的价值。

"一个被肉体和精神痛苦折磨的人，会从梦中得到现实无法给予的东西：健康和幸福。因此，在精神病患者的心目中，也有幸福、显赫、荣华富贵等美好图景。假想的拥有财产和假想的实现愿望（这种愿望的保留或摧毁，实际上为精神错乱提供了心理基础），通常是精神错乱的主要内容。痛失爱子的女人，会在精神错乱中体验做母亲的喜悦；钱财受损的男人，会在精神错乱中感到自己非常富有；遭受感情欺骗的女孩，会在精神错乱中享受被宠爱的感觉。"

实际上，上述这段出自拉德斯托克文章的话，是格里兴格尔通过敏锐观察后做出的精妙总结。他曾非常明确地表示，梦和精神疾病中的想法所有具有的共同特征是愿望的满足。我从自己的研究中同样发现，梦和精神疾病的心理学理论关键就在此。

"梦和精神错乱的主要特征在于它们的思维方式古怪，判断能力较弱。"拉德斯托克继续说，"在这两种状态下，人们会高估自己的精神活动，而这在清醒看来是毫无意义的；梦中想法的快速发展与精神疾病中想法的传播是平行的；两者都缺乏时间感；在梦中，人格可能出现分裂。例如，做梦者把自己的知识分给两个人，外来的自我纠正了真实的自我，这与我们在幻觉妄想症中所熟悉的人格分裂完全一样；做梦的人也能听到自己的思想被他人表达。"

即使是慢性妄想症的想法，也与复发性的病理梦有着相似之处。从精神错乱中恢复后，患者通常会说，在他们看来整个患病期就像一场令人身心愉悦的梦。事实上，他们还告诉我们，即使在患病期间他们偶尔也会有一种感觉，那就是他们只是被困在精神错乱中，就像平时做梦一样。

基于以上内容，拉德斯托克总结了自己和其他许多学者的观点，认为"精神错乱，作为一种异常的病理现象，被视为一种对周期性反复出现的正常做梦状态的强化"。当然，这种观点并不奇怪。

克劳斯试图在梦和精神错乱之间，建立一种比这些外在表现之间的类比更为密切的联系。他从病因学，或者更确切地说，从刺激源中看到了这种联系。如我们所见，两种现象的共同基本要素在于：有机体决定的感觉中，来自躯体刺激的感觉中，所有器官共同作用的体腔感觉中。

无可争辩的，梦与精神错乱之间的类比一直延伸到它们的细节特征，这对于梦的医学理论来说是一项最有力的依据，它证明了梦是一个无用且会造成干扰的过程，是精神活动降低的表现。然而，我们不能指望从精神疾病方面就能找到梦的终极解释，因为我们所知道的梦的起源还不足以得到普遍认可。相反，我们对梦的理解可能会影响到我们对精神疾病内在机制的看法，当我们努力揭示梦的奥秘时，同时也是在研究精神疾病。

第二章　梦的解析方法：对一梦例的分析

第一节　给梦赋予它真实的含义

我为这部作品所选择的题目，清楚地说明了我倾向于采用何种方法来研究梦的问题。

我的目标就是要证明梦是可以被解释的，为解释梦的问题而整理的以上相关文献与观点，只是作为我完成目标的过程中的额外收获。我认为梦是可以被解释的，而且除了舍尔纳的理论外，我的观点与当代的主流理论都相对立。因为要"解释梦"就意味着要赋予它"意义"，也就是说，将它替换成我们精神活动链条中具有重要性与价值的元素。

如我们所见，当前有关于梦的科学理论没有给解梦留出任何空间，在他们看来，梦根本不是一种精神行为，而只是身体活动，梦只是通过符号来表示精神系统中的各种运作。

外行人的看法历来有所不同，这是他们的权利，不过其所持观念也存在着矛盾。他们虽然承认梦是不可理解的、荒谬的，但是又从不宣称梦根本没有任何意义。在某种模糊感觉的引导下，他们似乎还是认为，尽管梦都有意义，且这种意义是隐藏起来的，但它的主要功能还是取代其他思考过程。所以，只要我们能正确地找出对应的替代物，就能发现梦的隐藏意义。

因此，外行人很早就开始注重对梦进行"解释"，并尝试用两种性质不同的方法。方法一是将梦的内容看作一个整体，同时用另一个可以理解的、与之在某些方面相类似的内容来取代它。这是"符号象征"解梦法。当遇到难以理解且内容十分混乱的梦时，这种方法将无计可施。

《圣经》中约瑟夫对法老所做梦的解读，就是这一方法的典型例子。

法老梦见七头肥母牛被七头瘦母牛吃掉。这个梦被解读为象征着埃及要经历七年饥荒，而且会用尽七个丰收年的余粮。想象力丰富的创作者所编造的大多数梦都适用符号象征的解释，因为他们要将自己的想法以梦中相似物的形式再现。

所谓"梦主要关注未来，并能预言未来"的观点，是古老的"梦之占卜说"的残余，在解梦时，通常会带有未来时态。当然，不存在明确的规则来指导符号象征性解梦，其成功只能凭借灵活的头脑和快速的直觉。所以，符号象征性解梦被提升为一种需具备天赋的艺术活动。❶

常用的解梦方法二却完全没有任何要求，它被称为"解码法"，因为它将梦划为密码学的范畴。在密码学中，梦中的每个符号都可以被翻译成一个已知的含义。假设我梦见了一封信，也梦见了一场葬礼，如果我查阅"梦之书"，我会发现"信"被翻译成"苦恼"，"葬礼"被翻译成"订婚"。然后，我会把这些翻译出来的含义联系起来，再以未来时态解读。

在达尔迪斯的阿特米多鲁斯所著的解梦之书中，有对解码法进行一

---

❶ 原文注：亚里士多德曾就这一点指出，最好的解梦师是最善于把握相似性的人。因为，梦中形象如水中幻影，会随着水的流动而出现变形。成功的解梦师能够从变形的画面中找出真正的意义。

个有趣的修改，这在某种程度上纠正了纯机械性的翻译。**❶** 他不仅考虑了梦的内容，还了解了做梦者的性格和生活环境。如此，同样的梦中元素对富人、已婚人士或演说家而言，就不同于对穷人、单身人士或商人的意义了。

解码法的本质在于，解释工作不是以整体的梦来进行的，而是对梦中内容的各个部分进行的。这就好像梦是一块砾岩，其中的每一个碎石片都具有单独的功用。显然，发明解码法的初衷是为了解释意义散乱、令人迷惑的梦。**❷**

毫无疑问，上述两种常用的解梦方法都不能用于解梦问题的科学研

---

❶ 原文注：达尔迪斯的阿特米多鲁斯，可能出生于公元2世纪，他给我们留下了在古希腊与古罗马世界中最完整、最详细的解梦研究。正如特奥多尔·高佩兹所指出的，阿特米多鲁斯坚持把解梦建立在观察和经验的基础上，并严格区分了自己的解梦艺术和其他解梦骗术。根据高佩兹的说法，阿特米多鲁斯的解梦原理与魔术中的联想原理是一致的。梦中出现的内容，意味着人们头脑中回忆到了什么，也就是解梦者所联想到的事情。解梦具有任意性和不确定性的原因在于：梦中的元素可以让解梦者联想到各种事物，或者说每个解梦者所联想的各有不同。我在本书中描述的解梦技巧与古代方法相比有一个本质区别：把解梦任务交给做梦者自己，而且不在乎解梦者在某个内容上联想到了什么，只关心做梦者的想法。

❷ 原文注：阿尔弗雷德·罗比采克博士曾告诉过我，东方的"梦之书"更多地基于字词的同音性和相似性来解释梦中的元素。然而，在将其翻译成我们的语言时，那些关联性就被弱化甚至消失了，这就解释了我们自己流行的解梦书为何难以理解。在东方古文化中，关于双关语和文字游戏所起到的重要作用，大家可以参阅雨果·温克勒（著名考古学家）的著作。自古流传下来的最典型的解梦例子建立在文字游戏的基础上。阿特米多鲁斯说："阿里斯坦多罗斯曾给马其顿的亚历山大国王解过一个吉梦。亚历山大率军围攻泰尔城时，因久攻不下而感到烦躁不安。其间他梦到了半人半羊的森林之神萨提尔在自己的盾牌上跳舞。阿里斯坦多罗斯将森林之神的希腊文拆成 σà 和 Τύρος 两部分，意思就成了'泰尔是你的'（σà Τύρος = Tyre is thine）。国王最后率军发起强攻，占领了泰尔城。"事实上，梦和语言表达紧密地联系在一起。因而费伦齐明确表示，每一种语言都有其解梦用语。一般来说，把梦翻译成其他语言是不太可能的。不过，纽约的布里尔博士还是成功地将《梦的解析》译成了英文版。

究。符号象征法在应用上受限，不能得出一般性解释；依照解码法，一切都取决于"Key"（梦之书）的可信度，然而我们无法保证这一点。所以，人们很轻易地就同意哲学家和精神病学家的观点，并同他们一样，将解梦看成一种幻想性质的工作，从而排除梦的解释问题。

不过，我有自己更好的想法。而且，在这个问题上，我再次遇到了这样一种情况：古老而顽固的大众信仰似乎比当今流行的科学研究更接近真理。我坚信：梦确实有意义，用科学的方法解梦同样有可能。

多年来，我一直（以治疗为目的）致力于解开某些心理病理结构，如癔症性恐惧症、强迫症等。

事实上，我从约瑟夫·布罗伊尔处了解到一个重要观点：对于被视为病理症状的结构，分解它们和消除它们是一样的。如果这种病理学观点可以追溯到病人精神生活的起源，这个病理症状的结构就能土崩瓦解，病人也将被治愈。

考虑到其他治疗方式的无效和这些病症令人费解的本质，我很想沿着布罗伊尔所指出的这条道路走下去，尽管困难重重，却依然想找到一个完整彻底的解释。至于我最终采取何种形式，以及我的劳动成果如何，我会另选时机来做详细报告。我在进行精神分析研究的过程中，接触到了梦的解释问题。

在我的要求下，我的病人将他们所产生的、与某个特定主题相关的想法和意念都说给我听。他们还把自己的梦讲出来，我从中观察到：一个梦可以被插入精神链条中，而这个链条必须可以根据病理学的观点被追溯到做梦者的记忆中。要将梦本身当作一种症状来对待，并把为了症状而制定的解释方法应用到梦中去。

病人要对此做好心理准备，主要包括两点：其一，增加对自己心理感知的关注度；其二，减少或消除对自己惯常筛选出的思想的批判。为了使其将注意力集中到自我观察上，病人最好闭上眼睛，保持平静的心态，并且绝不能对自己所感知到的想法进行批评。要让其知道，心理分析的成功取决于他能否注意到和报告任何进入他头脑中的内容，切不可因为觉得这个想法不重要、不相关、看起来没意义就抑制它。病人需要对自己的想法采取完全公正的态度。

我在从事精神分析工作时注意到，一个陷入沉思的人和一个正在观察自己心理过程的人，他们的整个思绪状态完全不同。沉思时的心理状态比自我观察时更加活跃。与自我观察时的平静表情相比，沉思中的人往往是神情紧张、眉头紧皱。

此两种情况都需要保持注意力集中。但是正在沉思的人也会运用思维的惯性批判力，这使得他会摒弃一些想法，同时也会把其他一些想法打断，从而不遵循这些想法所提供的思路，有些想法甚至根本没有被意识到就已被压制。而自我观察者只需设法克制自己的批判力，就会有无数的想法进入他的意识。自我观察者以这种方式获得新的自我感知材料，从而使我们能够对其病理学思想和梦的形成进行解释。

显然，问题的关键在于建立一种精神状态。这种状态在其精神能量（动态注意力）的分布上，与入睡前的状态（还有催眠时的状态）存在某种程度的相似。当我们入睡时，"不自觉的想法"会浮现出来，这是因为平时影响我们想法进程的某种刻意的（当然也是批判性的）活动会减弱。我们通常会将这种减弱归因于"疲劳"。

当"不自觉的想法"出现后，它们会变成视觉和听觉影像（参见施莱尔马赫等人的观点）。在用于分析梦境和病理学想法的状态下，患者有目地、蓄意地放弃那些精神活动，并利用由此节省的精神能量，专注于跟踪此时出现的无意识的想法，这些想法依旧保持了它们的特性，但又不同于入睡时的情况。如此，"不自觉的想法"就变成了"主动性的想法"。

就一些人而言，对那些看似"主动性的想法"不采取通常所持有的批判性态度是很难实现的。"不自觉的想法"需要冲破巨大的阻力才能浮现出来。如果我们认同伟大的诗人、哲学家弗里德里希·席勒的观点，那么诗歌创作必须拥有相似的态度。

在席勒与克尔讷通信的一段话中（我们要感谢奥托·兰克发现了它），他对朋友因缺乏创作力而产生抱怨所给予的回复是："在我看来，你之所以抱怨，是因为你的理智压制了你的想象力。我会用比喻来具体说明。如果理智在思想涌进大门时对其过于仔细地审视，这似乎并非一件好事，这不利于创造力的发挥。孤立地看待一个想法，它或许很微不足道、荒诞不经，但随后出现的另一个想法也许会让它变得十分重要，而且如果与其他同样荒诞的想法结合起来，它可能会形成一个有效链接。理智无法对这一切形成有效看法，除非它能用足够长的时间来观察出这些想法间的联系。在我看来，一旦拥有创造性头脑，理智就会放松对大门的监视，而各种想法就会源源不断涌入。只有到那时，理智才会对这些想法进行综合检查。你们这些评论家会对这种不受理智控制的状态感到羞耻或害怕，可这是所有真正具备创造力头脑的人都会有的状态。这种状态持续的时间长或短，会将有思维能力的艺术家与做梦者区别开来。所以，造成你抱怨的是你对自己的想法拒绝得太快，区分得太严格。"

正如席勒所描述的"让理智这个大门警卫放松一下"，采取一种不加批判的自我观察态度，这并不难做到。我的大多数患者接受第一遍指导就都能做到，我当然也可以做到。减少批判性活动而增加自我观察的强度所取得的成果，与不同主题对应需要的注意力相关。

我们使用此种方法的第一步，是必须把梦中的各部分内容作为关注的对象，而不是整体的梦。如果我问一个没经过训练的患者："你通过自己的梦想到了什么？"一般情况下，他的大脑会出现一片空白。如果我把他的梦进行分解，他就能很容易根据每一块碎片给出相应的联想，这些联想就是所对应梦中内容的隐藏含义。因此，我所采用的解梦方法在这一重要条件下，已经不同于历史上流行的具有神秘色彩的符号象征法，但近似于第二种解码法。像后者一样，我所采用的也是拆分解释，而不是整体解释。从一开始就把梦看作一个复合物，一种由众多精神形态组成的集合体。

在对神经症患者进行心理分析的过程中，我大概已经解释了一千多个梦，但我目前不打算利用这些材料来介绍解梦的技术和理论。总有人会针对这类研究发出各种质疑，诸如"这些都是神经症患者所做的梦，并不能对正常人所做的梦做出有效推论"之类的言论。还有另一个原因迫使我放弃使用这些材料，那就是这些梦会牵扯出患者们的神经症病史。

因此，对每一个梦都需要做很长一段介绍，还要对精神性神经症的性质和病因学决定因素做出详细调查。这些本身就是新奇的话题，容易令人感到困惑，当然也会分散人们对梦问题的注意力。而我的目的是想通过解释梦，来为解决神经症心理学中的难题做准备。但是，如果放弃了我的主要材料，也就是我的那些神经症患者的梦，就无法对剩下的内容挑三拣四了。这些剩下的内容包括我所认识的普通人偶尔跟我讲的梦，以及我在有关梦的文献中找到的梦例。

不幸的是，这些梦例都无法分析，我也就无法发现它的意义。我的方法不像流行的解码法那样方便，能够按规定的解码翻译任何梦的内容。相反，我要时刻注意，同一个内容针对不同的人或在不同的背景下，可能隐藏不同的含义。如此，我只能利用自己的梦。当然会有人对这种"自我分析"的可信度产生怀疑，他们会觉得无法排除任意性结论问题。不过，根据我的判断，自我观察比观察其他人的梦更有利。我们不妨做实验来看看，自我分析对梦的解释能够给我们带来多大的帮助。

另外还有需要克服的困难，这些困难源于我自己。对于揭示自己精神生活中如此多的私密信息，我内心的犹豫和挣扎都在所难免，而且也不能保证不被他人误解，但必须尽可能克服这种犹豫。德勃夫曾说："每一位心理学家都有义务承认自己的弱点，如果他认为这能够揭示出一些难解的问题。"可以肯定的是，读者们最初也许会对我的轻率行为感兴趣，但很快就会关注到所要探讨的心理学问题上。

接下来，我将从自己所做的梦中选择一个，并在此基础上证明我的解梦方法。对于每一个这样的梦，都需要用序言的方式来进行一番介绍。现在，我请读者们和我一起投入我生活中的那些细节中去。

第二节　1895年7月23日/24日的梦

1895 年的夏天，我一直在给一位叫伊尔玛的年轻女士进行精神分析治疗，她与我以及我的家人关系很好。这样一种复杂的关系，对于医生，尤其是心理医生而言，很可能成为不愉快经历的来源。医生的个人因素越大，他的权威性就越小，如果治疗失败，必将威胁到与患者家属间的友谊。

那次治疗获得了部分成功，患者的癔症性焦虑得到了缓解，但并没有消除所有躯体症状。当时，我还不太清楚何种标准表明一个癔症性病症史已经结束，于是我向她提出了一个治疗方案，她似乎不愿意接受。由于无法达成一致意见，我们中断了暑期的治疗。

一天，一个名叫奥托的同事来拜访我，他是我的一位老朋友，一直住在乡村的度假胜地，刚好伊尔玛和她的家人也住在那里。来之前，他去看望了伊尔玛，于是我向他询问患者的情况。奥托说："她好多了，不过还没彻底好。"

　　奥托的话或是他说话的语气让我有些生气，我听出了他有责备之意，比如说我对患者许诺得太多却没能兑现。总之，不管对错，我把奥托对我的这种态度归因于患者家属对他造成了影响。

　　在我看来，也许他们一直就很赞成我对伊尔玛的治疗。不过，由于我自己也没太搞清楚这种不愉快的感受，所以也就没表现出来。当晚，我写下了伊尔玛的病历，打算交给我的朋友 M 医生（当时我们圈子里的领军人物）来证明自己。那天夜里（或者更有可能是第二天早上），我做了一个梦，醒来后我马上把它记下来。❶

　　在一个大宴会厅，那里有许多客人，我们正在接待他们，其中就有伊尔玛。我立刻把她带到一边，责备她还没有接受我的"治疗方案"。

　　我对她说："如果你仍然感到疼痛，那就是你自找的。"

　　她回答说："如果你能知道我的喉咙、胃和腹部现在有多痛就好了，我疼得快要窒息了。"

　　我惊恐地看着伊尔玛。她的脸苍白，浮肿。我想，一定是我错过了一些生理上的问题。我把她带到窗前，想看看她的喉咙，她像戴了假牙的女人那样表现出明显的抗拒，我觉得她没必要做这样的检查。她真的没有必要这样做。

　　之后她适当地张开嘴，我在她喉咙右侧发现了一大片白色斑块。其他地方在一些明显卷曲的结构上，还广泛分布着灰白色的痂，这明显卷曲的结构似乎是鼻甲骨。

　　我马上打电话请来了 M 医生，让他再检查确认一遍。M 医生的模样与平时大不相同。他面色苍白，走路一瘸一拐，下巴刮得很干净……奥托此时也站在伊尔玛身边，我的另一位朋友莱奥波德在对她边

---

　　❶ 译者注：这是弗洛伊德提交的第一个详细解释的梦。

进行叩诊边说："她左下方胸腔有浊音。"他还指出伊尔玛的左肩皮肤上出现病灶（尽管隔着衣服，我也注意到了）。

M医生说："毫无疑问，是感染引起的，不过不严重，之后会得痢疾，只要多拉几次，毒素就能被排掉。"

我立即想到了感染源。不久前，当她感觉不舒服时，奥托给她注射了丙基制剂，丙基……丙基酸……三甲胺（我看到了它用粗体字印刷的分子式）。不应该这样轻易地注射，而且很可能那个注射器也不干净。

这个梦与其他许多梦相比所具有的优点是，很快就清楚了它与前一天的哪些事情相关。我的预演很简单、直接。奥托告诉我关于**伊尔玛**的病情，以及我一直写病史到深夜，这些在我睡着之后仍影响着**我的精神**活动。

然而，只读了序言且只知道梦中内容的人，是无法分析出梦的含义的。我自己也不清楚。我对伊尔玛在梦中向我抱怨的症状感到惊讶，因为这些与我给她治疗时的症状不同。我对注射丙基酸这种荒唐做法和**M**医生的安慰之词感到好笑。这个梦快要结束时的内容比刚开始还要晦涩。为了搞清其中的意义，我有必要进行更详细、深入的分析。

第三节　对上述梦的分析

"在一个大宴会厅里，那有许多客人，我们正在接待他们。"那年夏天，我们住在贝尔维尤的一座山顶独栋别墅里。那里的山与维也纳的卡伦山相连。这栋房子以前被用作休闲娱乐场所，因此里面的房间都像大厅一样异常宽敞。就在我妻子生日的前几天，我在贝尔维尤做了这个梦。做梦前一天，妻子告诉我，她希望多邀请些朋友，其中也包括伊尔玛，来参加她的生日宴。我的梦也就预演出这样的场景：今天是我妻子的生日，在大厅里，我们招待了很多客人，包括伊尔玛。

"我责备伊尔玛没有接受我的'治疗方案'。"我说："如果你仍然感到疼痛，那就是你自找的。"我可能在清醒的时候对她说过这样的话。当时我以为（之后我已经认识到这是错误的），只要告诉患者其症状的隐藏含义，我的任务就完成了，至于他们是否接受这个影响成功的治疗方案，已经不是我能左右的。幸好我现在纠正了这个错误，对此我心怀感激，尽管我无法避免自己的疏忽，但我仍被期望能够取得治疗上的成功。然而，在梦中，我对伊尔玛所说的话明显是不想为她所遭受的痛苦负责。如果是伊尔玛自己的责任，也就与我无关。难道这就是此梦境的目的吗？

"伊尔玛抱怨的是：喉咙、胃部和腹部疼得令她窒息。"胃痛是她的症状之一，但并不严重，她所抱怨的可能是恶心的感觉。喉咙和腹部的疼痛，与她的病症几乎没有任何关系。我想知道自己为何要在梦中选择这些症状，目前而言还不得而知。

"她的脸苍白，浮肿。"实际上我的这位患者总是面色红润。我开始怀疑有人取代了她。

一想到自己错过了某些生理上的问题，我就大感惊讶。这可以被认为是精神病专家的一个永久性的焦虑源，因为他们的眼界只局限于神经病症患者，其他医生认为是生理性症状的，他们很有可能将其归为癔症。另外，一种不知从何而来的微弱怀疑（对自己在梦中是否真的感到惊讶的怀疑）萦绕在脑海。因为如果伊尔玛的疼痛是由于生理性问题所致，那我又当然地不用对此承担责任，毕竟我的治疗方法只是为了消除癔症所带来的痛苦。事实上，我可能真的希望之前的诊断是错误的，如果这样，也就无法指责我的治疗方案是失败的。

"我把她带到窗前，想看看她的喉咙，她像戴了假牙的女人那样表现出明显的抗拒，我觉得她没必要做这样的检查。"我也从未给伊尔玛检查过喉咙。梦中的这一情景让我想起了我曾为一名家庭教师做过这种检查。她给人的第一印象是年轻美丽，当她张嘴时，会尽力遮挡自己的假牙。这勾起了我对其他医学检查的回忆，以及在检查的过程中，出现的那些令医患双方都不满的小秘密。

"她真的没有必要这样做"，乍一听，好像是对伊尔玛的恭维之词，但我觉得这句话还有另外的含义。如果认真地分析，看看是否已经用尽了所有可以预料到的隐藏含义，就能发现仍有线索可挖。站在窗前的伊尔玛让我想起了另一次经历。

伊尔玛的一个闺密，我对其评价很高。一天晚上，当我去拜访这位女士时，她就像我梦到的那样站在窗前，她的医生，也就是 M 医生，正告诉她，她的喉咙里有一层白苔。在我的梦里，白苔和 M 医生的形象都出现了。如今我想起来，在过去的几个月中，我完全有理由认为这位女士也患有癔症。

事实上，伊尔玛已经告诉我不少有关她的情况。而我究竟知道什么呢？能够确定的一件事是：她像我梦中的伊尔玛那样，患有癔症性窒息。如此看来，我在梦中用伊尔玛的朋友代替了她。

现在回想起来，我曾以为这位女士也可能请我为她治疗。不过，我又觉得不太可能，因为她就像我梦到的那样，会表现出抗拒，是个顽固、保守之人。

另一个她没必要做检查的原因是，她一直都显得很健康，可以在无须他人帮助的情况下控制自己病情。还有几个特征：苍白、浮肿、假牙，我既不能安在伊尔玛身上，也不能安在她好友的身上。

假牙让我联想到之前提的那个女家庭教师。我现在很容易根据坏牙产生联想。之后，我又想到了别人，这些特征所暗示的很可能就是她。她不是我的患者，我也不想有这样的患者，因为我注意到她在我面前很胆怯，我觉得她不会是那种能积极配合的病人。她的面色总是很苍白。

有一段时间，虽然她的身体状态很好，但看上去却有些浮肿。[1]显然，我在梦中将伊尔玛与另外两个同样不愿意接受治疗的人做了比较。在梦中，我为什么要用她的朋友来代替她呢？我可能是更同情她的朋友，又或者我觉得她的朋友更聪明。因为，在我看来，伊尔玛有些蠢笨，她没有接受我的"治疗方案"，她的朋友应该会更聪明，更懂得配合。于是，在梦中她适当地张开了嘴，这意味着她比伊尔玛更喜欢交流。[2]

"我在她的喉咙里看到：一大片白色斑块和附着在鼻甲骨的灰白色的痂。"白斑让我想起了白喉病和伊尔玛的朋友，也让我想起了大女儿前两年所患的重疾，以及我在那些焦虑的日子里倍感恐惧的情形。鼻甲骨上灰白色痂代表着我对自己健康状况的担忧，那时我经常使用可卡因来抑制鼻部肿大。

在做梦的前几天，我听说我的一位女患者也尝试用我的这种方法，结果造成鼻腔黏膜的大部分坏死。我在1885年1月开始建议人们使用可卡因，这一建议使我受到了严厉谴责。我的一位挚友因滥用这种药物于1895年去世。

"我马上打电话请来了M医生，让他再检查确认一遍。"这显示了M医生在我们这个圈子里是极具权威的代表。但"马上"这个词我需要特别解释一下，它使我想起了一次令人悲痛的经历。

---

[1] 原文注：关于腹部疼痛的抱怨并未解释，这可以追溯到另一个人身上，那就是我的妻子。腹痛让我想起来，我有注意到她当时表现得很怛忸。我必须承认，在这个梦中我对伊尔玛和我的妻子都不怎么良善。不过我还是会找借口：我其实是以一个顺从的、懂得配合的病人标准来对她们两个进行衡量。

[2] 原文注：我觉得，对梦的这一部分解释还不足以让人理解其中的全部含义。如果继续对三位女士比较下去的话，我可能会偏离主题。每一个梦中都至少会有一个无法解释的点，它也是与未知事物的接触点。

　　我曾给一名女患者连续开了一种当时被认为是无害的药物（磺酰胺），结果导致她药物中毒，我马上向有经验的老同事寻求帮助。这位患者最终因药物严重中毒而去世，她与我大女儿同名。

　　这个词让我产生了联想，如此看来，这几乎就是命运的报应。就好像人物相互替代要在另一个意义上继续下去：这个马蒂尔德换了那个马蒂尔德，以眼还眼，以牙还牙。我好像是在收集所有能谴责自己缺乏医疗责任心的事例。

　　"M 医生面色苍白，走路一瘸一拐，下巴刮得很干净。"其中只有面色苍白这一条符合 M 医生的真实形象，他也常常因为这样的外表而让朋友们感到担忧。另外两个特征则要安在其他人身上，这个人就是我生活在国外的大哥，他总是把下巴刮得很干净。如果我没记错的话，他同我梦中的 M 医生很像。几天前，我收到消息，大哥因髋关节炎导致走起路来有些一瘸一拐。我想，我在梦中将二人合成一人的原因在于：我和他们都有一个相似的不愉快——他们都拒绝了我最近给他们提的建议。

　　"奥托此时也站在伊尔玛身边，我的另一位朋友莱奥波德在对她边进行叩诊边说：'她左下方胸腔有浊音。'"我的朋友莱奥波德也是一名医生，同时也是奥托的亲戚。因为他们都专攻同一个医学分支，所以很不巧地成为竞争对手，人们经常对他们进行比较。当我还在一家儿童医院的神经科门诊部工作时，他们两个都曾做过我几年的助手，梦中的场景是那时的常态。

　　当我和奥托讨论一个病例的诊断时，莱奥波德会再次检查这个孩子，并对我们的诊断作出意想不到的贡献。他们性格上的区别，就像农场管家布雷西亚和他的朋友卡尔一样❶：一个敏捷，一个稳重。如果在梦中我把奥托和谨慎的莱奥波德作对比，那显然是为了夸赞后者。这一比较同样适用于不听话的伊尔玛和她的好友。

我现在又注意到了梦中联想的另一条线索：从病人到儿童医院。"左下方胸腔有浊音"这一细节让我想起了现实中的一个病例，莱奥波德在该病例中的缜密表现打动了我。我对转移性感染的性质也有了一个模糊的想法，但这也可能是由于那位我想用来代替伊尔玛的女患者的关系。根据我的判断，她可能得了肺结核。

"伊尔玛的左肩皮肤上出现病灶"，我立即想起自己的肩膀患有风湿病，如果到深夜我还没入睡的话，我就会有感觉。此外，梦中有些话含糊不清——"我像他一样注意到了这一点"，我注意到的应该是自身的感觉。"一部分皮肤发炎了"，这句话也引起了我的注意。因为我们习惯于说"左上后方发炎"，其所指的就是肺部。因此又指向了肺结核。

"尽管隔着衣服，我也注意到了。"事实上，在医院里给孩子检查身体时，他们通常要脱了衣服，这与成年女性患者接受检查的方式形成了对比。

"毫无疑问，是感染引起的，不过不严重，之后会得痢疾，只要多拉几次，毒素就能被排掉。"起初，M 医生说的这番话让我感到十分荒谬，但还是要进行仔细分析，因为其中确实蕴含某种意义。我在病人身上发现的是局部白喉。我记得我女儿生病的时候，我们讨论过白喉问题。

白喉，是由局部白喉引起的感染。莱奥波德指出，这种感染的普遍特征是肺部有浊音，由浊音联想到转移的病灶。不过我认为，像这样的

---

❶ 原文注：他们是曾经流行的小说《Ut mine Stromtid》中的两名主要人物，作者是弗里茨·罗伊特。这部小说使用的是德国梅克伦堡方言。英文版书名为《An Old Story of My Farming Days》。

转移不会发生在白喉，而我所想到的是脓毒症。不管怎样，这是一种安慰，我认为它十分符合接下来的分析。

梦的前半部分内容是，病人的痛苦是由严重的生理因素造成。我感觉，我只是想用这种方式推卸自己的责任——精神治疗无法解决白喉给她带来的痛苦。不过，我觉得将这么严重的疾病加在伊尔玛身上很残忍，这让我良心不安。因此，梦中 M 医生所说的话就是一种安慰。可是如此一来，我对梦就采取了一种超脱的态度，这本身就需要解释。还有就是为什么安慰是如此荒谬？

痢疾。之前的一些观点认为，病毒可以通过肠道排除。是不是我想以此取笑 M 医生？即使他是业界权威，也会做出牵强附会的解释，还常建立一些奇怪的病理联系。

我又发现了其他与痢疾有关的事情。几个月前，我接手了一个年轻患者。他患有显著排便困难症，其他医生诊断为"营养不良性贫血"，我则认为他患的是癔症，但我并不愿意用精神方法来治疗他，而是推荐他去海外旅行。

前几天，我收到一封他从埃及寄来的绝望信。信中说他在那里再次犯病，当地医生说他得了痢疾。我怀疑这是一个无知从业者的误诊。我忍不住责备自己，因为是我让他陷入这样一种境地——在癔症性肠道紊乱的基础上，被强加了生理性疾病。此外，"痢疾"的发音听起来与"白喉"相似，而白喉这个预兆词在梦中没有出现。

是的，"得了痢疾，多拉几次，毒素就能被排掉"这种荒谬的安慰的话，一定是我想取笑 M 医生。因为我想起多年前，他自己也讲过一个类似的趣事。M 医生和他的同事曾给一名重症患者会诊。他的同事对病人的情况持乐观态度，M 医生则更为谨慎，因为他在病人的尿液中发现了蛋白。然而，他的同事对此置若罔闻："不管怎样，"同事说，"蛋白很快就会被排掉！"对此，我不再存有疑问，梦中的这一部分是在嘲笑没能诊断出癔症的医生。为了证实这一点，我又有了新的想法："M医生是否意识到他的病人（伊尔玛的好友）也有癔症的症状？他发现这种症状了吗？还是被它骗了？"

但是，我对待这位朋友的恶意动机是什么呢？答案很简单，M医生和伊尔玛同样都不接受我的"治疗方案"，所以我在梦里报复了这两个人。对伊尔玛，我用"如果你仍然感到疼痛，那就是你自找的"这样的话来回击她；对M医生，则是让其说出荒唐的安慰的话。

"我立即就想到了感染源。"我在梦中直接找到了真相，不过是莱奥波德先发现了感染，在此之前我们并不知道。

"当她感觉不舒服时，奥托给她注射了丙基制剂。"奥托曾告诉过我，他在伊尔玛家短暂停留期间，被请到邻近的一家旅馆，给一位突感不适的人打了一针。注射一事让我再次想起那位因可卡因中毒而去世的朋友。我曾建议他在戒吗啡期间只能口服这种药，但他却给自己注射了。

"注射了丙基制剂，丙基……丙基酸……"我在梦中为何会想到这些词呢？前一天晚上，在我写下病历和做梦之前，我妻子打开了一瓶利口酒，酒瓶上写着"Ananas"（凤梨味）❶，这是我们的朋友奥托送的，因为他习惯于在任何可能的场合都送礼物，真希望有一天他能找到一个妻子来治好他的这个习惯。这种利口酒散发出浓烈的杂醇油味，我拒绝喝它。妻子建议我把这瓶酒送给仆人喝，我坚决否定了这一提议，并好心地说："他们也不应该中毒啊！"显然，杂醇油的味道让我想起了丙基、甲基这些物质。这就解释了梦中为何出现丙基制剂。事实上，我在梦中进行了一个替代：我真实闻到是杂醇油（戊基）的味道，梦中出现的却

---

❶ 原文注：我再补充一点，"Ananas"这个词的发音，和伊尔玛的姓氏发音有着惊人的相似之处。

是丙基类的物质。不过，在有机化学中，这种取代是有可能的。

三甲胺——我在梦中看到了它的化学分子式，它见证了我在记忆上付出的巨大努力。此外，这个分子式是用粗体印刷的，似乎是想强调它对于上下文的某些部分非常重要。那么，我的注意力被三甲胺以这种方式引向何处呢？它让我想起了与另一位朋友的一次谈话。

数年间，我们对彼此的研究都很熟悉。那时，他向我透露了一些关于性化学的想法，并且他认为性代谢产物中有属于三甲胺的物质。因此，这种物质使我联想到了性欲问题。我认为，这是导致我所治疗的神经疾病的重要因素。

伊尔玛是一个年轻的寡妇，如果我想为自己对她治疗失败之事找借口的话，她是遗孀这一事实最合适不过，她的朋友们也乐于看到这一事实发生变化。我想，这个梦真的很不可思议！在梦中，我想用来替代伊尔玛的另一位女患者，刚好也是一个年轻的寡妇。

我开始猜想，为什么三甲胺的分子式在梦中如此突出？如此多重要的内容都集中在这个词上。原因就是：三甲胺不仅暗示了性欲这一强大因素，而且还暗指一个人，每当我觉得自己的观点被孤立时，他总会如我所愿地支持我。当然，这个在我生活中扮演如此重要角色的朋友，必定会再次出现于我的梦中，因为他对鼻腔及鼻旁窦疾病方面的研究颇有造诣。他还因提出鼻甲骨和女性性器官之间的一些非常显著的联系而引起了学界的关注。我曾请他为伊尔玛检查，看她的胃痛是否因鼻腔疾病所致。但是他自己也患有化脓性鼻炎，我为此感动担忧。毫无疑问，这暗示的就是我梦中隐约浮现在脑海的，与梦中转移有关的脓毒症。

"不应该这样轻易地注射。"在此处，我对奥托的轻率发出了指责。我好像记得，那天下午，他的话与表情明显透露着责备之意时，我也曾有过同样的想法："他的思想多么容易受他人影响！他多么轻率就下了结论！"梦中的这句话使我再一次想起了那位去世的朋友，他如此急于注射可卡因，而我从未想过让他注射这种药物。在指责奥托使用药物的轻率举动时，我又联想起马蒂尔德女士的不幸遭遇。在她的这件事上，我应该受到指责。在这里，我极力想要证明自己作为医生的责任心，但同时也收集了不少相反的实例。

"很可能那个注射器也不干净。"这是对奥托的另一项指责，但其来源却不同。我在给一位 82 岁的老太太治疗时，不得不每天给她注射两次吗啡。前一天我碰巧遇到她儿子，他跟我说，老太太此时在乡下，得了静脉炎。我立刻想到，一定是注射器不干净引发了感染。在对她进行治疗的两年内，我没有让她感染，因为我一直努力确保注射器的干净，我为此感到自豪。静脉炎，又让我想起妻子在一次怀孕期间也患有此症状。

现在，我已经想到了三个人物的类似情况，包括我妻子、伊尔玛和已经去世的马蒂尔德。三种情况的同一性，使我能够在梦中将她们相互替代。

我现在已经完成了对此梦例的解释。❶ 在此过程中，我要设法阻止在对梦的内容和隐藏其背后的意念进行比较时生出过多的想法，这样梦的"意义"才能被揭示出来。我发现一个由梦实现的意图，那一定是做这个梦的动机。这个梦实现了我的几个愿望，这几个愿望是由前一天的几个事件（奥托给我的消息、我写下伊尔玛的病历）引出的。

这个梦的结论是：我对伊尔玛目前痛苦的持续不负有责任，但奥托有。我对奥托关于伊尔玛治疗不彻底的言论感到恼火，在梦中我报复了他，将责备抛到他身上。这个梦引出了其他一系列因素，使我对伊尔玛的病情不负有责任。梦将我所希望的情况呈现出来，因此它的内容是愿望的满足，动机就是愿望。

---

❶ 原文注：我并没有把解梦过程中所包含的一切内容都讲述出来，然而这是可以理解的。

　　由梦可以解读出如此多的内容。从愿望实现的角度来看，我对梦中的许多细节都能理解。我不仅报复奥托的草率决定，将他描述成草率地对待医疗事务（注射）的形象，而且还报复他给了我一瓶有杂醇油味道的劣质利口酒。在梦中我发现了一种将二者结合的方式：注射丙基制剂。但这并未让我彻底满意，于是我把奥托和他的竞争对手莱奥波德放在一起比较，梦中的我更喜欢后者，这样又进一步实行了报复。

　　但奥托并不是唯一一个在梦中受我折磨的人，我也会报复不听话的病人，把她换成一个更聪明且不那么顽固的人。我还明确地嘲笑 M 医生，在这一行的某些问题上他其实是个无知的人，转而去请教另一位知识渊博的朋友（就是给我讲三甲胺的朋友），道理同我用伊尔玛的朋友替换伊尔玛，用莱奥波德反对奥托一样。"把这些人带走！用我另外选择的三个人来代替，如此我就能摆脱那些不愿承受的责任了！"

　　梦以十分巧妙的方式来证明针对我的那些责备是没有根据的：我不应该为伊尔玛的痛苦负责，因为她拒绝了我的治疗方案，这应该由她自己负责；伊尔玛的痛苦是生理性病因导致的，精神疗法无法令其痊愈，于是当然和我无关；伊尔玛的痛苦因寡居状态（参照三甲胺）引起，我对此无能为力；伊尔玛的痛苦是由奥托不小心给她注射了一种不适合的药物引起的，这种草率的举动并非我所为；伊尔玛的痛苦是因为使用了不干净的注射器导致感染的结果，就像那位老人家得了静脉炎一样，而我从未出现过这样的问题。

　　事实上，我注意到，这些关于伊尔玛痛苦的解释（为我开脱责任）并不完全一致，它们甚至相互排斥。整个梦的实质就是对我真实意图的支持，这让我想起了借水壶男人为自己做的辩护。当他被邻居指控归还的是一个坏水壶时，他首先声称自己没有任何损坏地将水壶归还；其次他表示水壶在他刚借来时，壶身上就有个破洞；最后他说自己根本没向邻居借过水壶。这样一来，如果三条中有一条被视为有效，那么这个人就可以获得免责。

梦中还包含其他一些主题，这些主题与免除我对伊尔玛病情的责任之间没有明显的联系：我女儿的疾病；那位与我女儿同名的女患者的疾病；可卡因的危害；在埃及旅行的患者的病情；对我妻子、哥哥以及 M 医生身体状态的担忧；关于我自身的病痛；对患有化脓性鼻炎的朋友的担心。

但当这些主题都集中成同一种想法时，大概就是对自己与他人健康的关心以及医生的职业责任感。当奥托跟我说伊尔玛的病情时，我隐约很是生气，这种感觉在梦中得以适当地发泄，就如同奥托对我说："你对自己的医生职责不够认真，不够尽责，你没能履行承诺。"于是，我在梦中努力证明自己有多么尽责！多么关心身边人的健康！值得注意的是，梦中还包含了一些不愉快的回忆，它们支持奥托对我的责备，而不为我开脱，这些内容看上去是公正的。但是，梦中所隐含的思想与我在伊尔玛病痛问题上的真实意图之间，存在特定的联系。

我不会就此断言，我已经完全揭开了这个梦的意义，也不会判定以上这些解释是完全没有缺陷的。我会花更多的时间来研究它，从中挖掘更多信息，探讨新的问题。同时，我知道可以从哪些方面进行深入的思考。但是，对自己的梦进行分析，还是有诸多顾虑存在，这样将使我无法进行解释性工作。

如果有人认为我没能坦率地说出一切而指责我，那我建议他可以亲自试验一下。目前，我对这一全新认知感到满意。如果采用本章所阐述的解梦方法，我们会发现梦确实有意义，而且远不像一些学者声称的那样——只是大脑碎片活动的表现。当解释工作完成后，我们认为梦就是愿望的满足。

第三章　梦是愿望的满足

当一个人穿过一段狭窄的小路之后，突然来到一处高地，从这个高地向外延伸出多条不同方向的道路，且每条道路的景色都极为丰富多彩！这时，他最好停下来仔细考虑一下自己究竟应该去往何方。

我们在掌握第一个解梦方法之后，也将面临同样的状况。这种突然的发现令我们感到前路一片光明：梦既不是无意义的，也不是荒谬的，而且它并不以我们思想储备的一部分处于休眠状态、另一部分处于苏醒状态为先决条件。

梦是一种完全有效的心理现象，是一种愿望的满足，它依靠高度复杂的脑力活动构建而成，是人们在清醒时所进行的容易理解的心理活动的延续。然而，就在我们为这一发现感到兴奋不已时，一系列问题扑面而来。

如果梦真的如理论上定义的那样代表着愿望的满足，那么这种奇特、又令人惊讶的愿望实现方式是怎样产生的呢？在梦境显现之前，那些形成梦的元素又是经过怎样的变化，才最终形成了我们醒来后能够回忆起的那种梦境呢？这种变化是如何发生的？梦境材料从何而来？我们观察到的、梦中思想所具有的许多特点又是什么引起的呢？譬如，梦中的内容怎么会相互矛盾呢（参照归还水壶的类比）？梦能向我们揭示一些关于我们内在心理活动的新信息吗？它的内容能纠正我们白天所形成的观念吗？

对于以上问题，我建议暂时搁置，转而选择一条路并专注地走下去。

既然我们已经发现梦代表着愿望的满足，那么我们接下来的目标便是要确定这是否是梦的普遍特征，或者是否仅仅是我们前一章所分析的那个梦（关于伊尔玛打针的梦）的偶然内容。因为，即使我们得出每个梦都有意义和精神价值的结论，也仍要考虑这种可能，即这一意义不一定在所有梦中都相同。

我们考虑到第一个梦是实现一个愿望，第二个梦有可能揭示某种忧虑，第三个梦又或许是一种梦境反映，第四个梦可能只是在简单地复制一个回忆。那么，还有其他表示愿望满足的梦吗？或者除了愿望满足的梦，还有别的梦吗？

梦是愿望的满足，这一特点往往是不加掩饰的，很容易被察觉。因此人们可能会想，那为什么梦的语言直到最近才开始被了解。

有些梦，我能够像做实验那样随心所欲地将之唤起。举例来说，如果晚上吃了凤尾鱼、橄榄或其他高盐食物，我夜里就会因口渴醒来。而在醒来之前，我往往会做一个梦，梦的内容都是一样的，那就是我在喝东西。我会一口气喝很多水，它的味道美极了，那感觉就像喉咙干渴难耐时被一杯清凉的饮料浇灌。之后我便会醒来，并发现自己真的很想喝东西。

这个梦的起因是我感到口渴，这种感觉引发了我喝东西的愿望，而梦向我展示了这个愿望已被实现。因此，它起到了作用，这一性质我很快就推测到了。

我通常都睡得很沉，所以很难被身体的需求唤醒。如果我能成功地通过喝东西的梦来解渴，那么我就不需要真的醒来。这的确是一种十分方便的梦，它取代了现实行动。但遗憾的是，喝东西解渴的需求，并不能像我对奥托和 M 医生复仇的渴望一样，能通过梦来满足，不过其目的都是相同的。

不久前，我又做了一个稍微有点不同的梦。这一次，我在睡前就觉得口渴，于是喝光了床头柜上的一杯水。几小时后，渴意再次袭来，我感到极其不适。然而，想要解渴就必须起来喝妻子床头柜上的水，很是麻烦。于是我做了一个恰合我意的梦。

在梦里，我的妻子正从一个花瓶中取出水来给我喝（这个花瓶是我从意大利带回的一个伊特鲁里亚人的骨灰罐子，事实上我已经把它送人了），里面的水尝起来很咸（可能是有骨灰的缘故），以至于我被惊醒。

可见，梦是多么得"善解人意"。由于满足愿望是它唯一的目的，所以它就自私到底，贪图舒适而不顾其他。梦见骨灰罐子很可能又是一次愿望的实现，因为我已经不再拥有它，就像我妻子床头柜的那杯水一样，让我无法拿到。同时，骨灰罐子的出现也与越来越咸的味道相符，我知道，这是在迫使我醒来。❶

年轻的时候，我经常做这种方便的梦。那时我习惯于一直工作到深夜，所以，第二天早起成了一件十分困难的事情。于是，我常常梦见自己起床站在洗漱台前洗漱。即便过了会儿，我不得不面对自己并未真正起床的现实，我也的确多睡了一段时间。我的一位年轻同事也做过类似的梦，看来他似乎同我一样爱睡懒觉，而且，他做的"懒梦"更加有趣。

这位年轻同事寄宿在医院附近，他吩咐女房东每天早上一定要在规

---

❶ 原文注：魏甘德也清楚这类口渴之梦，他说："口渴的感觉较其他感觉表现得更为真切，它总会引出解渴的意愿。而梦中的解渴方式多种多样，它通常根据最近的记忆内容进行加工。值得注意的一个普遍现象是，人们解渴之后，紧接着会对梦中饮料的无效感到失望。"魏甘德忽略了梦对刺激反应的普遍特征。那些在夜里因口渴醒来却事先并没有做此类梦的人，不一定能推翻我的实验，这只能说明他们睡得不够沉。关于这一点，可参看《圣经·以赛亚书》第29章第8节："又像饥饿的人梦中吃饭，醒了仍觉腹中空虚；或像口渴的人梦中喝水，醒了仍觉发昏，心里还想喝……"

定的时间叫醒他，不过，女房东发现这执行起来并非易事。

一天早上，他睡得格外香甜。到了时间，女房东冲着他的屋子喊道："佩皮先生，快起来，你得去医院上班了。"结果，这个熟睡的人就梦见自己躺在医院的一张病床上，床头卡上写着："佩皮·M，医学生，22岁。"他在梦中自言自语："既然我已经在医院了，就不必再走过去了。"然后，他翻了个身，继续睡。事后，他坦率地承认了自己做梦的动机。

还有一个梦，证明刺激在睡眠中十分活跃：我的一个女患者做了一个失败的下颌手术，医生嘱咐她日夜都要在有问题的脸颊上戴一个冷敷装置，但她一睡着就会把冷敷装置给扔掉。一天，她又把仪器扔到了地上，于是她的主治医生请我说她几句，结果我的这位患者辩称："这次我是真的没忍住，因为我晚上做了一个梦，我梦见自己置身于歌剧院的包厢内，正津津有味地观看表演，但是卡尔·迈耶先生却躺在疗养院里，可怜地抱怨着下颌疼得厉害。于是我对自己说，'既然我不觉得痛苦，那也就不需要这个东西了'，所以，我就这样把它给扔了。"

这位饱受疼痛折磨的患者的梦使我想起了当我们处于一个不愉快的境地时，常常挂在嘴边的一句话："好吧，我可以多想些开心的事情！"梦将这些"开心的事情"呈现出来。在这位女患者的梦中，她将疼痛转嫁给了卡尔·迈耶先生，一个她所能想起来的熟人中与她关系最一般的人。

在我从健康人那里收集的其他几例梦中，也很容易就发现"梦是愿望的满足"。

一位熟知我梦理的朋友将这些解释给他太太听。一天，他对我说："我妻子让我告诉你，她昨天梦见自己月经来了。你应该明白这意味着什么！"

我当然知道：如果年轻的妻子梦见自己来月经，那就意味着她的月经并没有来。我能够猜想到，在开始挑起母性重担之前，她更愿意享受一段自由时光。她在用一种巧妙的方式来告知自己初次怀孕。

还有一位朋友写信跟我说，他妻子不久前梦见她衬衫的胸部位置有奶渍。这也是怀孕的迹象，但不是第一次。这位年轻的母亲希望自己能给第二个孩子提供比第一个孩子更多的营养。

一个年轻的女士，由于要照顾身患传染病的孩子，所以连续几个星期与外界隔绝。孩子康复后，她梦见自己同阿方斯·达乌德、保罗·布尔杰、马塞尔·普雷沃斯特等作家在高兴地聚会，她开心极了。在梦中，这些作家的相貌与她藏画中的肖像一样，唯独普雷沃斯特先生的画像她没怎么见过，所以，在梦里，他的形象和那个长时间才来病房消一次毒的工作人员很像。很显然，这个梦可以翻译为："现在是时候做一些比没完没了的护理工作更有趣的事情了。"

也许以上梦例足以证明，即便在最复杂的情况下，梦也常常能够被注意到，且只能被理解为"愿望的满足"，它的内容几乎是不加掩饰的。通常，这些梦都很简短，它们与那些混乱庞杂的梦形成了鲜明的对比，后者几乎完全吸引了相关主题学者们的全部目光。但是，如果我们能多花些时间来研究这些简单的梦，必将有所回报。

我想，在所有的梦中，最简单的梦应该出现在孩子们身上，因为他们的心理活动肯定没有成年人那么复杂。我们知道，研究低等动物的结构或发展有助于揭示高等动物的构造，同样的，研究儿童心理学也可以为研究成人心理学提供帮助。不过迄今为止，很少有人为到达这一目的而努力研究儿童心理。

小孩子的梦通常是简单愿望的满足，从这点来看，他们的梦与成人的相比会很无趣，几乎找不出需要解决的问题。然而，在证明梦的本质是"愿望的满足"上，它们的价值巨大。我从自己孩子那里收集了一些这样的梦例。

1896 年夏天，我们全家去哈尔施塔特远足时，我 8 岁半的女儿和 5 岁零 3 个月的儿子分别做了一个梦。首先，我需要说明一下，那个夏天我们住在奥斯湖附近的一座小山上。天气晴好时，我们能欣赏到达克斯坦山的壮丽风景，要是用望远镜的话，还能清楚地看到西蒙尼小屋。孩子们也经常试图用望远镜来看，我不知道他们究竟看到什么没有。

在远足之前，我告诉孩子们，哈尔施塔特就在达克斯坦山脚下。他们对此次郊游期待极了。

我们从哈尔施塔特进入埃希恩山谷，那里变幻莫测的景色令孩子们着迷。然而，我那 5 岁的儿子却慢慢变得情绪低落。每当看到一座山，他就会问："这是达克斯坦吗？"我的回答往往是："不，这里还只是它的山脚。"

如此问题重复了几次后，他沉默下来，也不想跟我们一起爬上台阶看瀑布。我以为他是累了，结果第二天一大早，他兴高采烈地跑到我身边，说："昨晚我梦见我们去了西蒙尼小屋。"

此时我才明白过来，当我给他们讲述了达克斯坦山后，他就一直期待着此次哈尔施塔特之旅能够爬上这座山，并亲眼瞧瞧他们只在在望远镜中才能看到的西蒙尼小屋。

当我们实际到达的地方只是一座座小山和瀑布时，他感到失望与不满。而昨晚的梦刚好补偿了他。我试着去了解一些梦中的细节，他只说梦里有人告诉他"顺着台阶走六个小时就能到达那里"，剩下还有什么内容他就说不出来了。

此次旅行中，我那 8 岁女儿的某些愿望也是通过梦来满足的。这次出游，我们带上了邻居的儿子埃米尔，他已经 12 岁，是个很有绅士派头的小家伙，我觉得他很讨女孩子欢心。

第二天一早，女儿给我讲了这样一个梦："爸，你知道吗？我梦到埃米尔成了我们家的一员。他称呼你们'爸爸''妈妈'，还和我们家的男孩子们一起睡在大床上。妈妈后来还把一堆用彩纸包裹的巧克力棒放到了我们的床下。"

我家的男孩子好像没能遗传我的解梦基因，他们对于自己姐妹的梦所给出的解释，同我之前提到的那些只研究相关主题的学者一样，认为这个梦"实在荒谬"。

不过，女儿却为自己的梦做了一些辩护，我认为这些辩护极具病理价值。她说："埃米尔成为我们家的一员，这的确荒谬，但巧克力棒的部分是合理的。"

我一开始并没明白后半句话的意义，后来孩子的妈妈向我解释了事情的来龙去脉。原来在火车站回家的路上，孩子们停在了自动售货机前，他们非常想买女儿梦中的那种巧克力棒。妻子并未遂他们的愿，按照她的想法：那天孩子们已经够尽兴了，这个愿望不如留到梦中去实现好了。

这个我没能参与的小插曲，在妻子解释完后，我一下就明白了女儿的后半句话为何意。事实上，我已想起当时自己有听到埃米尔曾要求孩子们等一下，等"爸爸""妈妈"赶上来。而这一暂时性的"亲缘关系"到了女儿的梦里成了一种永久性的接纳。而除了兄妹关系，她似乎找不到其他方式来满足自己同埃米尔变得更亲近的愿望。至于为何要将巧克力棒扔到床下，如果不问孩子，是无法明白其中意义的。

有个朋友告诉我，他8岁女儿做过一个梦跟我儿子的梦十分相似。

他曾带几个孩子去多恩巴赫参观那里的罗勒尔小屋，可惜由于天色太晚，他们在中途折返了，但是他答应孩子们改天会带他们去。

在返回的路上，他们经过一个指向哈默的路标，孩子们希望现在能去那里。出于同样的原因，他只能承诺改天再带他们来。第二天早上，他8岁的女儿满意地走过来说："爸爸，昨晚我梦见你带着我们去了罗勒尔小屋和哈默。"

显然，她已经等不及地在梦中将父亲所做的承诺加以实现。

另外还有一个同样简单的梦，这个梦来自我 3 岁零 3 个月大的女儿，是奥斯湖的美景激发了她。小家伙第一次乘船游湖，可惜时间太短，结果到了码头，她哭闹着不肯离开。

第二天一早，她告诉我们："我昨晚梦到坐船游湖了。"我们都希望梦中乘船的时间能够令她感到满意。

我大儿子 8 岁时，就已在梦中实现着他的幻想。他梦到自己与阿基里斯同乘战车，而且驾车的是狄俄墨得斯。这是因为前一天，他对一本关于希腊神话的书表现出了浓厚的兴趣。

如果孩子的梦呓可以归为梦的范畴，那我可以将以下内容作为我最早收藏的梦：在我小女儿 19 个月大时的一天早上，她吐了，因此一整个白天都没喂她东西吃。到了晚上，我们听到她在睡梦中大喊："安娜·弗（洛）伊德，吵（草）莓，野生吵（草）莓、煎（蛋）卷、面糊糊……"她喊出自己的名字，来表示对这些东西的所有权，而这些东西基本囊括了最合其心意的饭菜。

事实上，梦中出现的两种草莓分别是对家庭健康制度的抗议，以及对护士的抗议，因为护士认为她之所以呕吐，是吃了太多草莓的缘故。于是，她在梦中发泄了自己的不满情绪。❶

当我们认为孩子在童年因为不懂性欲而感到快乐时，不要忘了，孩子也有失望、不满等心理冲动，这些也将刺激孩子做梦。❷

---

❶ 原文注：不久后，小女孩的祖母也做了一个意义相似的梦。祖孙二人的年龄加起来将近 70 岁。祖母由于肾脏不适，一整天都难以进食。到了晚上，她梦到自己回到了充满活力的少女时代，梦到自己受邀参加两次宴会，在宴会上她吃到了最可口的美味佳肴。

❷ 原文注：更深入地研究儿童心理生活能够发现，在儿童心理活动中，婴儿时期的性本能力量发挥了相当大的作用，这些却被长久地忽视。因此，我们有理由怀疑，童年生活是否真如成年人在回顾中构建的那样充满幸福。

下面就是第二例子。

我侄子 22 个月大时，大人们让他在我生日时送上祝福以及生日礼物——一小篮樱桃。要知道，当时并不是樱桃上市的季节，所以这一小篮樱桃真的是稀有极了，尤其是对小家伙儿来说。他的不情愿显而易见，因为他嘴里一直念叨着"里面有樱桃"，却迟迟不愿将手里的篮子交出来。后来，他想到了一个不错的补偿办法。

他平时习惯每天早晨都告诉他妈妈，自己晚上梦到了"白衣战士"，是一名披着白斗篷的军官，他曾在街上看到过，而且很是羡慕。在送我樱桃生日礼物的第二天，他一大早醒来，就开心地讲："赫尔曼军官把樱桃都吃光了。"[1] 这当然都是他梦中的情景。

我不知道动物会梦到什么，但我的一名学生曾说过一句谚语引起了

---

[1] 原文注：事实上，孩子很快就会开始做更为复杂、更难看透的梦。相反，在某些情况下，成年人也会做简单、幼稚的梦。论文《一名五岁男孩恐惧症分析》以及荣格相关文章中的例子都表明，儿童的梦中很可能会出现丰富的、意想不到的内容。另外，当成人发现自己处于异常的外部环境中时，他们似乎会经常性做一些幼稚的梦。奥托·诺登斯科尔德记录了他与探险队员在南极过冬的经历："我们内心深处的想法为何，根据我们的梦境就能清楚地看出来。我们的梦从未像现在这样生动且丰富过。当早晨互相交流自己在想象世界的最新经历时，即使是那些偶尔做梦的人，也能说上一些。我们梦到的都是外面的世界，这个世界目前离我们很遥远，不过内容上还是会适应我们的实际情况。我的一名队友做了一个极具特色的梦。他梦到自己回到学校，老师给了他一项任务——将小海豹皮剥下了以备教学使用。饮食是我们的梦经常会围绕的主题。其中有名队员，梦见自己参加大型午宴，第二天一早，他兴奋地说自己'一顿饭吃了三道主菜'。另外一名队员梦到整座山都是烟草，还有一个人梦到一艘船正在开阔的水域航行。另一个值得一提的梦：梦到邮递员来送信，他还详细地解释了由于他弄错地址，之后他费了很大力气才把这封信找回来，所以到得很晚。当然，我们还梦到很多离奇的事情。然而，不管是我自己的梦，还是听别人讲的梦，几乎都显示出想象力的匮乏。如果所有这些梦都能被记录下来，那必然会很有心理学价值。应该很容易理解我们有多么渴望睡眠，因为它能为每个人提供其所渴望的一切。"

我的注意。这个谚语是："鹅会梦到什么？它会梦见玉米。"❶此谚语很明显地表达了梦是愿望的满足这一理论。❷

由此可见，仅仅通过一些语言的惯用表达，我们就能快速得出梦的隐含意义理论。诚然，格言警句有时对梦带有贬义，但总体来说，与梦有关的常用语言主要表达是愿望的实现。如果我们发现事情的发展超出了我们的期望，我们就会兴奋地高呼："我做梦都想不到会有这种事发生！"

---

❶ 原文注：费伦齐引用匈牙利谚语"猪梦见橡子，鹅梦见玉米"来更进一步说明。还有一句犹太谚语这样说道："母鸡梦见什么？——小米。"

❷ 原文注：我绝不会认为自己是第一个想到用愿望来解梦的人，持有同样观点的人，最早可追溯至古代托勒密王朝的一名医生希罗菲卢斯。根据布克森许茨的说法，希罗菲卢斯把梦分成了三种：第一种是神谕之梦；第二种是自然之梦，当心灵生成一幅对其满意且将要发生的事物的画面时而出现的梦；第三种是混合性质的梦。施泰克发现，在舍尔纳收集的梦中，有一个梦被描述为愿望的满足。舍尔纳写道："做梦者清醒时的愿望在梦境中迅速实现，是因为这个愿望活跃在她的情感之中。"舍尔纳将其归为一种"显现情绪的梦"，另外他还划分了"两性欲望的梦"和"坏脾气的梦"。舍尔纳认为，在梦的激发中，愿望与梦的本质相关问题较少。

第四章 梦的伪装

第一节 梦会将信息伪装起来

如果我提出每个梦的意义都是愿望的满足这一主张，那么我确信自己会遭到强烈的反驳。

有人会说：一些梦被视为愿望的满足，这并不是什么新鲜事，早就有学者注意到了，比如拉德斯托克、沃克特、浦金野、蒂西、西蒙都讲述过特伦克男爵被囚禁时因饥饿引起的梦，格里兴格尔也说过。❶但是，断言每一个梦都是愿望的满足，这显然是一个不合理的概括，这很容易被反驳，毕竟，很多梦中都包含着令人痛苦的内容，却不体现愿望的满足。

悲观主义哲学家爱德华·冯·哈特曼可能是最反对愿望满足理论的学者，他在《无意识哲学》中写道："在梦里，我们清醒时生活中的所有烦恼都被带进梦中世界，唯一没有进入梦乡的——是一个受过教育的人所获得的科学与艺术享受。"就算是非悲观主义者，有些也会认为，在梦中，痛苦和烦恼比快乐更常见，比如舒尔茨、沃克特等就持这种

---

❶ 原文注：杜普雷尔引用了新柏拉图主义者普罗提诺的话："当我们的欲望被激发时，幻想就会出现，它们将欲望的对象呈现给我们。"

观点。

弗洛伦斯·哈勒姆和萨拉·韦德这两位女学者，根据对她们自己梦的研究，记录了实际统计的数据，结果显示在她们的梦中，不快乐的内容所占比重更大。她们发现，有57.2%的梦是"不愉快的"，只有28.6%的梦是"令人愉快的"。除这些会延续生活中的各种不愉快情绪的梦外，还有焦虑的梦，在此类梦中，最可怕的是我们经常被所有的不快感包围，直到吓醒。除那些毫不掩饰的愿望满足之梦外，儿童最常做的就是焦虑梦。

如此看来，我上一章引用例子所讲述的梦是愿望的满足，其普遍性似乎可以用焦虑的梦来反驳，甚至还有可能被打上荒谬的烙印。

然而，想要回击这些有理有据的反对意见也并不难。我的理论不是建立在对梦的具体内容的考虑之上，而是通过解梦来揭示梦所表现出来的、隐藏在背后的思想。我们要在梦的显化和潜藏的内容之间做一个对比。

毫无疑问，有些梦的显化内容使人感到痛苦，但有人试图解释这种梦吗？有人揭示其背后的潜在想法吗？如果没有，那么对我的理论提出的两种反对意见也将不成立。当痛苦的梦和焦虑的梦被解释后，它们很有可能也是愿望的满足。❶

当我们在一项科学研究中遇到一个很难解决的问题时，干脆把另一

---

❶ 原文注：出乎意料的是，一些读者和批评家对这一考虑视而不见，他们忽视了梦显而易见的内容和潜在内容之间的根本区别。在詹姆斯·萨利的文章《启示的梦》中有一段话与我的理论十分相近，萨利写道："在当时看来，梦毕竟不是乔叟、莎士比亚和弥尔顿等权威所说的那样完全是胡说八道。我们夜间幻想的梦境，看似是混乱的集合，实际却有着重要的意义，而且可以传递新知识。就像密码中的某些字母一样，只要仔细观察梦中的印迹，就能消除它最初的混乱形象，从而呈现出严谨、易懂的信息。或者，如果稍微改变一下梦中的符号，我们就可以说，它如同重写一样，梦在其毫无价值的表面特征下，隐藏着一种古老而珍贵的交流印迹。"

个问题也加进来一起解决，这通常是个不错的办法，就像把两个坚果放在一起捏，比单捏一个更容易。于是，我们不仅要面临这样一个问题：痛苦的梦和焦虑的梦是如何使愿望得到满足的？还要思考第二个问题：为什么那些最终被证明是愿望满足的梦，其内容却都是些无关紧要的，而不直接呈现梦的真实意图呢？

比如说，我做了详尽分析的伊尔玛打针的梦，这并不是一个令人痛苦的梦。在解释之后，我们会发现它是愿望满足之梦。但为什么非要解释才行呢？梦为什么不直接将意思表达出来呢？乍一看，伊尔玛打针的梦并没有给人留下这样的印象：它代表着愿望的满足。不仅读者不会有这样的印象，我在进行分析前也没有。我们把梦的这种需要解释的现象称为"梦的伪装"。也就是说，第二问题是：梦的伪装根源是什么？

对此，人们可能会同时给出许多种可能的解决方案。例如，在睡眠中，我们无法直接表达梦中的想法。但是，想要对某些梦进行分析，这就迫使我们采取另一种方式来解释梦的伪装。我将用我自己的另一个梦来证明这一点。这会再一次暴露我的诸多轻率行为，但对问题的彻底解释也许能够弥补我个人的牺牲。

第二节　一个梦的背景信息

1897 年春，我得知，我们大学有两位教授推荐我担任特别教授。这一消息使我倍感惊喜，因为这并不是私人关系的结果，而是意味着我得到了两位显赫人物的认可。但我立刻提醒自己不要对这件事抱有太大期望。

由于在过去的几年里，部里对这类推荐几乎完全忽视，我的几位前辈，他们的成绩至少不亚于我，如今还在徒劳地等待任命，所以，我没有理由相信自己会更幸运。我决定随遇而安。我本来就不是一个野心勃勃的人，即使没有头衔，我也会以令人满意的成绩从事自己的职业。而且，葡萄是甜还是酸并不是问题的关键，因为它对我来说，挂得太高了。

一天晚上，一位关系要好的同事来我家做客。他是我的前车之鉴，因为在相当长的一段时间里，他一直是教授职位的候选人。在我们这一行里，拥有教授头衔的人在患者眼中简直就是半个神仙。不过，他不像我这么听天由命，反倒时不时地去部里办公室表现一下自己，以期前途进展顺利。

在来看我之前，他先去部里拜访。他跟我说，这次他把一位高官逼得退无可退，直截了当地问，推迟他的任命是否真的是出于教派的考虑。对方的回答是："鉴于目前的情况，毫无疑问，阁下暂不适合这一职位"等等。对此，我的朋友总结道："现在，我至少知道问题出在哪儿了。"对我来说，这并不是什么新鲜事，但它肯定会增强我顺其自然的态度，因为我的情况同样涉及教派问题。

在他来我家的第二天早上，我做了一个梦，这个梦的形式非常奇特，它由两个想法和两组影像构成，每一个想法都对应一组影像。此处，我只分析梦的前半部分，因为后半部分内容与我目前研究的主题没有关系。

（1）想法：朋友 R 是我叔叔——我和他感情很深。

（2）影像：我看到他的脸有点儿变形，好像是拉长了，两颊布满醒目的黄色胡须。

接着是另外两个片段，也是一个想法对应一组影像，我在这里将它省略。

第三节 对这个梦的分析一

当上午我想起这个梦时，不禁放声大笑着说："这个梦简直是胡说八道！"但它一整天都跟着我，甩都甩不掉。直到晚上我才开始自责。

"如果在解梦的过程中，你的病人说那就是胡说八道，你一定会责备他，并猜想他梦的背后一定隐藏着令人不快的事，因此病人才不愿承认。你以同样的方式对待自己：认为梦是胡说八道，这意味着你内心深处对解梦存在抵抗情绪。不能就此退缩！"所以，我开始去解释。

"R是我叔叔。"那是什么意思呢？我只有约瑟夫这一个叔叔，他年轻时曾有过一段不幸的经历。[1]30多年前，他一度出于赚钱的渴望，而参与一些违法交易，结果受到了法律的严惩。那时，我父亲的头发几天之内就因忧虑过度而变白了。他常说约瑟夫叔叔不是坏人，只是比较笨而已。所以，如果朋友R代表我的叔叔约瑟夫，那么我可能想说的是：R是个笨蛋。我几乎不敢相信自己会有这种想法，这很令人讨厌！可是，我在梦中看到的那张长满黄色胡须的长形脸，就是我叔叔的长相。

我的朋友R原本有一头黑发，当黑发开始变白时，表示他为年轻时的辉煌付出了代价。他的胡须经历了使人感到悲伤的颜色变化：由开始是红棕色，变成了黄色，最后又变成了灰白色。我朋友R的胡须正经历着这个阶段。

顺便说一下，我自己胡须的颜色也在发生着变化，我为此感到郁

---

[1] 原文注：需要注意的是，为了进行分析，我清醒状态下的回忆范围被缩小。事实上，我有五位叔叔，我还十分敬爱他们其中的一位。但是，为了克服对梦进行解释的抵制情绪，我告诉自己只有一个叔叔，也就是梦中的那位。

闷。我梦中的那张脸既是朋友 R 的，也是约瑟夫叔叔的，这就像高尔
顿合成的照片一样（为了证明家族成员间相貌的相似性，高尔顿曾将拍
摄到的多张面孔照合放在同一底片上）。由此可见，我可能真的认为朋
友 R 和约瑟夫叔叔一样是个笨蛋。

不过，我仍然想不通这一比较的目的是什么，我只能继续努力探
索。简单来看，约瑟夫叔叔是一个罪犯，而我的朋友 R 则几乎是一个
毫无瑕疵的人，他好像只因骑自行车撞到一个男孩而被罚过款。我想指
的是这件过错吗？如果这样比较，那就真的有点儿可笑了。

对此，我想起了几天前和另外一位同事 N 也曾聊起过同样的话
题。我在街上遇到 N，他也是教授候选人之一。N 听说我也被提名，
便向我表示祝贺，但我毫不犹豫地拒绝了他的话，"你最不该和我开
这种玩笑，"我说，"你应该明白这类推荐意味着什么，因为你自己
就经历过。""这谁能说的准呢？"他半开玩笑地回答道，"我恐怕是
不行了！你不知道之前有个女人把我告到法院了吗？虽然最后这个案
子被法院驳回了，因为这是一次卑鄙的敲诈，我最后甚至为那个女
骗子辩护，以免她受到惩罚，但是，部里依旧有可能把此事当作借
口，而不任命我。可你不一样，你的品格可以说是无懈可击。"

此刻，我突然明白罪犯是谁，也知道这个梦的解释和目的是什么
了。我叔叔约瑟夫代表了我的两个同事，他们都没有被任命为教授，一
个代表笨蛋，另一个代表罪犯。我现在也明白了他们为何会出现。

如果我的朋友 R 和 N 的任命因为"教派"的原因被推迟，我自己
的任命也会受到质疑。如果，我可以将两个同事没有被任命的原因归于
其他方面，而这些方面对我来说并不适用，那我被任命的希望将不会受
到影响。

因此，我的梦表现成这样：它使他们中的 R 变成了一个笨蛋，另
一个 N 变成了一个罪犯，而我既不是笨蛋也不是罪犯，因此，我们不

再有任何共同点，这样我会为自己能够被任命为教授而感到兴奋，部里高级官员对 R 所说的话也不再适用于我。

我觉得有必要进一步解释我的梦，因为我解释得还不完。我仍然对自己轻易贬低两位受人尊敬的同事，以保证自己能成为教授的行为而感到不安。然而，当我意识到梦中所表达价值后，这种对自己行为的不满就变少了。我当然不会认为 R 真是个笨蛋，也不会不相信 N 对欺诈事件的描述。

就像在之前的例子中，我也不相信，是因为奥托给伊尔玛打了一针而导致她病情加重。在这两种情况下，我的梦所表达的只是我希望它可能是这样。在这两个梦中我的愿望都实现了，只不过，后来这个梦实现的依据，与伊尔玛打针之梦的比起来不那么荒谬。它更巧妙地利用了实际的事实来进行构建，就像是精心设计的诽谤，这种诽谤让人觉得"还挺有道理"。因为，朋友 R 当时确实被一位教授投了反对票，朋友 N 也向我提供了自己曾被诽谤的材料。然而，我必须再次重申，我认为这个梦需要更进一步地分析。

然后我回忆起，梦中还有一个没有被解释的部分。当我在梦中意识到 R 代表叔叔后，我立刻对他产生一种温情，而这种温情又代表什么呢？这自然不是我对约瑟夫叔叔的真实感情。而我虽然与朋友 R 相交多年，且友谊深厚，但如果真的将梦中那种温情在现实里表现出来，R 一定会感到十分惊讶。对 R 用这种温情，让我感到十分不自然，甚至有些夸张，就像我把他的性格和我叔叔的性格融合在一起，所表现出来的那种对他智力的判断一样过分，尽管这种夸张是相反性质的。

于是，我开始意识到会有新的发现：梦中的情感不属于梦的潜在内容，也不属于梦的深层隐藏思想，而恰恰与之相矛盾，从而有意掩盖梦的真实内容。可能这就是它存在的原因。我回忆起自己一开始很抗拒解释这个梦，也因此拖延了很久，甚至表示这个梦完全是胡说八道。我认为这个梦没有解释的价值，它只是一种情感的表达。根据我在精神分析治疗领域的经验，我清楚这样的否定意味着什么。

如果我的小女儿不想吃别人给她的苹果，就算她没尝过，也会说这个苹果肯定很难吃。如果我的患者表现得像个孩子，那么我想他们正在压制某种真正在意的想法。我对自己这个梦的态度也是如此。我不想解释它，因为这个解释包含了我正在努力抵制的内容。当我完成解释后，我知道自己一直在努力抵制的就是：R 是个笨蛋这一主张。所以，我对 R 的温情不是从潜在的梦中思想得到的，而是源自我对自己那一主张的抵制。

如果我的梦在它的潜在内容上被扭曲，并变成相反的内容，那么梦中显现出来的温情就是在为伪装服务，换句话说，扭曲是故意的，是一种掩饰手段。我梦中的思想带有对朋友 R 的诽谤，为了不引起自己的注意，梦中表现的恰恰相反——对 R 生成一种温情。

这一发现似乎具有普遍有效性。的确，正如第三章引用的例子所表明的那样，有些梦是不加掩饰地展现出愿望的满足。但是，在梦中愿望无法辨认的情况下，在梦中愿望被伪装的情况下，一定存在着抵制愿望的倾向，由于这样抵制，愿望只能以扭曲的状态来表达。我尝试着寻找出与内心精神活动的这种伪装表现相对应的社会现象。

在社会生活中，我们在哪里能找到类似的伪装行为呢？只有在涉及两个人相处时，其中一个人拥有一定的权力，而另一个人必须对其权力有所顾忌的情况下，第二个人就会扭曲他的心理行为，或者正如我们所说，他会进行伪装。我每天保持的所有礼貌规矩，在很大程度上就是这样一种伪装。当我在对读者解释我的梦时，也不得不采取类似的伪装。就连诗人都抱怨过这种必要性的伪装："你所能贯通的最高真理，却不能向学生们尽言。"

政治评论家也经常面临这样的困境，因为他们会说出一些令当权者不快的事实。要是他们不加掩饰地发表一些言论，当权者就会在这些言论出现后进行压制。如果他们的发言是以口头形式，当权者事后必会追究；如果他们有出版的打算，往往事先就被阻止了。政治评论家都十分注意审查制度，为了表达自己的观点，他们必须伪装自己的表达方式。

根据审查的力度和敏感度，他们要么被迫避免使用某些攻击形式，要么就是借用典故来代替直接引用，要么就是他们必须在表面上做一层伪装，来隐藏反对当权者的真实看法。比如，他有可能描述别的国家中两个官员之间的争端，但他真正所指的却是自己国家的某些官员。当权者的审查制度越严格，他们隐藏得就越深，而且还能很巧妙地让读者理解其真意。

审查现象和梦的伪装现象在很多细节上都做出了相似的反应，这一事实使我们有理假定它们的前提条件也是相似的。因此，我们可以假设：梦是通过人类个体中都具备的两种内在精神力量形成的（或者我们可以把它们表述为冲动或系统）。其中，一种力量构造了梦所表达的愿望，另一种力量对梦中的愿望执行审查职能，强行造成愿望表达的伪装。

此时的问题就在于，第二种力量具有什么样的性质，使其能够行使审查权？大家应该还记得，在对梦进行分析前，潜在梦的思想是不会被意识到的，而梦的显意是能够被意识到的。那么，就能假设第二种力量享有的特权，就是允许哪些思想进入有意识状态。

似乎没有什么思想能不通过第二种力量的审查而进入第一种力量的意识中，而第二种力量又必会行使其权利，让寻求进入意识的思想做出它认可的改变。顺便说一句，这使得我们对意识的"本质"形成一个相当明确的看法：我们把一个事物变得有意识的过程看作一种特殊的精神行为，它有别于且独立于陈述或观点的形成过程，我们认为意识是一种能感知到别处其他来源的感觉器官。由此可见，这些基本假设对精神病理学来说是必不可少的，对此，我们会在之后的章节中进一步阐述。

如果我们接受有关这两种力量以及它们与意识间关系的描述，那么，我在梦中对朋友 R 的温情，以及在解梦时对 R 的无礼，就能够在现实生活中找到类似的情况。让我们想象这样一个社会：在这个社会里，一位醉心权力的统治者和觉醒的公众舆论之间陷入一场争斗。百姓们正在反抗一位不得民心的官员，并要求解雇他，但独裁者为了显示自己可以随意无视大众的愿望，他非但不裁撤这名官员，还毫无理由地对其给予高度评价。

我的第二种力量也存在同样的情况，它控制着进入意识的方法，让我对朋友 R 带有一种超乎寻常的温情，这仅仅因为愿望的冲动属于第一种力量，而这一愿望出于特殊原因，把朋友 R 描绘成笨蛋。❶

通过上述思考，我们可能会意识到，解梦使我们能够得出关于精神器官结构的论断，而这些一直是我们想从哲学中找到答案，却始终未能实现的。然而，我并不赞成遵循这条思路研究下去。❷

在解决了梦的伪装问题之后，我们依旧要回到这个问题上，即为何内容令人痛苦的梦能够被解释成愿望的达成？我们能够发现，如果梦进行了伪装，那些令人痛苦的内容就有可能掩盖了我们所希望的，这样愿望也可能达成。

考虑到我们假设存在的两种精神力量，再进一步说，令人痛苦的梦

---

❶ 原文注：无论是我自己的还是别人的，类似这种虚伪的梦并不罕见。当我正努力解决某一科学问题时，我曾因连续几个晚上做令人困惑的梦而感到苦恼。这个梦的内容是我与多年前绝交的一位朋友和解。当第四次或第五次做这个梦时，我终于理解了它的意义。事实上这是一种鼓励，它让我放弃对这个人的最后一丝幻想，完完全全地把自己从他这里解放出来，但梦却虚伪地伪装成相反的情况。我还讲过一个"伪善的俄狄浦斯"之梦：做梦人内心充满了敌意，迫切期待着对手能死去，但在梦中他真正的想法被各种温情所取代。另一种虚伪的梦，我会在第六章提到。

❷ 译者注：作者将在第七章中提到。

实际上包含了一些令第二种力量感到不利的内容，但这些内容又能够满足第一种力量中引出的愿望。由于任何梦都源自第一种力量，所以，梦可以说是愿望的满足。而第二种力量对梦来说是一种防御关系，而非创造性关系。如果我们的考虑仅限于第二种力量对梦的作用，那么，我们将永远无法真正理解梦，学者们所观察到的有关梦的难题也将永远无法解决。

事实上，梦确实具有某种隐藏意义，它代表了愿望的满足，而这必须通过每一个具体的梦例分析来重新加以证明。因此，我将选择一些内容令人沮丧的梦，并尝试着分析。其中一些是癔症患者的梦，这需要冗长的序言来进行一番介绍，同时，某些地方还要添加对癔症患者心理过程的解释。这会加剧我论述的困难，却又无法避免。

正如我之前所说的，当我对一个精神性神经症患者进行分析治疗时，我和患者会经常性地共同探讨他的梦。在此过程中，我必须对他的梦所涉及的内容进行心理学解释，从而使我能够了解他的症状。然而，我常常因此受到患者无情的指责，这比我从自己同行那里受到的批评更强烈。我的患者们总是反驳我关于"梦都是愿望的满足"的观点，以下就是相关事例。

"您一直告诉我，"一位聪明的女患者对我说，"梦是愿望的满足。那我就讲一个与主题完全相反的梦——一个我的愿望没有得到满足的梦。"

"我想举办一次晚宴，但家里除了一点熏鲑鱼什么都没有。我本想出去买点东西，但我想起来那是星期天的下午，所有商店都会关门。然后，我尝试着给服务商打电话，结果电话又坏了。所以，我最后放弃了举办晚宴的愿望。"

我对此回答的是，只有经过分析才能判断她这个梦的意义。我承认，这个梦乍一看似乎很合理、很连贯，而且，看起来像是愿望满足的反面。但是，"梦是从什么材料产生的呢？正如您所知，在前一天的事件中，总能找到刺激梦产生的因素"。

第四节　对这个梦的分析二

这位女患者的丈夫是一个诚实且能干的肉贩。前一天，他对妻子说自己太胖了，打算减肥。他准备早起锻炼身体，严格控制饮食，最重要的是，他不再接受晚宴邀约。女患者笑着补充说，她丈夫在经常吃午饭的地方结识了一位画家。那人非要给他画一张肖像画，因为他觉得她丈夫的脸具有很强的表现力。然而，她丈夫很直白地拒绝了画家的提议：他表示非常感激，但他相信一个年轻漂亮女孩的美臀，肯定会比他的这张脸更吸引人。

女患者非常爱她的丈夫，还经常跟他逗笑，请他不要买鱼子酱给她。我问她这是何意？她解释说，自己长久以来都希望每天早晨能吃上一块鱼子酱三明治，可是又舍不得花那么多钱。当然，如果她提出这一要求，丈夫就会立刻满足她。恰恰相反的是，她跟丈夫说不要买鱼子酱，这样她就可以继续跟他撒娇逗趣。

我觉得这个解释很站不住脚。这种不充分的理由通常掩盖了不为人知的动机。大家是否还记得伯恩海姆催眠病人的实验。要求被试在催眠状态下执行一个任务，当提问被试执行任务的动机为何时，他们的回答并不是"我不知道"，而是被迫编造一些明显不成立的理由。毫无疑问，这位女患者关于鱼子酱的说法就是如此。我发现她不得不在现实生活中为自己创造一个未实现的愿望，而这个梦代表着这种放弃已经生效。但为什么她需要一个未实现的愿望呢？

到目前为止，她所提供的材料都不足以解释这个梦，我试着逼迫她再说出点什么。在短暂的停顿之后，她似乎终于克服了某种阻碍，接着跟我说，在做梦的前一天，她拜访了一位女性友人。她承认自己很嫉妒她，因为丈夫一直对这位朋友大加赞美。好在她的这位朋友十分瘦弱，但她的丈夫喜欢身材丰满的类型。

我问她跟这位朋友聊了些什么？她很自然地回答说，那位朋友希望自己能变得更丰满些，并且还问我的女患者："我什么时候还能再去您府上做客呀？您做的菜实在是美味极了！"

到此，她这个梦的意义已经很清楚了。我对她说："我想，当这位女性朋友向你提出请求时，你心里其实在想：'我会请你到我家来吃饭的，好让你变得丰满肥胖，这样我丈夫就更被你吸引了！该死的，我宁愿再也不举办晚宴！'你的梦向你呈现的是你没能举办晚宴，这满足了你不想让朋友变丰满的愿望。人们能在聚会中吃胖的信息，是你从丈夫下决心减肥的那番说辞中得知的。"

现在所缺少的只是一些能够证明这种解释的资料。梦中的熏鲑鱼还没有被解释清楚。我问她："为什么熏鲑鱼会出现在您的梦里？"女患者回答说："熏鲑鱼是我那位女性朋友最喜欢吃的菜。"我碰巧也认识她的这位朋友，而且知道她对熏鲑鱼的态度就像我的女患者对鱼子酱的态度一样，虽然喜欢，但舍不得吃太多。

如果考虑到梦中的附加细节，那么对这个梦的另一种解释会更加精妙。❶这位女患者在梦中放弃愿望达成的同时，在现实生活中也放弃了愿望的达成（鱼子酱三明治）。她的朋友表达了想要变丰满的愿望，如果我的这位患者梦见她朋友的愿望没有达成，也就不足为奇了，但是，这位患者梦到的是自己的愿望没能得到满足。

---

❶ 原文注：这两种解释互相并不矛盾，何况还有重叠的部分。它们很好地证明了，梦像所有其他心理病理结构一样，具有不止一种含义。

　　所以，我们设想一下，如果她梦中所指的人不是她自己，而是她的朋友，她用自己替换朋友，或者说，她已经把自己认同为朋友，那么这个梦就获得了一种新的解释。我相信她确实是这么做的。她在现实生活中设定了一个没能得到满足的愿望，就是这种认同的证据。

　　癔症的认同意味着什么？这需要进一步地深入阐明。它是鉴别癔症发生机制的一个重要因素，它不仅能使患者由他们的症状表达出自身经历，还能表现出许多其他人的经历。做梦者似乎能体会到很多人的痛苦，并且能够独自扮演所有的角色。

　　人们也许会反驳我说，这仅仅是大家所熟知的癔症性模仿，癔症患者具有能够模仿其他人的任何症状的能力，这些症状引起了他们的注意和同情。然而，这些只是向我们展示了癔症模仿心理发展路径，这条路径与沿着它进行的心理活动是不同的，后者明显要更复杂些，它存在于无意识的推断中，这里有一个典型的例子能够说明。

　　一名医生在病房里治疗一位患有特殊痉挛的女性患者，病房里还有其他病人。如果某天早晨医生发现，其他患者在模仿那位女性患者发病时的状态，他不会感到惊讶，只会说："其他病人看到并模仿了她，这是一个精神感染的病例。"这是真的，精神感染是这样发生的：通常情况下，病人对彼此的了解比医生对他们的了解还要多，当医生就诊结束后，病人会将注意力转移到其他患者身上。

　　不难想象，一旦他们其中的一位突然发病，其他患者就能很快地发现，这是因为家里的来信、痛苦的恋情或者诸如此类的事件引起的。他们的同情心会被激发，然后会下意识地得出如下推论："如果病发是由这类原因导致的，那么我也会发病。"如果这一推论进入意识领域，它可能会引起患者的恐惧，害怕自己也得这种病。

　　但事实上，这一推论进入了不同的精神区域，从而导致所害怕症状的实际出现。因此，认同不是简单的模仿，而是基于相似的病因学假设而进行的同化，它表达了一种"相似性"，并与一种隐藏在无意识中的共同元素有关。

癔症中的认同常用来表达一种共同的性要素。女性癔症患者最容易将自己认同为与她发生过性关系的男人，或认同为与相同的男人发生性关系的女人，尽管这不是唯一情况。常言道，两个相爱的人"好成一个人"似乎就是这个意思。

在癔症的幻想中，就如同在梦中一样，为了身份认同，主体只要有性关系的想法即可，而不必在现实中真的发生性关系。所以，当我的女患者在表达对朋友的嫉妒（她自己知道这么想不对）时，仅仅是遵循了癔症思维过程的规律，她在梦中取代了朋友，并通过制造一种症状（未满足的愿望）将自己等同为朋友。

这一过程可以表述为：在梦中，我的这位女患者把自己放在了朋友的位置上，是因为这位朋友取代了她在自己丈夫心中的位置，她想取代朋友来重获丈夫的青睐。

我以同样的方式，更为简单地化解了我的另一位女患者（我所认识的做梦者中最聪明的人）对我解梦理论的反对。即一个愿望未能得到满足，意味着另一个愿望得到了满足。

有一天，我告诉她，梦是愿望的满足。第二天，她把自己做的梦讲给我听。她梦见去乡下和婆婆一起度假，可我知道她很不愿意和婆婆一起过暑假，就在几天前，她还从距离婆婆的乡间别墅很远的地方成功地租到了房子。结果现在她梦到了跟她愿望相反的内容，难道这不是我解梦理论中最尖锐的矛盾吗？毫无疑问，只有跟随着梦的逻辑过程，才能解释它。

她的这个梦看似证明了我是错的，而希望我错不正是她的愿望吗？这个梦满足了她的这一愿望。希望我错了的愿望与梦里的乡村度假有关，实际上，还与另一件更严重的事情相关。之前，我从她提供的材料中分析出，在她生命中的某个时期，一定发生了某种决定她病情的很重要的事情。

她否认有这样的事，因为她根本就不记得了。不久之后，我发现自己的分析是正确的。因此，她希望我的理论是错的，在梦中变成了她与婆婆共度假期，这与她另一个愿望的满足相符，即她希望我之前分析出的那件更重要的事情从未发生过。

我冒昧地不做任何分析，仅凭猜测来解释我的一位朋友所做的梦。直到中学毕业，这位朋友都和我同班。有一天，他听了我在小范围内进行的演讲，内容是有关梦是愿望的满足。回到家后，他梦到自己的案子全输了（他是一名律师），然后他就跑来反驳我。我没有正面回答他，只是说："毕竟没有哪个律师能赢得所有的案子。"可我心里想的是：从小学到中学，整整八年我都一直名列前茅，而他只能在中等水平徘徊，也许在那时，他就期盼着有一天我会栽个大跟头。

还有一名女患者跟我讲了一个更忧郁的梦来反对我的解梦理论。

病人是一个年轻的女孩，她跟我说："您应该记得，我姐姐现在只剩下小儿子卡尔了，她失去大儿子奥托的时候，我还跟她住在一起。我十分疼爱奥托，可以说是我把他带大的。我也很喜欢卡尔，但远比不上对奥托的喜欢。昨晚，我梦见卡尔死了。他躺在一个小棺材里，双手合十，周围摆满了蜡烛，与奥托死去时的状态一样，而奥托的死对我来说是一个巨大的打击。现在，请您告诉我这意味着什么？您了解我的，我难道会坏到希望自己姐姐仅剩的孩子死去吗？还是说，这个梦意味着我宁愿死去的是卡尔，而不是奥托？"

我向她保证，后一种解释是不可能的。思考了一会儿，我给出了关于这个梦的正确解释，她后来也证实了我的解释。我之所以能做到这一点，是因为我对做梦者过去的全部经历都很熟悉。

这个女孩很小的时候就失去了双亲，她在比她年长很多的姐姐家里长大，后来倾心于一位常来姐姐家做客的男士。有一段时间，这段没有公开的感情甚至到了谈婚论嫁的地步，可本该幸福的时刻却被姐姐破坏了，姐姐也从未解释过自己为何这样做。从此，那位男士就再没来过。

之后，她把自己的感情都倾注到小奥托身上。小奥托死后不久，她就搬出了姐姐家，开始独立生活。然而，她没能成功摆脱对那位男士的依恋。她的骄傲使她避开了他，但她也没能把爱转嫁给后来出现的追求者。她所钟爱的那位男士是文学界的一位教授，只要有他演讲的地方就能看到她的身影。她抓住一切可能的机会，远远地看着他。

我记得她前一天告诉我说，教授要去听一场特别的音乐会，她也打算去，好再看他一眼。她的梦就发生在音乐会的前一天，而在音乐会当天她给我讲了这个梦。因此，我很容易就做出了正确的解释。

我问她是否能想起小奥托死后发生的重要事情。她立刻回答说："当然，教授在久别后又来看我们了，我在小奥托的棺材旁边又看见了他。"她的回答如我所料。然后，我向她解释道："如果现在卡尔死了，同样的场景会再次出现。你会住到姐姐家里，教授也一定会来表示哀悼，这样你就会再次见到他。这个梦就意味着你希望能再见到他，而你的内心也因这一愿望而挣扎着。我知道你口袋里有今天音乐会的门票。这个梦表明了你已经等得不耐烦，它把你所期待的重逢提前了几个小时。"

为了隐藏愿望，这个女孩选择一种通常能够抑制愿望的情况，也就说人们在充满悲伤的场合下，是很难想到爱情的。然而，即使梦完全地复制了真实的情况，也就是她站在更疼爱的小奥托的棺材旁时，她也很可能无法抑制对这位长久不见的心上人的柔情。

我对另一位女患者的类似的梦做出了不同的解释。这位女患者年轻时以机智、开朗的性格引人注目，在我为她治疗的过程中，她所产生的一些想法很显然地证明了她的这些特点。她做了一个漫长的梦，她梦见自己 15 岁的女儿躺在一个箱子里死了。她半信半疑地也想用这个梦来反驳我的解梦理论，但她又觉得"箱子"这个细节可能会指向另一种解梦思路。

在分析的过程中，她回忆说，在前晚的聚会上，有人谈到了英语单词"box"，说这个词翻译成德语有不同的意思，如箱子（schachtel）、包厢（loge）、衣橱（kasten）、耳光（ohrfeige）等。从梦的其他部分可以进一步发现，她猜到英语单词"box"和德语单词"Büchse"（盒子）有关，然后她又想起来，"Büchse"被用作女性生殖器的俗称。如果考虑到她对解剖学知识的局限性，我们可以推测，躺在箱子里的孩子意味着子宫中的胚胎。

当解释到这里时，她不再否认梦中的画面符合她的愿望：像许多年轻已婚妇女一样，当她怀孕的时候，她一点也不高兴，甚至曾不止一次地希望自己肚子里的孩子能死去。事实上，在与丈夫发生暴力冲突后，她勃然大怒地用拳头捶自己的腹部，想打死里面的胎儿。所以，梦见孩子死去实际上是满足了她的一个愿望，不过这个愿望是十五年前的，它在被搁置了如此长的时间后再次出现，让人们认为这并不是愿望的满足也就不足为奇了，因为这期间的变化太多。

当我后面讨论典型的梦时，我还会用到上述两个梦到亲人死亡的例子，它们属于同种类型。然后，我还会列举更多的实例证明，尽管这些梦的内容令人痛苦，但它们必定被解释为愿望的满足。

下面的梦不是来自我的病人，而是一位我所熟知的、聪明的法学家。他同我讲这个梦，是为了阻止我草率地下结论——所有的梦都是愿望的满足。他这样描述自己的梦："我梦见自己搂着一位女士走到家门口，一辆车门紧闭的汽车停在那里。一个男人走到我跟前，掏出了警官证，并要求我跟他走。我请他给我一点时间来安排一些事情。你觉得我会有自己被捕的愿望吗？"

我说："我承认您当然不会。那您知道自己以什么罪名被捕吗？"

法学家："是的，我想应该是杀婴罪。"

我："杀婴罪？您知道这是一种只有母亲才有可能对新生儿实施的犯罪吗？"

法学家："我知道。"❶

我："您在什么情况下做了这个梦？前一天晚上发生了什么？"

法学家："可我不想说，这事有点儿让人难为情。"

我："不过我必须得知道这一信息，否则我们就只能放弃对这个梦的解释。"

法学家："好吧！我昨天晚上没有回家，而是在一位我深爱的女士家里。早晨醒来的时候，我们又亲热了一次，之后我就又睡着了，并且做了这个梦。"

我："她是已婚妇女吗？"

法学家："是的。"

我："你不想让她生孩子吧？"

法学家："哦，不，那会使我们的关系暴露。"

我："所以，你们并非正常的性交？"

法学家："我很谨慎，会在射精前及时退出。"

我："我猜这种方法你在晚上用了几次，等早晨再用一遍后，你就有点儿不确定了。"

法学家："也许吧。"

我："在这种情况下，你的梦就是愿望的满足。它让你放心，你没有生孩子，或者说，你把孩子杀死了，你的愿望得到了满足。关于这个

---

❶ 原文注：通常情况下，人们对梦的最初描述都是不完整的，只有在分析的过程中，省略的部分才会出现。这些随后添加的内容经常被证明为解梦的关键。

梦的中间环节，我可以很容易地给您指出来。还记得前几天，我们探讨婚姻的一些难题吗？这就是其中的一个矛盾点，性交时采用避孕方式是可以的，不过，一旦卵子和精子结合在一起形成胎儿，任何干预措施都将被视为一种犯罪而受到惩罚。接着，我们讨论了中世纪关于灵魂进入胎儿的确切时间的问题，因为那个时间的界定决定着谋杀胎儿概念的适用。您应该也知道莱瑙那首可怕的诗❶吧！他把杀婴和避孕相等同。"

法学家："真奇怪，今天早上我无意间就想到了莱瑙。"

我："这是您梦的回响。现在我可以用您的梦来证明另一个愿望的满足。您搂着那位女士来到自己家，而不是像现实中那样在她家过夜。构成梦的核心是愿望的满足，可能有不止一个原因造成梦以令人不愉快的形式进行伪装。您也许可以从我关于焦虑神经症病因的论文中了解到：性交中断是神经性焦虑产生的病因之一。像您这样进行了几次性行为后，很容易导致情绪变得不安，而这种不安后来又成了您梦的一个组成部分，更重要的是，您利用这种情绪来掩饰您的愿望。顺便说一下，您提到的杀婴还没有解释。您是怎么想到的这个只有女性才可能实施的特别犯罪呢？"

法学家："我要承认，几年前我就卷入了这样的事件。有个女孩试图通过堕胎来避免我们关系的暴露。不过，我是事后才得知她做了这样的决定。我为此紧张、担心了很长一段时间，生怕事情被曝光。"

我："我完全理解，关于您为何怀疑避孕措施可能出了问题并因此感到不安，这个回忆就是第二个原因。"

一位年轻的医生，在我的演讲中听到关于这个梦的描述后，一定深有体会，因为他很快就做了同样的梦，只是把相同的思维模式应用到了另一个主题上。在做梦的前一天，他上交了自己的所得税申报表，因为

---

❶ 原文注：诗名为《死者的幸福》。

需要申报的税收很少，所以他很如实地填写了。然后，他梦见一个关系很熟的税务专员过来跟他说，除了他的所得税申报表引起了大家普遍的怀疑，别人的都没有问题，他将受到严重的处罚。

这个梦也是愿望的满足，因为他想成为一名收入丰厚的医生。这个梦伪装得有些可悲，它让我想起了另一个更可悲的故事：一个年轻的姑娘接受了一个脾气暴躁者的求婚，有人劝她说，跟这样的人结婚，将来一定会受到家暴。然而，女孩却这样回答："要是他已经开始打我就好了！"她想结婚的愿望是如此强烈，以至于宁愿承受这场婚姻即将带来的痛苦折磨，甚至把它当成了一种愿望。

一些人们常做的梦似乎与我的理论相矛盾，因为它们要么呈现一种受挫的愿望，要么就是让那些令人不快的内容出现在梦里，这些梦可以统称为"反愿望之梦"。从整体上考虑，它们通常可以追溯到两个原则上，其中一个原则我还没提到过，尽管在人们的梦中以及现实生活中，它都起着很大程度的重要作用。导致"反愿望之梦"的两大动机之一就是"我的理论是错的"。

当病人想要反对我的理论时，这类梦在我的治疗过程中会经常出现。我敢保证，当我首次告知病人——梦是愿望的满足，就必定会引起他做"反愿望之梦"。同样的情况也会发生在阅读这本书的一些读者身上。只要能证明我的理论是错的，他们愿意让梦中的愿望得不到满足。

我再讲述一个同类型的梦例，它是正接受我治疗的一个年轻女孩的梦。这个女孩不顾家人的反对和权威的意见，坚持让我继续为她治疗。她梦见家里人禁止她来找我，然后她提醒我说，我曾承诺过她：如果有必要的话，我将免费为她治疗。而我在梦中的回答是："我不会在钱的问题上做任何让步。"

在这种情况下，要证明梦是愿望的满足并不容易。然而，在所有这类梦中，我们都会发现另一个谜团，解决了这个谜团，将有助于解决最初的那个谜团。那么，她梦里我说的那些话是从何而来的呢？我自然是没有对她说过这种话，但是她有一个对她影响很深的哥哥，她把对哥哥的情绪转嫁到我身上。这个梦就是为了证明她哥哥是对的。不仅是在她的梦中，她坚持哥哥说的有道理，同样的想法还主宰了她的现实生活，这也是她生病的动机。

还有一个梦，乍一看似乎给愿望满足理论带来了挑战，这个梦是由一名叫奥古斯特·施泰克的医生做的，他还做了解释。梦的内容是："我在左手食指指尖上看到了梅毒的初期迹象。"

这个梦除内容令人不适外，整体看起来清晰、连贯，似乎完全不需要进行分析。然而，如果我们准备好面对可能会涉及的麻烦，我们将发现"Primäraffekt（初期）"相当于初恋，而那块令人厌恶的迹象，引用施泰克的话说，"代表着充满激情的愿望的满足"。

另一个"反愿望之梦"的动机十分明显，以至于很容易就将其忽略，我就有好长一段时间犯了这种错误。在许多人的性结构中都有一种受虐狂成分，它是由一种侵略性的、虐待狂的成分转变成相反的成分而产生的。那些不是因肉体痛苦而产生快感，而是因受到精神上的羞辱和折磨而产生快感的人，我们可称之为"精神受虐狂"。由此，我们马上就会发现，这类人可能会做"反愿望之梦"，但这些梦实际上使他们的愿望得到了满足，因为满足了他们的受虐狂倾向。

下面我将引用这样一个梦，是一个年轻人做的：他早年间曾狠狠折磨过自己的哥哥，他对哥哥有着同性恋般的依恋。他的性格发生了根本性的变化，他做了一个梦，这个梦包含三部分内容：①哥哥在戏弄他；②两个成年同性恋男人在互相爱抚；③哥哥卖掉了他赖以生存的公司。

他从梦的第三部分内容中惊醒，内心很痛苦。这就是一个受虐狂的愿望得到满足之梦，其内容我们可以这样翻译："如果哥哥卖掉我的公司是作为我当年折磨他的惩罚，这对于我来说很公平。"

　　我希望以上例子足以证明（直到下一个反对意见的提出）：即使是痛苦内容的梦也可以解释为愿望的满足。解梦时，几乎每次都存在人们不愿谈论或思考的话题，这当然不是偶然的巧合，而是这些梦引起了人们的痛苦感，毫无疑问，这与抑制我们去讨论或提及这些话题的厌恶感相一致，如果迫不得已，我们就必须克服这种厌恶感。在梦中反复出现的令人不快的内容，并不能代表愿望不存在，每个人都不愿意向他人透露的愿望，有的甚至自己都不愿承认。

　　另外，我们有理由将所有这些梦的令人不快的特征与梦的伪装联系起来，如此我们可以得出这样的结论：这些梦都是经过伪装的。由于做梦者对梦中的内容或梦中内容所产生愿望的反感与压制，所以，愿望的满足被伪装得无法辨认。因此，梦的伪装事实上被证明是一种审查行为。如果我们尝试把表达梦境本质的公式进行修改，我们需要把令人不快的梦所揭示的一切也考虑进去，即梦是（被抑制或受排斥的）愿望的（经过伪装的）满足。

　　焦虑梦作为一种特殊类型的令人不快的梦，仍有待讨论。对于梦的问题一无所知的外行人来说，把焦虑梦归为愿望满足之梦，是很难接受的。不过，对于这个问题，我们可以简单地处理，因为焦虑梦并没有向我们展示解梦问题的新方面，它仅涉及神经性焦虑在梦中的表现。

　　我们在梦中所感受到的焦虑，显然只能用梦表面上呈现的内容来解释。如果我们把梦的内容进一步分析，就会发现，由分析梦的内容来解释梦中的焦虑，与通过分析恐惧症患者的恐惧来解释恐惧症中的焦虑相比，更没什么合理性。例如，人站在窗口时有可能掉下去，所以，一靠近窗口就要格外谨慎。

　　然而，让人难以理解的是，对靠近窗口的焦虑，恐惧症患者为什么会如此之大，甚至无法摆脱，这远超过实际上所应担心的程度。这类解释既适用于恐惧症，也适用于焦虑梦，在这两种情况中，焦虑只是表面依附于与之相伴的想法，它实际上起源于别处。

由于梦中的焦虑和神经症的焦虑之间存在着密切的联系，在讨论前者时，我必须提及后者。在一篇关于焦虑神经症的文章中，我曾论证过：神经性焦虑源于性生活，与已经偏离了自身目的且没能得到发泄的"力比多"（性力）相关。

从那时起，这一论证经受住了时间的考验，我们由此可以得出：焦虑梦是一种带有性内容的梦，它将力比多转化成焦虑。之后在分析一些神经症患者的梦时，还会涉及这一观点。在进一步试图得出梦的理论的过程中，我将再次深入讨论焦虑梦的决定因素及其与愿望梦理论的一致性。

第五章　梦的材料与来源

对伊尔玛打针之梦的分析表明梦是愿望的满足，于是，我们的兴趣首先被一个问题所吸引，即这是否是梦的一个普遍特征，为此，我们暂时搁置了在解梦工作中可能出现的其他研究方向。当一条道路已经取得相应的成果时，我们现在可以回过头来，为探讨梦的问题再另选一个新起点。尽管我们在"梦是愿望的满足"这一话题上并未得出全面彻底的结论，但我们可以暂时先把它放在一边。

我发现，解梦不仅能揭示梦所隐藏的意义，而且这种隐藏的意义要比梦直接显示的内容更重要。那么，当务之急便是一个接一个地重新审视梦中所涉及的各种问题和矛盾（这些都是在我们只了解梦中显而易见的内容时所要面临的），看看我们是否能在梦中找到答案。

在第一章中，我详细介绍了学者们对梦与清醒生活之间关系的观点，以及他们对梦的材料来源的看法。我们可以回想一下梦中记忆的三个特征（这三个特征经常被提到，但从未被解释过）：

（1）梦对最近几天发生的事件有着明显的偏好 ❶；

（2）与清醒时记忆选择材料的原则不同，梦中回忆的内容不是必要的和重要的，而是次要的，甚至被忽略的；

（3）梦能够将童年最早留在人脑中的印象再现，甚至将那个时期的

---

❶ 原文注：参见罗伯特、斯特伦佩尔、希尔德布兰特以及哈姆勒和韦德的观点。

生活细节展示出来。不过人们往往觉得这些微不足道，并且在清醒的状态下，这些细节也早已被遗忘。

当然，梦在选择材料时所表现出的这些特性，都是学者们对梦显而易见的意义的早期研究发现。

第一节　梦中的最近印象和无关紧要的印象

关于梦的内容来源，我首先以自己的经验断言：每一个梦都可能与人的前一天的经历有关。无论是以我自己的梦还是别人的梦来分析，我的这一观点都得到了证实。

基于该事实，我可以通过寻找前一天的事件来开始对梦进行解释。而事实上，在许多情况下这种做法都是最便捷的。

在之前的章节中，我详细分析了两个梦（伊尔玛打针之梦和我那位留着黄胡子的叔叔的梦），它们都与做梦的人在前一天的经历存在显著的联系。为了说明这种联系的规律性，我将以自己的梦为例，挑选几段记录来进行分析，并以能够找到梦的内容来源作为目标。

（1）我去拜访一户人家，可主人并不情愿接待我……与此同时，我还让一位女士等着我。

来源：那天晚上我和一位女性亲戚聊天，我告诉她，要耐心等待她购买的那些东西的到来……

（2）我写了一本关于某种（不明）植物的专著。

来源：那天上午，我在一家书店的橱窗里看到一本关于仙客来❶的专著。

---

❶ 译者注：一种冬春开花的球根型花卉，原产自地中海地区。

（3）我在街上看见一对母女，其中女儿是我的患者。

来源：我的一个病人在前一天晚上向我诉苦说她的母亲阻碍了她继续接受治疗。

（4）我在 S&R 书店订了一份年费为 20 弗罗林的定期杂志。

来源：昨天，我妻子提醒我，还没给她每周 20 弗罗林的家庭开支。

（5）我收到社会民主委员会的一封信，我成了他们其中的一员。

来源：我同时收到了自由选举委员会和人道主义联盟理事会的信件，实际上我是后者的成员。

（6）一个男人站在海中悬崖上，有点像勃克林。

来源：恶魔岛上的德莱弗斯❶，我同时从英国的亲戚那里得到了一些消息。

读者可能会问：梦中的内容是否只与前一天的经历有关，还是说它可以因最近更长的一段时间内，所发生事情的印象而产生呢？从理论上来说，这个问题很明显并不重要，但我还是偏向于"前一天的经历"对梦中内容的绝对影响，并称之为"做梦日"。

无论何时，只要觉得梦的源头是两三天前的印象，再仔细一探究就能确认，这一印象往往会在前一天被回忆起来。也就是说，印象的再现发生在最初事件发生的日期和做梦的日期之间，而且，前一天的偶然事件导致了对近期印象的回忆。

然而，我并不相信白天的刺激印象和它在梦中的重现之间存在具有生物学意义的规律性时间间隔。❷

---

❶ 译者注：德莱弗斯案为法国历史上著名的冤案，德莱弗斯为法籍犹太人，1880 年入伍成为法国军人，1894 年 12 月 22 日被军事法庭以荒谬的罪名和证据判处间谍罪，并被留放至恶魔岛，这起案件引起了世界范围的反犹太运动浪潮，此后法国社会也陷入一片骚乱之中。

❷ 原文注：在这方面，斯沃博达提到了时间间隔不超过 18 个小时。

哈夫洛克·埃利斯对这一点也给予了关注，他表示，虽然自己竭力寻找但都没能找到任何周期性间隔。他还讲述了自己的一个梦：他梦见自己到了西班牙，然后准备去一个叫"Daraus""Varaus"或"Zaraus"的地方。他一醒来，就不记得这个地名了，也就把这个梦搁置在一边了。几个月后，他发现"Zaraus"实际上是圣塞巴斯蒂安和比尔巴鄂之间一个火车站的名字，在做这个梦的 250 天前他曾坐火车经过此站。

所以我相信，任何一个梦的刺激因素都可以从尚未"入睡"的经历中找到。因此，梦中的内容与近期的印象之间的关系，同任何较远时期的印象的关系相比没有什么区别。梦可以从做梦者生活的任何一部分中选择材料，只要有思路能把做梦日的经历（最近的印象）和早期的经历联系起来即可。

但为何梦对近期印象如此偏好呢？我们将从上述提到的梦例中选出一个，来进行更全面的分析，以找到此问题的答案。

❧ 植物学专著之梦的分析一

梦中场景：我写了一本关于某种植物的专著。这本书摆在我面前，我正翻开一页折叠的彩色插图。书的每一页都有一个干燥的植物标本，就仿佛从植物标本室里取出来的一样。

真实生活的分析：

那天上午，我在一家书店的橱窗里看到一本关于仙客来这种植物的专著，书名叫《仙客来属植物》。

仙客来是我妻子最喜欢的花，但我很少会如她所期待的那样买给她，对此我感到很自责。关于"送花"的事件让我想起了一件轶事，我最近还在朋友之间讲过，用它来支持我的理论：遗忘往往是由一个无意识的目的决定的，所以通过遗忘总能使人推断出遗忘者内心的隐秘意图。

有位年轻的女士，在她生日时习惯于从丈夫那里收到一束花。

结果有一次过生日，丈夫没送花给她，她就哭了起来。丈夫不知道她为何会哭，直到她告诉他今天是她的生日，丈夫才反应过来，抱歉地说："对不起，我给忘了，我马上就去给你买花。"可这已经无法安慰她，因为她从丈夫忘记买花这一行为上意识到，她不再像以前那样在他心中占据一席之地了。

在我做梦的两天前，这位女士刚刚见过我的妻子，还诉说自己现在感觉很好，并打听了我的近况——我几年前曾经给她治疗过。

此外，我记得自己确实写过一篇关于古柯植物的文章，文中提到了古柯碱（可卡因）具有麻醉特性，这受到了卡尔·柯勒（被誉为局部麻醉的创始人）的关注。我还指出了生物碱的应用，但并未进行足够深入的研究。

在我做梦的第二天早上（直到晚上我才有时间解释这个梦），我想起来自己在白日梦的状态下想过可卡因：如果我得了青光眼，就应该去柏林，在我朋友的家里，由他推荐的一位外科医生来给我做手术。由于手术医生不知道我的身份，他一定会夸耀，自从引进了可卡因，这种手术是多么的容易，而我绝不会给他丝毫暗示——我参与了这一重大发现。

就这样我幻想着，一旦那位医生发现自己在给一位同行做手术会是多么的尴尬。因为柏林的眼科医生不认识我，那我就能像其他人一样支付费用。

直到想起这个白日梦，我才意识到它背后隐藏着对某个特定事件的回忆。就在柯勒医生的重大发现发表之后不久，我父亲就得了青光眼。我的朋友柯尼希·施泰因——一名眼科医生——为他做了手术。而柯勒医生则负责用可卡因给父亲麻醉，他还打趣说，这次手术把所有参与古柯碱引入的三个人都聚齐了。

接着，我的思绪又回到了最后一次想起可卡因的事。几天前，我收到了一本纪念文集，这是学生们为了表达对他们老师以及实验室老师的感激而编写的。在这本文集里所列举的获得荣誉称号的人中，我一眼就看到了柯勒医生，其中的介绍是他发现了可卡因的麻醉特性。然后我突然意识到，我的梦与前一天晚上的经历有关。

那晚，我和柯尼希医生一起回家，我们边走边聊了一件事情，每次提起这件事我都激动不已。当我们在门厅前驻足时，格特纳教授和他年轻的妻子也加入了我们，我情不自禁地夸赞他妻子长相动人。而格特纳教授正是那本纪念文集的编撰者之一。很可能是他让我想起了这本文集。此外，在我同柯尼希医生的聊天中，也提及了之前那位没能收到生日花束的女士，这部分内容与另外一件事有关。

✿ 植物学专著之梦的分析二

在下面，我还将进一步解释梦中的其他内容。

这本植物专著里有一株植物的干标本，它让我想起了中学时代的事。

有一次，我们中学校长把高年级学生聚集到一起来检查、清洗学校标本室里的标本，那里面进了一些书虫。校长似乎对学生们的能力没多大信心，所以只分给我们几页的标本，至今我还记得，其中有一些是十字花科植物的标本。

我对植物学向来没什么热情，在植物学初试时，我被要求辨认十字花科植物，可我没回答上来。要不是我的理论知识还不错，那我的成绩一定会很糟糕。

由十字花科植物我又想到了菊科植物，我最喜欢的洋蓟 ❶ 就是菊科

---

❶ 译者注：洋蓟又称法国百合，菊科多年生草本植物，可食用，原产于地中海沿岸。

植物。我的妻子比我有心，她经常从市场上买这种花回来。

梦中"这本书摆在我面前"，这又让我想起了一些事情。前一天，我收到柏林的朋友给我的来信，他在信中说："我对你的解梦之书充满期盼，它仿佛已经被完成并呈现在我面前，而我正一页一页翻看……"他这预言家般的天赋实在令我羡慕！如果我也能看到它已被写完并放在自己面前，那该多好啊！

关于"折叠的彩色插图"这一部分：当我还是一名医学生的时候，我对专著的学习非常执着。尽管手头不宽裕，但我还是订阅了很多医学期刊，并且被其中的彩色插图深深吸引，现在我仍然为自己拥有这般学习热情而感到自豪。

当我开始发表论文后，我必须自己来画插图，我记得画过一幅非常糟糕的插画，并被一位好友嘲笑。接着，我不知为何会想起童年的事情。那时，父亲为了哄我和大妹妹，就会把一本带有彩色插画的书给我们撕着玩儿。尽管从教育角度出发，这样并做不怎么正确！

那时我才 5 岁，大妹妹还不到 3 岁，我们俩兴奋地把书一页一页撕成碎片（就像一片片剥洋蓟叶子一样），这是我年少时最鲜活的记忆。等上学以后，我开始慢慢喜欢上收藏书籍，这种爱好类似于我对专著的沉迷（在梦中联想到仙客来和洋蓟时，这种爱好就已浮现）。我完全成了书虫。

自从我开始思考过去之后，我就一直把这种执着的热情与童年时的这段记忆联系到一起，或者更确切地说，童年的情景是我后来养成藏书习惯的"屏蔽记忆"。

我很早就发现，人往往会因过分热情而陷入某种麻烦。我 17 岁时欠了书店很多钱，而当时的我并没有能力偿还。我因过分爱书而导致的欠债也并没有得到父亲的原谅和帮助。通过回忆年少时的这段经历，让我又立刻想起了和柯尼希医生的谈话，他批评我太过放纵自己的喜好了。

由于之后的事情和我们现在的讨论没有关系，所以我将不再进一步解释这个梦，仅指出它的分析路径。

在解释分析的过程中，我想起了与柯尼希医生的对话，梦中的多个内容都与之相关。如果我认真思考一下那次谈话的内容，就会很轻易地弄懂这个梦的意义。所有的联想都由回忆起那次谈话而引出：我和妻子所喜欢的花、可卡因、向同行求医的尴尬、我对专著的偏爱、对植物学等学科的忽视。对所有这些联想进一步追寻，我们会发现它们是我和柯尼希医生谈话的组成部分。

与之前分析的伊尔玛打针之梦一样，这个梦同样带有着自我辩护的性质，是对我自己的维护。事实上，它把伊尔玛打针之梦的材料推向了新阶段，同时参考了两个梦之间出现的新材料，并对其进行了讨论。

事实证明，即使是与梦明显无关的表达形式也同样具有意义。它的意思是：毕竟，我是写那篇有价值、值得纪念的论文（关于可卡因）的人。正如我在伊尔玛打针之梦中为自己所做的辩护：我是一个认真、努力的人。这两个梦例都在坚持同一个意思：我允许自己这样做。到此为止，我不需要再对这个梦做进一步解释，因为我讲述这个梦的目的是举例说明：梦的内容和引起梦的前一天的经历之间的关系。

如果仅从梦显而易见的内容来看，它通常只会与那天的某一件事有关。如果继续进行分析，就会发现梦的第二个来源就在于同一天的另一次经历。

这两种与梦相关的经历中，第一种是次要的、附带的情况，比如我在商店橱窗里看到一本书，书名一时引起了我的注意，但我对它的内容似乎并不感兴趣；第二种经历具有很高的心理价值，比如我和眼科医生朋友愉快地聊了一个多小时，在谈话的过程中，我给了他一些信息，这些信息必然会对我们两人产生影响，我的一些记忆被唤醒，并在内心深处做出反应。另外，谈话在未结束前被打断了，因为有熟人的加入。

现在，我们来想一下，当天的两段经历之间有什么关系？它们与那晚所做的梦又有什么关系？

在梦的显性内容中只提到了无关紧要的印象，这似乎证实了梦倾向于选择清醒生活中一些不重要的内容来作为材料，然而，解梦的结果却是，关于梦中内容的所有解释都将归于重要的、令人激动的印象上。

如果通过分析梦所揭示的潜在内容来判断梦的意义（这似乎是唯一正确的方法），那么一个新的、重要的事实就会出人意料地被揭示出来。这样，关于"梦只与清醒生活中毫无价值的片段有关"这一难题似乎也就失去了意义。同时，坚持认为"清醒的生活没有在梦中得到延续"的观点，以及认为"梦是浪费在愚蠢事物上的精神活动"的观点，都是我必须批判的。因为事实恰恰相反：我们梦中的思想同样被白天令我们全心投入的事情所支配，我们所梦到的内容就是白天费心思考的事情。

那么，为什么我做梦是由白天令我激动的印象所引起，但实际上梦中显示的却是无关紧要的事情呢？对此最直接的解释是，我们再次面临着梦的伪装现象，我在前一章中把它视为一种具有审查作用的精神力量。

因此，我在梦中对仙客来植物专著的回忆，可以用来暗示我与朋友的交谈。正如在放弃举办晚宴的梦中，做梦者用"熏鲑鱼"暗指对那位女性朋友的想法一样。唯一的问题在于中间环节，即如何用专著的印象来暗示我与眼科医生的谈话，因为乍一看它们之间没有明显的联系。

在放弃举办晚宴的梦例中，这种联系可以立刻被找出："熏鲑鱼"是那位女性朋友最喜欢的菜肴，当一些想法在做梦者的头脑中因女性朋友的个性刺激而被唤起时，"熏鲑鱼"必定是这个想法的直接组成部分。

但在植物学专著之梦中，两个印象是独立的，乍一看只有一个共同点，那就是它们都发生在同一天：我早晨看到了那本专著，同一天晚上和朋友进行了谈话。

通过分析使我们能够解决这样一个问题：一开始，这种联系在两种印象之间并不存在，而是在事后回忆时，联想促使了两种印象之间的思想建立了联系。

我已在分析的过程中强调了这些中间环节。如果没有其他外来影响，关于仙客来这种植物我只有"它是我妻子最喜欢的花"这一想法，可能我还会联想到那位没能收到生日花束的女士的那件事。我几乎不认为这一类背景思想能唤起一个梦。就像《哈姆雷特》中所说的那样："上帝，不需要让这些鬼魂从坟墓里出来告诉我们真情。"

但是，在分析中，我想起来那个打断我们谈话的人叫格特纳（Gärtner❶），我还夸他妻子看起来美丽动人（blooming❷），我又记起一位女病人的名字叫弗洛拉（Flora❸），这个名字很动听，我们在那次谈话中也聊到了她。可以肯定这些都是中间环节，源于植物学的想法群构成了当天两个经历之间的桥梁，一种是微不足道的，另一种是令人激动的。

随后还出现了其他一些联系，比如围绕可卡因建立的进一步联系，它完全可以被视为柯尼希医生和我所写的植物学专著之间的纽带。这些联系加强了两种经历之间的融合，因此一种经历的一部分内容可以用来暗示另一种经历。

有些人会觉得这种解释过于武断或主观，而对此进行攻击，这是

---

❶ 译者注：直接翻译为园丁。

❷ 译者注：直接翻译为花开。

❸ 译者注：直接翻译为花神。

我所能预料到的。他们可能会问：如果格特纳教授并未带着他的娇妻过来，或者如果我们谈论的病人叫安娜而不是弗洛拉，将会发生什么？答案很简单，如果没有这些思想链条的出现，其他联系就会被选中。就像人们每天为了娱乐而制造双关语和谜语那样，建立这样的思想链条非常容易，因为笑话的范围是没有界限的。换句话说，如果两种印象之间没有足够的联系，那么梦就完全不一样了。

当同一天，其他不被人们注意的印象进入我们的头脑中然后被快速遗忘之后，在梦中它就很有可能取代"专著"，从而与我跟朋友的谈话联系起来，并在梦中呈显性化内容。既然梦的显性内容选择了"专著"，就意味着它与谈话经历最适合建立联系。我们没必要效仿莱辛笔下那个狡猾的小汉斯，对"世界上只有富人拥有最多的钱"而感到惊奇。

按照我们的观点，这种无足轻重的经历取代有精神意义的经历的心理过程，难免会引起怀疑与困惑，对此，我们将在第六章进一步加以合理且易懂的解释。

✎ 植物学专著之梦的分析三

目前，我们探讨的主要是这一心理过程的结果，我们在解梦时会获得大量的、经常被反复验证的经历，用以证明该过程的真实性。我们似乎可以说，在中间环节发生了一种精神重心"移位"的现象，最初弱度是思想从最初强度的思想中获取能量，等达到足够的强度，再进入意识中。

当我们讨论情感转移或心理的一般运动问题时，对于这种移位现象我们并不会感到奇怪。比如，孤独的老处女把自己的柔情转移到动物身上；单身汉变成狂热的收藏家；士兵用鲜血保卫一块彩色的布——旗帜；恋爱中的人因牵手时长多了几秒而感到格外幸福；又或者像《奥赛罗》中，因丢失一块手帕而大发脾气……所有这些精神移位现象都是毫无争议的。

但是，当我们以同样的方式和原则来决定思考的内容时，我们就会觉得不正常，会觉得是病态行为。如果这种心理过程发生在清醒状态下，我们就会认为是思想上出错了。在这里，我要提前透露一下稍后将要得出的结论：我们在梦的移位中发现的精神过程，不能被描述为病理性紊乱，它只不过不同于正常的过程，它应该被视为一种更具原发特征的复杂过程。

因此，关于梦的内容包括琐碎的经历残余，可以将其解释为通过梦的转移作用而进行的伪装。那么，综合之前的结论我们可以得出：梦的伪装是在两种精神动因之间起审查作用的精神力量。这样我们可以预料到，对梦的分析可以揭示出梦在清醒生活中真实的、具有重要精神意义的来源，当然这样来源很可能被转移到无足轻重的印象上。

这一解释与罗伯特的理论完全冲突，我觉得他的理论在此已不适用。因为罗伯特所解释的事实上是不存在的，他的这些假设是建立在一种误解的基础之上的，也就是说，他把梦外在的、显而易见的内容看成了梦的真正意义。

另外还可以从此对罗伯特的理论提出反对意见：如果梦是一种特殊精神活动，用以减轻我们白天记忆的"残渣"，那么我们在睡眠状态下会比清醒时更加痛苦难熬，因为白天所形成的无关紧要的印象，其数量显然是非常大的，大到我们在夜晚睡眠状态下很难将它们完全处理。而更可能的是，那些无关紧要的印象就能被我们所遗忘，不需要精神力量的积极干预。

不过，在未进一步加以考虑的情况下，我们不应急于放弃罗伯特的观点。我们还没解释这样一个事实，即从梦的当天或前一天的清醒生活中所形成的无关紧要的印象，总会成为梦表现出的内容，这些印象与无意识中梦的真正来源之间的联系并不总是直接的。

正如我们所看到的，这种联系只是在做梦的过程中建立起来的，从而使预期的转移成为可能。因此，在与最近的印象建立精确联系的方向上，必须有某种令人信服的力量，尽管这种印象无足轻重，但其必须具有某种属性，使之成为最合适的选项。如果不这样的话，梦中的想法就很容易把它们的重点转移到思想群中一个不重要的部分上去。

以下观察结果可能有助于我们认清这一点。如果在一天的过程中，我们有两个或两个以上的经历适合激发一个梦，那么这个梦将把它们作为一个整体结合起来，这是一个必然性结果。

举个例子来说，一个夏日的午后，我在火车上遇见两个熟人，但他们互不认识。其中一个是我的同事，他在医学领域很有影响力，另一个出身于显赫家族，我常常给他的家人看病。我介绍他们二位认识，之后在漫长的旅途中，我一直在分别与他们交谈，而且不停地切换话题。

我请我的医生朋友帮忙多举荐一位刚入行的新人，这个人我们俩都熟悉。医生回答说深信这个年轻人的能力，只是他长相平平，怕是很难走出豪门大院。我说，这正是我向他这种有影响力的人提出请求的原因。

然后，我转向另一个旅伴，询问他姑妈的健康状况，她是我一位女患者的母亲，当时她病得很重。在这趟旅程结束的当天夜里，我梦见那位请医生朋友帮忙举荐的年轻人，正站在一间富丽堂皇的客厅里，面对我所认识的所有富商名流，从容老练地为我另一个旅伴的姑妈（在我的梦中她已去世，我必须承认，我和她的关系不太好）致哀悼词。由此可见，我的梦又一次在前一天的两组印象之间找到了联系，并把它们结合成一个完整的场景。

根据诸如此类的大量经历，我断言：在做梦的过程中，出于某种程度的必要，梦的所有刺激源会被结合到一个整体当中。

接下来，我们继续讨论这样一个问题：通过分析所揭示的梦的刺激源，是否一定是一个近期的且重要的事件？一个内心过程，或者说一个具有精神价值的回忆或思想过程，是否也能成为梦的刺激源？根据大量的分析，可以肯定的是梦可以被一个内心过程所刺激，因为白天的思想过程在某种意义上已经变成了一个近期事件。

现在是时候将梦的刺激来源加以罗列了，梦的刺激源可能是：

（1）直接在梦中呈现的、近期的、具有精神意义的经历，如伊尔玛打针的梦和我那位留有黄胡子叔叔的那个梦。

（2）若干个近期的、有重要意义的经历结合成一个整体，如新人医生致哀悼词的梦。

（3）一个或多个近期的、有重要意义的经历，在梦中以同时发生且无足轻重的情况呈现出来，如植物学专著之梦。

（4）一个内心的重要经历（如记忆或思想过程），在梦中以近期发生且无足轻重的情况呈现出来，我所分析过的那些患者所做的梦，大部分都是这样。

在解梦的过程中，我们发现需要满足一个必要条件：梦中内容的一个组成部分是对前一天的某个近期印象的重复。在梦中被表现出来的这种印象，可能本身属于真正刺激源的思想群，也可能来自一个无足轻重的印象，而这个印象与梦刺激源的思想群或多或少地建立了某种联系。

事实上，梦中内容的多样性仅仅取决于是否发生了移位。据此，我们能够轻松地解释不同梦之间的明显对比，就像医学解梦理论通过脑细胞从部分清醒到完全清醒的假说解释一样容易。

如果我们考虑以上四种可能的情况，我们将进一步观察到：为了形成一个梦，一个重要但并非近期的印象（例如一个记忆或思想过程）可以被一个近期但不重要的印象所取代，前提是要满足两个条件：①梦的内容必须与近期的经历相联系；②梦的刺激源必须是具有精神意义的事件。上述四种情况，只有第一种情况满足这些条件。

此外，值得注意的是，那些能够被用来建构一个梦的无关紧要的印象必须是近期的，如果多延长一天（或多几天），它们就会失去这种建构梦的能力。从这一点我们能够得出结论：对于建构一个梦来说，一个印象的新鲜性赋予了它某种精神价值，这在一定程度上等同于带有情感色彩的回忆或思想的价值。因此，与梦的构建相关的近期印象的价值基础，会在我们随后的心理学讨论中进行说明。

在此，我们顺便提一下需要注意的事情：在夜晚，我们的记忆和思想材料可能在我们意识不到的情况下发生改变。所以，我们在对某个问题做出最后决定之前，常常被告知应该"先去睡一觉"，这一建议显然是很有道理的。不过，这明显从梦的心理转变成睡眠的心理，后面还会涉及类似的情况。

然而，又有反对意见可能会推翻我的上述结论：如果无关紧要的印象只有在近期的情况下才能进入一个梦，那么为何梦中还会出现早期的经历呢？而且根据斯特伦佩尔的描述，这些早期经历在最初并不具备精神价值，所以应该已经被遗忘很久了，它们既没有新鲜性，也没有精神意义，又是如何出现在梦中的呢？

关于这一反对意见，我们可以通过参考神经症精神分析的结果来进行解释：梦的移位作用已经在生命的早期产生，并从那时起就固定在我们的记忆中，因为通过转移，这些原本无关紧要的印象变得具有精神价值，它们具备了某种精神意义。在梦中，真正无关紧要的印象是不会出现的。

读者们可以从上面的论述中观察到我的结论：不存在无关紧要的印象刺激源，所以也就没有"单纯"的梦。从最严格和最绝对的意义上来讲，小孩子的梦以及夜间感觉的短暂刺激所引起的梦可以被排除在外。因此，我们的梦，要么很明显就能被看出其所具有的精神意义，要么它就是被伪装了，只有经过分析解释才能作出判断，并被证明它同样具有精神意义。做梦从不涉及琐事，我们也绝不允许我们的睡眠被琐事打扰。当我们用心分析这些梦时，会发现表面单纯的梦实际上却截然相反，用句俗语来形容，它们就是"披着羊皮的狼"。在这一点上，我能够预料到会有反驳的声音出现，而我很高兴能借此机会展示一下梦的伪装是如何进行的。

﹉ "单纯的梦"的伪装

下面，我将从收集到的"单纯"的梦中挑选几例来分析说明。

例一：

一个聪明的、有教养的年轻女子，举止矜持保守、不讨人喜欢，她讲述了这样一个梦："我梦见自己很晚才到达市场，既没有买到肉，也没有买到菜。"

乍一看，这是一个绝对单纯的梦，但事实并非如此简单，下面我来仔细地分析它。

这名女子给我提供了更加详细的内容：她梦见自己和拿着篮子的厨师一起去市场。当她想要买某种东西时，肉贩告诉她"那种东西已经没有了"，然后推荐她买别的东西，还说这些东西也不错，但是她拒绝了。接着她又到了蔬菜摊，卖菜的妇人想让她买那个捆在一起的黑色蔬菜，她说："这个我不认识，所以不能买。"

她的梦与白天的经历直接相关。实际上她很晚才到市场，什么都没买到。这种情况似乎可以描述为：肉店早就关门了（Die Fleischbank war schon geschlossen）。可在维也纳方言中，这个短语的反面意思就是"一位男士的衣服扣子开了"这一粗俗说法，然而做梦者本人并没有使用这个短语，也许她只是避免使用了它而已。

那我们接下来就努力解释梦的细节：

当一个梦中的任何部分带有直接的语言特征时，也就是说它是被说或被听到的部分，而不仅仅是想法的时候（通常很容易区分），那么它就源于现实中所说的话。这些话被视为梦的原材料，被分割或被轻微改变，尤其是脱离了上下文。我们在解梦时，可以从说话的部分开始。那么，肉贩说的"那种东西已经没有了"这句话的由来是什么呢？原来是我说过的话。

几天前，我向病人解释说："童年经历的最初原始形态已经没有了，它在分析中已被移位作用和梦所取代了。"因此，我就是梦中的肉贩，而她不接受我的解释。

她自己在梦中的那句"这个我不认识，所以不能买"又来自哪里呢？此处，必须将其划分开来，再进行分析。"这个我不认识"是她前一天和厨师发生争执时说的话，但她还补了一句："你<u>举止</u>要规矩些！"在这一点上显然发生了转变现象。

她在和厨师争吵时使用了两个短语，她选择把其中无关紧要的那个短语加进梦中，但正是那句被压制的话——<u>举止</u>要规矩些，与梦中的其他内容相吻合。如果有人敢做出一些不恰当的举动，比如忘记"关肉店的门"，那么就可以用这句话来回答。

卖菜妇人的事件背后进一步证实了我们的解释是正确的，捆在一起出售的黑色蔬菜（病人后来补充说是长条形状），只能是芦笋和黑萝卜合成体。任何有一定学识的人都不会要求解释芦笋，而黑萝卜 ❶ 似乎暗示的也是同样的内容——性！我们一开始就对此有所怀疑：肉店早就关门了。我们现在不需要探究这个梦的全部含义，只要清楚它的意义绝不是单纯的就可以了。

---

❶ 译者注：在德语中黑萝卜"Schwarzer Rettig"的发音和"Schwarzer, rett' dich！"颇为相似，后者的意思是"小黑，滚开"。

例二：

这是例一中那位病人做的另一个表面单纯的梦，在某种意义上它与例一的梦形成了对比。在梦中，她丈夫问她："你不觉得我们的钢琴该调音了吗？"她回答说："没必要，反正音槌都需要翻新。"

这个梦再现的又是前一天的真实事件。她丈夫当时就是这样问的，她也做了相似的回答。但她做梦的意义是什么呢？她告诉我，在梦里钢琴就是一个令人恶心的盒子，发出难听的声音，在结婚前她丈夫就已经拥有它了……

但解决问题的关键只在她的那句"没必要"中，这是她前一天拜访一位女性朋友所说的话。在朋友家里，主人请她脱下外套，但她拒绝了，并说："谢谢，但没必要，我很快就走。"当她告诉我这件事时，我回想起在前一天的分析中，她突然抓紧外套，原来是上面的扣子松开了，她当时的情形仿佛在说："请不要看，这没必要。"

如此，盒子可以作为胸部的替代品，对这个梦的解读使我们转向了她青春期身体发育的时候，那时她就开始对自己的身材不满意了。如果考虑到"令人恶心"和"难听的声音"这两个词，并且回想起在双关语中或者梦中，女性身体的小半球，无论是作为对比还是替代，都被相反地暗指成大半球。于是，对于这个梦的解释，我们毫无疑问可以追溯到更早的时候。

例三：

我将打断这种系列的梦，插入一个简短的单纯的梦。一个年轻男士梦见自己穿上了冬衣，他感到很可怕。

这个梦表面上看是因为天气突然变冷了，可是如果更仔细地观察我们会发现，构成梦的两个片段并不和谐。在寒冷的天气里穿厚重的大衣有什么"可怕"的呢？

在分析时，这个年轻人回想起来的第一件事是，前一天有位女士向他吐露，她最小的孩子是因为避孕套破了才怀上的。到此梦的单纯表象就不存在了，他开始重建他的想法：薄的安全套是危险的，但厚的感觉很不舒服。安全套被恰当地描绘成外套，因为它们都是要穿戴的东西。对于一个未婚男子来说，那位女士向他描绘这样的事情，肯定会让他感到"可怕"。

现在我们再回到那位女患者身上。

例四：

她梦到她在烛台上放进一根蜡烛，但蜡烛断了，所以难以立住，学校里的女孩们说她笨手笨脚，但做梦者说这不是她的错。

这个梦同样再现了一个白天的真实事件。她前一天确实在烛台上插了一根蜡烛，不过它没有断裂。此梦中使用的象征手法很明显：蜡烛是一种能刺激女性生殖器的物体，如果它断了，并且难以立住，就意味着男人的性无能（"这不是她的错"）。

但是，这位在家教森严的环境下长大的年轻女子，在她被完全屏蔽了那些粗鄙不堪之物的影响下，她能知道蜡烛的这种含义吗？

事实是，她讲出了自己是如何获知这层信息的。一次，她在莱茵河上乘坐小艇时，另一艘船从旁边划过，船上坐着一些学生，他们兴高采烈地唱着（或者更确切地说是喊着）一首歌："当瑞典女王躲在紧闭的百叶窗后，用阿波罗蜡烛……"❶

她可能没听清，或者可能没听懂最后一个词，只好让丈夫给她解释。这首歌词被她替换成在学校时的单纯回忆而放置到梦中，因紧闭的百叶窗这一共同点而产生转移作用，自慰和性无能之间的联系是显而易见的，梦中的潜在内容"阿波罗"一词，让这个梦与很久以前出现的童

---

❶ 原文注：阿波罗蜡烛是一种知名蜡烛的商品名。这是一首广为流传的学生歌曲前传，其中有很多相似的段落，而漏掉的那个词是"onaniert"（自慰）。

贞的雅典娜之梦联系起来，所以它完全不是一个单纯的梦。

例五：

如果不想这么轻易地就从做梦者的现实生活中得出对梦的解释，我将再举一个外表看似单纯的梦例，它还是同一个人做的。

她说："我梦见了自己前一天所做的事——我把一个小箱子装满了书，以至于合不上盖子，梦中的情形和现实中完全一样。"

在这个例子中，做梦者主要强调了梦和现实之间的一致性。然而，所有关于梦的判断和对梦的评价，尽管在清醒思想中占有一席之地，但实际上它们只是构成梦的潜在内容的一部分，我们会在后面的例子中继续证明这一点。

我们被告知的是，梦中的内容确实是前一天发生的事情。但是，要介绍我是怎么想到用英语进行解释的，可不是简单能够说清的了。只需知道这个梦又是与小箱子（参见"箱子里躺着死去的孩子"的梦）有关就足够了。它已经被塞满了，无法装其他东西了，不过，这次装的东西至少不令人难受。

性因素在所有这些"单纯"的梦中具有明显的审查动机。这是一项非常重要的研究内容，我们还会进一步阐述。

第二节　梦的来源：童年经历

❧ 梦与童年愿望的达成

除罗伯特外，我同其他学者一样，认为梦中内容的第三个特点是：它可能包括可以追溯到童年时期的经历，而这些经历在人们清醒状态下已经很难被记起来了。此外，很难确定这种情况出现的频率，因为梦境中元素的起源在醒来后无法被识别，所以，想要证明梦中的是童年时期的印象必须通过外部客观证据来确定，然而这些又很少有机会能全部满足。

莫里曾给出过一个非常有说服力的梦例。他说：一个人在离开了家乡 20 多年后想再回去，在他启程返乡的前一天晚上，他梦见自己到了一个不知名的地方，还在街上遇到一个陌生人，并与他交谈。

等他真的回到故乡后，发现那个不知名的地方就是他家乡附近的一个小镇，梦中那个陌生人原来是他亡父的朋友，他就住在那个小镇上。这些都是确凿的证据，证明他童年时既见到过那个陌生人，也看到过那个陌生的地方。

这个梦还可以被理解为一个急不可耐的梦，就像那个口袋里放着音乐会门票的女孩所做的梦，那个父亲答应带她去哈默郊游的孩子所做的梦，等等诸如此类的梦。当然，在没有进行分析的情况下，我们无法发现导致做梦者再现童年印象而非其他印象的动机究竟是什么？

一个听过我讲座的人，吹嘘他的梦很少会伪装。他对我讲述，不久前他梦见自己以前的家庭教师和保姆同床共枕，这个保姆一直到他 11 岁时才从他家离开。在梦中，他还认出了事情发生的地点，这激起了他的兴趣。

他把梦告诉了自己的哥哥，哥哥笑着证实了他梦中事件的真实性，因为那时他已有六岁，所以记得很清楚。那对恋人每次幽会，都要用啤酒先把哥哥灌醉，而做梦者就在保姆的房间里，因为他当时只有三岁，所以不被认为是一种妨碍。

还有另一种方法，即便在没有解释的帮助下，也可以确定梦中包含了童年时期的元素，那就是所谓的"反复再现的梦"，也就是说，这类梦最初出现在童年时期，然后到了成年时期也会不时地出现。我可以从自己收集的梦例中挑选几个来说明，不过我从未经历过这类梦。

一位三十多岁的医生跟我讲，从他孩提时代直到现在，他的梦中都经常会出现一只黄狮子，他能很清楚地描述它的模样。有一天，他发现这只梦中的黄狮子形象源自一件早就丢失的瓷器。他后来从母亲那里了解到，这件瓷狮子是他小时候最喜欢的玩具，尽管他自己已经完全忘记了。

如果我们现在从梦表面的内容，转向只有经过分析才能揭示的隐性内容，我们会惊奇地发现，童年的经历也在梦中起到某些作用，但很少会在梦的表面内容上看到。我要向这位梦到黄狮子的同事表示感谢，他还为我提供了一个特别令人愉快且极具启发性的梦例。

在阅读了南森所写的关于极地探险之旅的报告后，他梦到自己身处在白茫茫的冰面上，给这位勇敢的探险家做电疗，以治疗他所患的坐骨神经痛。在分析梦的过程中，他想到了一个童年时代的经历，这一经历使得他这个梦变得容易理解。在他还是三四岁的时候，有一天，他听到大人们谈论探险之旅，他问他父亲那是不是一种严重的疾病。他显然把"Reisen（旅行）"和"Reissen（流感）"给搞混了，他的兄弟姐妹们都嘲笑他，这次令人尴尬的错误经历，他一直没有忘记。

在我分析仙客来植物专著之梦的过程中，我偶然想起了一次童年经历。当时我只有五岁，父亲把一本带彩色插图的书拿给我撕着玩。有人也许会怀疑，这种记忆是否真的在决定梦的内容构造上起到了作用，或者说它们实际上是在分析的过程中才建立起的联系。

但是，丰富且相互交织的联系保证了我们能够接受这种情况：仙客来植物——最爱的花——最喜欢的食物——洋蓟（像剥洋蓟一样一页页撕书）——植物标本馆里的书虫（它们最喜欢的食物是书）。此外，我可以向我的读者保证，我虽然没有透露这个梦的最终含义，但它一定与童年的经历密切相关。

对另一组梦例的分析表明，梦是愿望的满足，梦由实际愿望所激发，而愿望又来自童年生活。因此我们惊奇地发现：童年和童年的冲动仍然存在于梦中。

在这一点上，我将再次解释一个梦，我们已经从这个梦中获得过指导意义——"我的朋友 R 是我叔叔"这个梦。按照之前分析的结果，我们清楚地认识到我希望被任命为教授是这个梦的动机。我还解释了我在梦中对朋友 R 所表现出的温情，是作为在梦中对两位同事诽谤的补偿，这些都包含在梦的隐藏含义中。

这是我自己的梦，因此我可以进一步分析它，不过，我对目前为止所得到的结论并不满意。我知道自己清醒时，对梦中被诽谤的两位同事的判断是完全不同的。我不愿意在任命问题上跟他们有同样的遭遇，然而，这一愿望还不足以解释，我清醒时和在梦境中对两位同事的评价何以如此矛盾？

如果说我真的渴望获得另一种称谓，并且这种渴望已经和梦中的程度一样强烈的话，那就表明这是一种病态的野心，但我并未意识到自己有这样的野心，甚至认为它是荒谬的。不知道那些认为比较了解我的人是怎样评价我的，也许我真的很有野心，但如果真是这样的话，那我的野心在很久以前就转移到另外一些东西上，而不仅仅是副教授这类称谓。

那么，是什么引起了我梦中的野心呢？在那一刻，我想起了童年时经常听到的一件轶事。在我出生的时候，一位老农妇向我的母亲预言，我将来会成为一位伟人。这种预言事实上很常见：几乎所有的母亲都对孩子充满着这种幸福的期待，而那些老农妇以及其他这种类型的人，通过对未来的所谓的预言来弥补在当世所丧失的控制事物的能力，女先知们不会因预言而有任何损失。这能成为我具有野心的源泉吗？

我之后的童年经历为此提供了更好的解释。我十一二岁的时候，父母经常带我去维也纳郊外那座著名的布拉特公园玩。一天晚上，当我们在那里的一家餐馆用餐时，我们的注意力被一名男子所吸引。他会根据客人的要求即兴赋诗，从一张桌子到另一张桌子，以此赚些小钱。我被派去把那位诗人带到我们这桌，他边表示感谢边跟了过来。在没听到要求前，他已为我作了几句赞美诗，他还激动地说，我长大后可能会成为内阁部长，我至今清楚地记得这第二次预言给我留下怎样深刻的印象。

当时还是"中产阶级内阁（一个自由派政府）"的时代，不久之后，父亲把一些中产阶级代表人士的肖像带回家，其中有赫布斯特、吉斯卡拉、昂格尔、伯杰等人，希望他们的荣耀能为我家增添光彩——他们中间甚至有犹太人。

那时，每一个勤勉的犹太学生都会在自己的书包里放着内阁部长式的公文夹。直到进入大学前不久，我还一直打算学习法律，毫无疑问，这一定和那一时期的经历有关。在最后一刻我才改变主意，内阁部长这种职业对于学医的人来说是基本无缘的。

但现在回到我的这个梦，我开始意识到我的梦把我从当前沉闷的现实中，带到了令人充满美好希望的"中产阶级内阁"时代，它所做的最大努力就是满足我童年时的愿望。因为我那两位颇有学问和名望的同事都是犹太人，所以我在梦中诽谤他们，这样仿佛是一位内阁部长的行事作风，就好像真的成了部长。如此一来，就彻底报复了那位部长大人，他拒绝任命我，我就在梦中取代他的位置来行使权力。

☙ 童年的经历与当下的梦

在另一个例子中更为明显，虽然激发梦的愿望是当前的愿望，但它已经从延伸的童年记忆中得到了强化。下面这一系列梦，都是建立在我对罗马之旅的渴望之上的。

毫无疑问，在未来很长的一段时间内，我必须通过做梦来满足这类渴望：因为每年到了可以旅行的季节，我都由于健康问题而无法住在罗马。**①** 比如我梦到正从一辆火车的车厢里往外看，我看到台伯河和圣天使大桥（一座古罗马桥梁）。但等火车开动的时候，我突然想到自己根本没有踏进这座城市。而我在梦中所看到的景象是从一幅著名的雕刻品中提取出来的，这幅雕刻品是前一天我在一个患者的起居室里看到的。

还有一次，我梦见有人带我到山顶上看半掩在雾中的罗马城。令我感到惊奇的是，它明明离我很远，但我所见的景象却十分清晰。实际上我此时的描述远没有我这个梦的内容丰富，但"远眺应许之地"这一动机在梦中是显而易见的。我第一次以雾中方式看到的城市是吕贝克，而梦中这座山的原型是格拉茨山。

在第三个梦中，我终于到达了罗马，但我失望地发现，这里的景色远非一座城市该有的模样：有一条很窄的暗水河，它的一侧是黑色的悬崖，另一侧是开满了大朵白色花的草地。我碰到了楚克尔先生，我问了他去城里的路。

很明显，我试图在梦中看到一座我清醒时从未见过的城市，当然这是种徒劳的尝试。如果把梦中的景色分解成各种元素，我发现白色花指代拉文纳——我去过那里，有一段时间它曾取代罗马成为意大利的首都。

在拉文纳周围的沼泽里，我们发现了生长在黑水中的睡莲，它们美极了，但很难被摘到。而在梦里，它们成了长在草地上的花，就像我们的奥斯湖水仙花一样。黑色的悬崖紧挨河水，这让我想起了卡尔斯巴德附近的泰伯尔河谷，"卡尔斯巴德"使我能够解释我向楚克尔先生问路这个奇怪细节。

在这一点上，编织梦的材料包括两件有趣的犹太人轶事，其中不仅

---

① 译者注：我很早就发现，这种一直被认为不可能实现的愿望，只要再稍多一些勇气就能达成。后来我成了一个经常去罗马朝圣的人。

蕴含了深刻的人类智慧，还有生活的艰辛，我们很喜欢在谈话和往来信件中引用它们。

第一个是关于"体质"的故事：一个身无分文的犹太人，没有买票就上了开往卡尔斯巴德的快车，每次检票时他都会被抓住，然后被赶下车，同时还受到越来越粗暴的惩罚。后来在这场受难之旅中，他碰到了一个熟人，那人问他准备去哪里，他的回答是："如果的我的体质还可以承受，我想去卡尔斯巴德。"

我的记忆由此转向了另一个故事：一个不会说法语的犹太人，他在巴黎时询问里塞留大街怎么走。多年来，巴黎也一直是我所渴望到达的地方。当我第一次踏上巴黎的人行道时，那种极致的幸福感让我觉得自己其他的愿望也会得到实现。"问路"是对罗马的直接暗示，因为众所周知——条条大路通罗马。

另外，楚克尔（Zucker）这个名字也暗示了卡尔斯巴德，因为那里是患有体制性糖尿病（Zuckerkrankheit）的人进行疗养的地方。这个梦的起源是，我在柏林的朋友提议复活节时，我们在布拉格见面，并要讨论有关糖和糖尿病的内容。

第四个梦发生在上个梦之后不久，我又被带去了罗马。我梦到自己站在一个街角，惊讶地发现那里贴着许多用德文写的海报。

前一天，我给朋友写了一封带有预言性质的信，我说布拉格对于德国人来讲可能并不是一个旅游的好去处。因此，这个梦同时表达的愿望是，我希望在罗马而不是在波西米亚的城镇与他见面，这也许和我学生时代的一个愿望有关，那就是希望德语在布拉格能够被更多的人接受。

顺便说一句，我在孩提时代的早期一定是懂捷克语的，因为我出生在摩拉维亚的一个小镇上，那里住着斯拉夫人。我在十七岁的时候听到过一首捷克童谣，而且很轻易地就把它记在了脑子里，直至今天依然能背出来，尽管我不知道它的意思。由此可见，在这些梦中，与我童年的经历之间并不缺乏联系。

在我最近一次去意大利的旅行中，我经过了特拉西美诺湖，在看到了台伯河之后，从距离罗马只有50英里的地方遗憾地返回。这次我终于发现，我对这座永恒之城的渴望是如何被童年时的印象所强化的。那时我正计划着第二年经罗马到那不勒斯旅行，然后我突然想起了一位古典作家所说的话："在决定要去罗马后，他更加急躁地在书房里走来走去，究竟是追寻文人温克尔曼的脚步，还是追寻军人汉尼拔的脚步，这很难选择。"

实际上我一直在追随汉尼拔将军❶，像他一样，我命中注定去不了罗马。当大家都以为汉尼拔会进军罗马时，他却转向了坎帕尼亚，我在这一点上和他很像。事实上，汉尼拔是我在学生时代最崇拜的大英雄，像那个年龄的许多男孩一样，我对布匿战争中的罗马人并不同情，反而对迦太基人深表同情。

当我升入更高的年级时，对异族出身的意义开始有所了解，对其他同学的反犹太情绪，我开始明确自己的立场，这使得这位犹太将军的形象在我心目中变得更加高大。在我年轻的头脑中，汉尼拔和罗马象征着坚韧的犹太人和天主教组织之间的冲突。日益严重的反犹太运动强化了我早年的思想感情。

因此，在梦中去罗马的愿望就成了其他那些充满激情的愿望的象征。想要实现它们，就必须以迦太基人的毅力和执着去追求，即便它们的实现，有时会像汉尼拔毕生想要挺进罗马的愿望一样，不受命运的眷顾。

---

❶ 译者注：汉尼拔是北非古国迦太基统帅，其生逢罗马共和国势力崛起时，少年立下誓言终身与罗马为敌。第二次布匿战争期间，他奇迹般地率领军队从西班牙翻越比利牛斯山和阿尔卑斯山进入意大利北部，多次以少胜多重创罗马军队，并两次围困罗马城，但始终未攻克。

此时，我又想起了年少时的一段经历，它至今依旧影响着我的情感和梦境。当时我大约已有十岁或者十二岁，父亲开始让我陪着他一起散步，在边走边聊的过程中，父亲向我表达了他对这个世界的看法。

有一次，他为了让我明白现在的情况要比他们那个年代好得多而给我讲了一件事。他说："当我还是个年轻人的时候，一个周六，我在你出生的街道上散步。我当时穿得很得体，头上戴着一顶新皮帽。一个基督徒走到我面前，一拳把我的帽子打落到泥地里，嘴里还喊着：'犹太佬，快滚！'"我问："那你怎么做的？"父亲平静地说："我走到车行道上，自己捡起了皮帽。"他的回答让我感到震惊，这个牵着我小手的强壮的男人，竟做出了那样毫无血性的举动。❶

我把父亲的这种表现与另一种更深得我意的行为进行对比，那就是汉尼拔的父亲哈米尔卡·巴卡让自己的儿子站在家族的祭坛前发誓：必向罗马人复仇。从那以后，汉尼拔在我的心目中就占据了一席之地。

我相信我对这位迦太基将军的热情还可以进一步追溯至我的童年时期。这将又是一次把已经形成的情感转移到一个新事物上的问题。当我刚学会读书时，最早看过的书中有一本是提尔所写的关于执政与帝国的历史，我仍然记得自己在那些木制士兵的背后贴上了标签，上面写着拿破仑手下大将的名字。

那时我已宣布马塞纳（犹太语叫 Manasseh）是我最崇拜的人（这种偏爱可能有部分原因是我和他的生日相同，而且我刚好比他晚出生100 年）。拿破仑自诩为汉尼拔，因为他们穿过了阿尔卑斯山。也许这种对军人的敬仰还可以追溯到我童年时期的更早阶段。在我三岁的时候，我和一个比我大一岁的男孩关系很亲密，有时我们彼此很友好，有

---

❶ 译者注：19世纪中叶至19世纪末，欧洲种族学说盛行，由此而产生了大规模的排犹运动，犹太人饱受歧视和迫害，被迫大量外迁。

时又会扭打成团，我是其中的弱势方，所以在这种关系中我会产生成为强者的愿望。

一个人对梦的分析越深，他就越会经常地想起童年经历的轨迹。这些经历在梦的潜在内容来源上起到了一定的作用。

我们已经看到，梦中再现的记忆表达的内容很少是以未经缩短或修改的方式呈现的，不过特例还是有的，只不过它们也必然与童年的经历有关。我的一位病人曾做过一个几乎没有任何伪装的真实的性经历之梦。

事实上，他对这件事的记忆虽然在清醒状态下从未完全消失，但也已经变得非常模糊，而分析使之被唤醒。做梦者十二岁的时候去看望一位生病卧床的同学，那位同学在翻身的时候很偶然地露出了生殖器，我的病人见此，鬼使神差地也露出了自己的生殖器，还一把抓住对方的。他的同学怒气冲冲且惊讶不已地看着他，于是，我的病人尴尬地松开手。

这一幕在 23 年后的梦中再现，包括他当时的所有细节感受在内。但是，梦的内容还是有所改动，做梦者变成了被动角色而不是主动角色，而他的同学则被当前生活中的人所替代。

的确，童年的经历往往只在梦表达的内容中以暗示的形式来表现，必须通过解梦才能找出。这些例子所得出的结论也许没有太大说服力，因为通常没有其他证据能证明这些童年经历的发生。

如果追溯到童年更早期的经历，我们就更难辨认这些记忆。从梦中推断这些童年经历的发生，是由于在精神分析工作中只有所提供的一系列因素互相达到一致性才有可能使结论看起来足够可信。如果我为了解梦而通过切断背景来记录一些推断出的童年经历，它们可能不会给人们留下深刻印象，特别是在我不能把所依据的材料全部提供出来的前提下。然而，我还是要对此举例证明。

⚘ 梦与童年经历关系的证明

例一：

我的一个女患者，她的梦都带有"忙碌"的特征：比如匆匆地赶火车之类的。她有次做梦要去拜访一位女性朋友，母亲让她坐车去，不要走路，她却跑了起来，结果不停地摔倒。通过分析得到的材料推断出，她回想起了孩提时的奔跑嬉闹。另外一个特别的梦让她想起来儿时最喜欢说的绕口令——牛儿在跑，跑到摔倒，而且要说得很快，快到听起来就像一个词。这个梦又带有"忙碌"的特征。所有这些小女孩在一起纯真奔跑的游戏都被记住了，因为它们取代了那些不太单纯的东西。

例二：

这是另外一个女患者的梦。她梦到自己在一个大房间里，里面摆着各种各样的机器，就像她想象中的整形外科手术室。她被告知时间有限，所以她必须和其他五人同时接受治疗。然而她拒绝了，也不愿意躺在给她指定的床上。她站在角落里，等我告诉她那不是真的。与此同时，其他人都在嘲笑她的无理取闹，而她却在画许多小方格。

这个梦的第一部分与治疗有关，而且是对我的转移作用。第二部分是对童年一次经历的暗示。梦中提到的床把两个部分连在一起。

"整形外科手术室"源于我们的一段谈话。在这段谈话中，我告诉她对其治疗的时间和性质与外科整形手术很相似，而且我目前没有太多的时间陪她，不过，之后我应该可以每天给她一个小时的治疗时间。这些话激起了她过去的敏感点，这些癔症患儿的一个主要特征：他们对爱的需求永不满足。

我的这位病人是他们家六个孩子中最小的一个（因此，梦中出现了"和其他五人"这一材料），所以最受父亲的宠爱，可即便如此，她似乎还是觉得她敬爱的父亲把太少的时间和注意力花在她身上。她在等我说"那不是真的"，这句话的来源是：一个年轻的裁缝学徒给她送来一件衣服，她付了钱。后来她问丈夫，如果学徒把钱弄丢了，她是否还要再付一次。丈夫取笑（梦中其他人的嘲笑）她说："是的。"于是，她就一遍又一遍地问丈夫这个问题，然后等他说"那不是真的"。

从梦的潜在内容可以推断出：如果我花两倍的时间为其治疗，她是否要付我两倍的钱——她觉得这是贪婪或肮脏的想法。❶

如果在梦中关于"等我告诉"的内容都是为了"肮脏"一词，那她"站在角落里"和"不愿意躺在给她指定的床上"，都是她童年一个经历的组成部分：她弄脏了床，被罚站在角落里，还被威胁说父亲再也不喜欢她了，兄弟姐妹们也都嘲笑她，等等。梦中的小方格与她的小侄女有关。小侄女给她展示了一种数独游戏：在9个方格里填上不同的数字，使它们在各个方向上相加之和都是15。

例三：

一个男人做了这样的梦：他看见两个男孩在一起打斗，从周围散落的工具来推断，他们应该是制桶匠家的孩子。其中一个男孩把另一个打倒在地，倒地的男孩戴着蓝宝石耳环，他举起棍子打向击倒自己的男孩。后者逃到一个站在木栅栏旁的女人身后，就像躲在他母亲身后一样。

她背对做梦者站着，是一个临时工的妻子。最后她转过身狠狠地看了一眼做梦者，他被吓跑了，因为她眼睑下面的红肉都露在外面。

这个梦充分利用了前一天发生的琐碎事件。事实上，他前一天在街上见过两个男孩打架，其中一个打倒了另一个，当他匆忙上前劝架时，他们就都跑开了。关于"制桶匠家的孩子"，这需要另一个梦来解释，梦中他用了"把桶底戳穿"这句谚语。

---

❶ 原文注：童年时的不洁思想常常在梦中被贪婪所代替，两者之间的联系是"肮脏"一词。

根据他的经验，通常戴蓝宝石耳环的大多是妓女，这就很容易想起那段关于两个男孩的著名打油诗："另一个男孩叫玛丽（也就是说，实际是个女孩）。""站在木栅栏旁的女人"来源于：两个男孩打架过后，做梦者沿着多瑙河散步，他趁没人，就在一排木栅栏旁小便。后来，他遇到一位衣着体面的老妇人，她友好地对他微笑，还想给他自己的名片。

因为梦中女人的站姿跟他小便时一样，所以她一定是在撒尿。这与她那可怕的表情和露出的红肉相吻合，那意味着女人蹲下小便时生殖器的张开。他在童年时见过这样的场景，后来这些以"赘肉""伤口"的形式在梦中重现。此梦结合了他小时候看到女孩摔倒和女孩小便时露出生殖器这两个事件。从梦的其他部分可以看出，他小时候因对性激起了好奇心而受到父亲的警告和惩罚。

例四：

下面是一位老妇人做的梦，其中包含了许多童年的记忆，它们被组合在一个幻想里。

她梦到自己匆忙地出去买东西，当走到格拉本大街上时，她跪倒在地，整个人完全垮了似的。很多人都聚集到她周围，尤其是出租马车夫，但没有一个人帮她起来。她做了几次徒劳的尝试，最后一定是成功了，因为她被扶上一辆出租马车并被送回家，有人还从车窗扔进一个大篮子（像是一个购物篮）。

做梦者就是上述那位梦中带有"忙碌"特征的女士，她小时候也总是那样匆忙。梦中的第一幕显然是从一匹马倒下的景象衍生出来的，同样的，"完全垮了"一词也指赛马。她年轻的时候是名骑手，在她更小的时候应该是像马儿一样活跃。

"跪倒在地"与她童年的一段印象有关。那是家庭搬运工十七岁的儿子，在街上因癫痫发作摔倒，然后被人用马车送回家。当然，这都是她听说来的。但是对癫痫发作（即跌倒病）的想象已经在她的思想中留下深刻的印记，后来这又影响了她自己癔症发作时的形态。如果女人梦见跌倒，几乎总会与性有关联：好像意味着她是一个"堕落的女人"，尤其是这个梦更具这层含义，因为她跌倒的地方正是维也纳最臭名昭著的妓女聚集区。

对"购物篮"有不止一种解释。这使她想起了她对那些追求者们的拒绝，也想起了自己被喜欢的人拒绝。这与"没有一个人帮她起来"的场景同样相关，她自己解释说这是一种拒绝。购物篮还进一步让她想起在分析中已经出现的想象。在这种想象里，她下嫁给他人，所以不得不自己出去买东西。最后，购物篮还可以作为仆人的标志。于是，更多的童年回忆出现了。

首先，一个厨师因为偷窃被解雇，她跪地乞求原谅，当时她已经十二岁了。然后，一个女佣因为和家里的马夫发生了婚外情（后来他们还结婚了）而被解雇。这些回忆把梦中马车夫出现的来源也解释了（与实际不同的是，马车夫并未扶起做梦者）。

还有一件事需要解释，那就是篮子被从窗口扔进来。这让她想起了火车运送行李的景象，想起了乡村情侣从爱人窗口爬进来的情景，想起了在乡村生活时的一些小插曲：一位绅士从窗口把蓝色的李子扔给一位女士；她的妹妹因村里的智力障碍者从窗外望向屋内而被吓坏。她又模糊记忆起自己十岁时的一次经历。

她家乡下的一个保姆和家里的仆人偷情（女孩可能看到过这种场面），他们都被赶出去（梦中相反是被"扔进来"）。在维也纳，仆人的行李或行李箱被轻蔑地称为"七颗李子"，所以有"收拾好你的七颗李子，滚蛋！"这种说法。

我的记录中自然包括大量病人的梦，对这些梦的分析可追溯至童年模糊的或完全遗忘的记忆，甚至通常是三岁以前的经历。但把分析他们的梦得出的结论应用到一般人的梦中是靠不住的，因为这些人都是神经症患者，尤其是癔症患者，他们童年的经历在梦中所起到的作用可能是由他们的神经症的性质决定的，而不是由梦的性质决定。

然而，我毕竟没有任何严重的病理症状，在分析我自己的梦时，梦的潜在内容也能让我无意间想起很多孩提时代的场景。而且，我的一系列梦都可以和同一段童年经历相联系。我之前已经分析过自己的一些梦例，而为了这一部分内容的圆满结束，我下面还会举出一些梦例，它们将近期发生事件与长久被遗忘的童年经历一起作为梦源。

🐚 早期经历作为梦源的解析

例一：

有次旅行后，我又累又饿，躺倒床上就睡着了，这是身体的最重要需求开始在睡眠中宣布它们的存在，于是我做了这样一个梦。

我梦见自己走进厨房寻找布丁，然后看到三个女人站在那里，其中一个是客栈的女主人，她手里正拿着什么东西，好像是在做团子。她要我必须等她准备好（这句话说得不是很明确），我感到不耐烦，有些生气地离开。我穿上大衣，不过试穿的第一件太长，我把它脱了下来，然后很惊讶地发现它是用毛皮装饰的。我穿的第二件大衣上绣着一长条土耳其的图案。然后一个长脸短胡子的陌生人走过来，阻止我穿这件大衣，说这是他的。我指着绣满土耳其语的大衣给他看，他问："这些土耳其样式是什么？和你有关吗？"不过我们后来很快就友好相处了。

在分析这个梦时，我无意间就想到了自己曾读过的第一本小说（可能是在我十三岁的时候），事实上，我是从第一卷的结尾开始读的。我不记得这部小说的名字，也不记得作者的名字，但我对它的结局有着鲜明的记忆：主人公最后疯了，不停地喊着给他的一生带来最大幸福和悲伤的三个女人的名字，她们其中一个叫珮拉姬（Pélagie）。

我仍然不知道在分析中出现这个回忆有什么作用。关于这三个女人，我想到了决定人类命运的三位女神。我知道梦里那个客栈女主人，代表的就是赋予人生命的女神，而且（就像我自己的情况一样）还给予生命最初的营养。

女性的乳房满足了爱和饥饿，一位极度欣赏女性美的年轻人讲述了他小时候被一位漂亮的乳母喂养的故事。"很遗憾！"他说，"我没能更好地利用小时候的机会。"

我经常会通过患者的这些轶事来解释神经症发病机制中的"延迟行为"。然后，三位命运女神中的一位双手合在一起，好像是在做团子，女神竟然做这种活实在是太奇怪了，所以一定要解释一下，这源自我童年更早期的经历。

当我六岁的时候，母亲给我上了第一堂课。她要我相信我们都是由尘埃组成的，最终也必将归为尘埃，我很不喜欢这种说法并对此表示怀疑。于是，母亲像做团子一样，把双手合在一起揉搓，只是她的手掌间并没有面团，然后她给我看了摩擦产生的黑色表皮屑，以此证明我们由尘埃组成。

这种直观的演示证据极大地震惊了我，因此，我对后来听到的这类话—— 一切生命终将归于自然——表示默认。所以，我在梦中的厨房里发现了命运女神，就像我孩提时经常做的那样：当我感到饥饿的时候，母亲总会站在灶台旁，告诫我必须等到晚饭准备好才行。

现在来说说这些团子（Knödl）吧！这至少使我想到了上大学时的一位老师，他教授我组织学（比如说表皮）知识，他曾控告一个叫柯诺德尔（Knödl）的人，因为此人剽窃了（plagiarizing）他的著作。

剽窃的定义是把别人的所有物据为己有，这就引出梦的第二部分，在梦中我被当作小偷对待，成了经常在演讲厅偷大衣的贼。我完全没考虑就写下了"剽窃"这个词，因为它无意间就浮现在我的脑海里。

我现在注意到，它可以在梦表象内容的不同部分之间架起一座桥梁（Brücke）。这一系列联想的链条是：珮拉姬（Pélagie）——剽窃（plagiarizing）——横口鱼（plagiostomes 或 Haifische，鲨鱼）❶——鱼鳔（Fischblase）将旧小说与柯诺德尔事件以及外套联系在一起，而外套显然是指"性工具"。

毫无疑问，这是一条非常牵强并无意义的思想链，除了梦以外，在清醒生活中我是无法构建它们的。但是布吕克（Brücke，桥梁）这个神圣的名字，让我想起了自己度过的那段最快乐的学生时光。那时的我无忧无虑，一心扑在学习上——被智慧的胸膛紧紧抱住，每天都会发现更大的快乐 ❷——与现在梦中折磨我的欲望完全相反。

最后，我又想到了另一位受人尊敬的老师，他的名字叫弗莱舍尔，与柯诺德尔一样，它的读音听起来也像是某种能吃的东西。与此同时，我想起了表皮鳞片引起的痛苦场景（我母亲和客栈女主人），想起了《疯狂》（我阅读的第一本小说），还想起了为了消除饥饿而从药房买来可卡因。

我可以沿着这条错综复杂的思路进行更深入的追踪，并充分解释我还未分析的梦的其他部分，但我必须到此停止，因为那样我将付出巨大代价。我只能抽出一条线索进行分析。这条线索能够帮助我们直接找出困惑背后的梦的思想。

那个长脸短胡子的陌生人试图阻止我穿大衣，他有着斯巴拉托商人的相貌特征，我妻子曾从那个商人那里买了很多土耳其货，他叫波波维奇，寓意很模糊的名字。幽默作家施台顿海姆听到后还开玩笑地说："他告诉了我他的名字，羞红着脸跟我握手。"

我再一次发现自己很喜欢恶搞名字，就像之前对珮拉姬、柯诺德

---

❶ 原文注："横口鱼"这个并不是我故意加上去的，因为它们让我想起了一个不愉快的经历，我曾在这位老师面前很丢脸。

❷ 译者注：出自歌德的《浮士德》第一部分第四场。

尔、布吕克、弗莱舍尔那样。不可否认这样玩弄名字是一种幼稚的行为，但如果我沉溺其中，那就是一种报复的表现，因为我自己的名字在很多场合中都成了这种弱智玩笑的牺牲品。

歌德曾评论过人们对自己的名字往往很敏感，就像皮肤敏感一样。赫尔德就曾写过调侃歌德名字的诗句：无论你是诸神的、哥特人的或粪土的后裔——所有的形象终将化为尘土！

我知道自己偏离到滥用名字这一问题上仅仅是为了抱怨，所以我还是就此打住吧！我妻子在斯巴拉托的购物让我想起了另一次在卡塔罗的购物，那次我太过谨慎，所以失去了一个不错的交易良机（参见上述错过乳母胸脯的例子）。

我的饥饿感在梦中引起了这样的想法："一个人不应该忽视任何机会，能做到的就尽可能去做，即使有可能会犯一些小错，也不应轻易放弃。因为生命是短暂的，死亡是必然的。"

由于这种"及时行乐"的想法中带有性的含义，并且它所表现出的欲望并不会因做错事而停止，它有理由害怕受到精神的审查，所以要在梦中进行隐藏。于是，所有相互对立的想法都在梦中找到了替代：如做梦者获得精神满足时期的回忆，各种被抑制的思想，甚至对令人作呕的性惩罚的威胁等。

例二：

下面这个梦有一个相当长的序言。

我驱车前往火车西站，准备从那里去奥斯湖度假。当我到达月台时，一辆开往伊士尔的早班火车刚刚到站。我在此见到了图恩伯爵（Count Thun）[1]，他将又一次前往伊士尔觐见皇帝。尽管下着雨，他还是

---

[1] 译者注：图恩伯爵是奥匈帝国政客，曾担任奥匈帝国总理，他支持波西米亚自治以对抗德国民族主义者，伊士尔在则是奥匈帝国皇家避暑胜地。

乘坐敞篷车而来。他径直走向区间车的入口，检票员没有认出他来，想要查看他的票，但他没有任何解释一把将检票员推到一边。

当开往伊士尔的火车出站后，我被要求离开站台回到候车室。我费了些口舌，最后被允许留在站台上。我把时间打发在观察是否有人试图通过"行贿"而直接进入预定的车厢，如果有这种情况，我打算大声抗议，也就是为自己争取平等的权利。

与此同时，我还哼着《费加罗的婚礼》中费加罗的咏叹调：如果你想要跳舞，我的小伯爵，如果你想要跳舞，我的小伯爵，我就弹吉他为你奏乐。

整个晚上我都保持一种亢奋、好斗的状态。我取笑了侍者和车夫，希望没有伤害他们的感情。各种鲁莽和反叛的想法在我的脑海中闪现，这些想法与费加罗的台词（我在法兰西剧院看过博马舍的戏剧）很一致。

我想起了那些自诩生来便是伟人的狂言，想起了阿尔马维瓦伯爵试图对苏珊娜行使初夜权，我还想起了那些反派记者是如何恶搞图恩伯爵名字的，他们称他为"不做事伯爵"❶。我并不羡慕他，他的这次觐见之旅肯定不轻松。

而我才是真正的"不做事伯爵"，因为我要愉快地去度假了。这时，一位先生走进站台，我认识他，他是政府医务考试监考官，凭借这一身份他获得了奉承性的称号——政府枕边人。他以有要务在身为由要求给他安排半间头等车厢，我听到一个列车员对另一个列车员说："我们要把这位安排在哪里呢？"我想这是一个典型的特权例子，毕竟我是全款购票买的头等厢，虽然我也有包厢，但不带走廊，这样晚上就没法

---

❶ 原文注："Count Nichtsthun"就是"Count Do-nothing"，"Thun"在德语中是"做事"的意思。

上厕所。

我向列车长抱怨了此事，结果没成功，于是我报复性地跟他提议：那至少要在车厢的地板上开个洞，以满足乘客可能的需求。事实是，差一刻凌晨三点时我被尿给憋醒，我当时做了这样一个梦：

一群学生在集会。一个伯爵（图恩或者塔弗）在发表演说，他被要求讲讲对德国人的看法。他用傲慢的、轻蔑的语气表示德国人最喜欢的花是款冬，然后他把一片破烂的叶子，或者更确切地说是一根皱巴的花梗，插进自己衣服上的纽扣里。因此我愤怒了，❶然而我对自己这样的态度感到惊讶。

（梦境变得不那么清楚了）我好像在一个大礼堂，入口设置了警戒，我们必须得逃出去。我穿过一排排装饰精美的房间，这些显然是部长级的套房，家具的颜色介于棕色和紫色之间。最后我来到一条走廊，一位上了年纪的胖女人坐在那里。我不想跟她说话，可她显然是觉得我非从这里过不可，所以她问我需不需要掌灯，我用手势或言语直接向她表明她站在楼梯上就行了。我觉得自己很狡猾，这样就避免了在出口处被检查。接着我来到楼下，发现一条又窄又陡的上坡路，我沿着这条路走去。

（梦中场景再次变得模糊）我的第二个任务似乎是要逃出城，就像第一个任务是逃出大礼堂一样。我坐上出租马车，让车夫送我去车站。他抱怨了几句，好像我把他累着了似的，我对他说："我没要求你沿着火车道赶车。"好像他已经拉着我，沿着通常只有火车才走的路段走了有一会儿了。

车站被封锁了。我考虑着是去克雷姆斯还是去茨奈姆，但是一想到

---

❶ 原文注：这种重复出现在我对这个梦的记录中，像是疏忽造成的结果，但我并未改正，因为分析表明它是有意义的。

皇室可能要去那里，所以决定去格拉茨或者其他地方。我此时坐在火车厢里，它看起来像是斯塔德巴恩（郊区铁路）的车厢。在我的纽扣孔里别着一个特殊的编结的长方形物体，旁边是用硬布料做成的紫褐色的紫罗兰。场景到此中断了。

我又一次站在火车站前，不过这次有一位老先生陪着我。我正想着自己如何不被认出来，结果发现这个想法已经在实施了，就好像思维和经历同时共存。老先生扮成有一只眼睛瞎了的人，我递给他一个男用玻璃小便器（这东西一定是我从城里买的或带的）。

这样，我就成了一名看护人员，因为他瞎了，我不得不帮他递小便器。如果列车员看见我们这样，他肯定会毫不怀疑地放过我们。到了这里，老先生的姿势和他的排尿器官以鲜明的形象出现。于是我在差一刻凌晨三点时醒了过来，觉得自己需要小便。

这个梦从整体上给人的印象是好像在一个幻象中，做梦者被带回到1848 年的革命时代。梦中会出现这一年的记忆是因为1898 年是五十周年纪念日，以及我去瓦豪的一次短途旅行。在这次旅行期间，我参观了埃默斯多夫，那是学生领袖菲舍霍夫的隐退之地❶，梦中的几处显化内容就与他相关。

后来，我的思绪把我引向英格兰，也引向我兄弟家。他经常用"五十年前"（取自但尼生伯爵一首诗的标题）这个词来取笑他妻子，不过他孩子们总会纠正他说是"十五年前"。然而，整个幻想都是从我看到图恩伯爵时所衍生出来的，其中各联想之间缺乏有机的联系，就像意大利教堂的正面与后面的结构没有有机的联系一样，所不同的是整个幻想都是混乱的、充满间断的，而且内部结构的部分内容都是

---

❶ 原文注：这不再是笔误，而是真的错误。我后来才知道，瓦豪的埃默斯多夫跟学生领袖菲舍霍夫的隐退之地只是同名而已，但不是同一个地方。

强行进入的。

梦中的第一个场景是几个场景的混合，我们可以把它们拆开来分析。伯爵在梦中采取的傲慢态度起源于我十五岁时在中学的一个场景，当时我们正策划一场行动，来反对一个不受欢迎的、知识水平不高的老师。行动带头人是我们的一位同学，从那时起，他似乎就把英国的亨利八世当作自己的榜样。而此次行动的主进攻领导权则分配给了我，以讨论多瑙河对奥地利的重要性为公开反抗的信号。我们的同谋中有一个是班上唯一的贵族子弟，因为他身材颀长所有得了个绰号叫"长颈鹿"。当那位如暴君般的德语老师训斥他时，他就像我梦中的伯爵一样直着腰板站着。

"德国人最喜欢的花"以及"插进纽扣里的花梗"这两个元素让我想起来这是莎士比亚历史剧中的一幕——红玫瑰与白玫瑰之间的战争开始了❶，而梦中提到亨利八世，我们便想起了这一点。从这里联想到红白康乃馨，就只剩一步之遥了。两段小诗插进了这一点的分析中，一段德文，一段西班牙文："玫瑰、郁金香、康乃馨，每朵花都会凋谢入泥；伊莎贝拉，不要因花儿凋谢就哭泣。"西班牙文小诗的出现使人想起了《费加罗的婚礼》。

在维也纳，白色康乃馨已经成为反犹太主义的象征，而红色康乃馨则是社会民主党的象征。在这背后隐藏的是一段痛苦的回忆：那次我乘火车经过美丽的撒克逊乡村（盎格鲁—撒克逊）时，遇到了反犹太人运动。

第三个场景促使我回想起早年大学生活中的一幕：有一次，一个德国学生社团讨论哲学与自然科学的关系。我当时还是一个初出茅庐的毛头小子，脑子里充满了唯物主义理论，于是提出了一个极端片面的观

---

❶ 原文注：出自《亨利六世》第一幕第一场。

点。一个比我年长的师兄（他在那时就已经表现出，作为领袖和大型团体组织者应有的能力，他还拥有一个来自动物王国的绰号）站起来和我好好地理论了一番。

他对我们说，他年轻的时候也养过猪，后来悔改了，又回到父母身边。我勃然大怒（就像在梦中那样），粗鲁地回答他（saugrob 字面意思为极度粗鲁），当我知道他年轻时养过猪后，我对他用这样的讲话语气也就不感到奇怪了（但在梦中，我为自己对德国民族主义的态度感到惊讶）。现场出现了骚动，许多人都要求我收回刚刚的话，被我拒绝了。然而，这位师兄非常理智，他完全没有把这样的恶语攻击当作一个挑战，事情就这样被平息了。

梦中第一场景的其他元素来自更隐秘的层面。伯爵轻蔑地说出"款冬"是什么意思？为了找到答案，我进行了一系列的联想：款冬（Huflattich 字面上是"蹄形生菜"）——生菜（lettuce）——沙拉（salad）——占着茅坑不拉屎（Salathund，字面上是沙拉狗）。

这里有许多侮辱性词汇，如长颈鹿（在德语中是猿猴的意思）、猪、狗等。我还能间接地通过一些名词推导出"驴"这个词的侮辱性意义来嘲笑学究性太浓的老师。另外，我还能把款冬（Huflattich）译成法文"蒲公英"（Pissenlit），但是我不能保证对错。这一想法是从左拉的小说《萌芽》中得到的：书中有人让孩子去采一些蒲公英，用来做沙拉。

狗的法语单词是"chien"，这很容易使人想到"chier"这个单词（chier 意思为大便，而 pisser 意思为小便），我想很快就能集齐固、液、气这三种状态的污秽物了。还是在这本书中，有很多与未来革命相关的内容，其中提到了一种非常奇怪的竞赛——比放屁。

于是，我发现通向"屁"这个词的路径早已准备好，从鲜花到西班牙小诗，然后是伊莎贝拉，再想到《伊莎贝拉和费迪南》，接着由亨利八世想到英国历史，以及西班牙舰队与英格兰舰队的战役，英格兰获胜后，他们在一枚勋章上刻下铭文——"他们被狠狠地吹散"，因为西班牙舰队受到了暴风的侵袭。我曾半开玩笑地说，如果我能详细介绍一下我对癔症治疗的理论和方法的话，我会用这句铭文作为"治疗"章节的标题。

现在转到这个梦的第二个场景。出于审查的考虑，我对此无法给出详细的解释。在此场景中，我把自己放在革命时期的一个显赫人物的位置上，他曾与一只鹰一起冒险，据说他患有大小便失禁的毛病等。我想，即使故事的大部分内容是由一个法庭议员告诉我的，但有些内容还是很难通过审查。

梦中那一排排为高级长官准备的精美房间，我曾瞥见过一眼。但是在梦中房间（Zimmer）往往也意味着女人，就像梦中的那位上了年纪的胖女人，现实中的原型是一位机智幽默的老太太，我有许多有趣的故事都是从她那里听到的，然而对于她的款待，我在梦中并未给出应有的回报，甚至是缺乏感激的。

"掌灯"指向的是奥地利剧作家格里尔帕泽，他将亲身经历融合进"希罗与黎恩德"的神话中，写下了名为《怒海情涛》的悲剧，由此联想出西班牙无敌舰队和海上风暴。

我对梦中剩下的两个片段也不会进行过于详细的分析，我只会挑选引出我两个童年场景的元素，因为我正是由此开始了对这个梦的分析。大家有可能会猜测，迫使我不得不回避的内容肯定与性有关，事实当然并非完全这样。毕竟，有很多事情人们不愿对外人说，但自己心里清楚。

当前的问题不在于探究我隐藏的结果，而在于明确我所隐藏真实内容的内部审查的动机。因此，我首先要解释的是，对这个梦的三个阶段的分析表明，它们都是无理的自夸，既荒谬又自大，是我在清醒生活中长期被压制的，但其中还是有一些进入梦的表象内容中（我觉得自己很狡猾），这也正好解释了我在做梦前的当晚为何会如此倨傲了。

这种自夸扩展到所有方面，例如，提到格拉茨就会联想到那句"格拉茨能值多少钱？"的俚语，当一个人觉得自己很富有时就会有这类表现。人们如果记得伟大的拉伯雷，对高康达和他儿子潘塔格鲁人生轶事的精彩描述，就能够理解梦中第一个场景所暗示的那种自夸了。

接下来是我向读者承诺的关于童年的两个场景的材料：我买了一个紫褐色的新旅行箱，这种颜色在梦中不止一次出现过。我们都知道，小孩子很容易被新鲜的事物所吸引。下面的场景我自己并不记得了，是我小时候家里人告诉我的。

他们说我两岁的时候偶尔还会尿床，当我因此受责备时，我许诺父亲，会在附近的大城市里，给他买一张漂亮的红色的新床。这就是梦中插入念头的由来——我们在城里要买或已经买了小便器。也就是说，必须信守诺言。

大家也会注意到，男用小便器是玻璃的，女用行李箱和盒子是皮制的，它们的象征意义是并置的。我小时候的这种承诺展现出了孩子的那种狂妄自大。我们从神经症受试者的心理分析中了解到尿床和野心的性格特征之间的密切联系。

我七八岁的时候家里发生的另一件小事我还清楚地记得。有一天晚上睡觉前，我无视家里的规矩，在父母的卧室里，当着他们的面解手。父亲在训斥我的时候还说出这样的话："你这孩子将来肯定不会有出息。"这对充满雄心壮志的我来说是很可怕的打击，而且这一场景经常出现在我的梦里，与此同时，列举自己的成就和成功的场景也必定会出现，就好像在说："你看，我多有出息！"童年的这一场景为梦的最后一段提供了材料。

当然，为了报复，角色在梦中发生了互换。那位老先生显然指代的是我父亲，他一只眼瞎了，正好符合我父亲单侧青光眼这一事实。现在，他在我面前小便，就像我小时候在他面前那样。在提到青光眼的时候，我还提醒他别忘了可卡因，这个东西在他的手术中帮了大忙，因此我好像实现了自己的承诺。此外，我还取笑他，因为他是盲人，我不得不把小便器递给他。我陶醉于自己所得出的关于癔症方面的理论和发现。

我童年时的两个排尿场景都与我妄自尊大的心理密切相关，而在我去奥斯湖的旅途中这一场景的再次出现，其中的原因还在于我的车厢里没有厕所，对此我事先已有心理准备。果然，凌晨时我因感受到身体需要而从梦中醒来。

我觉得有人可能会倾向于认为这些感觉是这个梦的真正激发因素，但我更愿意接受另一种观点，即对排尿的渴望只是由梦的想法所唤起的。我在睡梦中几乎很少因任何的身体需求而受到打扰，特别是在这个时间点醒来——差一刻凌晨三点。我可能会受到更进一步的质疑，而我的回答是：在其他更舒适的旅行条件下，我几乎从未在醒来时有需要排尿的感觉。不过，让这一点悬而未决也不会有太大问题。

根据分析梦的经验，我注意到这样一个事实：即便一些梦会因为它们的来源和刺激的愿望很容易被发现，所以从一开始它们就被完整地解释出来，但还是可以追溯到童年的早期经历。因此，我不得不问自己，这一特征是否可以是做梦的必要前提，一般来说，这意味着每一个梦都与最近的经验和最早期的经历联系在一起。事实上，在我对癔症患者的分析中，我已经证明了，这些早期的经历依旧未曾改变地保持到现在。当然，要证明这种猜测的真实性仍然非常困难。考虑到童年早期经历在梦形成过程中可能起到的作用，我必须从另一方面（第七章）来论证。

在本章开头列举的梦中记忆的三个特征中，一个是梦内容对无关紧要材料的偏好，这一点通过追溯梦的伪装而得到了令人满意的解释。我们还确认了另外两个特点的存在，即梦对近期和童年早期经历的强调，但我们无法根据做梦的动机来解释它们。对这两个特征的解释和利用仍有待进一步发现，所以需要牢记的是，无论是在睡眠状态的心理学中还是在讨论我们稍后将要开始的心理装置的结构时，都可以寻找合适的突破口。我们要认识到解梦就像打开一扇窗户，通过它我们可以窥探到自己的内心世界。

我还注意到，从以上分析还能得出另一个结论，即梦往往有不止一个意义。正如我们的例子所显示的那样，它们不仅包括几个愿望能全部得到满足，而且梦中的一系列愿望和意义还能互相重叠遮掩，最底层的意义或愿望的满足可以追溯到最早的童年时期。这里再次出现了一个问题，即断言这种情况"总是"发生而不是"频繁"发生是否更为正确？

第三节　梦的身体来源

▲　关于躯体刺激做梦的研究

如果试图让一个受过良好教育的外行人对梦的问题感兴趣，并以此为目的询问他梦来源是什么，我们往往会发现，他认为自己有信心知道这一问题的部分答案。他马上会想到消化功能对梦中结构产生的影响（如"梦来自消化不良"这句俗语），或由身体不小心做出的姿势和睡眠中的其他小事件所造成。他似乎很难意识到，在所有这些因素之外，依旧需要解释一些内容。

我已经在第一章第三节中详细介绍了学者们关于躯体刺激来源在梦的形成过程中有何作用的观点，因此在这里我只需要回忆一下这一调查的结果。我们发现，有三种不同的躯体刺激源：来自外部物体的客观感觉刺激，仅有主观基础的感觉器官的内部刺激，以及来自身体内部的躯体刺激。

此外我们还注意到，与这些身体刺激相比，学者们更倾向于将任何可能的梦的心理来源置于次要位置，或完全排除在外。在我们对主张躯体刺激源的观点进行思考后，我们得出以下结论：客观感觉刺激（部分是睡眠中出现的偶然刺激，部分是睡眠状态下与精神相关的刺激）的意义是从大量观察中确定的，并且已经被实验证实，主观感觉兴奋所起的作用似乎可以通过催眠感觉图像在梦中的重现来证明。

最后，虽然梦中发生的景象和想法与身体内部的刺激的关系很难被证明，但是通过我们的消化器官、泌尿器官和性器官的兴奋状态在我们的梦中所起到的作用，以及作为梦的来源已得到普遍认可。

那么就可以解释说"神经刺激"和"躯体刺激"就是梦的来源，也就是说根据许多学者的观点，它们是梦的唯一来源。

然而，我们也发现了一些不同的观点，当然他们所否定的不是躯体刺激理论的正确性，而是它的充分性。

这一理论的支持者可能会凭借事实基础而获得自信，特别是在偶然的和来自外部的神经刺激方面，因为这些都可以在梦的内容中被追踪到，不过必须注意的是：把梦中丰富的意念材料仅仅归因于外部神经刺激是无法完全说得通的。

玛丽·惠顿·卡尔金斯女士考虑到这个问题，她花了六周时间审视了自己和他人的梦。她发现只有 13.2% 和 6.7% 的受试者有可能追踪到外部感觉刺激的因素，而其中只有两个案例可以从机体感觉中获得，因此在统计上证实了我对原来通过自身经验所做考察的怀疑是有道理的。

人们经常会把"由于神经刺激而产生的梦"与其他形式的梦分离开来，而将其作为一个已经被彻底研究过的亚种。例如，斯皮塔将梦分为"因神经刺激而产生的梦"和"因联想而产生的梦"。然而，只要无法证明梦的身体来源与其思想内容之间的联系，这样的分发就必然不能令人满意。

于是，除了第一种反对意见，即外部刺激源的频率不足之外，还存在着第二种反对意见，即对这些刺激源提供的梦的解释不足。我们有权要求这个理论的支持者给我们以下两个方面的解释：第一，为什么梦的外部刺激经常不以它的真实特性来展现，而总是被误解（参见闹钟梦）；第二，为什么感知心灵对这些令人产生误解的刺激所做出的反应，是各种各样、难以预测的。

对于这两个问题，斯特伦佩尔给出的回答是，由于心灵在睡眠时已经从外部世界中退出，它无法对客观感觉刺激做出正确的解释，因此必须根据许多不确定的印象来构建幻觉。用他自己的话就是："在睡梦中，当一种感觉或多种感觉的集合，一种情感或任意一种精神过程在心灵中产生并被感知，是由于外部或内部的神经刺激而出现的，这个精神过程就会从清醒状态时头脑中留下的经验来唤起感觉图像，也就是日常生活中的感觉印象。而这些感觉印象要么是纯粹的，要么伴随着他们相应的心理价值观。这一精神过程会以自己为中心，其周围或多或少地存在一些感觉图像，通过这些图像，神经刺激产生的印象就获得了它的心理价值。"

我们在这里（就像我们通常在清醒状态下所做的那样）所讲的是，睡眠的心灵在"解释"神经刺激所产生的印象。这种解释的结果就是我们所说的"因神经刺激而产生的梦"，也就是说，一个梦的组成部分是由神经刺激决定的，这种刺激根据复现规则在心灵中产生精神作用。

冯特认为，梦中的想法至少在很大程度上是源于感官刺激，尤其是一般性感官刺激，他的这一说法与上述理论基本相同，所以梦中的想法主要是想象的幻觉，可能只是在很小的程度上将纯粹的记忆观念增强为幻觉。

斯特伦佩尔在其作品中用了一个十分贴切的比喻来表达该理论中梦

和梦的刺激之间的关系——就像一个乐盲的十指在琴键上徘徊。在这种观点下，梦不是基于心理动机的心理现象，而是一种生理刺激的结果，这种生理刺激表现为心理症状，因为刺激所作用的躯体结构不能有其他形式的表达。

例如，在一个类似的假设下，梅内特也提出过一个著名的比喻，并试图用这个比喻来解释那些强迫性的想法——一个钟面上的某些数字的浮雕总会比其他数字的浮雕更为突出。

无论梦的躯体刺激理论有多么流行，无论它看起来多么有说服力，它的弱点还是很容易显现出来。每一个躯体刺激梦，都需要睡眠中的精神机构通过构造一个错觉来解释它，这就可能会产生无数个这样的解释，也就是说，它可以用各种各样的想法来表现在梦的内容中。

然而，斯特伦佩尔和冯特提出的理论无法说明是什么动机控制着外部刺激与被选择的用以解释这一刺激的梦中想法之间的关系。正如利普斯所认为的那样，为什么躯体刺激"在其创造性活动中往往会做出奇特的选择"。

另外还有人反对整个幻觉理论的基本前提，即睡眠中的心灵无法识别客观感觉刺激的真实性。对此，老一辈生理学家布达赫早已做出说明：即使在睡眠中，心灵也能很好地、正确地解释它所接收到的感觉，并根据正确的解释作出反应。因为他观察到这样的事实：特定的感觉对大脑来说似乎很重要，睡眠者不会像排除一般印象那样忽视它（如奶妈和孩子的例子）。比如，与一个无关紧要的听觉印象相比，睡眠者更容易在听到自己的名字时被唤醒，所有这些都意味着心灵在睡眠中能区分不同的感觉。❶

1830 年布达赫根据这些观察推断出：我们在睡眠状态下，不是不

---

❶ 译者注：回溯第一章内容。

能解释感官刺激，而是对它们缺乏兴趣。1883 年，利普斯在对躯体刺**激理论的批评**中没有做任何修改地再一次提到了布达赫的这一推论，因此，**可以说**心灵似乎表现得像轶闻中的沉睡者，当有人问它是否睡着了，它回答"不"，但当提问者继续说"那就借给我十弗罗林吧"时，它会装睡，回答说"我睡着了"。

关于梦的躯体刺激理论的不足还可以用其他方式来证明。观察表明，**外部刺激并不一定强迫我做梦**，即使这种刺激出现在我做梦的时候，甚至梦的内容中。假如我在睡觉时受到触觉刺激，会有各种不同的反应方式让我选择，所以我可能会忽视它，当我醒来时才可能发现，原来是我的腿露在被子外面，或者我的手臂被压住了。

病理学提供了很多种例子来说明，许多强烈的感觉刺激和运动刺激并不会对睡眠产生影响。又或者，我可能意识到了我睡眠中的感觉，正如有人所说的，我感受到了疼痛，但是我没有把它编织进梦中。

最后，我可能会对这种刺激做出醒来的反应，从而摆脱它。只有在**第四种**中，神经刺激可能导致我做梦。然而，其他可能性至少和最后一种做梦的可能性一样频繁。所以，没有躯体刺激来源的动机是无法做梦的。

将梦归因为身体器官的尝试

其他一些学者，如舍尔纳及其支持者哲学家沃克特，对躯体刺激理论在解释梦中的不足做出了公正的评价。这些学者试图更准确地定义精神活动，为此他们将目光转向由躯体刺激产生的多样的梦中图像，换句话说，他们试图再次将梦视为一种精神活动。

舍尔纳不仅用充满诗意的感觉和生命之光的术语来描述梦产生过程中展现出来的心理特征，他还相信自己已经发现了心灵处理所呈现的刺激的原理。在他看来，当想象从白天的束缚中解放出来的时候，梦的工作是给刺激产生的器官的性质和刺激本身的性质提供一个象征性的表现。

因此，他提供了一种类似解梦书的东西来作为解梦的指南，使我们可以从梦的图像中推断出有关的躯体感觉、器官状态和刺激的性质。"猫的形象表达的是一种愤怒的坏脾气，而一块光滑而浅色的面包的形象代表着裸体。"整个人体在梦中会被描绘成一座房子，身体的各个器官被分割成房子的若干组成部分。

在"牙齿刺激的梦"中，口腔与一个有着高高的拱形屋顶的大厅相对应，从喉咙到食道的部分与楼梯相对应。在一个由头痛引起的梦中，头部可能由一个房间的天花板表示，天花板上布满了像蟾蜍一样令人恶心的蜘蛛。

梦中使用了各种各样的象征来代表同一个器官。比如，呼吸的肺可以象征性地以一个燃烧的、火焰呼呼作响的炉子来表示；心脏可以象征性地由空心的盒子或篮子来表示；膀胱可以由圆形袋状物体来表示，或者随便由空心的物体来表示。特别重要的是，在梦的结尾有关的器官或其功能经常被明确地揭示出来，并且通常与做梦者自己的身体有关。因此，在"牙齿刺激的梦"中，通常以做梦者想象自己从嘴里拔出牙齿的情景结束。

舍尔纳这种梦的解释理论很难得到其他学者的认同，主要是因为它过于夸张，虽然在我看来它有其正当性，但还是有许多值得怀疑的地方。正如我们看到的那样，它涉及通过象征意义的解梦方法——这与古代使用的方法相同，只不过是把解释的领域局限在人体的范围内，它缺乏能够被科学理解的解释技巧，这必然极大地缩小了其理论的应用范围。特别是在这种情况下，它似乎为任意的解释敞开了大门，在梦中，同样的刺激可以用各种不同的方式表现。

因此，即使是舍尔纳的支持者沃克特，也发现自己无法认同"用一所房子代表整个人体"的观点。反对意见还来自这样一个事实：梦的工作被认为是一种无用的和无目的精神活动，因为根据我们正在讨论的理论，心灵只满足于由受到的刺激而产生的幻觉，而看不出它能处理刺激的迹象。

然而，有一种批评严重破坏了舍尔纳的躯体刺激象征化理论。这些躯体刺激在任何时候都存在，人们普遍认为，心灵在睡眠状态下比在清醒时更容易掌控它们。不过，让人很难理解的是为什么心灵并非整夜不断地做梦，而且，实际上每晚做梦并不会涉及每一个器官。

为了回应这种批评，可以尝试增强进一步的条件，即为了引起梦的活动，必须从眼睛、耳朵、牙齿、肠等部位进行特殊的刺激，但随后又很难证明这种增强是客观的，仅在少数情况下能够做出证明。

如果飞行梦是人体肺叶张合运动的象征，那么，正如斯特伦佩尔已经指出的那样，要么这种梦必须出现得更频繁，要么就必须证明呼吸活动在梦中变得剧烈了。另外，还有第三种可能性，这是最有可能的，即某些特殊的动机可能是有效的，它将心灵的注意力引向始终正常存在的内脏感觉。然而，这种可能性已超出了舍尔纳理论的范围。

舍尔纳和沃克特所提出的观点的价值在于，它们引起人们对梦的内容的一些特征的关注，这些特征需要解释梦中似乎预示着新的发现。梦中确实包含着对身体器官及其功能的象征，这一观点是完全正确的，梦中的水常常指向尿意刺激，男性生殖器可以用一根直立的棍子或柱子来代表等。

如果梦中充满生动的画面和明亮的色彩，与其他单调的梦相反，我们就不可能不把它们解释为"视觉刺激的梦"。如果梦中充满了噪声或聒噪的话语，我们也不可能对梦中听觉幻觉所起的作用产生争议。

舍尔纳曾讲过一个梦，两排漂亮的金发男孩面对面地站在一座桥上，接着他们互相攻击，然后再回到原来的位置，最后做梦者看到自己坐在桥上，从下颌上拔出一颗长牙。

同样的，沃克特也讲述过一个梦，在他的梦中，橱柜里出现了两排抽屉，梦中的人最后也拔出了一颗牙。两位学者记录了大量这样的梦，我们当然不能把舍尔纳的理论当作一项无用的发现而忽略掉。那么，我们面临的任务是找到另一种解释，去掉象征性方法来解释牙齿刺激引起的梦。

在整个关于梦的躯体刺激来源理论的讨论中，我都避免使用基于我的梦的分析的论点。如果可以通过其他学者从没有使用过的分析梦的方法来证明，梦作为精神行为具有自己的价值，愿望是构建梦材料的动机，前一天的经历为梦的内容提供了即时材料，那么任何其他的分析梦的理论，只要忽视这种重要性的方法，而把梦作为一种对躯体刺激的无用和令人费解的心理反应，就没有必要对它们进行具体的研究了。

否则，将只有两种完全不同的梦：一种是只有我们观察到的，另一种是只有前人们观察到的，这似乎是极不可能的。因此，我们剩下所要做的就是在我的梦理论中，解释当前关于梦的躯体刺激理论所依据的事实。

我们已经朝着这个方向迈出了第一步，因为我们提出过一个论点，即梦的工作是在必要的情况下将所有同时活跃的刺激内容结合成一个统一体。我们发现，当两个或两个以上的经历能够从做梦前一天遗留下来时，从中产生的愿望就会被结合在一个梦中。

同样地，从前一天得到的精神上有意义的印象和无关紧要的经历，只要有可能在它们之间建立沟通的想法，它们也会在梦的材料中结合成一体。由此可见，梦似乎是对同时存在于睡眠心灵中的所有材料的反应。

迄今为止，我们已经对梦的材料做过分析，我们把它看作一个精神残余物和记忆痕迹的集合，这些集合（尤其是近期材料和童年时期的印象），我们只能把它们的性质定义为尚难确定的"当时活动"。那么，我们就可以轻松地预见到，如果在睡眠中给这些目前活跃的记忆添加新的感觉材料，将会产生何种梦。

由于它们现在处于活跃状态，所以这些感官刺激对梦来说是很重要的，它们与其他当前活跃的精神内容结合在一起，以提供用于构建梦的材料。

换言之，在睡眠中产生的刺激和我们熟悉的精神上的"白天的残余"结合起来，被激发成一种愿望的满足。这种组合不一定必须发生，正如我已经指出的那样，有不止一种方法可以对身体的刺激做出反应。但当它确实发生时，就意味着已经有可能找到意念材料，作为梦的内容，它能够同时代表梦的两种来源——肉体的和精神的。

梦的本质并没有因为在精神来源之外添加躯体刺激材料而改变，梦仍然是愿望的满足。

⚓ 梦与身体刺激的进一步研究

这里，我准备在此讨论一些特殊因素的作用，这些特殊因素对与梦相关的外部刺激具有不同的重要性。

正如我所想的那样，由睡眠时环境产生的生理的、偶然的、个体因素的组合决定了一个人在睡眠中，特别是在相对强烈的客观刺激的情况下是如何表现的。做梦者习惯性或偶然性的睡眠深度与刺激强度相结合时，在某些情况下有可能抑制刺激而使睡眠不被中断，在另一些情况下会迫使他醒来，或尝试克服刺激把它编织成梦。

根据这些可能的组合，对于不同的人，外部客观刺激在梦中的表现频率也不尽相同。就我自己而言，由于我是一个优质睡眠者，总会顽强地拒绝任何因素来干扰我的睡眠，所以很少有外部的刺激因素能进入我的梦中。然而，某些心理活动显然使我很容易做梦。

　　事实上，在我所记录的梦中，我只注意到一个可识别客观痛苦刺激来源的梦。通过分析考察，我清楚地认识到外部刺激在这个特定的梦中是如何产生效果的，这具有很强的指导意义。以下是关于这个梦的内容：

　　我骑着一匹灰色的马，一开始我表现得胆怯而笨拙，好像贴在马背上。接着，我遇到了我的一个同事 P 先生，他穿着呢子西装外套，坐在高高的马背上，我的注意力被引导到某件事上（可能是我的坐姿不够标准）。

　　我发现自己骑的这匹马很聪明，然后我越骑越稳，越骑越得心应手，感觉很自在。我的马鞍是一种长垫子，它完全填满了马脖子到马臀部之间的空隙。我就这样在两辆面包车之间骑了过去。之后，沿着街道骑了一段距离后，我转身试图在街道对面的一个开放的小教堂前下马，然而我实际是在它旁边的另一个小教堂前下马的。

　　我居住的旅馆也在这条街上，我本可以骑着马过去，但我宁愿牵着它过去，我好像是觉得骑马到那儿会很羞愧。一个旅馆的"杂役"站在门前，他捡起了我掉在地上的便条，在递给我的同时还不忘取笑我，因为便条上我用双下划线标注了一句："不吃东西"，然后又写了一句"不工作"之类的话（字迹模糊不清）。因此，一种模糊的想法出现，那就是我在一个陌生的小镇上，而且在那里我没有工作。

　　乍一看，我们不会认为这个梦是在痛苦刺激的影响下产生的，或者说是在被压迫的情况下产生的。不过几天前，我一直忍受着患疖子所带来的折磨，最严重的是，一个苹果大小的疖子长在了我的阴囊底部，这使我每动一下都感到难以忍受的痛苦。发烧使我极度疲倦与食欲不振，但我白天还要工作，加上疼痛的折磨，这使我变得极为沮丧，心情糟透了。

考虑到我的疾病性质和情况，与其他任何活动相比，骑马都是极其不合适的。但这正是梦带给我的活动：它是对我能够想象出来的对疾病最有力的否定。

事实上，我根本不会骑马，以前我也没做过骑马的梦。到目前为止我只在马背上坐过一次，而且没有马鞍，让我觉得很不舒服。但是在这个梦中，我自己骑着马，好像我也没长疖子，或者更确切地说，我不想长疖子。

从梦中的内容来看，我的马鞍实际代表的是一种能使我入睡的药膏。在它缓和的影响下，我可能在睡觉的头几个小时并没有感觉到疼痛，等到药效过了之后，痛苦的感觉随后出现，并准备唤醒我，于是梦就形成了，它安慰我说："继续睡吧！没必要醒来！你没有长疖子，因为你在骑马，如果你的那个地方长了疖子，你绝对无法骑马的。"这个梦很有效，疼痛感被抑制住，我继续睡觉。

但是，梦并不满足于用一个与病情不相符的想法来帮助我"忘记"疖子，这就像失去了孩子的母亲或失去了财产的商人所产生的妄想一样。被否定的感觉的细节，以及被用来抑制这种感觉的画面的细节，也被当成了做梦的一种材料，用以将当前心灵中处于活跃的精神内容与梦中的场景联系起来并加以表征。

我骑的是一匹灰色的马，它的颜色与我上次在乡下见到的同事 P 先生穿的那件外套的颜色完全一致，都是椒盐色。

我长疖子的原因之一被认为是吃了调味料过多的食物，它很容易引起糖尿病，而糖也与长疖子有关。自从我的同事 P 先生取代我接手一位女患者后，他就在我面前表现得耀武扬威，就像骑在那匹高高的马上一样。

其实，经过我的治疗，那位女患者的病情已经好转不少（在梦里，我起初斜坐在马上，仿佛拥有马术师一般的技艺），这位女患者就代表着梦中的那匹马，就像"周末骑士轶闻"中的马一样，十分顺从地驮着我随心所欲地奔跑（梦中的马很聪明）。"感觉很自在"，指的是我被同事 P 先生取代之前，在这位患者家属的心目中有一定分量。

在这座城市为数不多的权威医生中，有几位对我帮助颇多，其中有一位就这个问题对我说了几句话："你让我觉得你是称职的。"的确，在我非常痛苦的时候，能坚持每天进行八到十个小时的精神治疗工作，也是一项了不起的壮举。

但我知道，除非我身体完全康复，否则我无法继续进行异常艰难的工作。所以，我的梦里充满了对我接下来会出现何种情况的阴郁性暗示（神经衰弱症患者带去给医生看的纸条、不吃东西、不工作）。

在进一步的解释过程中，我看到梦境中的活动已经成功地找到了一条途径，从骑马愿望的满足到我童年时的一些场面——我和我的一个侄子发生了争吵，他比我大一岁，现在住在英国。

此外，梦从我在意大利的旅行中衍生出一些元素：梦中的街道融合了维罗纳和西耶纳的印象。更进一步地分析，还能发现与性相关的梦中想法。我回忆起一个从未去过意大利的女患者，她在梦中提到："去意大利（德文为：gen Italien，而生殖器的德文为：Genitalien）。"这也与我作为医生先于同事 P 先生去到那所房子，以及我长疖子的部位产生了联系。

在另一个梦中，我以同样的方式成功地避免了威胁睡眠中断的因素，这次威胁是由感觉刺激引起的。然而，我这次只是意外地发现了梦和它的偶然刺激之间的联系，从而理解了这个梦。

那是一个盛夏，我当时住在蒂罗尔的一个避暑山庄，一天早晨醒来，我想起自己梦见教皇死了。我无法解释这个梦，因为它不仅短，而且还是一个非视觉梦。有关它的来源，我只记得前段时间在报纸上读到一则教皇略感不适的消息。

然而，上午的时候，我妻子问我是否听到了早晨那阵可怕的钟声。我完全不记得有听到钟声，但现在我终于搞清了我这个梦，它其实是对我想要继续睡觉而做出的反应。虔诚的蒂罗尔人试图用钟声唤醒我，而我就用虚构的梦来报复他们，然后继续睡觉，不再注意那钟声。

前面几章所引用的梦例中，有些可以作为所谓的神经刺激导致做梦的例子。我大口喝水的梦就是一个例子，躯体刺激显然是它唯一的来源，而来自感觉的愿望（即口渴）显然是它唯一的动机。

这个例子与其他简单梦的相似之处在于：在梦中，躯体刺激似乎可以自己构建一个愿望。那位一睡着就会把冷敷装置给扔掉的女患者❶，她的梦中所表现出的愿望的满足，是通过一种不寻常方式来对疼痛刺激做出反应，即她暂时成功地使自己止痛，而将痛苦转嫁到别人身上。

我的那个三位命运女神的梦显然是由饥饿刺激引起的，但它成功地将做梦者对食物的渴望转移到了孩子对母亲乳房的渴望，它利用了一种自然纯朴的渴望作为另一种更为严肃的、不能公开表现出来的欲望的掩护。

我那个关于图恩伯爵的梦，显示出了一种偶然的身体需要是如何与最强烈（但同时也被极力抑制）的精神冲动联系在一起的。在卡尼尔提到的梦例中，拿破仑在炸弹爆炸声将其惊醒前，就已将其编织进一个战争梦中❷，此梦非常清楚地揭示了精神活动对睡眠中出现的躯体感觉的唯一动机本质。

一位年轻的律师，第一次办理一件重要的破产程序案件，他在午睡时做了一个梦，其梦中的表现形式与拿破仑的完全一致。他梦见在这件

---

❶ 译者注：参见第三章。

❷ 译者注：参见第一章第三节。

破产案中结识了一位名叫赖希的先生，他来自胡塞廷（加利西亚的一个城镇），胡塞廷这个名字在他的梦中反复地出现，直到他醒来才发现他的妻子（患有支气管炎）正在剧烈咳嗽（咳嗽的德语是"husten"）。

让我们把拿破仑（他也是一个贪睡之人）的这个梦和我那个嗜睡的年轻同事的梦 ❶ 做一个比较。后一个梦显然是一个图方便的梦，做梦者的做梦动机是不加掩饰的，但同时他也泄露了做梦的秘密。即所有的梦在某种意义上都是方便的梦，它们的目的是延长睡眠而不是醒来。

⚘ 梦对于睡眠的帮助

梦是睡眠的守护者，而不是它的干扰者。

对此观点，我们之后可以通过唤醒梦的精神因素来加以证明，但现在我们已经能够证明它可以解释客观外部刺激在梦中的作用。如果睡眠中的心灵知道外部刺激的强度和重要性，却完全不注意它所引起的感觉，或者利用梦来否认这些刺激，或者如果心灵必须承认这些刺激，那就只能将当前活跃的感觉编织进梦中，从而与睡眠达成一致。

拿破仑之所以能继续沉睡，是因为他觉得那种想打搅他的刺激只是自己梦里对阿尔科战役中枪炮声的记忆。

因此，在任何情况下，睡眠的愿望 ❷ 都必须被视为梦形成的动机之一，每一个成功的梦都是这种愿望的满足。而关于这个普遍的、永存的和恒定的睡眠愿望与梦中变化多样的其他愿望之间的关系，我们会在之后的内容中讨论。

但是，我们在睡眠愿望中发现的一个因素也许可以弥补斯特伦佩尔

---

❶ 译者注：参见第三章。

❷ 原文注：意识把注意力倾注到这种愿望上，加上梦的审查作用，以及我将在下文中提到的"润饰作用"，共同构成了意识自我在梦中的份额。

和冯特理论的不足，并能解释心灵对外部刺激的反常性与任意性。可以说，睡眠中的心灵完全能够对外部刺激做出正确的解释，它既有可能表现出对外部刺激的兴趣，也有可能要求睡眠结束。因此，在所有可能的解释中，只有那些与睡眠愿望所实行的绝对审查制度相一致的解释才被接受。"它是夜莺，不是云雀。"因为如果是云雀，那就意味着情人的缠绵之夜要结束了。

在对相应可接受的刺激的解释中，选择一个可以与潜伏在心灵中的愿望的冲动建立最佳联系的刺激。因此，一切都是明确的，绝不是任意的决定。心灵所做出的错误解释并不是一种幻觉，而正如人们所说的，那是一种逃避。如同梦的审查功能，可以利用转移作用产生替代物，我们必须承认此时所面临的也是规避正常精神活动的行为。

当外部神经刺激和内部躯体刺激的紧张程度足以引起心灵集中注意力时，只要它们的结果是做梦而不是醒来，那么这些刺激就会成为形成梦的核心材料，成为梦中内容的基石，一个愿望的出现与满足就是心灵利用这些材料的结果，心灵就像在两种精神刺激之间寻找居间思想一样。

在某种程度上，确实在许多梦中，梦的内容是由躯体刺激决定的。在极端的情况下，甚至可能会出现一个愿望，它实际上不是当前活跃的愿望，但是为了建立一个梦，心灵还是会将它召唤出来的。

无论如何，梦只能表现为在一定情景下愿望的满足。如此，它所面临的是寻找与当前活跃感觉相符的愿望。如果这种当下的材料是痛苦的或令人不快的，那并不一定意味着它不能用于梦的构建，因为心灵有时会以某种令人不快的感觉来使梦的愿望得到满足。这似乎是自相矛盾的，但当我们考虑到两种精神动因的存在以及它们之间的审查制度时，这就变得可以理解了。

正如之前提到过的，心灵中存在着被"压抑"的愿望，这些愿望属于第一种精神力量，而第二种精神力量则反对它们的实现。在谈论这些愿望时，我们并没有从历史意义的陈述上来表明它们曾经存在，后来被废除。压抑理论是研究精神性神经症必不可少的理论，它认为这些被压抑的愿望仍然存在，尽管同时存在着抑制它们的作用，用"被压制"这个词来表达这些愿望冲动所处的状态再合适不过。

另外，使这种冲动能够冲破压制得以达成的精神活动同样仍然存在。然而如果这种被抑制的愿望得到满足，那么它就突破了第二种精神力量（可被意识系统接受）的阻碍，这样第二种精神力量就会以令人不快的形式显示出来。总而言之，如果在睡眠中出现了由躯体刺激引起的令人不快的感觉，梦中活动就会利用这个感觉来使受压制的愿望获得满足，但是梦中的内容或多或少地会受到审查作用的约束。

从愿望理论的角度来看，许多焦虑梦因此产生，但还有一些焦虑梦则与其机制不相符。因为梦中的焦虑可能是精神性神经质的焦虑，它可能源于心理性兴奋，在这种情况下，焦虑对应于被压抑的性欲。

在这种情况下，焦虑就像整个焦虑梦一样，具有神经症状的意义，我们将接近梦中愿望得以满足的极限。但是，在有一些焦虑的梦中，其焦虑的感觉是由躯体刺激决定的。例如，由于肺部或心脏疾病引起的呼吸困难，在这种情况下，焦虑会成为造梦的材料，以帮助某些被压制的愿望得到满足，如果这些愿望是出于精神动机的话，也会导致类似焦虑的释放。

要调和这两类明显不同的焦虑梦并不困难。在这两类梦中，有两种精神因素参与其中：一种是倾向于情感，另一种倾向于意念内容，它们之间密切相关。如果其中一个现在处于活跃状态，它甚至会在梦中召唤另一个。要么是躯体刺激产生的焦虑召唤了被压抑的思想内容，要么是伴有性兴奋的思想内容已经从压抑中解放出来，同时也使焦虑得以释放。所有这些给我们理解带来的困难都几乎与梦没有关系，它们是因为我们在这里涉及焦虑的产生和压抑的问题。

毫无疑问，内在的躯体刺激包含着身体的一般性身体知觉，它们同样可以支配梦的内容。它能做到这一点，不是说它能提供梦的内容，而是说它能迫使梦中思想选择要在内容中表现的材料，通过提出材料的一部分，使之适合其自身的特性，并抑制其他部分。除此之外，前一天所留下的一般性身体知觉，无疑会与对梦有重要影响的心理残余联系在一起。这种知觉可能在梦中保持不变，也可能被掌握，因此，如果它是令人不快的，可能会变成它的对立面。

因此在我看来，在睡眠中的躯体刺激源（也就是说，在睡眠中产生的感觉），除非它们具有不寻常的强度，否则它们在梦的形成过程中起着与前一天遗留下来的无关紧要的近期印象相似的作用。也就是说，如果这些躯体刺激与来自梦的精神来源的思想内容相匹配，那么它们会被用来帮助梦的形成，否则就不是。它们被视为随时可供使用的廉价材料，在需要时可随时使用，而贵重材料本身就规定了使用方式。

举个例子说，一个艺术品鉴赏家给一位艺术家带来一块罕见的宝石，如一块红玛瑙，并要求他创造出一件艺术作品，那么宝石的大小、颜色和纹路，将决定它应该表现何种主题或何种样式。然而，要是诸如大理石或砂岩这类常见的普通石料，艺术家完全可以按照自己的想法来对其进行加工。

所以我认为，只有用这种方式我们才能解释这样一个事实，即由没有异常强度的躯体刺激所提供的内容不会在所有梦中出现，也不是每晚都出现。我也许可以用一个例子来很好地说明它，这样我们将再次回到梦的案例分析解释上来。

🦋 对情绪刺激梦例的分析

有一天，我试图找出被禁止、动弹不得、力不从心等受抑制感的含义，这些感觉经常出现在梦中，与焦虑的感觉非常相似。当天晚上我做了下面这个梦：

> 我几乎一丝不挂地正从公寓的一楼往楼上走去，我一次跨三个台阶，敏捷得令我自己感到十分兴奋。突然，我看见一个女仆下楼朝我走来，我感到很羞耻，想快点走过去。这时，一种被抑制的感觉出现了：我像是被粘在了楼梯上，不能动弹。

梦中的场景是从日常生活中提取的。

我在维也纳有一套两层的公寓，上下层通过公共楼梯连接。我的诊室和书房在下面一层，我的起居室在上面一层。当我每天晚上处理完工作之后，就会上楼去卧室休息。在我做梦的前一天晚上，我确实衣衫不整地走了这么短一段路，也就是说我把领子、领带和袖口都脱掉了。

在梦中，我的着装状态已经到了衣不蔽体的地步。和往常一样，我每次上楼都一脚迈两三个台阶，这一愿望在梦中很轻松地就得到了满足，这说明我对自己的身体的功能很有信心。此外，这种上楼的方法与梦后半部分的抑制作用形成了显著的对比。毫无疑问，我们在梦中完全可以做任何高难度的动作（想想飞行梦中的场景就清楚了）。

不过，我在梦中所上的楼梯不是我家那栋楼的楼梯。起初，我没能认出它，直到那位女仆迎面走来，我才明白过来。她是一位老妇人的女仆，为了给这位老妇人打针，我每天要去她家两次，梦中的楼梯和她家的楼梯十分相似。

这段楼梯和女仆为何会出现在我的梦里呢？没有完全穿好衣服的羞耻感毫无疑问带有性欲的意味，但是我梦见的这位女仆比我大，她脾气暴躁，可以说她完全没有吸引我的地方。针对这些疑问，我所能想到的唯一线索就是：我每天早上爬老太太家的楼梯时，总是习惯性地想清一下嗓子，然后把咳出来的东西吐到楼梯上，因为这两层楼都没有痰盂。我想楼梯的清洁不应该由我来负责，放个痰盂就都解决了。

这位上了年纪的、脾气暴躁的女仆有洁癖，对于楼道卫生这件事，她和我的看法不同。她经常会在暗处观察我，看我是否在上楼梯时随地吐痰。如果被她发现，她就会很大声地抱怨，以确保我能听到。

在之后的几天，我们每次碰面，她都不会跟我打招呼。在我做这个梦的前一天，女仆的一些举动更增加了我对她的反感。我像往常一样，匆匆拜访了病人，这时女仆在大厅里拦住我说："医生，你今天进屋之前应该把靴子擦干净了，现在红地毯都被你弄脏了。"这就是为何楼梯和女仆会出现在我的梦中。

我想快点上楼和在楼梯上吐痰之间有一种内在的联系。咽炎和心脏病都被认为是对吸烟恶习的惩罚。由于这个坏习惯，在自家的女管家那里，我也没留下什么好印象，她对我的评价不一定会比这位女仆高，所以这两个人在梦中融合成一体。

我必须到此暂停一下，当我在下一节解释出典型的"衣衫不整梦"的起源，还会对此进一步解释。我会从现在的梦中得出一个临时的结论，即当特定的环境需要时，梦中被抑制的感觉就会出现。我在梦中动弹不得的原因，不是我的运动能力在睡眠中发生了一些特殊的改变，而就在不久前，我还看到自己（几乎是为了证实这一事实）敏捷地上楼梯。

第四节　典型的梦

一般来说，我们很难解释另一个人的梦，除非他准备好向我们讲明隐藏在梦内容背后的潜意识思想。因此，我们这种解梦方法的实际适用性就受到了严重限制。

我们已经看到，每个人都可以根据自己的特点自由地构建自己的梦中世界，这样别人往往就无法理解。然而，与此相反的是，有一些梦几乎是每个人都会做的，而我们自然地就习惯于认为这些梦对每个人都有相同的意义。此外，不管谁做这类梦，它们似乎都是同一个来源，这也引起了人们的极大兴趣。果真如此，那它们将特别适合对梦的来源进行解释。

因此，我怀着特别的期望，尝试将我自己的解梦技巧应用到这些典型的梦中。不过，我又非常不情愿地承认，我的解梦技巧在解释这些典型的梦上，可能会让大家感到失望。因为如果解释此类梦，那么做梦者就很难提供与梦相关的联想，而联想往往会帮助我们理解梦。就算做梦者产生联想，通常也是十分模糊的，也就不足以对梦进行完全的解释。

我们将在本书的第六章中对如何补救我解梦技巧的缺陷加以说明。届时，我的读者还将明白：为什么目前我们只讨论一些典型的梦，而推迟对其他类型梦的探讨。

🍂 令人尴尬的裸体梦

有些人梦见自己在陌生人面前光着身子或衣不蔽体时完全没有羞耻感，然而，我想分析的是那些做梦者感到羞耻与尴尬的裸体梦。在这类梦中，做梦者试图逃避或隐藏，却被一种奇怪的抑制所克服，他的行动被阻止，并且无法改变这种尴尬的处境。只有具备这些特点的梦才是典型的裸体梦，否则梦内容的主旨就可以包含在各种情境中，也可以因人而异。它的本质（以其典型的形式）在于一种带羞耻性的痛苦感觉，人们通常有想要通过运动性的逃避来隐藏裸体的愿望，但发现自己无法做到——我相信绝大多数读者都有过这类经历。

在梦中具体的裸露形式往往都不太清楚，做梦的人可能会说"我穿着衬衫"，但这很少是一幅清晰的画面。由于衣不蔽体的画面都很模糊，所以人们在描述时会用另一种情形来代替——"我穿着内衣或衬裙"。通常，做梦者还不至于因衣衫不整而感到羞耻。皇家卫队的队员经常会将裸体梦中的场景用一些违反着装规定的行为所代替——"我在街上走着，没有佩带剑，正巧碰见一些军官"，或者"我没有打领带"，抑或"我穿着民用格子裤"，等等。

让做梦者感到羞耻的几乎总是陌生人，他们的相貌也很模糊。在典型的裸体梦中，令做梦者感到难堪的从来都是自认为衣不蔽体，而不是受到旁观者的注意或斥责。相反，这些人会采用漠不关心的态度，或者（如我在一个特别清晰的梦中所观察到的）表情严肃而僵硬。这种情形很值得思考。

做梦者的窘迫和旁观者的漠不关心在梦中形成了一对常见的矛盾。毕竟，如果陌生人表现出惊异、嘲笑或挖苦的眼神，这才更符合做梦者的感受。不过，我认为，旁观者所应表现出来的反感已经被愿望的满足所消除，而做梦者的羞耻感则因某种力量被保留下来。因此，梦的两个部分是不和谐的。

对此，我们发现一条有趣的证据，那就是在这类梦为了愿望得到满足而进行了部分伪装，所以我们无法真正理解梦。根据这一证据，安徒生写出了家喻户晓的童话故事——《皇帝的新衣》。最近路德维希·富尔达在他的童话剧《护身符》中也对此做了诗一般的描述。

安徒生的这个童话向我们讲述了两个骗子是如何为皇帝织出一件昂贵的"衣服"，并说这件衣服只有善良、忠诚的人才能看到。当皇帝穿着这件看不见的衣服走出来时，所有的旁观者，由于惧怕这件衣服所具有的试探性功能，都假装看不到皇帝的裸体。

这正是我们梦中的情况。我们很难轻率地假设，梦的内容存在于记忆中，其难理解性已导致梦以一种旨在理解情境的形式被重新塑造。然而，这种情况正在失去其本来的意义，而被用于无关的用途。

不过，正如我们稍后将看到的，人的第二精神系统的有意识思维活动，以这种方式误解梦的内容是很常见的，这种误解也被视为决定梦最终形式的因素之一。此外，类似的误解（再次发生在同一精神人格内）在强迫症和恐惧症的构建中也起着重要作用。

在我们的梦中，我们能够指出误解所依据的材料是什么。以《皇帝的新衣》来比喻，骗子就是梦，皇帝就是做梦者，梦的寓意揭示了一个模糊的事实，即梦的隐藏含义与被抑制的愿望有关。我在对神经症患者的分析中发现，这类梦出现的背景毫无疑问是基于童年早期的记忆。

只有在童年，我们才有可能衣不蔽体地站在家人和陌生人——护士、女仆和访客——面前，只有在那时，我们才不会为自己的裸体感到羞耻。我们可以观察到，脱衣服对许多孩子来说是一件令人兴奋的事情。

当他们脱光了笑闹、嬉戏时，他们的母亲或其他在场的人会提出告诫："天呐！快别这样，这很丢脸！"孩子们经常有展示自己身体的欲望。在世界各地的乡村我们都能看到，那些两三岁的孩子会当着人的面撩起自己的小衬衫，也许这是表达友好的方式吧。我的一个病人对他八岁时的一个场景有着清晰的记忆。

当时，他在准备上床睡觉前，只穿着内衣就要跑进隔壁妹妹的房间，结果被保姆给拦住了。在神经症患者年少的时候，在异性孩子面前裸露自己具有很重要的意义。在偏执狂妄想症中，患者会妄想自己在穿衣和脱衣时被别人偷窥，这种错觉也可以追溯到童年时期的经历。而在那些仍处于性欲倒错阶段的人中，有一些是幼年时的这种冲动达到病症的程度症，即"裸癖者"。

当我们回想这段无忧无虑的童年时光，我们会觉得它简直就是天堂，是个人童年的一个群体幻象。这就是为什么人们在天堂里赤身裸体，彼此却不会感到羞耻，直到羞耻和焦虑苏醒，随之而来就是被驱逐出天堂，然后，就开始了性生活和文化活动。

但我们可以每晚在梦中重获这个天堂。我之前已经做过猜测，对于我们最早的童年（从出生到三周岁）印象，无论其实际内容如何，出于本性都力求能获得再现，也就是愿望能够得到满足。因此，裸体梦想就是裸露梦。

裸露梦的核心在于做梦者自身的形象（不是像他小时候那样，而是他现在的样子）以及他的衣不蔽体（无论是由于无数次未穿衣服的记忆重叠，还是由于审查作用的结果，衣不蔽体的形象总会表现得很模糊），此外，还有那些让做梦者感到羞耻的旁观者。

在这类表现幼年裸露场景的梦中，我还从未发现有当时真正的旁观者出现，所以，这类梦从来不是简单的回忆。奇怪的是，在所有这类裸露梦、癔症以及强迫性神经症中，我们幼年时性兴趣所针对的那些孩子都被忽略了，只有在偏执妄想症的情况下，这些旁观者才会再次出现，尽管他们仍然不可见，但偏执妄想狂依旧坚信他们的存在。

梦中由"一群陌生人"代替了真实的旁观者，但他们对所呈现的景象视而不见，这正好表现了梦的反愿望，因为做梦者只想在熟人面前暴露自己。顺便说一句，"一群陌生人"经常出现在梦里的其他联系中，从反愿望的角度来看，他们总是带有某种"秘密"的意味。

值得注意的是，即使在偏执妄想狂对往日经历的再现中，也会观察到这种反愿望的情况。患者总觉得自己并没有独处，而是有人一直在观察他，但这些观察者是"一群陌生人"，他们的相貌模糊得出奇。

除此之外，压抑在裸露梦中也起着一定的作用。因为在这种梦中感受到的羞愧难堪，是第二个精神系统的一部分对表现场景的内容的反应，尽管它被禁止了。如果要避免这种痛苦的感受，那场面就不应该再出现了。

之后我们还会谈到这种被抑制的感觉。在梦中，它恰当地表现了

"意志的冲突"，也就是那种"否定的冲突"。潜意识的目的要求裸露继续展现，而审查作用则要求其停止。

毫无疑问，这些典型的梦和童话以及其他创造性写作材料之间的联系既不少，也不偶然。有时，一个有敏锐目光的创造力作家会对这种转变过程有一种分析性的认识，而他习惯性地把它当成一种工具。如果是这样的话，他可能会沿着相反的方向写作，从而把想象中的写作追溯到梦中。

我的一位朋友提请我注意戈特弗里德·凯勒的《绿衣亨利》中的一段："亲爱的李先生，我希望在你的亲身经历中，永远不会有奥德赛的那种困境，他赤身裸体、满身泥巴地出现在诺西卡和她的玩伴的面前。我能告诉你为何吗？让我们来举例分析一下吧。假若你远离家乡，远离你所深爱的一切，在外邦漂泊流浪，若你经历了许多艰难困苦，体会过忧愁苦闷、凄凉孤寂，那么总有一天晚上，你会梦见自己正在重返故乡，你会看到它在绚丽的景色中闪耀发光，那些你最想念的人会热情地向你走来。然后你会突然意识到自己衣衫褴褛、赤身裸体、满身尘土，你将被一种无名的羞耻和恐惧所侵袭，你想努力地隐藏自己，然后你将从大汗淋漓中醒来。只要还有呼吸，那么忧伤的流浪者就会做这样的梦。荷马就是从人类最深处且永恒的本性中唤起了这幅凄苦的画面。"

作家们从读者内心深处所唤醒的最深且永恒的本质，就植根于童年时期的那些已不被记忆的思想冲动。于是，流浪者内心深处被压抑和禁止的童年愿望在梦中得以释放。这就是为什么在《诺西卡传说》中，那被具化了的梦往往总是以焦虑梦结束。

在我大跨步爬楼梯的梦中，不久之后发现自己被粘在台阶上，这同样是一个裸露梦，因为它具有这类梦的基本特征。因此，应该可以追溯到我童年的经历，如果这些能被发现的话，我们就能够根据女仆对我的行为，比如她指责我弄脏了地毯，来判断她在我梦中为何能占有一席之地。现在，我应该可以给出合理的解释了。

在精神分析学中，人们学会把时间上的接近性解释为主题之间的联系。两种思想虽然没有任何明显联系，却以先后顺序出现，就必须被视为一个整体加以解释。例如，我连续写一个"字母 a"和一个字母"b"，它们就必须作为一个单音节"ab"来表示，梦也是如此。

我的楼梯梦是一系列梦中的一个，我清楚了这个系列其他梦的意义，那么包含在这一系列中的楼梯梦，必然会与其他梦有关联。现在，这些其他梦都是基于对一个保姆的回忆，她从我吃奶开始，一直照顾我到两岁半。我甚至还保留着对她的模糊记忆。据我母亲不久前对我所说，这个保姆又老又丑，但很聪明能干。

从我自己的梦中可以推断，她对我并不总是那么和蔼可亲，如果我没有达到要求的清洁标准，她就会很严厉地训斥我。由于这位女仆担当了这项清洁教育的工作，所以她在我的梦中就有资格成为我记忆中那位保姆的化身。

⬥ 有关于亲人去世的梦

另一类被描述为典型的梦，是那些包含亲人去世内容的梦，如父母、兄弟姐妹或孩子的死亡。这类梦可以分为两种：一种是做梦者并不感到悲伤，醒来后他会因自己梦中的冷情表现而感到惊讶；另一种是做梦者因亲人死亡而感到极度痛苦，甚至可能在睡梦中痛哭。

此处我们不需要考虑第一种梦，因为严格来讲它们不具备此类典型梦的特征 ❶。我们会注意到，梦中所包含的感受属于它的隐性含义而不是它显而易见的内容，而梦的情感内容并没有被超越其思想内容的伪装所影响。

---

❶ 译者注：参见第四章姨妈梦见小外甥死去的梦。

另一种梦则非常不同。在这类梦中，做梦者梦见自己的一位亲人去世，同时会有十分痛苦的感受。这些梦的意义正如它们的内容所表达的那样——希望那位亲人死去。我能够预料到，所有的读者以及任何做过类似梦的人都会从感情的角度出发来反对我的这个观点。所以，我必须把我的证据建立在最广泛的基础上。

我已经讨论过一个梦，它向我们揭示在梦中表现为已满足的愿望并不总是当前的愿望。它们也可能是过去的愿望，这些愿望被抛弃、覆盖和压制，仅仅是因为它们重新出现在梦中，我们才必须承认它们仍然是存在的。它们并不是词的表面意思所说的"已死去"，而是像《奥德赛》中的幽灵一样，一旦尝到血的味道，它们就会苏醒过来。在那个看到女儿躺在"木箱"中死去的梦中❶所涉及的愿望是十五年前的，做梦者很坦率地承认它的存在。我还可以进一步补充，即使在这个愿望的背后也存在着做梦者童年的早期记忆。当她还是个孩子的时候，确切的日期是无法确定的，她听说母亲在怀她的期间陷入了严重抑郁状态，母亲热切地希望着孩子能在腹中死去。当做梦者长大后，怀孕了，也效仿了自己的母亲。

如果有人梦见自己的父亲、母亲、兄弟姐妹去世了，同时带着种种悲痛的迹象，我肯定不会把这样的梦当作他现在希望那个亲人死去的证据，梦的理论还不需要这样来证明。不过我可以得出这样一个推论，即在做梦者的童年时期他有过类似的愿望。然而，我担心这种保留说法说服不了反对者，他们会否认曾经有过这样的想法，正如他们坚持认为他们当前没有这种愿望一样。因此，我必须在现有证据的基础上重建一部分童年消失的精神生活。

让我们首先分析一下孩子与他们兄弟姐妹的关系。我不知道为什么

❶ 译者注：参见第四章。

我们假定这种关系必须是一种爱的关系，因为成年兄弟姐妹之间的敌意几乎很多人都体会过，而且我们往往能够很轻松地证明：这种不团结起源于童年时代，或者说一直都存在。

但是，还有许多成年人，他们至今与兄弟姐妹保持着浓厚的亲情，但他们在童年时期也几乎总是充满着敌意的。家里的大孩子会欺负小孩子，骂他、抢他的玩具。小孩子对大孩子充满了无能为力的愤怒，对他们是既羡慕又恐惧。当他最开始产生正义感和对自由的热爱时，他会首先将矛头对准此时的压迫者。

父母会抱怨孩子们不能和谐相处，但又找不到原因。很显然，即使是最乖的孩子，其性格也与我们在成年人身上所期望的不一样。

孩子完全是利己主义者，他们强烈地感觉到自己的需求，并不顾一切地去实现，尤其会针对自己的竞争对手——其他孩子，特别是兄弟姐妹。但我们不会因此称他们为"坏孩子"，只会认为他们很调皮。因为在我们的心中，他们不需为自己的不良行为承担法律责任。这样做是有道理的，因为我们期望的是，在孩童时代结束前利他主义的冲动和道德感会在小利己主义者的心中觉醒，借用梅内特的话就是"继发性"的自我终将掩盖、抑制"原本"的自我。

另外，道德感并不是在所有方面都会同时产生，不同个体不受道德约束的童年长度也不同。如果道德感没能得到发展，我们将其称为"退化"。当原本的性格被后来道德感的发展所超越之后，它仍然可以在癔症中再次被暴露出来。癔症患者的性格和调皮的孩子有着惊人的相似之处。相反地，强迫症对应着一种超常的道德观念，这种道德观念对原本性格的新刺激起到了加强作用。

因此，许多人深爱着他们的兄弟姐妹，如果他们去世，他会充满丧亲之痛。然而，在他们的潜意识里隐藏着小时候的邪恶愿望，这些愿望会在梦中得到满足。观察两三岁或稍大一点的幼儿对其弟弟妹妹的行为，你会觉得非常有趣。

例如，有个孩子到目前为止还是家里的独子，现在他被告知鹳鸟又给家里带来了一个新孩子。他上下打量着新来的孩子，然后果断地说："让鹳鸟把他带走吧！"我确信，小孩子能够对新来的孩子会给自己带来"损失"做出正确的判断。

我认识的一位女士，如今和比她小四岁的妹妹相处得很好。她告诉我，一开始听到妹妹出生的消息时，她是这样说的："我可不会把我的红帽子给她！"即使孩子是在后来才真正懂得其中的意思，但她的敌意在当时就已经存在了。

我知道另一个案例：一个不到三岁的小女孩试图把一个婴儿掐死在摇篮里，因为她觉得摇篮里的家伙如果一直存在的话对她没什么好处。处在这个时期的孩子都有明显且强烈的嫉妒心。通常情况下，孩子对弟弟或妹妹的这种态度要看两个孩子之间的年龄差。当时间间隔足够长的时候，年长的女孩会对年幼的弟弟妹妹生出一种母性的本能。在儿童时期，小孩子对兄弟姐妹的敌意一定比成年人看到的还要多。

我自己的孩子一个紧挨着一个地出生，我却忽视了进行这种观察的机会，我现在只能通过观察自己的小外甥来弥补这一疏忽。他在独占了 15 个月的全家人的宠爱后，一位女性竞争者的出现打破了这一局面。虽然我听说，我的小外甥对他的妹妹很有绅士风度，他亲吻她的手，还抚摸她。但我相信，还不满两岁的他，已经在利用自己的说话能力来批评被他视为多余的人。因为，每当聊天中涉及妹妹，他就会气愤地喊："她太小了！太小了！"在过去的几个月里，由于婴儿成长得很快，使得小男孩不能再用"太小"这个词语来轻视她，所以他又找到了一个新的理由来宣布她不应该受到如此多的关注——"她一颗牙都没长呢！"

我们都记得，我一个姐姐的大女儿 6 岁时，是如何花了半个小时来缠着所有的姨妈不停地问："露西还不懂事，对吗？"露西是比她小两岁半的竞争对手。

在我收集的所有女性患者的梦例中，关于兄弟姐妹去世的梦，都包含着强烈的敌意。虽然曾有过一个例外，但对其仔细分析后，它同样符合这一规律。有一次，我在给一位女患者会诊时，讲述了我的这一推论，因为考虑到她的症状与此相关。令我吃惊的是，她回答说她从未做过这样的梦。

但是，她想起了一个自认为和本主题无关的梦。她第一次做这个梦时是四岁，那时她是家里最小的孩子，从那以后她一直做这个梦：一大群孩子在田里嬉戏，其中包括她的哥哥姐姐还有堂哥堂姐。突然，他们都长出了翅膀飞向天空，直至消失不见。

她不知道这个梦是什么意思，事实上很容易看出，这就是一个哥哥姐姐和堂哥堂姐死去的梦，而且几乎没受到审查作用影响。我大胆地做出以下分析：如果这家的孩子有一个死了（在这种情况下，兄弟俩的孩子可以视作在一个家庭一起长大），做梦者当时还不到四岁，她一定会去问成年人孩子死后会变成什么，而大人的答案一定是："他们长出翅膀，变成小天使。"

所以，在之后的梦中，所有做梦者的哥哥姐姐都长出了翅膀，就像天使一样。关键是到最后他们都飞得消失不见，只有做梦者自己被留下——她是整个人群中唯一的幸存者！梦里的孩子们在田里嬉戏，然后长出翅膀飞走，毫无疑问他们指代的是一群蝴蝶。做梦者好像受到古人思想链条的影响——把灵魂描述成有着蝴蝶翅膀的样子。

这时，也许有人会提出反驳："虽然孩子们对他们的兄弟姐妹有敌意的冲动，但一个孩子的思想怎么可能会坏到这种程度，以至于希望他的对手或比他更强壮的玩伴死去，就好像只有死刑才是对他们的惩罚一样。"

任何说出这种话的人都没有认清："死亡"在孩子眼里的意义与我

们对这个词的理解是完全不同的。孩子们对腐尸、冷墓、无边虚无的恐惧是一无所知的，但这些对于成年人而言是难以忍受的。孩子没有对死亡的恐惧，因此，他把这个可怕的词当作对玩伴的威胁："如果你再这样做，你就会像弗兰兹一样死去！"而听到这类话的可怜母亲一定会颤抖一下，她可能会想到：人类中有一半以上无法度过童年而活下来。

还有一个八岁的小男孩，在参观完自然历史博物馆回来后，对他的母亲说："妈妈，我好爱你呀！等你死了，我会把你做成标本放进这个房间，这样我就可以一直看到你了！"小孩子对死亡的想法与成年人之间存在着天壤之别。

此外，对于孩子们来说，他们没见过死亡前的悲痛场景，"死亡"在他们眼里和"离开"差不多，不再困扰幸存者。孩子们无法区分这种"离开"是如何产生的：不管是由于旅行、被解雇、关系疏远还是死亡。

在分析中可以发现，如果在一个孩子的童年早期，他的保姆被解雇了，不久之后他的母亲也去世了，那么这两件事往往会相互叠合在一个记忆系统里。当有亲人离开时，小孩子通常不会有十分强烈的怀念。许多母亲在暑假外出几个星期后，回到家，得知孩子们根本不关心自己的动向时，她们会很伤心。如果他们的母亲真的去了那个"乌有之乡"（一个没有返回者的地方），那么孩子们起初似乎已经忘记了她，直到后来才开始想念亡母。

因此，如果一个孩子有动机希望另一个孩子不存在，那么没有什么可以阻止他用"希望他死去"的形式来表达自己的愿望。人们对于这种"希望他人死亡的梦"的心理反应证明：尽管这些愿望在儿童身上表现的内容不同，但它们在某种程度上还是与成年人的愿望是相似的。

如果一个孩子希望他的兄弟姐妹死去的梦，可以被孩子的利己主义所解释，那么我们如何解释他希望父母死去的梦呢？父母无限宠爱孩子，满足他们的所有需求，即便从利己主义的角度出发，孩子们也不应该希望自己的父母去世才对！

针对这一问题，我们采取的解决办法是："父母去世的梦"以更高的频率适用于与做梦者具有相同性别的父母，也就是说，大部分男性会梦见父亲去世，而女性则梦见母亲去世，虽然不是百分百但也可以认为是普遍现象。因此，我们需要用一个普遍重要的因素来解释。直截了当地说，似乎是性偏好在很小的时候就开始产生了：好像在爱的竞争中，男孩子们视自己的父亲、女孩子们视自己的母亲为对手，想要占有优势只能淘汰对手。

在这一观点被认为是一个可怕的想法而遭到人们的反驳之前，我们先客观地考虑一下父母和孩子之间的真正关系。我们必须区分这种关系所要求的孝道文化标准和日常观察所表明的事实。父母和孩子之间的关系中隐藏着不止一个原因所产生的敌意，这种关系为那些无法通过审查的愿望的出现提供了最充分的机会。

让我们先考虑一下父子之间的关系。我认为，基督教"十诫"所被赋予的神圣性削弱了我们感知真正事实的能力，我们似乎不敢承认大多数人都没有遵循第五条教令。同样，在人类社会的最底层和最高层，孝道也不会被置于其他利益之上。

人类社会原始时代的神话传说所蕴含的模糊信息，给我们带来了不快的想象，父亲被描绘成霸道残忍、冷酷无情的形象。克罗诺斯吞食他的孩子，就像野猪吞食小猪崽一样；宙斯则阉割了自己的父亲，继而成为统治者。

在古代家庭中，父亲的统治越严苛，作为继承人的儿子越有可能与之为敌，也越有可能按捺不住地希望他能快点死，以便自己能早日成为统治者。

即使在我们的中产阶级家庭中，父亲通常也倾向于拒绝儿子的独立性，剥夺他们获得独立的必要手段，从而促使他们关系中固有敌意的滋生。医生经常会注意到，儿子因失去父亲的悲伤，无法抑制他对最终获得自由的满足感。

在我们当今社会，父亲们往往会拼命地抓住早已过时的"父性权威"不放手。而戏剧家易卜生，则将父子之间这种存续已久的斗争写进自己的作品中，他也因此名声大噪。

母女之间的冲突通常表现在：当女儿渐渐长大，到了渴望性自由的时候，却发觉母亲一直在监管着自己。还有就是，当母亲看着女儿的娇颜一天天绽放的时候，同时也会发觉自己芳华已逝，是时候该放弃对性的需求了。

所有这些都是十分常见的，但这并不能帮助我们解释父母去世之梦，因为人们一直都认为孝敬父母是天经地义的。此外，通过之前的讨论，我们了解到：希望父母死亡的愿望可以追溯到童年时期的经历。

这一假设在对精神性神经症患者接受分析时得到了充分的证明。我们从他们身上了解到，孩子的性愿望很早就被唤醒了，女孩的"初恋"对象往往是父亲，而男孩的"初恋"对象则通常是他的母亲。因此，父亲成了令男孩不安的对手，母亲成了女孩的敌人。我已经在兄弟姐妹的情况中解释了这种感觉是多么容易导致对死亡的愿望。

同样的，父母也会很早就表现出性偏爱，很常见的就是，父亲会偏爱小女儿，母亲则会宠溺小儿子，只要父母没有被性的魔力所干扰，他们还是能严格教育孩子的。孩子们也能够清楚地意识到这种偏爱，同时会与不偏爱自己的一方作对。

孩子们还能发觉到被成年人所偏爱不仅会给自己带来特殊需要，也意味着他在其他方面也会得到他想要的东西。因此，他将在一定程度上遵循自己的性本能，同时，如果他在父母之间选择一方，而对方也选择了他，就会增强他的行为倾向。

这些幼儿偏好的迹象在很大程度上是被忽视的，然而其中有一些会在儿童时期的头几年被观察到。我认识的一个八岁的女孩，如果她妈妈离开餐桌，她就会利用这个机会宣布自己是继任者："我现在就是妈妈。卡尔，你想再来点蔬菜吗？好吧，请你自便！"还有一个特别有天赋且活泼可爱的四岁小女孩，这种儿童的心理在她身上更加清晰地展现。她十分坦率地说："妈妈现在可以走了，然后爸爸会娶我，我会成为他的妻子。"这样的愿望发生在孩子身上，却丝毫不影响她对母亲温柔的依恋。

如果一个小男孩在他父亲不在家的时候被允许睡在母亲的旁边，可父亲一回来他就必须回到育儿室去和保姆睡，那他很容易就开始形成一个希望父亲永远不在家的愿望，这样他就可以一直待在母亲身边。实现这个愿望的一个显而易见的方法就是父亲死了，因为孩子通过经验已经学会了一件事，即"死"的人，如祖父，会永远离开，不再回来。

尽管这种对小孩的观察与我提出的解释完全吻合，但对成年人进行分析的神经症医生并没有完全认可我的观点。在对成年人神经症患者进行分析时，我们正在考虑的梦被引入其中，于是，不可能避免要将它们解释为一厢情愿的梦。

有一天，我发现一位女患者情绪低落，痛哭流涕。她说："我不想再见到我的亲戚们，他们一定都认为我很可怕。"然后，她几乎没有过渡地说了一个她四岁时做的梦，当然她并不知道这个梦的意义。她当时梦见有只山猫或狐狸在屋顶上行走。接着，有什么东西掉了下来，要么就是她自己掉了下来。然后，她母亲的尸体被抬出房子。她边说边痛哭起来。

我告诉她，这个梦意味着当她还是个孩子的时候，她希望能看到母亲死去。而且她觉得她的亲戚都认为她很可怕，也一定是因为这个梦。我刚说完，她又提供了一些材料，从而使得这个梦更容易理解。"山猫眼"是一个骂人的话，在她很小的时候，曾被一个街头混混这样骂过。

她三岁的时候，有一次，屋顶上的一块瓦片掉在她母亲的头上，令她出了很多血。

我曾有机会对一位经历过多种精神状态的年轻女子进行详细研究。她起初发病时，呈现一种混乱的兴奋状态，在这种状态中，她对母亲表现出一种非常特别的厌恶，只要母亲靠近她的床，她就又打又骂。与此同时，她对一个比她大很多岁的姐姐很是顺从。当她神志清醒时，又会变得很冷漠，睡眠严重紊乱。就在这个阶段，我开始为她治疗，并分析她的梦。

她的许多梦都或多或少地涉及了"希望母亲去死的愿望"。有时她会梦见自己要参加一个老妇人的葬礼，有时她会梦见自己和姐姐穿着丧服坐在桌旁。关于这些梦的意义是显而易见的。

随着病情的好转，她又出现了癔症恐惧症。最让她痛苦的是时刻担心着母亲会发生什么不好的事。不管她在哪里，都会赶回家，确定母亲还活着。结合其他知识经验，这个病例是非常有启发性的。它表现出：精神机制对于一个相同刺激的想法所作出的反应方式是不同的，这就像把同一部作品翻译成不同的语言一样。

正如我所认为的，在混乱的状态中，第二精神动因被平时受压制的第一精神动因压倒了，她潜意识里对母亲的敌意瞬间得到加强。当她平静下来后，之前的混乱被镇压，精神的审查作用重新确立。

而唯一能让她的敌意得以实现（母亲死去的愿望）的地方就是做梦。当正常的状态更为稳固的时候，导致了她对母亲的过度担心，这是癔症的一种反作用和防御现象。鉴于这一点，现在不难理解为什么患癔症的女孩总是以如此夸张的感情依恋她们的母亲。

还有一次，我曾有机会深入了解一个年轻男子的潜意识，他患有严重的强迫性神经症，几乎没有信心活下去。他不敢上街，因为他害怕自己会杀死他遇到的每一个人。他花了很多时间收集他的不在场证明，以防他被指控在镇上犯下一桩谋杀案。

他其实是一个很有道德和教养的人。分析表明（他最终痊愈），这种精神错乱的来源是他想要杀死父亲的冲动，因为父亲对他太严苛。令他吃惊的是，这种冲动在他七岁的时候就被有意识地表达出来了，当然，这种冲动的产生时间可能会更早。在父亲饱受疾病之苦去世之后，这种强迫性的自我谴责在他三十一岁的时候形成，并以恐惧症的形式出现，且目标转移成了陌生人。他觉得，一个人如果都想把自己的父亲推下悬崖，就更不会善待那些陌生人。所以，他认为把自己关在房间里是完全正确的。

根据我多年的经验，在所有后来患有精神性神经症的孩子的童年精神生活中，起主导作用的往往都是父母。在童年时期形成的精神冲动的基本组成部分中，爱着父母中的一方，同时恨着另一方，对后期形成的神经症具有重要的作用。

然而，我并不相信精神性神经症患者在这方面与其他正常人有多大的不同，以至于他们能够有新颖独特的表现。而通过对正常儿童的观察证实，神经症患者只是放大了对父母爱与恨的感觉，这种感觉在大多数儿童的头脑中并不明显，也不强烈。

这一发现得到了一个古老的传说的支持，而只有当我对儿童心理提出的假设具有同样的普遍有效性时，我们才能理解这个传说所具有的深远且普遍影响力。这个传授就是俄狄浦斯国王的传说，以及索福克勒斯以其名字命名的戏剧。

莎士比亚的《哈姆雷特》是另一部伟大的悲剧作品，与索福克勒斯的《俄狄浦斯王》有着相同的渊源。但是，对同一材料的不同运用揭示了这两个广泛分离的文明时代精神生活的全部差异，也表现出人类情感生活在世俗中的进步。

在《俄狄浦斯王》中，潜伏在孩子内心中的愿望以幻想的形式被揭露出来，并在梦中得到满足。在《哈姆雷特》中，它仍然被压抑着，就像在神经症的案例中一样，我们只从它的抑制后果中了解到它的存在。奇怪的是，人们虽然对主人公的性格完全捉摸不透，但是并未削弱这部更为现代的悲剧所产生的轰动效果。

这出戏以哈姆雷特在复仇的过程中表现出的犹豫不决为基础，但是剧本中没有明确写出这些犹豫不决的原因或动机，由此出现的各种相关解释也不足以令世人信服。不过，歌德所提出的观点是当今最为流行且被广泛接受的。他认为哈姆雷特代表的是一种人，他们过于旺盛的智力活动致使其行动能力减弱。

另一种观点认为，剧作家试图描绘出一种病态的、优柔寡断的性格，这种性格可能被归类为神经衰弱。然而，这部戏剧的整个情节告诉我们，哈姆雷特并不是一个没有行动能力的人，我们从两个例子中就能看出他行动的果断。

第一次是他一怒之下用剑刺死了藏在帷幔背后的窃听者，第二次是以一种有预谋甚至狡猾的方式处死了两个想谋害自己的朝臣，充分地展现了他身为文艺复兴时期的王子所应有的果决无情。

那么，是什么阻碍了他完成父亲魂魄所托的复仇任务呢？答案就在于，这项任务的特殊性质。除了向那个害死他父亲又娶了他母亲的人复仇之外，哈姆雷特什么都可以做，因为这个人所做的正是他童年时内心深处所期望的。所以，驱使他复仇的憎恨在他身上变成了自我谴责，良心上有所顾虑，他认为自己并不比要得到惩罚的那个罪人好到哪儿去。

在这里，我把哈姆雷特潜意识的心理活动翻译成有意义的语言。如果有人愿意称他为癔症患者，我表示认同。哈姆雷特在与奥菲莉亚的谈话中表达了对性的厌恶，这刚好与此吻合。

同样的厌恶也占据了作者的心灵，在随后的几年里日益增多，最后在剧作《雅典的泰门》中达到了极致。哈姆雷特所展现出来的，很有可能是莎士比亚自己的内心世界。

　　我在乔治·布兰德斯的一本关于莎士比亚的书中看到一种说法，即《哈姆雷特》是莎士比亚在父亲去世后没多久所写，也就是说，他当时还沉浸在丧亲之痛中。正如我们可以推测的那样：童年时莎士比亚对父亲的感觉再次苏醒。

　　众所周知，莎士比亚有个很早就夭折的儿子，他的名字叫哈姆内特，与哈姆雷特的发音十分相像。正如《哈姆雷特》中所展现的儿子父母的关系一样，莎士比亚所写的《麦克白》（大约写于同一时期）也是关于无子嗣的问题。正如所有的神经质症状一样，梦也可以被"过度解释"，而且如果要完全理解它们的话，也确实需要进行"过度解释"。所有真正有创造力的作品，都不只是作家头脑中的一个动机或一次冲动的产物，所以，也不止一种解释。在我的分析中，我只是试图解释创造性作家头脑中最深层的灵感。

⚘ 重新被组装的梦境

　　在结束"亲人去世梦"的讨论前，我还要就它们对解梦理论的意义再补充几句。在这些梦中，我们发现了一种极不寻常的状态，那就是梦的思想是由一个被重新压制的愿望所形成的，完全避开了审查制度，以彻底的重新组装进入了梦中。为了使其成为可能，梦中必须有特殊的因素，我相信这些梦的发生是由以下两个因素所决定。

　　首先，我认为这种梦中的愿望与自己的关系最不可能——"我做梦都想不到"，因此，梦的审查制度并没有对其设防，就像梭伦的刑法典没有将"弑父罪"列进去一样。其次，在这种情况下，被压抑和不被怀疑的愿望，通常会被前一天的残余物以对相关人员的担心为形式混在一起。

　　这种担心只能通过利用自己清醒状态时的愿望进入梦想，而被抑制的愿望可以隐藏在白天的担忧之中。一些人可能倾向于认为把事情看成

"日有所思，夜有所梦"会更简单。如果是这样的话，我们就不需要对"亲人去世的梦"进行解释了，这完全就成了"费力不讨好的事"。

细致研究这类梦与焦虑梦的关系也很有指导意义。在我们所讨论的"亲人去世的梦"中，一个被压抑的愿望找到了一种逃避审查的手段，从而不用进行伪装，但在梦中总是会伴随着痛苦的感觉。

同样地，只有当整个或部分的审查作用被压制时，焦虑梦才会出现。另外，如果焦虑已经作为一种由身体来源引起的即时感觉而产生，对审查作用的压制也会得到增强。由此我们可以清楚地看到，审查作用所履行的职责和导致梦伪装的目的是防止产生焦虑或其他形式痛苦的影响。

我在上文提到了儿童思想的利己主义，现在我可以补充这一点与梦之间可能存在的联系，因为梦也有利己主义的特征。它们都是完全自私的：所爱的自我会出现在所有的梦中，即使它可能被伪装。梦中得到满足的愿望总是自我的愿望，如果一个梦看上去像是被利他主义的利益所激发，那不过是它披上了骗人的外衣。下面是一些似乎与这一断言相矛盾的实例分析。

例一：

一个不到四岁的小男孩说他梦见了一个大盘子，里面盛着一大块烤肉和一些蔬菜。突然，整块烤肉被立刻吃掉了，它甚至都没被切开，男孩也没看到吃肉的人。

在小男孩的梦中，那个吃掉烤肉的家伙会是谁呢？他做梦当天的经历一定会启发到我们。根据医嘱，过去几天他一直在喝牛奶，做梦的那天晚上他很淘气，作为惩罚他没被允许吃晚饭就被要求上床睡觉。

他以前经历过一次饥饿疗法，所以这次他表现得非常勇敢。他知道自己今晚吃不到任何东西，但也不敢说自己饿了的话。他所受到的教育已经开始对他产生影响，在梦中进行了表达，并成为梦伪装的起源。

毫无疑问，那个想得到这顿丰盛大餐的人就是他自己，但由于他知道自己被罚不能吃晚餐，所以他在梦中不敢像饥饿的孩子那样坐下来吃饭 ❶，于是梦中那个吃烤肉的人没有具体形象。

例二：

有一天晚上，我梦见自己在一家书店的橱窗里看到了一套新的针对业余爱好者的系列专著，我很爱购买关于伟大艺术家、世界历史、名胜古迹等类型的专著。这系列丛书被称为"著名演讲家"或"著名演讲"。其中第一卷上写着莱歇尔博士的名字。

当我分析这个梦时，令我感到奇怪的是，莱歇尔博士居然会出现在我的梦中，他是德国议会中反对德国民族主义的代表，每次讲话都很长。而我的实际情况是：几天前开始对一些新病人进行精神治疗，每天不得不进行十到十一个小时的谈话，所以我自己就是一个长篇演讲者。

例三：

还有一次，我梦见一个在大学里很熟的朋友 M 教授对我说："我儿子是近视眼。"接着是一段由简短的语句组成的对话。然而，在这之后，还有第三段梦境，我和我的儿子们同时出现了。就梦的潜在内容而言，M 教授和他的儿子都是傀儡——对我和我儿子们来说，他们只是一个掩护。由于它的另一个特点，之后我还会再次分析这个梦。

例四：

接下来的这个梦是一个反映隐藏在深情忧虑背后的低俗、自私心理的例子。

我朋友奥托看起来身体不舒服。他的脸色蜡黄，眼球突出。

奥托是我们的家庭医生，我对他充满感激，多年来他一直关注着我孩子们的健康，每当他们生病时，奥托总能使他们痊愈。他还经常给他

---

❶ 译者注：参见第三章安娜关于草莓的梦。

们带礼物。我做梦的当天，奥托来我家做客，我妻子再次注意到他看上去很疲倦、焦虑。那天晚上，我做了一个梦，梦中的奥托似乎有巴塞杜氏症（突眼性甲状腺肿）的迹象。

不清楚我解梦规则的人可能会觉得这个梦反映的是我担心朋友的健康。这种想法不仅与我所认为的"梦是愿望的满足"相矛盾，而且也不符合我的另一个观点，即梦仅代表了利己主义的冲动。

如果有人能用这种方式来解释这个梦，我会很高兴的，因为这能很好地解释为什么我对奥托的担心会引向巴塞杜氏症，从他实际的外表上并不能看出这种病的症状。我的分析让我想起六年前的一件事。

当时我们一小群人，包括 R 教授在内，在漆黑的夜色中乘车穿过 N 森林，N 森林离我们度假的地方有几个小时的车程。由于司机的不清醒，导致我们连人带车都翻下了山坡，所幸没有伤亡。

但是，我们不得不在邻近的一家旅店过夜。在那里，我们遇到了一位明显患有巴塞杜氏症的绅士 L，就像我梦到的那样，他脸色蜡黄，眼球突出，但没有甲状腺肿。L 先生热心地询问能为我们做些什么，R 教授很直接地说："除了借给我一件睡衣以外，其他的都不需要。"这位绅士却拒绝道："很抱歉，我做不到！"说完就转身离开了。

当我继续我的分析时，我突然想到，巴塞杜不仅是一个医生的名字，还是一位著名教育学家的名字（在我清醒的时候，我又不那么确定了）。我曾拜托我的朋友奥托，如果我有什么不测，请他帮忙照顾我的孩子们，尤其是在他们青春期的时候。我在梦中把旅店那位 L 先生的病症安在奥托身上，很明显是想说，一旦我出了意外，他会像 L 先生一样，尽管答应帮忙，事实上他完全不会照顾我的孩子们。梦中的利己主义似乎已有充分的证据。

但这个梦在哪里体现了愿望的满足呢？它并不是表现在我对朋友奥托的报复上，在我的梦中他似乎总是被虐待，而是表现在下面的考虑中：我在梦中把奥托代替 L 先生的同时，也把自己和另外一个人，即 R 教授联系在一起，因为正如在六年前的事件中 R 教授向 L 先生提出了一个要求，我也向奥托提出了一个要求。这就是关键点。

当然，我不太敢与 R 教授完全相提并论，只能说是我们有些相似。他在学术界之外坚持走出一条属于自己的道路，直到晚年才获得了他那声名卓著的头衔。所以这又是一个我想当教授的证据！事实上，"晚年"这个词本身就是一个愿望的满足，因为它们暗示着我应该能活得很长，能够亲眼看到我的孩子们度过青春期。

☙ 其他典型的梦

我本人没有做过其他典型的梦，关于这类梦常见的有梦到自己愉快地在空气中飞翔，或在焦急中坠落。我对其所得到的一切都来源于对他人的精神分析，从做梦者的相关描述中，我们得出这样的结论：这些梦也会再现童年的印象，而且它们与那些对孩子们来说非常有吸引力的游戏有关。

没有哪个叔叔或舅舅不曾张开双臂，像飞一样地带着孩子冲过房间；或是让孩子坐在自己的膝盖上，然后突然伸直腿使其滑下来；或是把孩子举得很高，然后突然假装要把他摔下来……孩子们对这样的游戏非常痴迷，并且总会不知疲倦地一再提出玩耍的要求，特别是当游戏给人带来恐惧和眩晕感时，他们会更加兴奋。在之后的岁月中，他们会经常在梦中重现这些童年体验。

不过，在梦中已经没有了原来举起他们的手，他们可以自由地飘浮、飞翔、坠落。孩子们在这类游戏（荡秋千、坐跷跷板）中所获得的快乐是众所周知的。当他们在马戏团中看到杂技表演时，他们对这类游戏的记忆又恢复了。

有些男孩的癔症发作时，只是会不断地复制杂技表演动作。这些运动游戏虽然本身是单纯的，但也会产生性的感觉。这并不奇怪，如果用一个常用的描述来概括所有这些活动，可以用"嬉戏"这个词，正如在飞行、坠落、眩晕等梦中反复出现的，就是这些嬉戏只是与这些经历相关的愉悦感转化成了焦虑。其实，每位母亲都知道，孩子们经常所进行的嬉戏结果往往以吵闹、哭泣收场。

因此，我有充分的理由反对这样一种理论，即引起飞行和坠落梦的是我们在睡眠中的触觉状态或肺部的呼吸感觉等因素。在我看来，这些感觉本身是作为梦的回忆再现的，也就是说它们是梦的内容的一部分，而不是它的来源。

然而，我必须承认的是，我无法对这类典型的梦做出完整的解释。我所运用的材料在这一点上让我陷入了困境。不过，我坚持一个普遍的观点，即在这些典型的梦中发生的所有触觉和运动感觉，当在精神上需要利用它们时，就会立即被唤醒，当没有这种需要的时候，它们就会被忽视。

从我在精神性神经症分析中发现的迹象来看，这些梦与童年经历之间的关系是肯定存在的。然而，我不能确定的是，在以后的生活中，这些感觉的回忆是否会有什么其他意义，尽管表现为典型的梦，但在不同的个体身上也许意义也会不同。

我很高兴自己能通过仔细分析一些梦例来填补这一空白。可能有人会感到疑惑：这些飞行、坠落和拔牙等梦的出现频率不是很高吗，我为何还会抱怨材料的不足？对此我必须做出解释，自从我开始关注这类梦以来，我自己还未做过类似的梦。尽管我能够利用神经症患者的梦，但在很多情况下，他们的梦都无法解释，也很难揭示其中隐藏的全部含义。此外，某种特殊的精神力量，与神经症发作时的表现有关，它会阻止我们解释这些梦背后深藏的秘密。

⚘ 有关考试的梦

每一个通过考试完成学业的人都会抱怨自己频繁地做焦虑梦，他们通常会梦见自己考试不及格或需要补考等场景。对于那些获得大学学位的人来说，这类典型的梦又被另一种形式所代替，那就是他们梦见自己没有通过大学学位考试，即使他们在梦中反驳说，自己已经毕业多年，或者已是大学讲师、主任医师，但这都是徒劳的。

我们童年时因顽劣而遭受惩罚的记忆一直在我们的心中难以抹去，它们与我们学生时代的两个关键点联系在一起，那些"苦难日子"使得这些记忆再次变得活跃。神经症患者的"考试焦虑"是对童年焦虑情绪的加剧。当我们完成学业后，我们不再受父母、抚养人、老师等对我们的惩罚，然而，现实生活中无情的因果链掌管了对我们的继续教育。即使已经做好了充分的考试准备，又有谁在那样的场合会不紧张呢？当我们做错事或没能尽责时，我们便担心自己会受到惩罚，于是，考试梦就出现了。

关于考试梦的进一步解释，我要感谢一位经验丰富的同事。他曾在一次科学会议上表示，就他所知，考试梦只发生在成功通过考试的人身上，那些考试失败的人不会做这样的梦。所以，焦虑的考试梦（已被多次证明，当做梦者第二天需要负责一项任务，并担心你无法完成时，他就会做这类梦）似乎要从过去的经历中找出某一事件，而实际上事件的事实证明巨大的焦虑与其是相矛盾的。

于是，梦境的内容被清醒意识误解了，梦中出现了反驳，如"我已经是医生了"之类的，这实际上是梦给出的安慰，可以相应地理解为"不要害怕明天！想想你在入学前是多么焦虑，但你却通过了。你已经是个医生了"，等等。而这种梦中出现的焦虑是从白天印象的残余中产生的。

关于对自己和其他人的这类梦的解释，我虽然没有做过太多的检验，已经证实了它的有效性。例如，我没有通过法医学的期末考试，我的梦中就从未出现过与之相关的问题，而我经常梦到植物学、动物学或化学方面的考试。我每次都带着准备不足的焦虑参加这些科目的考试，不过，无论是上帝的恩典还是主考的慈悲，我最后都通过了。

在我所做的考试梦中，我经常会梦到参加历史考试，那次我的历史成绩非常不错，真实情况与我那和蔼可亲的老师❶有关。在试卷上，我用指甲将三道问题里的中间那道做上记号，意思是希望他不要对此要求过于严格。我的一个病人起初没有参加毕业考试，之后补考通过了，后来在部队参加考试时没有通过，因此没能当上军官。他告诉我，他经常梦见前一种考试，但从未梦见过后一种考试。

对考试梦的解释我面临着一个很大的困境，这也是分析大多数典型梦都会遇到的困难，即只有通过收集大量此类梦的例子，我们才能更好地理解它们。

不久前我得出的结论是，"你已经是个医生了"之类的反驳，不仅是一种安慰，而且还意味着一种责备，其意思可能是："你现在已经很老了，所剩时间不多了，可你还在做这些愚蠢、幼稚的事情。"这种自我批评与安慰的融合，几乎就是考试梦的潜在内容。那么，如果在最后的例子中出现"愚蠢"和"幼稚"的自责，指的是应受谴责的重复的性行为那就不足为奇了。

威廉·斯泰克尔是首位解释"升学考试梦"的人，他认为这些梦经常与性体验和性成熟有关。根据我的经验，我是能够证实他这一观点的。

---

❶ 译者注：参见第一章第二节。

第六章　梦的运作

以前人们对梦的解释是直接从能回忆起的梦的内容出发，然后直接进行阐释，有的甚至没经过任何解析直接根据梦的内容得出结论。

对于梦的内容和结论之间的关系，我们又发现了一些新的精神材料，即梦的隐藏含义，或者说只有凭借我们的方法才能获得的梦的思想。我们正是从这些梦的隐藏含义出发，才找到梦的真实意义。于是我们就面临一个新的工作，梦的隐藏含义与梦的内容之间存在什么关系呢？并且梦的内容又是如何变成梦的隐藏含义的？

其实，梦的内容和梦的隐藏含义就像用两种不同的语言去翻译同一文本，也就是说梦的内容就像是用另一种方式将梦的隐藏含义翻译出来，至于梦的隐藏含义到底是什么，我们只有将译文和原著进行比较才能了解。一旦我们找到了二者之间的联系，那么梦的隐藏含义也就不难理解了。

如果我们把梦的内容看作象形文字的话，那么其符号必须翻译成梦的隐藏含义所采用的文字才行。当然，这些符号不能用其图形的外观简单地解释，它必须根据符号所代表的意义来解读，否则就会误入歧途。

比如，我面前有一幅猜字画谜：在一所房子的屋顶上有一艘木船，然后是一个大写的字母，有一个比屋子还大的无头人在飞跑……

乍一看，这简直荒唐至极，并且毫无根据，一艘木船怎么会跑到屋顶上去呢？无头的人怎么还会跑？还有人怎么可能比房子还大？另外，如果说整个画面表示一幅风景，那么那个字母又代表什么呢？现实中的世界哪有这样的事情？

如果想要对这个猜字画谜做出正确的解释，那么首先就要抛开对整个画面及其组成部分的质疑和批评，并且还要将这些荒唐的影像都看作有意义的，还要绞尽脑汁地找出每一个影像所代表的或牵扯到的文字，然后再把这些文字拼凑成一个句子。这时你会发现，它们不再是毫无意义的东西，有可能是一句具有深刻意义的句子。

其实，梦就像这样的一幅带有谜语的画，不过我们的祖先没有掌握正确的解梦方法，只把这画当作一件美术品去欣赏了，所以才会认为梦是没有任何意义、一文不值的。

第一节　梦的浓缩作用

⚘ 梦的内容与隐藏含义之间的关系

如果将梦的内容和梦的隐藏含义进行比较，你会发现梦的工作包含了很多的浓缩作用。跟梦的内容的贫乏、简陋和粗略相比，梦的隐藏含义就丰富、精致得多，如果记录梦的内容只需半页纸，那么解析梦的隐藏含义通常则需要六到八页甚至十页纸。具体页数的差距根据不同的梦而有所不同，不过就我多年的经验来看，大多是这样一个比例。

我们通常都会低估梦浓缩的程度，以为一次就能完全解析出这个梦所包含的所有"隐藏含义"，不过事实并非如此，我们常常在解析这个梦的时候又会发掘出更多隐藏在梦中的意义。所以，我们首先申明："一个人永远无法肯定地说，他已经将梦的全部解释清楚了。"即便他的解释已经完美无瑕，令人信服，但是他仍然可能再从这个梦中找到另外一个意义来。

所以，我们说梦浓缩的程度是无法定量的。因为梦的隐藏含义和内容是不成比例的，所以我们说在梦形成的过程中，精神材料肯定经历了深广的浓缩作用。

"我昨天晚上做了一个晚上的梦，但是醒来却忘了大半。"你是不是也有这样的感觉？于是有人以为，醒后还记得的那部分梦不过是整个梦中的一个小片段，如果可以把梦中的全部内容都记录下来，那差不多就跟梦的隐藏含义一样多了吧？

看起来，这种说法好像挺有道理的。不过这里需要提醒一下，其实那只是你的错觉而已，这个错觉我们以后再详细讨论。

此外，"梦的工作中产生了浓缩作用"这个假设并不会因为"有可能忘记一些内容"而受到影响。因为，这个假设可以从那些能记住的梦中的内容得到证实。如果梦的大部分内容确实已经无法记起，那我们就失去了探究一些新隐藏含义的路径了。因为我们无法判断，那些被遗忘的梦中所隐含的思绪，肯定跟我们所解析出来的隐藏含义完全一样。

在对梦内容中的每一个元素进行分析时，都会产生很多的联想，可能有读者会产生这样的疑问：在分析梦内容时所联想起的内容是不是也能构成梦的隐藏含义呢？我们是不是可以假设，这些联想起的念头在睡眠状态下其实都处于活跃状态，并且在梦的形成过程中发挥了作用？如果没有发挥作用，那么参与梦形成过程的那些新念头是不是更有可能在分析时表现出来呢？

对于这些疑问，我只能在一定条件下给予回答。虽然有些联想确实是在分析时，才首次出现的，但是我们知道，这些联想只有在有某种联系时才会发生。所以，也可以说只有在另一种更基本的联系形式下，才会产生这种联想的结果。由分析所产生的大部分联想来看，我们可以肯定它们早在梦形成时就已经活动了。

因为，如果我们从一连串的联想入手的话，许多乍一看跟梦形成并没多大关联的意念，突然变得跟梦的内容开始有关联起来，而这正是解析梦不可或缺的关键所在，虽然它只是在一连串意念追寻下才能获得。有兴趣的读者，可以从之前的"植物学专论"那个梦中去挖掘梦的浓缩作用（虽然我并没有完整地解析出来）。

人们在做梦之前的睡眠状态下，其心理又是什么样子呢？是将梦中所有那些隐藏含义都并列于脑海之中？还是一个个产生的呢？又或是不同的意念，由不同的制造中心产生，然后一起涌上心头，来个大聚会呢？

我认为，关于梦形成过程中的精神状态，根本没必要去构建一个虚假的概念。而且，不要忘了我们现在考虑的是"潜意识的思维状态"，这个潜意识跟我们平时沉思时的"思维状态"有很大的不同之处。

既然梦的形成是经过一番浓缩的，那么这个浓缩过程又是怎样产生的呢？

我们假设在一大堆的隐藏含义中，只有极少一部分意念可以通过一种"观念元素"在梦中表现，那么我们可以得出浓缩作用就是用"删减"的方法来开展工作的，那么梦并不是梦隐藏含义的忠实译者，因为它并没有逐字逐句翻译，而是这里删除一段，那里省略一些。

不过，我们发现这种观点其实是不大正确的。但是，现在先姑且为之吧。如果很多隐藏含义只有很少一部分才能进入梦的内容，那么到底哪些隐藏含义才能进入梦境？这些能入梦境的隐藏含义需要符合哪些条件呢？

为了弄明白这些问题，我们先来研究一下那些符合我们条件的元素，而这需要那些在形成时经过强烈浓缩作用才产生的梦。下面以"植物学专论"为例来说明。

梦例：植物学专论

梦的内容：我梦到自己写了一本关于某科植物的专论，当时那本书就在自己眼前，我正在翻阅一张有皱的彩色图片。书里还夹着一片已经脱水的植物标本，看起来就像一本植物标本收集簿。

这个梦中最显著的成分就是那个植物学专论，因为那天我确实在书店的橱窗中看到了一本有关"樱草属"的专论。不过，梦里并没有显示出"属"，只留下了"专论"与"植物学"的关系。

"植物学专论"让我马上想到了自己曾经发表过的关于"可卡因"的研究，而"可卡因"又把我的思路引导到一种叫作 *Festschrift* 的报刊，以及我的挚友——柯尼希医师，一位眼科专家，因为他对可卡因的临床应用颇有功劳。由柯尼希医师我又想起，当晚我曾经跟他就外科、内科几位同事的报酬问题交谈过一会儿，不过后来被别人打断。

于是，我发现这次谈话的内容才是真正的"梦的刺激"，虽然樱草属的"专论"是真实事件，但是却只是一个跟主旨无关的小插曲而已。现在我才明白，"植物学专论"只不过是当天两件经验的共同工具。通过无关紧要的一些小事，将这些具备精神意义的事件用这种迂回的方式联系起来，合成一物。

当然，并不是只有"植物学专论"这个复合概念才有意义，而且将"植物学"和"专论"分开来，层层联想也能引出各种扑朔迷离的隐藏含义世界。

从"植物学"我可以想到一大堆人：格尔特聂 ❶ 教授以及他那花容月貌的太太，以及另外一位我的女患者，弗洛拉 ❷。由格尔特聂我又联想

---

❶ 译者注：格尔特聂，就是上文提到的德文"园丁"的意思。

❷ 译者注：弗洛拉，就是"花神"的意思。

到实验室，想起在那里跟柯尼希的谈话，还有谈话中涉及的两位女性。

由弗洛拉我又联想到我的太太最喜爱的花，以及我匆匆一瞥时看到的那个专论的题目。更进一步，我又想到了中学时代的一些小插曲，大学时的考试，以及我的嗜好等。再由遗忘的花，想到了我最喜欢的花——向日葵，从而联系起来。由向日葵我又回想起意大利的旅游，还想起了童年第一次触发我读书热情的景象。所以，"植物学"就是这梦的关键核心部分，也是各种思路的交叉点。

之所以会出现这些思想，其实都跟当天的对话内容有关，我能一一列举出它们之间的联系。你看，我们做梦是不是像在思潮的工厂中，正在编制"大作"的纺织工呢？不过我们编制的是美梦而已。

在梦的专论中涉及了两种题材，一端是我研究工作的性质，另一端是我嗜好的昂贵。

从上面的初步研究发现，植物学和专论之所以出现在梦的内容中，主要是因为它们可以和很多隐藏含义联系起来，它们代表着许多隐藏含义的交汇点，就梦的意义而言，它们也兼具了最丰富的意义。

如果用来另外一种形式来表达这种解释就是：梦的内容中每一个成分都具有很多的意义，它们代表了不止一种隐藏含义。

如果我们仔细研究梦中的每一个成分是如何表达隐藏含义的，那么我们可能会了解得更多。

从"彩色图片"到另外新的题目，还有同事们对我的研究所做的批评，以及梦中涉及的我的嗜好问题，可以追溯到童年时我将彩色图片撕成碎片的记忆。"风干的植物标本"牵涉到我中学时收集植物标本的经验。

☙ 梦境与我的"基本原则"

从这些我们可以看出梦的内容与梦的隐藏含义之间的关系，梦内容的每种成分都代表好几种隐藏含义，同时每种隐藏含义也对应着好几种梦内容的不同成分。我们可以从梦中的某一个成分入手，经过联想引出好几种隐藏含义，也可以从某一种隐藏含义入手，引出好几种梦的成分。

不是说一个隐藏含义或一组隐藏含义，先以简缩的手法在梦的内容中出现，然后另外一个隐藏含义再以同样的手法出现，这样形成一个梦。事实上，在梦的形成过程中，全部的隐藏含义都是同时受到某种加工润色，然后那些最完整、最具实力和强度最强的分子才能脱颖而出，这一过程就像"按名册选举"一样。

你看，经过我的解析，无论是哪一种梦都符合我的"基本原则"：整个隐藏含义演化形成各种梦内容的成分，而各种成分又反过来攀附于各种隐藏含义之中。

为了说明梦的隐藏含义与梦内容两者之间的复杂关系，我们再举一个例子来说明，从下面的例子中，你可以更清楚地看出两者之间错综复杂的关系。这个例子是一个"幽闭恐惧症"患者所做的梦，我非常欣赏这个梦的结构，称它是"非常聪明的梦的佳作"，下面我们一同来领略它的风采。

梦例一：一个美丽的梦

梦的内容：做梦者梦见自己跟很多朋友正在某个街道上兜风，街上有一家普通的客栈（事实上并没有）。在这家客栈的一个房间里正在上演一出戏剧，开始时他还是个观众，但是后来就莫名其妙地变成了演员。后来大家一部分在楼下，一部分在楼上开始换衣服，准备返回城里。楼上的人已经换好了衣服，但是楼下的人还慢吞吞地换着，于是楼上的同伴开始抱怨。

当时他哥哥在楼上，他在楼下，他觉得像他哥哥他们那样急匆匆地换衣服很不好（这部分较模糊）。并且到这个地方之前，大家已经商量好了谁在楼下，谁在楼上。

接着他自己一个人开始从山路返回城市，梦中走得非常艰难，简直是举步维艰，有时甚至在原地无法动弹。后来一位老绅士也加入他的队伍，那位老人一边走，一边愤怒地谈论意大利国王。最后，快到山顶时，他的脚步才开始变得轻快起来。

他对于行走过程中的举步维艰印象非常深刻，以至于醒来之后，还分不清刚才的经历到底是现实还是梦境。

从梦的内容上看，该梦并没什么精彩之处。这次我要改变以往的做法，从他认为最清晰的地方开始解析。

梦中他感受最深刻和真实的部分，就是举步艰难并伴有气喘，其实梦者几年前生病时就曾有过这样的症状，当时被诊断为"肺结核"（也可能是"癔症的伪装"）。

根据以往我们对"暴露梦"所做的研究，我们已经了解到梦中运动受限制的感觉。做梦者梦见自己爬山开始时很吃力，最后快到山顶时才变得轻松，让我联想到法国小说家的都德的名作《萨芙》❶。在这个故事中，年轻人抱着他心爱的姑娘上楼，开始觉得姑娘很轻，但是随着楼层越爬越高，年轻人觉得姑娘越来越重，最后不堪负荷。都德是借此来比喻他们关系的进展，以此来告诫年轻人不要四处留情，留下满身的风流债，最后吃不了兜着走。

我知道这名幽闭症患者曾跟一名女伶热恋，并且以关系破裂而告终，不过我还是不能确定这种解释是否正确。因为《萨芙》中的情景正好跟该患者的梦境相反，该患者是开始困难，后来轻松。

当我告诉患者这个解释时，患者竟然说这个解释正好跟自己当晚所

❶ 译者注：阿尔丰斯·都德（1840年5月13日—1897年12月14日），法国普罗旺斯人，作家，1884年创造了《萨芙》。

看的"维也纳之巡礼"这个戏剧的结构非常吻合。这部戏剧讲的是一位开始受人尊敬的少女沦落到卖笑的故事，后来这位少女又与一名高阶层男士发生了关系，于是开始慢慢"向上爬"，但是最后她的地位反而变得更加低贱。这个戏剧让他想起了《步步高升》这个剧本，这部戏剧的广告画就是"一道阶梯"。

后面通过对他梦的解析发现，跟他热恋过的女伶就住在那个街道上，不过那个街道上并没有什么客栈，但是当年他跟女伶热恋时就住在这附近的一家小旅馆。当他离开那个小旅馆时，他告诉车夫："我很高兴这里没有臭虫！"（臭虫是他另一个害怕的东西），车夫则说："这根本都算不上是一家旅馆，最多只是一家小店而已，你怎么还能住得下呢？"

车夫说的"小店"，马上让他想起了一句诗"最后我成为好主人的宾客！"不过这首乌兰德诗中的"好主人"却是一棵苹果树，于是第二段诗句又在他的脑海中出现。

浮士德（面对可爱的女巫）：

我曾做过一个美梦，

梦里有一株苹果树，

上面高举着两颗漂亮的苹果，

她们引诱我身不由己地往上爬。

可爱的女巫：

自从天堂里惊鸿一瞥，

这漂亮的苹果就铭记于心，

而我很兴奋地得知，

在我的花园里正长着这样的苹果。

我想毫无疑问，"苹果"象征着女伶那丰满诱人的胸部，也是这位做梦者魂牵梦绕的"苹果"。从梦的内容看来，这个梦暗含了做梦者孩提时代的某种印象（现在该做梦者三十岁）。如果这个说法是对的，那么对应的无疑就是他的奶妈，因为奶妈柔软的胸部就是小孩安眠的最好"旅馆"。其实，奶妈以及都德笔下的《萨芙》都影射着他最近抛弃的那位女伶。

当时，这位患者的哥哥也出现在他的梦中，并且在楼上，而他在楼下。这与实际情况正好相反，因为目前他哥哥穷困潦倒，而他情况不错，不过在叙述这段时该患者对此闪烁其词。在奥地利，当一个人名利丧失殆尽时，我们会说"他被放到'楼下'去了"，就像说他"垮下来了"一样。

现在我们看出，在梦中有的内容是故意以"颠倒事实"的方式出现的，这其中必然有其特殊的含义，这种"颠倒"正好可以用来解释梦的隐藏含义与梦内容之间的关系。其实这种"颠倒"也是有迹可循的，在他梦的结尾处的"爬山"与《萨芙》中的叙述又是颠倒的一个例子。

对于这种"颠倒"的意义，我们分析如下：在《萨芙》这本书里，年轻人抱着姑娘上楼，如果一切都是颠倒的话，那么在梦里应该是一个女子抱着男子上楼，而这种情况只有在孩提时代才能发生，也就是奶妈抱着孩子上楼。你看，在梦的结尾处成功地将奶妈与《萨芙》扯上了关系。

就像都德用"萨芙"这个名字作为小说书名，免不了让人联想到女性同性恋一样，梦中"人们在'楼上''楼下'，在上面、下面忙着"也意味着"性"方面的幻想，这些幻想与其他受到压制的幻想一样，与梦者的心理有关。对梦的解析，也只能给我们提供一套想法，不能告诉我们这些只是幻想不是真实的记忆，对于其中真实的价值还要我们自己去体会。

在这种情形下，真实和幻想看起来具有同样的价值（除了梦以外，其他重要的精神结构也有类似的情形）。我们知道"许多朋友"意味着"一种秘密"，梦中的"哥哥"，通过对童年的"追忆"加上"幻想"，表示所有的"情敌"，"一个老年绅士愤怒地谈论意大利国王"代表低阶层的人闯入高级阶层发生的不合。这样看起来就像都德对年轻人的警告，同样也适用于吃奶的孩童身上。

关于梦形成过程中的浓缩作用，我还将提供一个梦例，并对其进行部分分析。这个梦例来自我的一位做精神分析治疗的老年女性患者，她当时正处于严重的焦虑状态，所以梦中有很多跟性有关的思想。当她第一次得知自己竟然有这些思想时，她非常震惊。

补充一下，因为在这里我无法对这个梦例做出全面的解释，所以读者可能会觉得这个梦例中的材料看起来不够紧凑，好像没什么联系。

梦例二：金龟子的梦

梦的内容：她依稀记得自己曾将两个金龟子放进一个盒里，她想应该打开盒盖给它们自由，否则这两个金龟子就会被闷死。于是她就打开了盒子，果然，两个金龟子差点就闷死了。她看到一个金龟子已经飞出窗外。这时，有人让她把窗户关上，她关窗时将另一只金龟子压碎了（这时她的表情是恶心）。

分析：做这个梦的诱因有两个。一个是她丈夫不在家，14岁的小女儿跟她一起睡觉，做梦前一天的傍晚，小女儿告诉她水杯里有一只飞蛾，但是她当时忘记将飞蛾救出来了，第二天早晨看到后，她觉得飞蛾很可怜；另一个是她做梦那天晚上睡前阅读时，读到几个小男孩残忍地将一只猫扔到沸水中，猫痛苦地抽搐。

虽然这两个诱因没什么重要的意义，但是虐待动物这个主题在她的脑海中深深扎根了。她想起来多年之前，她们度假时小女儿虐待动物的往事。

当时，小女儿抓到一些蝴蝶，并且来向她要砒霜丸，说是要将那些蝴蝶毒死。她还用别针刺穿飞蛾的身体，然后让它们拖着受伤的身体在屋里不停地飞。她还将正在变成蛹的毛毛虫抓来，然后将它们活活饿死。其实，在小女儿更小的时候，就已经喜欢扯断甲虫和蝴蝶的翅膀。

说来也奇怪，曾经喜欢虐待小动物的小女儿，长大以后已经变得心地善良，不忍再看这样残忍的行为了。

对于小女儿前后巨大的变化，她很困惑。这时她联想到人的外表和内心的矛盾，就像乔治·艾略特在《亚当·贝德》中所写的那样：一位长得非常漂亮的女孩，不仅愚蠢还很虚荣；另一位女孩虽然长得丑陋，但是品格高洁。一位地位崇高的贵族，却干勾引女孩的龌龊事；一位地位低贱的工人，却拥有高贵的灵魂。

她想真的不能以貌取人了！是啊，谁又能从她的外表看出，她现在正忍受着肉欲的折磨呢？

在小女儿抓蝴蝶那一年，当时她们居住的地区还发生了金龟子虫灾。孩子们毫不留情地用脚将金龟子踩死。她还看到一个男人一把扯掉金龟子（may–beetles）的翅膀，然后一口将金龟子的身体吞了下去。

她是五月（may）出生的，也是在五月结婚的。结婚后的第三天，她写信跟父母说自己很幸福，但这不是真实情况。

在做梦那天晚上，她翻出以前的书信，并读给孩子们听。这些信件有的严肃，有的搞笑，其中一封钢琴教师写的求爱信最有趣，那时她还是个姑娘。还有一封信是一位贵族追求者写的。

当她得知大女儿读了一本莫泊桑的"坏书"很自责。

小女儿向她要的砒霜丸（砷化物），让她想起都德在《富豪》一书中所写的能恢复青春活力的药丸（也是砷化物）。

"给它们自由"让她联想到《魔笛》中的台词：

> 我不会强迫你去爱，
> 但也会给你自由。

金龟子还让她联想到小凯蒂的那句话：

> 你像甲虫那样疯狂地爱上了我。

她还想起了歌剧《汤豪舍》里面的一句台词：

> 因为你已经被淫邪的欲望征服了。

她因为丈夫外出不在家，一直生活在恐惧和担忧之中。有时在白日梦中，她也担心丈夫发生各种不测。前不久，我对她的梦进行分析时，发现她潜意识中抱怨自己的丈夫已经变老了。这个梦背后隐藏了什么愿望呢？我们可以从下面的细节中看出。

在做这个梦前几天，正当她忙着做家务时，突然想起自己用命令的口吻对丈夫说"你去上吊吧！"为什么会说这样一句话？因为几个小时以前，她不知道从哪里看到男人上吊时会产生有力的勃起。

在这句吓人的话背后，隐藏着她对丈夫勃起的渴望，这个渴望在压抑中爆发了出来。其实"你去上吊吧"这句话，代表了"你要想尽办法勃起"的意思。这样，《富豪》中的能恢复青春活力的药丸出现就很合理。她知道，最有效的春药是斑蝥，就是用压碎的金龟子做成的。

这就是该梦的主旨。而开窗和关窗则是她跟丈夫吵架的永恒话题。

因为她喜欢开窗睡觉，而她丈夫则喜欢关窗睡觉。她说做梦时的主要症状就是筋疲力尽。

🍂 什么是梦的浓缩作用

在上面三个梦里，为了方便大家清楚梦的内容与梦的隐藏含义之间的关系，我把其中一再重复出现的成分用下横线标出，以区别开来。不过，因为这些梦的解析并没有做彻底，所以可能有必要再选一个梦来做整套的分析，让大家看清楚梦内容中的多种含义。这里选用前面提到过"伊尔玛打针"的梦来说明，通过这个梦，我们可以看出在"梦的形成"中用了多种方法的"浓缩作用"。

"伊尔玛打针"的主角是我的病人伊尔玛，在梦中她就是平常的样子。不过当我在窗口给她检查时，她的态度却像变成了另外一个女人，那是我在另一位妇女身上观察到的。因为梦中的伊尔玛患有"白喉伪膜"，这让我联想到大女儿得病时的焦急，所以伊尔玛又代表着我的女儿。因为女儿的名字跟另一位因毒致死的病人相近，我又联想起她。

在梦里，伊尔玛的人格不断变化（但是梦中伊尔玛的影像并没有发生变化）。她变成了我曾经在民众服务门诊看到的一位病童，在那里我的朋友为她们统计智商的差别。这种变化受到我小女儿的影响，因为她常常不愿张开嘴巴。伊尔玛还变成了我检查过的另外一位女人，利用同样的联系，这又联想到我的太太。

梦里，我在伊尔玛喉头上发现的病变，也可以引申出好几位其他的人。不过她们并没有在我的梦里现身，而是全部隐藏在伊尔玛一人的身上，通过伊尔玛表现了出来，所以伊尔玛就变成了一个"影像大集合"，身上不可避免地有很多相互冲突的特点。在梦里，伊尔玛代表了很多被梦的"浓缩作用"所抛弃的人物，虽然这些人被抛弃了，但是他们的特点多少被保留下来一点，并且注入伊尔玛的身上。

什么是梦的浓缩作用？为了解释这个概念，我创造了一种"集锦人物"——将两个以上真实人物的特点集中在一个人身上。

通过这种方法，我在梦里创造了 M 医生，虽然他的言行跟平时的 M 医生一样，但是他所患的病，或者身体上的一些特征却属于我的兄长。苍白的脸色是他们两人的共同特点，并没有特别的意义。

同样，梦里的 R 医生是 R 跟我伯父的"集锦人物"，不过这个"集锦人物"却是用另一种方式编造出来的。这次，我采用了高尔顿制造家人肖像的方法，将两个人物重叠在一起，而不是将两个人物的特征加以合并，这样他们的共同特点就会更加明显，而彼此间的不同反倒因为互相中和而变得模糊。梦中，我伯父"黄胡子"继续保留着，因为这是他们俩的共同特点。对于胡子渐渐变灰色则可联想到我父亲和我自己。

"集体"或"集锦"人物的出现，是梦"浓缩作用"的一个表现，我们还可以应用到另外一种联系上。

在"伊尔玛打针"那个梦里提到的"痢疾"有好几种解释，或许它是因为与"白喉"这个字音相近引起的，或许它也可能影射到被我送到东方去旅行的那个病人（她的"癔症"是个误诊）。

其实，梦中提到的 propyls 这个词也是一个非常有趣的"浓缩"物。其实，在梦思里 amyls 还是挺有分量的，可能在梦形成的过程中两个字发生了简单的"置换"。不过通过下面的补充分析，你可以看到这种置换其实就是浓缩的结果。

如果我曾经对着德文 propylen 沉思过一段时间，那么自然会想到它的同音字 propylaeum，而 propylaeum 这个词除了在雅典能找到，在慕尼黑也能看到。大约在做这个梦的前一年，我曾经去慕尼黑探望过一个病重的朋友，这个朋友就是我曾经跟他提到过 trimethylamin 药物的人。并且在梦里 trimethylamin 是紧接着 propyl 跑出来的，这也说明了这种说法的可信性。

在对其他梦的解析中，我也发现了很多对等意义的联想，这让我不得不承认"梦思"中的 amyls 确实被梦内容中的 propyls 所取代。

之所以这么说，是因为一方面，这个梦牵扯到我的一个朋友奥图，他对我不了解，觉得我是错的，并送给我一瓶含有 amyls 怪味的酒；另一方面，这里还牵扯到那位住在柏林的朋友——威廉，他真正了解我，永远认为我是对的，并且曾经还给我提供过很有价值的有关"性"过程的化学研究资料。

在奥图这边，引起我注意的都是一些导致我最近做梦的事实，比如 amyls 就是非常容易在梦中出现的。对于威廉的意念则是因为对威廉和奥图两人的对比引起的，并且其中的各种成分都与奥图的相互呼应。在这个梦里，我有一种明显的倾向，那就是抛弃那些令我不快的人和物，亲近那些能跟我一起随心所欲对付前者的人。

于是通过属于奥图意念的 amyls，让我联想到了属于威廉意念的 trimethy-lamin（两者都始于化学领域）。这个意念因为受到内心深处的热烈欢迎而从梦的内容中脱颖而出。本来 amyls 这个词可以不经过任何改装直接进入梦的内容的，不过因为这个词所包含的意念，可以通过威廉的意念最终败北。

看起来，propyls 既跟 amyls 有些类似，又能在威廉意念中慕尼黑的 propylaeum 中找到联系，最终双方达成了妥协，于是便以两者结合的产物 propyls 出现在梦中，也就形成了一个具有多种意义的共同代号。不过，也正是透过这些多种意义的字眼才得以窥视"梦内容"。

从上面"伊尔玛打针"的梦中，我们多少可以看出在梦的形成过程中浓缩所起的作用。我们发现"浓缩作用"的特点就是在梦的内容中找到那些重复出现的元素，然后构成新的联合（集锦人物、混合影像）和产生一些共同代号。

🎵 梦境浓缩作用的目的与方法

对于浓缩作用的目的以及所采用的方法，等我们讨论完梦形成的所有心理之后再做进一步的研究。现在，我们先把得到的结果整理一下：梦的浓缩作用是梦的隐藏含义和梦的内容之间的重要环节。

当梦的浓缩工作将词语和名词当作目标时，效果就很明显了。通常词语在梦中被视为物品，词语的组合通常也是按照物品的逻辑来进行的，这样的话，梦中经常就会出现一些滑稽、怪异的新词。

（1）一位同事给我寄来一份他写的论文，我觉得他的论文对于近期生理学的发现评价过高，并且语言也太过浮夸。于是当天晚上，我就做了一个梦，梦到了一句很明显批判该论文的话"这真是太 norekdal 了！"

开始分析这个词时，我很困惑。它明显是在模仿那种浮夸的赞语，比如"kolossal"（巨大）、"pyramidal"（雄伟），但是对于它从何而来我不知道。最后我将这个奇怪的词拆分成了易卜生名剧中的两个人物"Nora"（娜拉）和"Ekdal"（埃克达尔）。因为在批评这个同事的论文之前，我在报纸上恰好读到了他对易卜生的评论。

（2）我的一位女患者告诉我，她做了一个很短的梦，并且在梦将要结束的时候说了一个根本没什么意义的复合词语。她梦到自己和丈夫一起参加了一个农民庆祝活动，她评论道："这个活动肯定以一种常见的 Maistollmütz 方式结束。"在梦中，她隐约觉得 Maistollmütz 就是一种玉米做的食物，类似玉米粥吧。

经过分析，这个组合词语可以拆分成 Mais（玉米）、toll（疯狂）、mannstoll（花痴的）和 Olmütz（地名：奥尔缪兹镇）四个词语，其实这些词语都是她在吃饭时跟亲戚聊天中听到的。

而 Mais 这个词语，除了暗指最近开幕的一个博览会，还隐藏了一系列词语，如：Meissen（一种像鸟似的瓷器）；Miss（一个亲戚的女教师刚去了奥尔缪兹镇）；mies，犹太人的俚语（意思是"令人讨厌的"）。

这个组合词语中的任何一个字母都能引出一大串的联想。

（3）一天深夜，年轻人家中的门铃响了，原来是一位熟人要给年轻人送一张名片。第二天晚上，年轻人就做了一个有人在他家修电话，直到深夜的梦，并且那个修电话的人走后，电话仍然间歇式地不停响着。于是仆人就把那个修电话的人又叫了回来，那个人说："真奇怪，平时那么 tutelrein 的人，竟然不知道怎么处理这样的事情。"

年轻人之所以会做这个梦，就是因为一件琐碎的小事所致，这件小事之所以导致他会做这样的梦，又跟他早年的经历有关，其实那次经历也是很琐碎的，不过他在想象中赋予了它某种特殊的意义。

当年该年轻人还是小孩的时候，跟父亲住在一起，有一次睡得迷迷糊糊时打翻了玻璃缸，将水洒在了地板上，导致电话线被浸透，电话一直持续不断地响着，吵醒了熟睡的父亲。因此，持续不断的铃声代表着湿透了，而间歇性的铃声则代表着水正在往下滴。

于是"tutelrein"这个词可以从三个方向上拆分成代表三种材料的词："Tutel"可以等同于"Kuratel"，表示监护的意思；"rein"（纯洁）则是摘取自"Zimmertelegraph"（家用电报机）的前半部分字母，然后组成"Zimmerrein"（保持房间整洁）。你看，这跟地板被弄湿就密切联系起来，并且它的发音跟该年轻人家族中一个人的名字很像。

（4）有一天我做了一个梦，这个梦是由两个片段组成的。在第一个片段中，梦境十分生动，我想起了"Autodidasker"这个词；另一个片段，则真实再现了我前几天的一次短暂而单纯的想象。当时，我想如果下次再见到 N 教授，我一定会对他说："N 教授，我之前向您请教过的那位患者，他的确只患了一种神经症，这跟您判断的完全一致。"

这么看来，这个新词"Autodidasker"不仅具有复合的意义，还跟我之前的思想意图有关，就是向 N 教授道歉。

我们很容易就把"Autodidasker"这个词拆分成"Autor"（作者）、"Autodidakt"（自学者）和"Lasker"（拉克斯）三个词，最后一个词还让我想起了"Lassalle"（拉萨尔）这个名字。

之所以做这个梦，我想起因是"Autor"这个词，因为我买了名作家 J.J. 戴维的几本书送给我的太太。戴维是我哥哥的朋友，也是我的同乡。

一天晚上，太太跟我聊起戴维小说中的一个关于天才少年陨落的小故事，这个悲剧给她留下深刻的印象。后来，她又把话题转到了我们孩子的天赋上面。因为受到戴维小说的影响，她在聊天时表现出了深深的忧虑，于是我就安慰她，让她不要担忧，这些都是可以通过教育来避免的。

那天晚上，我的思路便由此展开，除了太太对孩子的忧虑，还夹杂着各种杂七杂八的事情，而戴维曾跟我哥哥就结婚的话题讨论过，他对婚姻的看法把我的思路引到一条支路上，于是便产生了梦中的种种象征。

戴维将我的思路引到了"Breslau"这个地方，而跟我们很熟的一名女士在结婚后就搬到了那里，在 Breslau 我找到了两个名叫 Lasker 和 Lassalle 的例子。这两个例子是分别代表着女人对男人具有毁灭性打击的两种方式。这正是我梦的核心隐藏含义：我担心自己的孩子会毁在女人身上。

这些"因为女人"的思想汇聚在一起，又让我想到我那位依然独身的哥哥，他的名字就是"Alexander"（亚历山大），它的简称就是"Alex"，这听起来几乎就是把"Lasker"的发音反过来。肯定是因为这个才让我想到了 Breslau。

不过，上面这些名字和音节的联想不是随意的，而是有着更深的意义，代表着我的愿望，希望我哥哥能得到天伦之乐。我是怎样表达这一愿望的呢？看下面的解析：

Zola（左拉）的小说中描写了艺术家的生活，这些内容跟我的梦思有关。在他的小说中，他借主角 Sandoz 的名字将自己幸福的家庭生活和盘托出。这个主角的名字很可能是将 Zola 颠倒过来念（小孩最喜欢将名字颠倒过来念），于是便成了 Aloz，但这样还不够，还要继续改装，于是 Al 的音节与 Alexander 的第一个音节雷同，就变成了该词的第二音节 Sand，于是主角 Sandoz 的名字就出来了。而我的那个 Autodidasker 也是利用同样的方法造出来的。

至于我的那个想象——告诉 N 教授，我曾经向他请教的那个患者确实只患上了一种神经症——主要是通过以下途径进入梦中的：

在我准备暂停营业去度假时收治了一位新患者，对他的诊断让我觉得很棘手。当时看起来他好像得了一种严重的器官性疾病，很可能是脊髓交替退化病变，但是又无法确诊。如果该患者承认有过性方面的问题，那么就能确定他患有神经症，但是该患者极力否认自己曾有性方面的任何问题，这让我很难做出诊断。

在我左右为难之际，便向我最佩服的权威的 N 教授请教。他听了我对患者症状的详细描述和心中的疑惑之后，建议我道："你再继续观察他一段时间，我认为他患的可能就是神经症。"我知道 N 教授并不赞同我在神经症病因学上的观点，所以我虽然没有反驳他的诊断，但是心里对他的结论持怀疑态度。

几天以后，我觉得自己已经无计可施了，于是只能告诉病人，让他另请高明。不过，让我意外的是该患者突然向我坦承他之前对我撒谎了，其实他有性问题的病史。听到这些我如释重负，但同时也觉得很惭愧，N 教授能不受患者谎言的影响而坚持自己的看法，还做出了准确的判断，这说明他看问题比我精准很多。所以，我打算下次再见到他时，当面告诉他：他的意见是对的，而我错了。

上面便是我在梦中所做的事，但是如果我承认了自己的错误，又能达成什么愿望呢？我真正的愿望便是太太对孩子的担心是错误的。其实，梦中所表述的事实跟梦的隐藏含义的真正主题是一致的。由女人引起的机能性或器官性病症，一种是由真正的性生活引起的梅毒性瘫痪，另一种就是神经症。后一种又跟 Lasalle 的毁灭有间接的关系。

这个梦的结构完整，经过详细解析后意义也清晰可辨，不过 N 教授出现在我梦里，不仅仅是因为我想证明自己是错误的愿望，也是因为由 Breslau 这个地名联想到的那位朋友，还跟看完那个病人后他跟我的闲谈有关。

我记得 N 教授看完那位患者的材料后，除对我提出上面的建议外，还以长者的神态关心地问我有几个孩子了，是男孩还是女孩等问题。我告诉他现在有六个孩子，并且男女各三个。他说："你要小心点，女孩可能没什么问题，但是男孩以后的教育并不简单啊！"我当时回答他说，到目前为止，孩子们都还十分听话。

显然，N 教授有关男孩教育的说法让我心里有点不太舒服，就像当时他对我那位患者的诊断也只是神经症一样让我心里不舒服。当这两件前后相连的印象累积在一起，在我将神经症的故事引入梦中时，便不自觉地用它代替了有关孩子教育的对话，其实太太所焦虑的关于孩子的问题才是跟梦思核心产生关系的。

虽然，N 教授所提的关于男孩教育问题带来的隐患也进入梦中，但是它却隐藏在我的愿望——这种担忧是错误的——之后。这种幻想便同时代表了这两种互相冲突的选择。

一天凌晨，在将醒未醒之际，我体验了一把梦中造词。在一堆已经模糊的梦的片段中，我的眼前突然闪现一个一半像印刷一半像手写的词语——erzefilisch。这个词语就镶嵌在"它对性欲具有 erzefilisch 的作用"这句话中，没有其他上下文，这个句子就那样独自溜进我的意识。

我马上就意识到这个词应该是 erzieherisch（教育的），当时我还再想是不是用 erzefilisch 更准确一些呢？我马上又联想到 syphilis（梅毒）这个词。

这时我仍然处在半睡眠的状态，就在这样的状态下我开始分析这个词为何会闯入我的梦中？因为这个疾病跟我没有任何关系，不管是从我本人的情况来看，还是从我的职业方面来说。我又想到另一个无关的词 erzehlerisch，这解释了 erzefilisch 中第二个 e 的来历，以及整个梦例的缘由。

原来做梦前一天的晚上，我们的家庭女教师（Erzieherin）让我给讲解（Erzählt）一些有关卖淫的问题。为了不影响她那不太正常的感情生活，我采用教育的方式，还特意送了本黑塞的《论卖淫》给她。

我一下想到了 syphilis 这个词不是字面上的意思，而是毒害，这就跟性生活联系起来了。于是梦中出现的那句话应该解释为："我想通过讲解（Erzählung）的方式，对家庭女教师的感情生活起到教育的（erzieherisch）作用，但是害怕会适得其反，产生毒害作用。"

对梦分析以后，就会发现原来梦中出现的 erzefilisch 一词其实是由 erzäh 和 erzieh 合成的。

在梦中造词的现象，跟妄想症中常见的情况非常相似，同时这种情况还会出现在癔症和强迫症中。到了某个年龄段后，孩子们在做语言游戏时通常会将词汇当作客体来对待，会创造一些新奇的词，而这些都是梦和精神性症中的一个共同来源。

对梦中一些新奇的词加以解析，非常适合用来探讨梦工作的浓缩作用的程度。不要因为上面所举的例子少，就以为这样的梦很少见或者是例外，其实这样的梦比比皆是。只是，在精神分析治疗会中，很少会将梦的解析工作详细记录下来并做成报告，并且那些被整理成报告的解析，如果不是神经病理学者也很难理解。

例如，1914 年冯·卡尔平斯卡医生就记录过这样类似的梦例，里面就有一个很奇怪的词语 Svingnum elvi。

此外，1913 年陶斯克医生也记录了一个非常值得一提的梦例，梦中出现的词语虽然原本有自己的意思，但是在梦里跟其他的意义联系起来后，这个词语就失去了原有的意思，从而有了一个新的意思。一个 10 岁的小男孩梦到了 Kategorie 一词，这个词本来是小便的意思，但是在小男孩的梦里却是指女性生殖器。

当梦中出现的一些语句，表现了明确的某个思想时，那么就适用于一个规则，那就是：这些语句肯定是源于梦中材料所能回忆起的言辞。或许这些语句的措辞是原封不动的，或者有轻微的改变。

通常梦中的语句是由各种回忆的句子拼凑起来的，也许语句的原文并没有什么变化，但是可能里面包含了很多意义，也许已经变成另外别的意思了。梦里的语句，往往只是用来暗示当初说那些话的场合背景。

第二节　梦的移植作用

我在收集有关浓缩作用的例子时，还注意到梦的另外一个作用，这个作用的重要性不亚于梦的浓缩作用。从上面的例子我们可以看出，有些元素在梦的内容中是非常重要的，并占有重要的篇幅，但是在梦的隐藏含义中，它们却没那么重要；相反，那些在梦的隐藏含义中属于重要的成分，在梦的内容中有时并没有体现。这很奇怪，梦好像可以故意绕开构建隐藏含义的核心元素，另外确定中心，选择其他的元素来构建自己的内容。

像前文那个关于植物学专著的梦例，"植物学"显然是该梦例的核心元素，但是在梦的隐藏含义中，核心内容却是同人之间的麻烦和冲突，还有对我的责备，因为我为嗜好所做的牺牲太大了。如果不是通过一些对比因素与隐藏含义之间的简单联系，在梦的隐藏含义中"植物学"好像根本没什么关系，因为我对植物学根本没有什么研究兴趣。

在那位做"萨芙"梦的患者例子中，该梦的核心内容是上升和下降、楼上和楼下，但是梦的隐藏含义中要表达的核心则是与下层人发生性关系所带来的危险。显然，只有一个元素从梦的隐藏含义进入梦的内容，而且还在梦中铺设得非常夸张。

从这些梦中，我们看到了"移植"的印象。不过伊尔玛打针的那个梦跟其他几个正好相反，梦中的各个元素依然大致保持了自己在隐藏含义中的位置。

当我们认识到梦的隐藏含义和梦的内容之间这种极不稳定的关系后，我们开始肯定会感觉很奇怪。因为在日常生活中，如果某个观念从其他众多观念中被挑选出来，并且在我们的意识中还表现得相当活跃，那么我们肯定会认为这个占优势的观念一定拥有非常高的精神价值。但是，在梦的形成过程中，情况并非如此，梦的隐藏含义中各个元素的价值也不是一成不变的。

在梦的隐藏含义中，我们可以肯定地判断出哪个元素的精神价值最高。但是，在梦的形成过程中，这些被认为是核心的、重要的、备受关注的元素却可能被认为精神价值太低，被一些原本价值低的元素所替代。看起来，梦在选择不同观念的过程中，好像根本就不去考虑观念本身的精神强度，而是重视这些观念在多重限定方面的多寡程度。

我们可能认为，不是某个隐藏含义元素重要就可以进入梦中，它还需要在隐藏含义中反复出现才能入梦。不过，这样的假设并没有增进我们去理解梦的形成，因为首先我们无法相信两个具有多种意义及内容价值的意念，除非彼此朝向同一方向发生作用，否则不可能影响到梦的选择。那些在梦的隐藏含义中最重要的意念，可能是最常出现在梦的隐藏含义中的观念，也可能不是。梦有可能拒绝那些被极力强调的隐藏含义元素，反而将其他一些只具有次要性的元素纳入梦中。

为了解决这个难题，我们可以采用上节中在研究梦的内容的多重限定作用时得到的另外一个印象。可能有的读者对那个研究结果已经有了自己的判断，觉得对梦中的元素进行多重限定是理所当然的，根本算不上是什么重要发现。因为我们对梦的分析总是要从梦中的元素出发，并且将所有跟这些元素有关的东西都记录下来，那么以这种方式获得的梦的材料，那些元素频繁出现也就不足为奇了。

虽然我的观点听起来跟这个类似，但是我并不认同上面的反对意见。我认为通过对梦的解析，所揭示出来的那些思想有些其实已经远离了梦的核心内容，好像只是为了达到某个目的而人为加进来的，它们存在的意义正是为了让梦的内容和梦的隐藏含义之间产生某种联系，并且常常是一种牵强的、疏远的联系。

如果把这些元素从分析中去除，你会发现根本无法从梦的组成部分找到隐藏含义的多重限定，并且也无法找到一个充分的限定。最后我们只能得出这样一个结论：多重限定性在梦的观念选择方面具有决定性作用，不过它不一定就是构成梦的基本因素，很可能只是某个我们还不清楚的精神力量的副产物。

不过，在决定哪些元素可以进入梦境这个问题上，多重限定作用还是很重要的。因为据我们观察，如果多重限定不能在梦的材料中顺理成章地产生，那么肯定还要费尽心思地去生成它。

所以，我们可以假设，在梦的工作中有一种精神力量在发挥着作用：一方面，对于那些具有高度精神价值的元素，它会剥夺它们的强度；另一方面，它会通过多重限定的途径，从那些精神价值较低的元素中创造出新的价值，让这些元素也能进入梦的内容。

如果是这样的话，那么在梦的形成过程中就会出现各种元素精神强度的转移和移植作用，最后导致梦的内容和隐藏含义之间的差别。我们假设的这个过程就是梦工作的基本部分——梦的移植。梦的移植和浓缩是梦的两个重要因素，梦的构造主要就是它们来完成的。

我觉得，我们能找到梦在移植过程中所表现出来的精神力量。梦的移植作用导致的结果就是：梦的内容与梦的核心隐藏含义之所以看起来完全不同，就是因为梦将潜意识中的愿望伪装之后才展现出来。前面我们已经讨论过梦的伪装问题主要归因于审查作用，也就是一个精神动因对另外一个精神动因的作用。

而梦的移植作用就是实现这种伪装的主要手段之一，这点跟法律上的"生效者得益"类似。我们可以想象，之所以会产生梦的移植作用，就是这种内部精神防御措施审查作用存在的缘故。

对于梦形成过程中，梦的移植作用、浓缩作用、多重限定作用等因素到底是通过什么方式发生作用的，哪个是主要因素，哪个是次要因素等问题，我们将在下文再讨论。

现在我们总结一下：那些进入梦中的因素必须满足第二个条件（第一个条件是多重限定性），就是它们必须能够逃脱敌对系统的审查才行。不过从现在开始，在解析梦的过程中，我将把梦的移植作用当作一种确凿的事实予以采纳。

第三节　梦的表现方式

☙ 梦的核心隐藏含义

在梦的内容向梦的隐藏含义转变过程中，我们发现梦的浓缩和梦的转移都发挥了作用，进一步地研究之后，我们又发现到底哪些材料才能最终入梦，还有其他决定性的因素。

虽然这有可能让我们的讨论就此耽搁，但我认为还是有必要先跟大家简单地介绍一下解析梦的程序。我承认如果想让大家清楚了解这些程序，最好的办法就是像第二章那样用一个例子去解释，然后再将所有的思想材料集中起来，找出构建这个梦的过程，也就是说用梦的合成来完成对梦的解析。

其实，我已经用上述方法对好几个梦进行解析了，不过对于梦的合成我却不能这样简单地重复。因为，这牵扯到有关精神材料的性质问题，人们会有种种顾虑。在对梦进行解析时，因为分析可以是不完整的，所以这些顾虑所产生的影响相对较少，但是对于梦的合成来说影响就大了，因为我认为如果材料不完全，那么其结果就不会有说服力。

所以，我只能将一些人的梦做完整的合成，并且前提是这些人还不能被读者所知。能向我提供这些材料的只有我的病人或者神经症患者，所以我不得不暂停这个问题的讨论，等以后我能从心理学角度澄清神经症后，再来探讨吧。

我在尝试通过合成的方法，将梦中的思想重新构造梦的过程时发现，通过分析得来的材料并不是都具有一样的价值。只有其中的一部分才是梦的核心隐藏含义，也就是说如果没有审查制度的话，那部分材料将完全可以取代梦。至于其他材料，我们认为并不那么重要，也没法确认这些材料同样参与了梦的形成过程。

不过，在梦产生之后到进行分析期间可能发生了一些让它们产生关联的事件，我们可以从这些材料中找到一些联想的念头。所以，这部分材料包括了由梦的内容到梦的隐藏含义中所有连接的路径，帮助人们在分析梦的过程中找到那些连接的路径。

现在，我只对梦的核心隐藏含义感兴趣。这些核心隐藏含义，是一组结构非常复杂的思想和记忆的综合体，它们是由一些我们清醒时熟悉的思想所提供。虽然它们彼此间有相互连接的地方，但是通常它们是由不同的中心所发出。并且，几乎每一个思想都有与之相反的想法相伴，而且通过对比彼此相连。

当然，在这个繁杂的结构内部相互之间有各种各样的逻辑关系，它们可以是前景或背景的关系，也可以是离题或说明的关系，也可以是各种情况，各种证据或者反驳的关系。不过，当梦开始工作时，这些材料就要承受梦运作的压力，就像碎冰一样——或被扭转，或者压碎，最后挤压成一块。

这就带来了一个问题，之前构成这个隐藏含义的逻辑框架结构变成什么样了？诸如"如果""因为""就像""虽然""不是这个……就是那个"等连接词在梦中是用什么来代替的呢？因为如果没有了这些连接词，我们将没法理解任何词句。

我们首先来回答：梦没有什么方法来表现这些隐藏含义材料之间的逻辑关系，它通常会忽略材料中所有的连接词，只是将材料中的实际内容收集过来予以加工。而解梦的过程就是将这些被破坏的联系重新建立起来。

因为制造梦精神材料的性质，导致了梦不具有表达逻辑关系的能力。就像绘画和雕塑这类艺术都是对材料进行加工，但与可以使用语言的诗歌相比也有类似的局限，它们都受限于材料方面。其实，绘画艺术在找到自己独特的表现手法之前，也曾试图在画中人物上面用一小段文字说明来弥补，上面写着画家无法在画中表达的思想。

对于梦不能表达逻辑关系的说法，有人可能会不赞同。因为，他们觉得在有的梦中也会出现一些论证，还有反驳，以及对比等一些复杂的智力活动，这些跟清醒时毫无差别的思维怎么说是毫无逻辑的呢？

其实，这些看起来很有逻辑的表象都是骗人的。你只要对这些梦进行深入的剖析就会发现，其实这些内容都是梦本身的材料，而不是梦中的智力活动。也就是说，梦中这些看着有逻辑思维的活动，其实不过是重现了梦的内容，而不是梦中各思想之间的关系。

如果你不信，我还可以举一些例子，比如最容易判断的一个例子就是：梦中所说的句子（特别是描写的句子），基本都是没有改变的或者稍有变动的材料而已，并且这些都可以在梦中材料的记忆中找到。通常，这些谈话不过暗示了某个包含在隐藏含义思想中的一些事件，跟梦的意义可能毫无关系。

不过，我也承认，一些重要的思维活动并非都是梦内容的简单重现，它们在梦的形成中扮演了重要的角色。不过，这些将在完成本题目的讨论之后再阐述。到那时我们就会明白，这些思维活动并不是由梦的隐藏含义产生的，而是由已经结束的梦本身带来的。

我们暂且这样认为：隐藏含义材料之间的各种逻辑关系，在梦中并没有特别的表示。梦中所出现的矛盾或者是梦本身的矛盾，或者是某种隐藏含义材料中所包含的矛盾所致。只有在最间接的情况下，梦中的矛盾才会跟隐藏含义中的冲突有所关联。

不过，就像绘画最终还是找到了一种能表达自己的方式，而不是通过文字来表达画中人物的喜怒哀乐，梦也有可能通过改变某些表达方式，来表示隐藏含义材料之间的逻辑关系。试验结果表明，在这方面不同的梦之间差异很大，有的梦根本不在乎材料之间的逻辑结构，有的梦则尽可能完整地暗示了材料之间的逻辑关系。此外，如果梦中的思想在潜意识中有时间的先后顺序，那么梦也会对它进行类似的处理。

可见梦中各材料之间的关系是很难表达的，那么梦的工作又是通过哪些手段来暗示它们之间的关系呢？我们还是通过例子来一一说明。

首先，总体来看，梦将所有材料用一种全局的方式统一起来，让它们融入一个事件或一个场景之中，于是就将逻辑关系表现为同时性。梦的这一点就像一位画家，把所有哲学家和诗人都画在一张画上，事实上他们从来没有在一个大厅或山顶上聚会过。不过，如果从概念上来考虑，他们的确属于一个群体。

梦小心谨慎地遵守着这个法则，甚至连细节都考虑到了。所以，不管什么时候，只要两个元素紧挨在一起，那么就表示它们之间肯定存在着某种特殊的亲密关系。就像我们书写时，如果把"ab"写在一起就表示这是一个音节；如果"a""b"之间有间隙，那么就表示"a"是某个单词的最后一个字母，而"b"则是另一个单词的第一个字母。在梦里，两元素之间的并列也遵守这样的道理，它们之间并不是毫不相关的隐藏含义拼接在一起，而是只有关系密切的元素才组合在一起。

为了表现这种因果关系，梦通常用两种程序去表示，不过这两种程序在本质上是相同的。如果梦的隐藏含义要表达的是，"因为这个是这样的，那么那个肯定是那样"这样一种因果关系，那么常用的表现方法就是用附属子句作为起始的梦，将主句作为主要的梦。对于次序问题是可以颠倒过来表达的，但是梦中着重铺陈的部分还是跟主句有所对应的。

有一位女患者跟我讲述了她的一个梦，这个梦很好地展示了梦的因果关系。它由一个短的前梦和内容繁杂的正梦所构成，不过梦的主题很集中，可以直接称为"花语"。

该患者的前梦是这样的：她走进厨房，看到两个佣人在那里，于是她就斥责她们为什么还没把自己的食物准备好。在这时候，她看到厨房中有一大堆瓦罐正口朝下叠放着以沥干内壁的水。两个女佣人需要步行去河里提水，这些河流是那种流到屋子里或者院子里的河流。

接下来该患者的主梦是这样：她沿着一些排列奇怪的木桩从高处往下走着，因为她的衣裙并没有被树桩勾挎，所以她很开心……

因为她的梦开始跟她双亲的房子有关，所以梦中的话肯定是她妈妈常常说的。而那堆瓦罐来自同一幢建筑的小店（卖铁器的）。梦里的其他部分暗示的是她父亲，因为她父亲经常跟女佣人纠缠不清，最后病死在一次洪水泛滥时，就在河对面的那座房子中。

所以隐藏在这个前梦背后的意义就是：因为我出生在这座房子，在这样卑微而又恶劣的环境中长大。正梦肯定也有这样的观念，不过却通过愿望达成的方式将它完全改变了：我出身一个高贵的世家。在正梦的背后其实隐藏着这样一个真正的观念：因为我出身如此卑微，所以我这辈子也只能如此了。

我认为梦被划分成这样前后不均衡的两部分，并不意味着这两部分的隐藏含义总是存在某种因果关系。相反，我会觉得即便同一个材料，可能也会有不同的观点出现在两个梦中。有时，两个梦是源自同一材料的不同中心，在内容上彼此就会有交叉重叠的部分，那样就会导致这个梦的中心元素，在另一个梦里只起着暗示的作用，而这个梦中根本不重要的东西却成为另一梦的中心。不过，在有的梦中，它被分为一个短的前梦和一个长的正梦则表示这两者是存在显著的因果关系。

还有一种表现因果关系的方法，适用于内容材料不太广泛的梦：通过将梦中的一个意象变成另外一个意象，不管这个意象是人也好，是物也罢。不过，只有在梦中看到了这种变形的发生，我们才要去考虑它是因果关系，否则不能仅仅因为某物代替了某物就认为是因果关系。

⚘ 梦的元素间的关系

前面我已经说过，这两种表达因果的方法从本质上来说是相同的。因为在这两种情况下，因果关系都是通过前后的关系来表达的。一种方法是用梦的前后发生来表达，另一种方法就是一种影像直接变成另外一个来表达。其实，多数的梦并没有表现出这种因果关系，因为在梦中它们因为一些无法避免的原因而混淆，最后消失了。

在我们的梦里，是不可能出现"不是这个……就是那个"的逻辑关系的，通常这样的选择关系都是直接被插入梦的内容之中，好像二者是一样有效的。伊尔玛打针就是一个这样的典型例子。

这个梦的隐藏含义是：虽然伊尔玛的病痛一直不好，但是责任不在我。主要是因为她拒绝接受我的治疗，或者是她自己的性生活不协调导致的，又或者是她的病痛根本跟癔症无关，只是一种器官性的病痛导致的。这个梦完全满足了这三个可能，如果合乎梦的愿望，它可能会毫不犹豫地再加一个可能。

在分析完这个梦后，我将"不是这个……就是那个"这种选择关系加入各种隐藏含义的相互关系中去了。

不过在重新制造一个梦的时候，如果造梦者想运用"不是这个……就是那个"的逻辑关系，比如说"这不是花园，就是客厅"，那么表现出来的隐藏含义可能就不是一种二选一的关系，而是一种简单的"和"的并列关系。

一般情况下，这种"不是这个……就是那个"的关系是用来描述一个模糊的梦元素，不过这种模糊性最终还是能被澄清的。这种情况下，梦的解析原则就是：要同等对待这种二选一的两个方面，并用"和"将这两个方面连接起来。

比如，一次我久等一位逗留在意大利朋友的地址未果，结果我做梦收到一份电报，上面有他给的地址，这封电报的字是蓝色的，并且第一个词很模糊，不是"Via"（经由），就是"Villa"（别墅），也有可能是"Casa"（房子）。第二个词很清楚就是"Secerno"，这个词感觉像意大利的人名。这让我想起了曾经跟这位朋友讨论过的词源学题目，同时也表达了我的愤怒，因为他居然将住址对我隐藏了这么久。

在分析第一个词的三种情况时，对每一种可能的情况都应平等对待，从而展开联想去分析。可能这三种情况在分析后变得各自独立并成为一系列的起点。

在父亲出殡前的那天晚上，我梦到一个有点像张贴在火车站候车室中的那种禁止吸烟的布告，上面写着："请把两只眼睛都闭上"或者"请把一只眼睛闭上"。

不过，我习惯的表达方式是"请把两只／一只眼睛闭上"。

因为这两种不同的说法有不同的意思，所以在分析时就会导致不同的方向。当时，因为我很清楚父亲对待这种事情的态度，所以我为父亲选择了一种简朴的葬礼。不过，家族中人也有对父亲这种简朴的葬礼不满意的，觉得这种简朴会丢他们的脸面。所以，梦中的那句"请把一只眼睛闭上"可以解释为"请你就当作没看见吧"。在这里，我们很容易就发现"或者……或者"这种表达的模糊性。

虽然梦的工作无法保证统一的表达方式，但是却可以选择用一种模糊的方式来表达梦的隐藏含义，这样梦中两个主要的思路就会分道扬镳。在有些例子中，梦会被分成两个大小和规模相同的部分，以此来表达难以抉择的两个选择。

此外，我们还要注意到梦在处理相反意见或者矛盾时的方法，它选择了直接忽视掉，好像梦中根本就不存在"不"这个词。梦好像很喜欢将相反的意见合在一起，或者是将它们直接当作同样的事件来对待。梦还可以随意将任意元素表现为该元素的对立面，所以在隐藏含义中对立元素到底是以正面还是反面存在，我们根本无法一眼就能看出来。

对于之前的那个例子，我们已经解析了它的从句部分（"因为我出身如此卑微"），现在我们来看看其主句部分。因为在梦中，女患者梦见自己正从高低排列的树桩上走下来，而且手里拿着一枝开满鲜花的树枝。这让她想到了那个手持百合花宣布耶稣诞生的天使——圣母玛利亚（而她的名字也叫玛利亚），然后她又想到了那些走在耶稣圣体游行队伍中穿着白裙子的女孩，那时街道都是用青色树枝来装点。所以，梦中这枝开花的树枝肯定暗示着贞洁。

不过，她梦中的枝条上面开的是像山茶花的红花，并且随着梦的进展，当她走下山坡时花差不过多都凋谢了，这肯定是对月经的暗示。少女手拿花枝同时也影射了茶花女❶。因为茶花女平时总是戴着一朵白色的山茶花，但是在月经期间换成红色的山茶花。

于是这枝花（歌德诗中的"少女的花"）即代表着贞洁，又代表着其反面。在女患者的这个梦里，这枝花也是如此，即表达了她对自己一生纯洁无瑕的欣慰，不过有几处（比如鲜花凋零的画面）也影射了一些相反的情绪——暗示了她对自己在贞洁方面犯下的过错（指童年时期发生的）的负罪感，这两种情绪交织在一起。

我们在解析梦的过程中能清楚地把这两种不同的情绪分开，因为通常自我宽慰的那部分比较表面化，而自责的那部分则隐藏得比较深。虽然这是两种完全相反的情绪，但是却能通过同一事物来表达。

虽然梦的形成有很多逻辑关系，但是其中最受欢迎的逻辑关系只有一种，那就是相似、一致、相近的关系，也就是"恰似"的关系，这种关系在梦中可以通过多种方式表现出来。那些已经存在的、平行的或者"恰似"的关系是构成梦的原始基础，大多时候梦的运作就是对那些没有通过审查制度的材料进行替代，通过浓缩等方法制造一些新的平行关系去替代那些没有通过审查的材料。

在梦中，通常相似性、一致性、共同性是通过单元化来表现的：也

---

❶ 译者注：茶花女，是法国作家亚历山大·小仲马代表作《茶花女》的主人翁，她一个月有 25 天戴着白色的茶花，剩下的 5 天戴的茶花是红色的。

许这些关系是早就存在于梦的材料中，也许这些关系是后来才被创造的。我们将第一种情况称为认同作用，它的适用对象是人；第二种情况则是复合作用，其适用对象是物，不过也可以用在人的身上。地点通常被当作人来看待。

在认同作用下，那些出现在梦中的人都是因为某个共同因素才联系在一起的，不过只有一位才能出现在梦中，其他人都被压制了，在梦中不会出现，但是这个出现在梦中的人物身上囊括了包括自己在内及其他所有被压制人物的关系和环境。

跟认同作用不同，当复合作用适用于人时，虽然梦中人物也包含了很多人的特征，但是这些特征并非他们共有的，可能是各不相同的特征混合在一起。于是这些特征就形成了一个新的单元化，一个新的复合形象。

可以通过好几个途径实现梦的复合作用。有时，梦中的人物会从相关的人物中选择一位，使用他的名字（我们可以通过清醒时的认知来分辨出梦中的人物到底是谁），不过外貌特征却是其他人的；有时，梦中人物的外貌特征一部分像这个人，一部分又像另外一个人；有时，梦中人物涉及的不是外貌特征，而是人物的姿态、说话的语气和所处的环境等。

对于最后一种情况，认同作用和符合作用之间已经没有那么严格的区分了，不过这个复合人物的构造也可能是失败的。这时，梦里的场景就只跟一个人物有关，其他的人（通常是最重要的）就变成了随行者，往往不起什么作用。做梦者通常会用这样的话语来描述当时的情景："我妈妈当时也在那里。"这种情况跟象形文字中的决定因子有点像，它们的作用通常不是表示发音，而是说明另外一个符号。

让两个人在梦中结合的共同元素可能会出现在梦中，也可能不会出现。一般来说，建造一个复合人物的目的就是避免出现共同元素。比如，在梦中为了避免重复表达"A仇视我，B也仇视我"这种观点，于是就在梦中创造一个A和B的复合型人物。也有可能是幻想着A在做着B的动作。于是他们便有了新的连接。

在这个新的关系中，因为这个梦中人既代表A又代表B，于是在解析梦的时候我就可以在适当的时候插入一个它们共有的元素，也即对我的仇视。通过这样的方法就能把梦浓缩。如果我能通过别人也能把相同的情况表示得清楚明白，那么我就可以直接省去表现那人的烦琐过程，通过别人去表示了。

从中我们可以很容易地看出，通过这种认同作用可以逃避梦的审查制度的阻抗，而审查制度的阻抗让梦的运作条件如此苛刻。可能审查制度所反对的只是隐藏含义材料中的某些观念，而这些观念只跟其中的某个人有关，那么梦的运作机制就会去找第二个人。第二个人跟阻抗的材料也有关，不过只是跟其中的少部分有关，因为这二者都有无法通过审查机制的共同点，于是梦的运作机制就创造出一个复合人物出来，这个复合人物融合了两个人身上的一些无关重要的特征，于是不用再经过梦的审查机制进入梦中。通过梦的浓缩作用，将原本无法通过审查机制的人物通过了梦审查机制的阻抗。

当两个人共有的某种元素出现在梦中时，那就意味着让我们去寻找被隐藏起来的另一个共同元素，这个元素因为审查制度而无法表现出来。为了将共同元素在梦中顺利地表达出来，常常会用上移植作用。当梦中的复合人物只表现出某个无关紧要的共同元素时，这就暗示我们还有另一个很紧要的共同因素有待发现。

🍂 梦境中的自我

通过上面的讨论，可以看出认同作用或复合人物字梦中还具有以下的作用：第一，代表了两个人之间的共同元素；第二，代表一个被移植的共同元素；第三，代表了期望中的某个共同元素。因为梦在运作时，常常期望两人之间有某种共同元素，这跟将两人移植的目的是一样的，所以在梦中这种关系也可以通过认同作用来表达。

在伊尔玛打针那个梦里，我希望用另一个患者来替代伊尔玛，为了满足这个愿望，在梦里虽然那个人还是叫伊尔玛，但是我却用另外一个人的姿势代替了真实伊尔玛的姿势。

根据以往的经验，我认为梦完全是自我的，每个人的梦毫无例外地都跟做梦者本人有关。如果自我没有出现在梦中，只是其他人出现在梦中，那么我敢肯定梦一定通过认同作用将自己隐藏在那个人背后了，我完全能把自己添加到梦中。

在其他情况下，虽然自我的确出现在梦中，但是通过梦中的场景，我们可以肯定还有一个人通过认同作用躲在自我的背后。这就意味着在解析梦的时候，要将那个隐藏的共同元素找出并转移到我的身上。

有时在别的一些梦里，我开始是附在别人身上的，不过，当认同作用消失后，我又回到自我的状态。这些认同作用让我能仔细观察，在自我的意念中哪些是审查制度无法通过的。因为这个原因，我可以在梦里不断表现自我，有时也会直接呈现，有时借助认同作用通过陌生人来表现。通过这样数次的认同作用后，就可以将复杂的隐藏含义材料进行浓缩了。

做梦者可以多次出现在梦中，或者通过不同的形式出现在梦中，这本身也没什么好奇怪的，就像自我在意识的思维中可以多次出现在不同地点、不同关系中一样，比如像这样："当我想到自己曾经是个多么健康的孩子啊！"

梦中对地点名称的认同作用要比人物的认同作用更容易了解，因为在这里不会被具有强大影响力的自我所影响。在那个关于罗马的梦里，虽然我发现自己身处一个叫罗马的地方，但是街头张贴的都是德文的告示，这让我很奇怪。

其实这是一种愿望的达成，它让我想起了布拉格。这个愿望源于年轻时期，那时我还沉浸在德意志民族主义的狂热阶段，虽然已经过去很久了，但是因为在做梦前的那段时间，我已经跟朋友（佛里斯）约好在布拉格见面。显然，在梦里我将罗马和布拉格认同为一个地方了，因为在这两者中共有我的一个期望元素——我更希望在罗马见到我的朋友，而不是布拉格。于是，我就在梦里将布拉格变成罗马了。

梦构造的这种复合形象常常将梦披上一层奇幻的外衣。通过这样的方法，就可以在梦中引入一些根本不可能由感官真正感受到的元素。梦构建复合形象的精神过程，跟我们在清醒时想象或者绘制龙或者半人半兽类似。唯一的不同之处就是：清醒时，意念所创造的新构体本身决定了想象物的外表；而在梦里，复合物的影像却取决于隐藏含义中的那个共同因素，跟它本身的外表无关。

梦可以通过多种方式去构造复合物，其中最简单的方法就是直接用某物去表现，当然这种表现方法通常暗示着它还有别的归属。复杂一些的方法就是，通过现实中两个对象的相似之处，将一个对象的特征跟其他对象的特征整合在一起，形成一个新的形象。这个新的形象可能荒诞不经，也可能精美绝伦。最后的结果到底是什么样，主要取决于整合的材料是什么，以及拼凑的手段是否高明。

如果浓缩成一个整体的对象很不协调，那么梦的运作常常是创造出一个核心主题相对明确的复合形象，并且将那些不太清晰的特征都加在这个形象上就心满意足了。在这种情形下，梦并没有整合出一个成功的新形象。这两个对象的表现形式重叠在一起，于是就产生了一种两个视觉图像相互竞争的效果。就像绘画时，如果我们想表现很多个人的意象所形成的一般概念，结果什么也没形成一样。

在梦中，这种复合形象比比皆是。之前的例子中，我们已经举过，这里再做一些补充。比如那个"花语"的梦，通过"花"描绘了患者的一生。我们在前面已经解说过，梦者手中的花既代表了贞洁，也代表了性方面的罪恶；还有那些花的排列方式，让做梦者想到了樱花，而如果一朵一朵去看的话，又像山茶花，不过整体给人一种异国植物的感觉。

其实，这个复合形象中各元素的共同点来自梦的隐藏含义。开满鲜花的树枝象征着礼物，别人送她礼物或是为博取她的好感，或是觉得已经取得她的好感。童年时她得到的是樱花，长大后她得到的是山茶花。异国植物隐喻曾经有一位周游世界的自然学家，想用一幅花卉图来取得她的好感。

另外一名女患者做梦时构建的复合形象则是由海边浴场的更衣室、乡下房子外面的那种小茅厕、小镇上的顶层阁楼组成。前面两个元素之间的共同特点都与裸体和裸露有关，根据第三个元素跟前两个元素之间的连接可以得出，阁楼也是一个脱衣裸露的地方。

还有一名男患者在梦里构造了一个复合"治疗"点，这个复合"治疗"点由两个不同的地点组成，一个是我的治疗室，另一个是他第一次跟太太邂逅的地方。

还有一名小女孩，她在哥哥答应请她吃一顿鱼子酱后，居然梦见自己的哥哥双脚布满了黑色的鱼子酱颗粒。这主要是因为她将"感染"的元素（道德上的意思），小时候布满双腿的红疹（是红色不是黑色的）记忆，以及鱼子酱的颗粒重新组合成一个新的概念，当然这个概念是从她哥哥那里得到的。在这个梦里，人身体的一部分被当作物体来看待了，在其他梦里也是如此。

在费伦齐披露的一个梦里，他创造的一个复合形象是由一位医生和一批马组成的，并且还穿着一件睡衣。在解析过程中，这位女病人意识到这件睡衣暗示着，小时候她见到父亲时某个情景，于是这三个元素之间的共同点也就弄明白了，梦中的这三种元素表达了她对性方面的好奇心。在她还是孩子的时候，保姆就经常带她到军队的种马场中，在那里她有很多机会去满足被压抑的好奇心。

在前面我说过，梦是没有办法表达矛盾或对立关系的，也就是表达"不"的。现在我要对这一观点提出反对意见。其实有些归属于"对立"前提下的关系是完全可以通过认同作用来表达的，前面我已经反复举过很多交换、移植、替代和对立相关的例子。

在梦的隐藏含义中，还有一类则可归属于"恰好相反"这一范畴，它们也属于"对立"关系。它们在梦中通常是以一种奇特的方式呈现出来，有时可以将它形容为玩笑。这个"恰好相反"并不是直接进入梦中，而是经由恰好跟它相邻的部分扭曲而泄露出来，好像是事后的回想，从而表明它是存在于材料中的现实。

这个我们还是用例子来说比较简单。在前面"上楼和下楼"的那个美梦中，梦中的爬楼梯正好跟隐藏含义中的原型相反，也就是跟都德在小说《萨芙》前言中描写的场景恰好相反。在梦里，梦者开始爬得很艰难，后来变得轻松了；在小说里，主人公开始爬得很轻松，后来却越爬越艰难。并且在梦中，做梦者跟他哥哥"楼上""楼下"的关系也恰好相反。

这些意味着，在梦的隐藏含义中肯定存在着两种恰好相反的材料。其实在做梦者的童年想象中也能找到这种恰好相反的关系，比如做梦者童年时想让奶妈抱着自己上楼，在小说中情节正好相反，主人公抱着自己的恋人上楼了。

梦境内容的颠倒性

在我做的那个歌德抨击 M 先生的梦也有颠倒的情况。在解析这个梦时，一定要先把颠倒的关系复原过来，否则无法解释清楚。在我的梦里，歌德抨击了年轻的 M 先生，其实这个梦隐藏含义的真实情况却是，一个一文不名的小作家抨击了一位重要人物（我的朋友佛里斯）。在梦里，我是根据歌德去世的日期去计算时间，但是现实中我却是从这位瘫痪者出生的日期去计算时间的。

在梦中具有决定性的思想，正好跟应该将歌德当作疯子对待的意念完全对立。梦在潜意识里好像说："恰好相反，如果你没明白书中的意思，那你（评论家）就是傻子，而不是作者。"

我觉得在这些歪曲本来意义的梦中，都隐含着一种轻蔑的态度，还隐藏了一种"背叛某件事"的意念❶。另外，我们还要注意，梦中出现这种矛盾对立的关系大多是源于被压抑的同性恋冲动所触发的。

补充一点，梦最喜欢用这种恰好相反的表现方式，也是运用最广的。运用这种表现方式的第一个好处就是，它能帮助梦的隐藏含义中某些特殊元素达成愿望。对于自己记忆中某些不尽如人意的回忆，我们常常感叹"这件事如果当时相反的话，该多好！"此外，还有一个好处就是，通过这种相反的方法可以有效避开梦的审查机制。为了避开审查，从一开始它就麻痹人们想要理解这个梦的想法，并且为了伪装成功，它们还会为要表达的内容设定标准。因此，如果一个梦很顽强地不愿泄露它的意义，那么我们就从反面去理解那些梦的内容中的特殊元素，这样一切就豁然开朗了。

在分析梦时，除了注意内容的颠倒外，还要注意时间的颠倒。梦的伪装最常用到的方法，就是把事件的结果或思路的结论放在梦开始的部分，而把这个结论的前提或者发生的原因在梦快结束时才补上。所以，在分析梦时我们要将这个原则牢记在心里，否则就很难进行了。

对于有些梦，如果我们想要找到其意义，需要将梦中的许多内容颠倒过来才行。比如，有一个年轻的强迫症患者，他很害怕自己的父亲，

---

❶ 原文注：比如在萨芙的梦中，做梦者将他跟哥哥的关系颠倒过来了。

在他的一个梦里就隐藏着他从小就有的一个愿望的回忆——希望他的父亲死去。

在对他精神分析的治疗过程中他做了一个梦，在梦中，因为回家晚了，他的父亲就痛骂了他一顿。从他的联想看来，他应该是很生父亲的气的，因为他觉得父亲回来得太早了，他希望父亲永远也不要回来，这跟希望自己的父亲死去是同样的意思。他之所以产生这样的想法，是因为在他还是小孩子的时候，他趁父亲外出时做了一件错事，当时被警告道："你父亲回来后，你就倒霉了！"

如果我们想要更加深入地研究梦的内容和隐藏含义之间的关系，那么最好的办法是从梦开始，然后研究正常情况下梦的表现方法跟隐藏含义之间到底有什么关系？

最明显的就是，每个梦中的形象都会激发不同的感觉强度，并且梦的各个部分乃至整个梦都具有不同的清晰度。梦中形象的感觉强度差异很大，既有非常强烈的，感觉已经强烈到超越了我们现实中的情感；也有非常模糊的，模糊到让我们无法感知。从某种程度来说，这种模糊性通常就是梦的典型特征，这种模糊跟现实中我们所能感知的任何模糊都无法相比。

对于那些梦中的模糊事物，我们的印象就是"转眼即逝的"；而对于那些清晰的事物，我们的印象就是体会了很长的时间。现在，我们面临的问题就是，到底是哪些因素决定了梦的内容中各片段的清晰度会有这样大的差异？

针对这一问题，我们先从那些必然会出现的某些假设开始。因为，梦的材料包含了一些睡眠状态时能体验到的真实感受，所以可以这样假设：这些真实的感觉，或者由这些感觉所产生的梦元素，因为特殊的强度，从而让它们在梦的内容中受到特别的强调。或者，也可反过来说，凡是特别清晰的梦都能追溯到睡眠时的真实感受。不过，根据我本人的真实体验，这一点从来没有被证实过。如果认为是因为睡眠中的真实感受（如神经刺激），导致了梦中各元素与来自记忆中的其他元素在清晰度上有所不同的话，这不是真实情况。也就是说，在决定梦中形象强度的各因素中，现实因素起不到任何作用。

还有人做出这样的假设：各个梦中形象的感觉强度（清晰度），跟其对应的隐藏含义中精神强度息息相关。对隐藏含义材料来说，精神强度就是精神价值，于是强度最大的元素也是最重要的元素，也就是隐藏含义的核心所在。前面我们说过，因为审查作用的原因，恰好是这些重要的元素无法通过审查作用进入梦的内容，对于一些由它们直接派生出来的元素，可能具有很大的强度，但并不一定就能形成梦的核心。通过对梦及其构成材料的研究和比较，这个假设也被否定了。

其实，梦的内容中元素的强度跟隐藏含义中元素的强度并没什么关系，隐藏含义材料和梦之间的真实状况可以用尼采说过的一句话来形容："一切精神价值的完全转换。"可能在梦中短暂呈现、被强力掩盖的元素中，我们才发现某个在梦念中占统治地位的直接派生物。

梦中各元素的强度是由两个相互独立的因素决定的。首先，我们看到那些用来表现愿望满足的元素通常都有特别高的强度；其次，精神分析的实践告诉我们，梦中最清晰的元素不仅是联想思路最为丰富的起始点，也是具有最多决定因子的元素。

第二点是经验性的判断，我们换一种形式来表述也不会改变其意义：在梦形成的过程中，那些需要进行大量浓缩作用的元素具有最大的强度。因此，我们希望最后能用一个单一的公式，将这两种决定因素和强度的关系表达出来。

在讨论上面的问题时，我们要注意一个梦特定元素的强度和清晰度，跟整个梦或梦中各个片段的不同清晰度混为一谈。前者所说的清晰度，是跟模糊性相对的；而后者所说的清晰度则是跟混乱相对而言的。

不过，不管怎样，这两种尺度在质上的增减是平行的。也就是说，一段清晰的梦通常都包含着强度较大的元素，而一段模糊不清的梦总是由强度较小的元素组成。然而，梦由清晰转向模糊或者混乱的尺度问题要比梦元素的清晰度问题复杂得多，这里对于前一个问题就不再讨论了。

在一些特殊的梦例子中，我们会惊奇地发现，有时梦的清晰度或模糊度跟梦自身的结构无关，而是由隐藏含义的材料所决定，并且本身也是隐藏含义的一个组成部分。

我自己就曾做过这样的一个梦，醒来后，我发现这个梦的结构很严整、很清楚，简直毫无瑕疵。于是，在我还没完全清醒时，我想该怎样介绍这类梦，它们好像不受浓缩和移置作用的影响，我将它称为"睡眠中的幻想"。不过，再进一步研究后发现，其实这类梦跟其他所有梦一样存在漏洞。于是，我选择放弃了"睡眠中的幻想"这个想法。

其实，这个梦的内容很简单，就是我向朋友讲述自己长期探寻的，困扰着我们的两性理论。当时，因为梦中愿望的满足给了我足够的力量，让我误以为这个理论是清晰的、完整的，以至于没有任何缺陷。于是，我认为梦是完整的这个判断，也不过是梦中内容的一部分而已，实际上还是主要的部分。

在半睡半醒时，梦的工作好像进入我刚刚睡醒时的思维，并且将其改装，让我以为我已经醒来并对这个梦进行分析判断，事实上这只是在梦中没有被准确表达出来的一部分隐藏含义材料而已，让我以为自己这是对梦作出判断。

我的一位女患者也做过一个类似的梦。刚开始因为太模糊和混乱她都不愿讲述这个梦，不过后来在反复强调自己并没有太大把握后还是告诉了我。她的这个梦里有好几个人，有她、她的丈夫，还有她的父亲。不过，她的梦很混乱，梦中根本不清楚哪个是她父亲，哪个是丈夫，可能她丈夫就是她父亲，也可能别人是她父亲。

不过如果将她的梦跟进行分析时联想的东西结合起来，就能得出一个明确的结论：她怀了孩子，但是不知道"谁是孩子的父亲"。

这个梦例证明了模糊性本身就是刺激材料的一部分，而一部分刺激材料的内容就是通过梦的形式来表现的。通常一些深埋心中的东西会通过梦的形式或做梦行为的形式来频繁地表现。

一般来说，对梦的解释或者看起来无害的评论，常常是为了掩饰梦中以微妙方式出现的那部分内容，尽管实际上是暴露了真相。

比如，有个梦者跟我说："梦的这部分已经被擦掉了。"最后通过分析却发现这是他童年时的一个回忆，当时他在偷听别人的谈话，而那个人刚好如厕后擦屁股。

还有人曾向我讲述了这样一个梦："我和 K 小姐一起走进一家公园餐厅……后来，我发现自己在一家妓院的大厅里，那儿有两三个女人，其中一个只穿着内衣内裤。"

经过对他梦的分析发现，K 小姐是他之前上司的女儿，他说这是自己妹妹的替身，但他很少有机会说话。不过，在一次谈话中，他们俩好像只是意识到彼此间性别的差异，他好像说了："我是男的，你是女的"这样的话。梦中出现的那个餐厅，他跟他姐夫的妹妹一起去过，而他对她并没任何兴趣。还有一次，他曾经陪他的妹妹、嫂子以及前面姐夫的妹妹三位女士一起经过那家餐厅，虽然她们都是女人，但他却对她们都没兴趣。他很少去妓院，至今也只去过两三次。

解析这个梦的关键之处就是"模糊部分"和"中断"，最后得出的结论就是：在童年时期，他因为好奇而曾偷窥几次他妹妹的生殖器。几天后，他终于回忆起梦中暗示的不良行为。

❧ 无法做任何事

同一晚上所做的所有的梦，从内容上看构成了同一个整体的不同部分；这些梦可以分多少段落，这些段落的组合以及数量都是有特别的意义的，可能的隐藏含义传达的部分信息。所以在分析由多个段落组成的梦，或者分析发生在同一晚所做的梦时，千万不要忽视这些可能性，这些分开的、连续的梦可能具有相同的意义，并且对于同一冲动的传达可以采用不同的材料。如果是这样的话，那么在这些有着相同来源的梦中，第一个梦常常是经过伪装的、最不清晰、最不可信的梦，而之后的梦则会越来越清晰可信，我们可以通过对后面梦的分析，推断出前一个梦的隐藏含义。

其实《圣经》中法老所做的关于麦穗和母牛的梦就是这类梦，这个梦在约瑟夫斯所著的《古犹太史》（第 2 卷第 5 章）中描写得更加详尽一些。

书中记载国王讲完第一个梦后说："当时我梦到这个恐怖的景色后便吓醒了，我就想这个梦意味着什么呢？结果想着想着又睡着了，于是我就又做了一个梦，这个梦比第一个梦还要怪异，让我更加不安和困惑。"约瑟夫听完国王讲述的梦后，说："我亲爱的国王，虽然您的梦看起来是两个，但其实它们表达的却是一个意思。"

荣格在《关于谣言的心理学》中提到一个女同学的梦，这是一个经过伪装的色情梦，不过这个梦被她的女同学看穿后，经过乔装打扮又卷土重现。荣格是这样解释的："在一系列的梦中，最后一个梦所表达的意思其实跟这个系列中第一个梦所要表达意思是一样的。只是因为梦的审查机制在不断工作，所以梦只能用象征去掩饰，通过移植作用将梦进行伪装。"

舍尔纳也觉察到梦在表现方式上的这个特点，他将梦的这个特点跟自己的机体刺激理论结合在一起，提出了一种特殊的规则。他说："在特定神经受到刺激所做的梦中，想象有一条普遍的规则：通常梦开始时，想象只用一些不太相关的画面进行暗示，但是到最后当这些画面都用完后，想象就会直接作用于刺激本身，不是简单粗暴地用相关的刺激器官去表示，就是用该器官的功能去表示，当梦由想象的画面转向刺激器官本身时，也就意味着梦要结束了……"

对于舍尔纳的这一观点，奥托·兰克在一篇名为《一个自我解析的梦》的论文中提供了一个完美的例子。他在论文中记录了一个女孩的梦，这个梦是同一个晚上做的，分为两个部分，中间隔开了一段时间，这个梦的第二部分是以性高潮结束。虽然这个女孩不再提供进一步的信息，但是这个梦也能很好地解析。这两个梦虽然表现形式不同，但是内容是一样的，只不过第一个梦表达得比较含蓄，第二个梦表现得很直接。兰克想用这个女孩的梦来探讨性高潮梦对梦的理论有什么意义，还是很有道理的。

不过根据我的经验，人们很少会利用梦中的材料自身是否具备明确性来解释梦的清晰度或混乱性。我将在后面解释一个在梦形成中还未提及的因素，这个因素对所有特殊的梦的清晰度或混乱性都有决定性的影响。

有时我们的梦开始一段时间后还会出现中断的情况，中断的原因"好像同时又到了另外一个地方，在那里发生了一系列的事"。以这种方式中断的梦，其主要情节在停止一段时间后还能继续进行，这个中断就像在隐意材料中插入一个从句。为什么会出现这样的情况呢？因为梦中隐藏含义中的从句是通过同时性来表现的，这就像"如果"（if）变成"当……时候"（when）一样。

我们梦中经常会出现动弹不得的感觉，这是一种近似焦虑的、被禁止的运动，它到底意味着什么呢？比如，梦中我们很想向前走，但却迈不开腿；想要做成某件事，却总是因为种种困难而无法完成；眼看火车马上就要开了，却怎么也赶不上；受了别人的欺辱，想要回击，就是举不起手来。像这样的例子举不胜举，它们到底意味着什么呢？

　　前面我们在分析裸露梦时提到过这种感觉，不过没有认真分析这种感觉的意义到底是什么？简单的解释就是：人在睡眠过程中经常会出现运动麻痹的状态，于是我们的活动就会受限，进而产生了这种现象。

　　不过，这种解释无法让人满意。为什么我们不是总梦到这种情景呢？我们可以给出的合理假设就是，在睡眠过程中，虽然这种感觉可随时被唤醒，有助于某种特殊方式的表现，但是只有在隐藏含义材料需要用这种表现方式时才会被唤醒。在梦中，这种"无法做任何事"并不一定作为一种感觉出现，它有时也是梦的内容的组成部分。

　　下面这个我自己曾经做过的梦能很好地解释上面我说的特殊的意义。简单介绍一下这个梦：

　　在梦中，我显然受到不诚实的指控。在一家私人疗养院和其他建筑物的混合的场所，有一个男仆过来叫我去接受检查。我知道是因为丢东西了，叫我过去接受检查也是因为怀疑我是小偷。因为我知道自己是无辜的，并且自己也是这里的顾问，所以我很坦然地跟在男仆后面。

　　走到门口时，我们遇到了另一个仆人，他看到是我后，说道："你怎么把他也带过来？他可是个受人尊敬的绅士啊。"然后，我就独自走进一个大厅，那里放满了很多机器，让我联想到地狱中的那些恐怖的刑具。

　　我还看到一位同事正躺在一个机器上，他肯定也看见了我，不过我却假装没看到他。然后有人告诉我可以离开了，不过这时我怎么也找不到自己的帽子，而且根本动弹不得。

　　很显然，这个梦的欲望满足就是我是个诚实的人，可以不用接受检查。因此，梦的隐藏含义中肯定存在各种抵制这一愿望的材料。比如，"我可以离开了"意思就是我是一个诚实的人。但是，在梦的结尾处发生了一些阻止我离开的事，这里可以认为，是那些被压抑的材料正在发挥作用。

我"找不到自己的帽子",其含义就是"你不是一个诚实人";而梦里的"根本动弹不得"则表示的是一种反对意见,也就是"不"。因此,我之前所说的梦不能表现"不"这个说法就是错误的。

在其他一些梦境中,"根本动弹不得"可能不是作为一种场景,而是作为一种感觉,是一种对同一矛盾的更强有力的表达,它表达的是一种对立意志强烈反抗的意志。所以,梦者运动受到阻碍的感觉其实表达的是一种意志的冲突。

后面我们将会提到,睡梦中出现的运动麻痹正好就是做梦时精神过程的基本决定因素之一。运动神经传导的冲动不是别的什么,而是一种意志力,而我们在睡眠中感受到的冲动受到阻碍的事实能更加清楚地表明意志与其自身的否定。

为什么意志受到阻碍的感觉跟焦虑如此接近呢?并且在梦中还经常跟焦虑联系在一起?因为焦虑是一种力比多冲动,这种冲动来源于潜意识,并且受到潜意识的抑制。所以,当梦中被禁止的感觉和焦虑联系起来时,它肯定会在一定时间内产生力比多的一种意志动作问题,也就是性冲动的问题。

对于梦中经常出现的"这不过只是一个梦",这句话代表的意义和精神价值,我们将在后面再讨论,目前我只能说这句话不过是为了贬低梦中的内容而已。

还有一个有趣的问题,就是梦中的一部分内容又被描述为"梦见的",也就是"梦中梦"之谜,斯特克尔在分析了一些典型的梦例后,在类似的问题上解决了"梦中梦"之谜。其实"梦中梦"也不过是为了贬低梦中事物的重要性,从而剥夺其真实性。

当梦者从"梦中梦"中醒来以后,梦的愿望就是要用从"梦中梦"醒来后又继续梦到的内容来代替已经被自己抹掉的事实。所以我们可以推断：梦中"梦到的"内容就是真实的回忆；相反，梦醒后继续做的梦只是梦者的愿望。因此，"梦中梦"所包含的事情应该是梦者希望根本就没有发生的事情。也就是说，梦的工作如果将某件事变成了"梦中梦"，那么就是对这件事的强烈肯定，明确证实了这件事的真实性。梦的工作将"梦中梦"作为一种否定的形式来使用，这又进一步证实了梦是愿望的满足这一观点。

第四节　有关于梦的表现力的思考

🐌 梦境的隐藏含义

到目前为止，我们的研究一直围绕在梦是怎样表现各隐藏含义材料之间的关系上。不过，在研究过程中，我们发现了一个更为深层的问题，即为了形成梦，那些隐藏含义材料又经历了哪些改造？这些改造的一般性质又是什么？

我们已经知道，这些隐藏含义材料在切断跟自身有关的大部分联系时，不仅要经受浓缩作用的改装，各种元素之间还会发生强度的转换，从而导致隐藏含义材料上的精神价值发生改变。

前面我们所考察的移置作用，只是为了促成浓缩作用而将一个特殊的观念跟另一个有着密切联系的观念相互置换。这种移植作用不是让两个元素都入梦，而是让一个介于二者之间的共同元素得以入梦。通过分析，我们还发现了另一种移置作用，这是我们之前不曾提及的。这种新的移植作用表现为有关思想在语言表达上的改变。

这两种移置作用都是沿着一连串的联想进行的，不过这一过程可以发生在不同的精神领域中。第一种移置作用带来的结果是某种元素被另一种元素替代了，而第二种移置作用带来的结果则是一个元素的语言形式被另一种元素的语言形式所替代。

在梦的形成过程中，第二种移置作用不仅在理论上具有重要的意义，而且还非常适合用来解释，梦在伪装自己时所用的想象是何其荒诞。通常，移置作用所展开的方向，是把隐藏含义中单调又抽象的表现，置换成形象又具体的形式。

这种置换的好处和目的是很明显的。对梦来说，形象化的东西就是一种能够被表现的东西，它可以直接出现在梦的内容中。在梦中，想要将一种抽象化的东西表现出来是非常困难的，就像要在报纸上将一个政治标题用一幅插图来表现一样。这种置换作用不仅有利于梦的表现力，也为浓缩作用和审查作用的实现提供了便利。

用抽象方式表达的隐藏含义是很难用于梦中的，但是一旦将它转变成形象化的语言，那么这种新的表达方式就会很容易跟其他隐藏含义材料建立联系，就算没有联系，梦的工作也会创造出联系来。这点，我们只要观察一下每一种语言的发展史，就能发现跟那些抽象词汇相比，那些具体的词汇更具联想性。

对于梦在形成过程中，那些中间性工作是如何执行的，我们可以这样想象：个别思想寻求适当的语言转路径，力求将那些分散的隐藏含义压缩，将它们变得简洁、统一。如果因为一些原因，某一个隐藏含义思想的表达方式被固定，那么这个固定就会在分配和选择两个层面对其他隐藏含义思想的表达方式产生影响。而且，可能从一开始就是这样的。

这跟诗的创作很像，如果要写一首押韵诗，那么该诗的第二行就会有两个限制：它既要表达出一个恰当的意义，还要跟第一行押韵。好的押韵诗，我们是看不到刻意寻求押韵的痕迹的。

在少数梦例中，表达方式的置换甚至可以协助梦的浓缩作用，用一种模糊的字眼表达出多个隐藏含义思想。这样，词语就可以为梦的工作服务了。在梦形成过程中，对词语所发挥的作用我们没必要大惊小怪。因为词语本身就是众多观念的交汇点，所以它本身模糊也是必然的。

在神经症（如强迫症、恐惧症）方面，它们也在尽情享受词语带来的好处，它们利用词语来达到浓缩和伪装的目的，跟梦相比它们利用得简直毫不逊色。我们还发现，梦的伪装也毫不客气地利用了这种表现方式的移置。

如果两个意思明确的词被一个模棱两可的词替代，那么肯定会生混乱。如果清醒生活中常用的表现方法被形象的表达方法所替代，那么，我们在理解时就会受到挫败，尤其是梦从来不会告诉我们它的元素到底是按字面还是按图形的意义来解释。还有，这些元素跟隐藏含义材料到底是直接发生联系，还是通过一些中介词语发生联系。

所以，在分析梦中的任何一个元素时，我们都要考虑到下面几个问题：

（1）它使用的是正面意义还是反面意义？（如对立关系）

（2）它是否能追溯到早期的记忆？（如回忆）

（3）它是否要做象征性的解释?

（4）它是否可以从字面意思来解释?

虽然词语有模糊性，但我们仍然要公正地说：我们必须记住，梦的工作的产物并不是要让人们理解的，它给解析者带来的困难，也没有超过古代象形文字对读者的困难。

前面我已经举过好几个这样的例子，它们都是利用模糊词语的结合来表现的。这里，我将再列举梦例来说明。在这个梦例中，抽象思想转化为图像起到了重要的作用。这类梦的解析方法和利用象征方法来解析梦之间的差异还是挺大的。在利用象征方法来解析梦时，解梦者可以任意选择象征化的关键线索；但是，在解析词语伪装的梦例中，其关键线索通常建立在大家已经知道的，并为日常所用的语言用法之基础上。如果，解梦者在适当的时候作了恰当的处理，那么他就能全部或部分地解析这类梦，甚至都不用依据于梦者所提供的信息。

这是我熟悉的一位女士所做的梦：

她在一家歌剧院里，那里正在上演一部瓦格纳的歌剧，一直持续到清晨 7 点 45 分才结束。在歌剧院的正厅里面摆放着一些桌子，人们围着桌子大吃大喝。她那刚度完蜜月的表哥和他年轻貌美的妻子也在桌子旁，在他们身旁还坐着一位贵族。好像是她表嫂在蜜月旅行时，将这位贵族带回来的，并且完全公开，就像带回了一顶帽子。

一座高塔矗立在正厅的中央，塔顶是一个平台，平台四周都用铁栏杆环绕着。有一个长得很像汉斯·里希特的指挥站在塔顶的平台上，他沿着栏杆不停地跑着，已经满头大汗了。他正在那上面指挥着下面的乐队。

她自己和她的女性朋友（我也认识）坐在一间包厢里，她妹妹想从大厅那边递给她一大块煤炭，因为她不知道它会有那么长，她现在肯定快冻僵了（好像长时间的演奏，包厢需要加热似的）。

虽然这个梦很好地将所有场景都聚集在一个地方，但是在其他方面却很荒唐，比如：矗立在大厅当中的高塔，在塔顶指挥乐队的指挥，还有她妹妹递给她的那块煤炭。这些都太不可思议了。

因为我对梦者有所了解，所以我不用依赖梦者就能对该梦的某些部分作出分析，所以没有要她进一步提供更多资料。我知道，她非常同情一位因精神失常而过早结束音乐生涯的音乐家。所以，我将正厅中的塔视为一个隐喻，隐喻着她希望那个音乐家能像汉斯·里希特一样，凌驾于自己的乐队成员之上。

这个塔是一个复合图像：塔的底部代表的是那个音乐家的伟大；塔

顶的栏杆代表着那个人最终的命运，他像一个囚徒或者笼中的困兽一样，在栏杆内团团转。这也是那个音乐家名字的暗示，他叫沃尔夫，是狼的意思。这两种观念最后合成了"疯人塔"这个词语。

找到解开这个梦的表现方式以后，我们可以按照同样的方式去尝试解释第二个看起来很荒谬的情节，就是她妹妹递给她一块煤炭。这里"煤"肯定代表了"秘密的爱"：

> 虽然没有火也没有煤，
> 却燃烧得如此疯狂。
> 那便是秘密的爱啊，
> 最终被埋葬。❶

她和她的女性朋友都没有结婚，不过她的妹妹却极有希望结婚，她妹妹之所以会递给她一块煤炭，是因为"她不知道它会有那么长"。梦里并没有交代，到底是什么那么长？如果它只是一个故事，那肯定指的是歌剧演出。不过，因为它是梦中的一部分，我们可以将它当作一个独立的实体，然后认真分析，这是一个模糊的表达，我们可以在这个短语前面加上"在她结婚之前"这些词语。

梦中还提到梦者的表哥和他的妻子正坐在正厅中，并且梦者还为她表嫂捏造了一段公开的恋情，这些都是对"秘密的爱"的解释。秘密的爱跟公开恋情是对立的，并且她的热情跟表嫂的冷漠也是对立的。这两种情况下都有一个"高贵的人"，这个词语同样也适用于那个贵族和那个音乐家。

---

❶ 译者注：此处为弗洛伊德时代德意志民间歌曲。

☙ 梦与视觉图像的表现力

通过上面的分析，我们发现在隐藏含义思想转化为梦的内容这个问题上，还有第三个因素，并且这个因素的作用不能轻视：梦会考虑它所使用的特殊精神材料的表现力——通常指的是视觉图像的表现力。

在依附于核心隐藏含义的各种附属思想中，那些可以用视觉图像来表现的会被优先考虑；对于那些难以加工的隐藏含义思想，梦的工作将全力以赴将它们改造成另一种语言形式，即使这个新的表达形式很怪异也无所谓，只要这个过程能促进那些隐藏含义的表达，并能解除或是减轻被约束思想所造成的精神压力。

将隐藏含义思想转换成另一种形式时，梦的浓缩作用也可能会被激活，并且还有可能跟第二个隐藏含义思想建立一种新的联系。事实上，这种联系本来是没有的，但是第二种思想为了跟第一种思想半途会合，可能早就改变了它最初的表现形式。

我们怎样观察，梦形成过程中隐藏含义思想是怎样转变成图像的呢？西尔伯勒曾用过一种方法，可以单独研究梦的工作因素。他注意到，每当自己在极困乏或疲倦状态下开展思考工作时，就会出现思维逃离的现象，脑海中却出现一幅图像。对这幅图像进行辨认后，他发现正是这幅图像代替了原来的思维。这里，我将引用西尔伯勒论文中著名的例子来讨论。

梦例一：我必须将论文中某些不通顺的地方修改一下。

象征：我看到自己正在将一块木板刨平。

梦例二：

因为我正计划行而上学方面的研究，所以我极力去回忆某些形而上学研究的目标。我认为，研究形而上学的目标是人们在追求存在的本质时会不断努力提升自己以达到意识和存在的更高形式。

象征：我将一把长刀插入蛋糕的下面，似乎是要切下一块蛋糕。

解析：持刀的动作代表着上面所说的"不断努力"，"持刀的动作"和"不断努力"之间有什么联系？请看下面深度解释。因为，在聚会时我的任务通常是负责切蛋糕，并将它们分给在座的每一个人。我喜欢用一把长长的、可弯曲的刀去切蛋糕，所以需要格外小心。并且将蛋糕切好后再取出来更是一项艰巨的任务，每一次我都要小心翼翼地将刀片塞进每块蛋糕下面（必须缓慢地"不断努力"，才能到达核心层面）。这个图像包含的象征意义远不止这些，这个蛋糕是一个"千层蛋糕"，所以切蛋糕的刀子要切过许多层面（这暗示着意识和思维有不同的层次）。

当我们仔细观察这一问题时，我们肯定会发现这个事实，那就是梦的工作在做这一类替代时，其实并没有什么新的创意。为了达到自己的目的❶，梦的工作只利用了潜意识中早就存在的路径，并优先将这些受压制的材料进行转化，在一些笑话和隐喻中也能意识到这些转换，在神经症患者的幻想中也有这些转换。

用自己的身体优先作为幻想对象，这不是梦的独有特征，也不是梦的唯一特征。我的分析表明，在神经症患者的潜意识思维中，这是一种很常见的现象，它源自人对性的好奇。对成长中的青少年来说，就是对异性和自己生殖器的好奇。

就像施尔纳和弗尔克特所主张的那样，房屋并不是专门用来象征身体的，不仅梦中这样，神经症患者的潜意识幻想也是这样。不过，我也知道，有些病人用建筑物来象征身体和生殖器（不过他们的性兴趣已经远超外生殖器的范围了）。在这些患者看来，柱子和圆锥体代表了腿（就像《所罗门之歌》中的那样）；每一扇门都代表着身体上的一个开口（也就是"洞"）；每根水管都代表着泌尿器官等。

---

❶ 原文注：在这些案例中是为了躲避审查作用阻挠，从而将隐藏含义表现出来。

还有，植物生命和厨房的观念通常用来做掩盖性的意象。关于植物生命的观念，从远古时代就已经有了很多比喻，比如，上帝的葡萄、种子，所罗门之歌中少女的花园等。厨房活动本身很纯洁，不过却可以让人联想到性生活中最丑陋和最神秘的部分。

如果我们忘记了那些最普通、最不起眼的地方恰好就是性象征的最佳藏身之地，那么我们根本无法了解癔症的症状。患有神经症儿童患者不能看到鲜血或生肉，或者看到鸡蛋和通心粉就呕吐不止；还有神经症患者对蛇的畏惧比正常人夸张很多，等等。其实，所有这一切的背后都隐藏着性的含义。

神经症患者采用这类伪装的途径，正是沿着人类早期文明的旧路，虽然现在那些旧路已经不见了，但是我们可以从语言的惯用法、迷信、风俗习惯等方面找到一些证据。

这里我兑现自己的诺言，补上前面那位梦见"花"的女患者的梦。提示一下，这位患者梦见跟性有关的内容我都会用括号加以强调。不过，当患者知道自己的梦代表什么之后，就再也不喜欢这个梦了。

前梦：她走到厨房里的两位女仆面前，斥责她们怎么还没把饭做好。这时，她看见一堆碗碟都堆放在厨房里，这些碗碟的所有开口都向下，正滴着水，等着晾干。

后来她梦到那两个女仆去打水，她们好像淌过一条紧紧环绕房子的河，这条河离房子非常近，都快流进院子里去了。（根据前面的论述，可以从"因果"关系来理解这个前梦，将它看作一个原因从句。）

正梦（表现其人生历程）：她从一个高高的地方爬下（出身高贵，这个愿望正好与前梦相反），翻过一排全是小方格架子构成的栏杆或栅栏，奇怪的是这些小方格又组成一个大大的方块（这是一个复合形象，里面包含了跟弟弟玩耍的父母家中的阁楼，还包含了一位经常作弄她的坏叔叔家的院子）。像这样的地方肯定不好攀爬，她担心自己的脚根本没地方可放，不过很幸运她爬了过去，并且裙子也没被任何东西钩住，所以她走得很有风度（这个愿望跟真实记忆正好相反，记忆中她总是在坏叔叔家的院子中脱掉衣服睡觉）。

往下走的时候，她手里开始拿着一根很大的树枝（就像圣母玛利亚画中的那个手拿百合，宣称耶稣诞生的天使），这根树枝大得就像一棵枝叶茂密的树，上面开满了大红的花朵（这是一个复合形象，其解释参考前文：贞洁、月经、茶花女）。开始觉得这些花是樱花，不过它们看起来又像重瓣的山茶花，但是山茶花不长在树上啊。

在她往下走的过程中，手里的树枝突然由一根变成了两根，后来又变成了一根（暗指她的幻想涉及多个人）。后来，当她走到下面时，树枝下面的花基本掉完了。

她看到一名男仆手里也拿着一棵这样大的树，好像他还在梳那棵树。怎么说呢？好像他用一根木棒将树身上覆盖的厚厚的像苔藓一样的毛发弄下来。还有一些工人则将花园中类似这样的树枝都砍下来，随便往旁边一放，很多人来拿。于是，她就问这样做可以吗？她是不是也可以拿走一根（意思是她是不是也可以掰下一根，暗指手淫）？

花园里还站着一位年轻的男子（虽然风格熟悉，不过却是个不认识的人），于是她走了过去，问他怎样才能将这种树枝种到自己家的花园中（树枝象征男性生殖器，这里还暗示她的姓氏）。那个人一把抱住她，她反抗，并问他想到哪里去了，为什么要抱她？那个男子却说这是被允许的（这里的内容和后来的内容跟婚姻中的注意事项有关）。

后来，那男子邀请她到另外一个花园中去，他会告诉她怎么移植树枝，还说了一句让她不是很明白的话："原本你就欠我三米（她后来更正说平方米）或三立方米的地。"好像这位男子在向她索要帮忙的回报，可能是想从她的花园中得到一些补偿，也可能是想逃避某项法律，他既能得到好处，她也没什么损失。最后她也不记得那男子到底教没教她移植方法了。

这是一个"自传梦"，里面的象征元素也很清晰。在精神分析中能经常看到这类梦，除此之外就很少见到了。

我当然收集了很多这样的梦，但是怎么描述这类梦就会涉及一些神经症的关键问题。不过不管怎样，我们都可以得出一个这样的结论：心灵在梦的工作中并没有特殊的象征活动。因为在我们潜意识思维中已经完成的象征活动具有很强的表现力，它们不用再经过审查机制的审查，就达到了生成梦的条件。

第五节　梦的象征表现：更典型的梦例

❧ 梦中的性意义

随着精神分析领域的经验越积越多，我发现，患者也能直接理解那些梦中的象征。因为，能理解梦中象征的大多是早发痴呆症患者，以至于有一段时间，我以为那些能理解象征性梦的梦者都可能患有早发痴呆病。不过，事实并非如此，这种直接理解力只涉及个人的天赋或秉性，并不具有明显的病理意义。

当我们了解到梦常常用象征来表达性材料后，肯定会产生这样一个问题：这些象征，是不是跟速记符号那样具有永久的固定意义呢？如果是，那么我们就可以根据编码原则去创作出一本"梦书"了。不过关于这一点，我在此申明一下：这种表现了潜意识观念的象征作用并不是梦独有的，在民间一些想象活动中都能看到。比如，在民俗、神话、传说、典故、谚语和民间一些幽默故事里都能找到这种象征作用。

所以，如果我们为了解释清楚象征的意义，对那些多如牛毛并且大多未解的有关象征的问题进行探讨的话，将远远超出解梦的范围。在此我想说，象征只是梦众多间接表现方式中的一种，并且种种迹象也在警告我们，要注意分辨象征性的显著特征，将它与其他间接表达方式区分开来。

在很多情况下，我们能很明显地看出象征符号与它所代表的事物之间的共同点；但是，在有些时候却很难发现它们之间的共同点，这时就会造成象征的选择疑虑重重。但是正是因为后一种情况的存在，才阐明了象征关系的终极意义，我们才能由此推断出象征关系具有遗传发生学的意义。

今天那些具有象征关联的事物，也许在史前时代就是以某种概念或语言上的统一性而结合在一起，象征关系就像是一种遗迹，就像是一种一致性的标志。我们可以看到，很多时候，正如舒伯特指出的那样，人们使用共同的象征比使用共同的语言还广泛，并且很多象征的形成跟语言一样悠久，当然也有一些是后来不断生成的，如"飞艇""齐柏林"等。

梦就是利用这些象征来曲折地表现它的隐藏含义，并且很多象征已经习惯性地或者基本习惯性地用来代表同一事物。不过，我们还记得梦中精神材料具有独特的可塑性。我们常常看到，在梦中，一个象征不能用其象征性去解释，而必须用它的本意去解释；不过，有时梦者可从自己的记忆中获取力量，将一些跟"性"无关的事物当作"性"的象征。如果梦者有机会从多个象征中进行选择的话，那么他肯定会选择跟其他隐藏含义主题相关的那个象征。这也就意味着，解梦时除要考虑典型适用外，个人动机也不能抹杀。

自施尔纳时代以后，人们已经承认了梦的象征作用，不过我们也发现，虽然梦的象征有利于我们解梦，但也因此增加了解梦的难度。当梦中出现了象征元素，如果我们在解梦过程中，只是利用梦者的自由联想去分析，那么解梦工作肯定以失败而告终；如果我们重新回到古代解梦者的那种斯泰克尔式的随意判断，那么又不科学。

所以，如果在解梦中遇到象征元素时，我们只能采取一种联合的技术：一方面依靠梦者的自由联想；另一方面还要依靠解梦者的象征知识，让这些知识去弥补梦者联想的不足。在处理象征问题上，我们除小心谨慎外，还要必须对特别清晰的梦例进行详细的研究，这样才能反驳有人对解梦随意性的批判。

作为一名解梦者，我们在解梦过程中还存在很多不确定性，造成这种不确定的原因主要有两方面，一方面是因为我们知识的欠缺，不过随着研究工作的继续，我们的知识可以不断累积；另一方面则是因为梦中象征元素自身的特性造成的，这些象征元素经常是模糊的，其意义常常不止一种，就像中文的手稿那样，往往需要联系上下文才能得到正确的解释。梦中的象征之所以模糊不清，主要跟梦允许被"过度解释"有关，也就是同一个梦可以表达在本质上区别很大的思想和愿望。

虽然梦的象征有诸多限制和异议，不过我还是要继续讨论下去。接下来将举一些例子。

皇帝和皇后（或国王和王后）通常代表梦者的父母，而王子或公主通常代表梦者自己。不过，因为伟人跟皇帝一样也拥有崇高的权威，所以在一些梦里，伟人也代表着父母。比如，歌德在有些梦里就代表了父母。

所有长条形物体，如手杖、树干、雨伞等，都可用来代表男性生殖器。还有一些长而尖锐的武器，如刀、匕首、矛也代表男性生殖器。此外，还有一些常见但是不好理解的物体也代表男性生殖器，比如甲锉，可能是因为它可以上下摩擦的缘故吧。像箱子、盒子、橱柜、炉子，以及所有中空的物体、船和各种器皿，都代表了女性的子宫。

梦中出现的房间，通常用来指代女人。如果梦中总是在房间里进进出出，那么肯定代指女人了。从这点来说，那么也就能理解梦中对房门是"开着"还是"锁着"感兴趣了，至于开锁的钥匙代表什么，也就不必再说了。

梦见自己穿过一套房间，代指逛窑子或者走进后宫。不过，根据萨克斯所列举的几个梦例，它也可能代表婚姻。

如果梦者在梦中发现一间房变成了两间，或是发现原来熟悉的只是一间房子，但是在梦中却变成了两间，或者情况正好相反，两间变成了一间，那么这肯定跟他童年时期对性的好奇有关。因为童年时期，女性的生殖器和肛门被当成一整个区域——下部，长大后才发现，这个区域包含了两个不同的洞口。

如果梦见台阶、梯子、楼梯或者在上面走上走下的，这都是对性行为的象征表示。

如果梦者梦见自己正在光滑的墙壁上攀爬，或者从上面滑到房屋的正面，常常感觉很害怕，那么这些墙壁和正面代表的就是矗立的人体。这可能是儿时记忆的重现，因为小时有爬到父母或保姆身上的情景。"光滑"的墙壁指的是男人，梦者因为害怕，常常会紧紧抓住房屋正面的"凸出物"。

各种桌子，包括餐桌、会议桌等，则代表着女人，这肯定是因为对比的原因，把身体上的隆起象征故意抹去了。从语言学的联系来看，"木材"（wood）常常代表女性"材料"（material）。在葡萄牙语中马德拉岛（madeira）是"木材"的意思。因为"床和桌子"是婚姻的必备品，所以梦中桌子常常替代床出现，这样一来，跟"性"有关的观念就被跟"吃"有关的观念替代了。

而衣着方面，女人的帽子常常代表生殖器，并且通常是指男性生殖器。外套（德语为mantel）也是一样，只是不能肯定在这个象征中发音起了多大的作用。

在男人的梦中，领带常常象征着男性生殖器。原因不仅仅是因为领带具有长而下垂的特征，而且还因为这是男性所特有的，男人可以根据自己的爱好去选择，不过这个象征的本体——男性生殖器却是天生的，是无法选择的。梦见这种象征的男人，通常在现实生活中会对领带情有独钟，并且还会大量收集它们。

在梦中出现的那些复杂器械或器具，往往代表着生殖器官，并且通常都是男性生殖器。在描绘这些事物时，梦的象征作用像诙谐作用一样卖力。毫无疑问，像各种武器和工具，比如犁、锤子、来复枪、手枪、匕首、军刀等都代表着男性生殖器。

而梦中出现的风景，特别是带有桥梁和草木丛生的小山头，都是代表着生殖器官。在马西诺夫斯基发表他所收集的一组梦中，梦者用图画表现了梦中的风景好地点，这些画中可以轻易地将梦的内容与隐藏含义区别开来。粗略地看，这些画好像就是一些设计图、地图之类的东西，不过仔细观察后会发现，它们代表着人的身体、生殖器等。我们只有从这个角度去看，才能理解这些梦。

解梦时如果遇到一些无法理解的新词语，我们可以从它是否包含了性意义的成分方面去考虑，可能会解开疑惑。比如，梦中的儿童也可能代表生殖器，因为不管男人还是女人都习惯将自己的生殖器官称为"小东西"。梦中跟小孩玩耍或打他，通常都代表着手淫。

在梦中，秃头、剪发、拔牙和砍头等都是阉割的象征。如果在梦中，某个通常代表男性生殖器的物体出现两次或者两次以上，则表示梦者对阉割实施的防备。梦见蜥蜴也有同样的意义，因为蜥蜴的尾巴在断后还能再长出来。

🐌 性行为与解梦

在一些神话和民间传说中，有很多动物代表着生殖器，如鱼、蜗牛、猫、鼠（因为阴毛）等在梦里也具有同样的意义，特别是作为男性生殖器象征的蛇。

通常小动物、小虫子则代表小孩，比如代表自己讨厌的弟弟妹妹。若在梦中小虫缠身则代表了怀孕。

值得一提的是，梦中还出现了一种新的男性生殖器象征物，就是飞艇，因为它跟飞翔有关，有时也跟外形有关。

斯泰克尔列举了很多象征，并用梦例加以说明，不过有些并没有被充分证明是正确的。斯泰克尔在其著作中收集了很多对象征的解释，尤其是那本《梦的语言》收集得最全面。

其中一些解释就很有见地，也已经被证实是正确的，比如关于死亡的象征就是。不过，他缺少批判精神，并且还想将一切都囊括进来，这让人不得不对他提出的其他解释的正确性产生怀疑，或者完全否认他所有的解释，所以，在接受他的解释之前要多加注意。所以，我也只引用他的几个例子。

斯泰克尔认为梦中的"右"和"左"具有道德意义，通常"右边的路代表着正当之路，而左边的路则代表着罪恶之路。所以，'左'代表着同性恋、乱伦、性倒错；'右'则代表着结婚、嫖娼等，不过左右到底代表什么还跟梦者个人的道德标准有关。"

此外，斯泰克尔认为梦中的亲属是生殖器的象征。对于这点，我只能证明梦中的儿子、女儿或妹妹具有这样的含义。不过，在其他梦例中我也曾遇到过例外，比如姐妹象征着乳房，兄弟象征着巨乳。

斯泰克尔认为，梦中赶不上车的场景表达了梦者对无法弥补的年龄差距的悔恨，因为旅行所带的行李象征着罪恶的负担，这沉重的负担能将人压倒。

斯泰克尔认为梦中经常出现的数字也有其固定的象征。虽然在个别梦例中他的这种解释有些道理，但并不是对所有梦例都有效，所以他的这种说法不科学。数字"3"已经多次被证实象征着男性生殖器。

斯泰克尔还提出生殖器象征通常都具有双重含义。他说："有哪个象征（如果想象允许的话）不能同时用在男性性器官和女性性器官上呢？"实际上，想象通常并不总被允许，所以括号里面的条件已经将他的结论否定了。

根据我以往的经验，我认为斯泰克尔的这个观点不正确，关于这点我觉得有必要解释一下。虽然很多生殖器象征既代表男性性器官，又代表女性性器官，但是还有一些象征主要或完全仅代表一种性别，此外，还有一些象征明确地只用来代表男性或女性。

比如，想象不会将长而尖的物体或武器当作女性生殖器，也不会将空箱子、盒子、罐子等物体当作男性生殖器。

儿童时期，孩子并不知道男女有别，以为男女都具有一样的生殖器，以致梦和潜意识具有双性性欲象征的倾向。不过，不要忘记在有些梦中还会出现性倒错现象，就是男性变成了女人，女人变成了男人。如果没有排除这些可能，就认为性器官的象征具有双性意义，这是不严谨的。这种梦想要表达的就是女性变成男性的愿望。

其实，生殖器还可以用身体的其他部位来表示，比如手和脚代表男性生殖器，而嘴、耳朵甚至眼睛则代表女性生殖器。此外，人体分泌的液体，如黏液、眼泪、尿液、精液等在梦中可以相互替代。

斯泰克尔的这个观点基本是正确的，不过赖特勒尔还是毫不留情地批评了他。赖特勒尔认为具有重要意义的分泌物——精液，已经被无足轻重的分泌物替代了。看来，这种批评也有一些道理。

虽然这些提示很不完整，但我希望能带动更多的人投入这项研究中。关于梦的象征问题，我在《精神分析引论》一书中做了详细的讲解。

下面，我要列举几个例子来说明这些象征作用在梦中的应用，目的是告诉大家，如果不承认梦的象征作用，那么我们无法将梦解释清楚，并且很多情况下他不得不接受梦中的象征作用。

不过，我们绝不能因此而夸大解梦过程中象征的重要性，以至于将解梦的工作局限于对象征的分析，从而放弃了解析梦者联想的解梦技巧。解梦工作的这两个解析工具——象征和自由联想是相辅相成的，不过无论从理论还是实际来讲，还是自由联想方法占首要位置，也就是说梦者的评论起着至关重要的作用，而对象征的分析只是解梦的一种辅助手段。

梦例一：帽子象征的是男人（或男性生殖器）

（这是一位年轻女士的梦，她因为害怕成了旷野恐惧症患者。）

炎热的夏天，我走在大街上，头上戴了一顶奇怪的草帽，草帽的中间向上翘起，帽檐两边则下垂（讲到这里，她有些犹豫不决），而且一边比另一边下垂得更厉害。我很高兴，并且充满了自信，当我从一群年轻的军官身边经过时，我心想：'你们谁都伤害不到我！'

分析：因为她想不起来任何跟梦中的帽子有关的联想，于是我提示她：帽子肯定代表男性生殖器，你看它中间翘起，两边下垂。可能你会觉得用帽子代表男性生殖器有些奇怪，但是你肯定听过这样一句话"找一个丈夫（Unter die Haube Kommen 字面意思是'到帽子下面去'）"。

虽然帽子两边下垂程度不同这个细节才是解梦的关键，但是却有意没对她解释。我继续解释道，因为她丈夫的生殖器是如此完美，所以她就不必害怕那些军官了——她不用从他们身上得到什么东西。因为她有受诱惑的幻想，通常情况下，如果没有人保护或者陪伴，她自己不敢单独外出。我已经根据一些其他材料对她的焦虑做过多次像上面那样的解释。

听完我的解释，梦者的反应很值得注意，她表示要收回关于帽子的描述，并坚称自己没有提到过帽子两边是下垂的。但我坚持认为她说过这样的话，并没有因为她的反悔而改变自己的立场。后来沉默一会儿后，她终于下定决心，问我她丈夫两边的睾丸一高一低意味着什么，是不是别的男人也是这样？到这里，梦中帽子特殊的细节就得到了很好的解释，这也说明她接受了我的这个解释。

当我听到患者的这个梦时，我就已经知道帽子的象征意义了。在其他模糊梦中，我猜测帽子有时也代表女性生殖器。

梦例二：建筑物、阶梯、井穴代表生殖器

（这是一位年轻男子的梦，该男子受到了父亲情结的禁制。）

他和父亲正在某个地方散步，那个地方应该是普拉特公园，因为他看到了那个大圆厅，圆厅前面是一间小屋，其上系着一只捕获来的氢气球，不过气球看起来很松瘪。父亲问他这些都是做什么用的，虽然对父亲的问题很奇怪，但他还是给出了解释。后来，他们来到一个院子，里面铺着一大块金属薄片，他父亲想要撕下来一块，于是他先四处打量了一番，看看周围是否有人在注意他。他告诉父亲，只要跟门卫打一声招呼就可以直接拿走一块。院子里，有一条石阶通向一个井穴，井穴的四壁由一些软垫遮护着，像是一个皮座椅。井穴的尽头有一个长形的平台，平台的后面又连接一个井穴……

分析：该梦者是那种治疗效果不明显的类型，治疗开始时，他对精神分析毫不抗拒，不过到了某个节点分析工作将很难再走进他的内心。对于这个梦，他完全是自己解释的："大圆厅代表了我的生殖器，前面

捕获的氢气球就是我的阴茎，不过对于它的疲软我很不满。"

如果再深入分析下去，我们可以把大圆厅解释为臀部（孩子通常把臀部看作生殖器的一部分），前面的小屋代表着阴囊。梦中，他父亲问他这些都是做什么用的，等于是问他生殖器都有什么功能和作用。其实，这个情景应该倒过来，应该是由他来问他父亲这个问题，因为现实生活中他从没问过父亲这样的问题。于是，我们可以把这当作隐藏含义的愿望，或是将它看作一个条件从句："如果我曾让父亲给我解释性的问题……"根据这个假设，我们马上在梦的另一部分中发现这个思想的连续。

对于那铺满金属薄板的院子，我们不能从象征的角度去解释，其实它来源于他父亲的营业场所。出于保密的要求，我用"金属薄片"替代了他父亲真正经营的商品，不过对于其他表述我并未做任何修改。

当梦者加入了父亲的企业后，他对父亲用不正当的手段赚钱极为不满。因此，上面分析的隐藏含义应该这样连接下去："（如果我问他）他肯定会像欺骗他的客户那样来欺瞒我。"至于梦中他父亲要撕金属薄片的行为，则象征着不诚实的商业行为。

不过，梦者自己对这一行为的解释是：代表着手淫。这个解释前面我们已经介绍过，也是很符合梦境的，手淫的隐秘性通过相反的观念表现出来（人们可以公开这样做）。这样的话，正如我们所想的那样，手淫行为被移植到他父亲身上，这跟梦中提问的场景一样。梦者之所以果断说井穴代表阴道，是因为考虑到井穴壁四周覆盖着软垫。根据我从别的地方得出的结论，出入井穴是性交的象征。

对于井穴的尽头是平台、平台后有井穴，梦者给出了自传式的解释。原来，他曾经有过一段长期的性生活，不过后来因为某种障碍而被迫中断了，现在他希望通过治疗能好起来。在梦到结尾时，开始变得模糊起来。但凡熟悉这些事情的人都会看出，另一个主题已经开始在第二个梦境中发挥作用了：像父亲的事业、他的欺骗行为，以及第一个象征阴道的井穴，都暗示这些跟梦者的母亲有关。

梦例三：楼梯的梦

（以下由奥托·兰克报告和解释。）

我沿着楼梯跑着，去追一个小女孩，肯定是她做了什么错事，我要处罚她。小女孩跑到楼梯底部时，被一个人（一个成年女性）截住了，我终于抓到了她，不过却不记得到底有没有打她。因为我忽然发现自己在楼梯中间跟小女孩性交（还像飘浮在空中一样）。其实，这也不是真正的性交，因为我只是用自己的性器官摩擦她的外生殖器，我异常清楚地看到她的生殖器和她仰头向侧面看的样子。

在这一性行为过程中，我看到在左上方挂着（好像也是悬浮在空中）两幅小画，这是两幅风景画，描绘的都是绿树环绕的房屋，并且在较小那幅画的下端画家签名的地方写的却是我的教名，好像是送我的生日礼物。在这两幅画的前面还挂着一张字条，大意是还有更便宜的画作。（后面的内容就不太清楚了，我隐约看到自己正躺在楼梯平台的床上）最后，我因为遗精的潮湿而醒了过来。

分析：在做梦那天晚上，梦者去了一家书店，在排队付款时，他看了一些画作，跟他梦中两幅的景象很相似。他对其中的一小幅画很感兴趣，就走近了去看是谁画的，但作者却是一个他没听过的名字。

然后，他又参加了一个聚会，在会上他听到一个有关风流波西米亚女佣的故事，那个风流女佣曾向人炫耀自己的私生子是在楼梯上孕育的。梦者对这一耐人寻味的细节进行了详细的打听。原来，这个女佣将她的情人带回了她父母的家，因为没有幽会的机会，她的情人异常激动，于是他们就在楼梯上偷情。当时，梦者还添加了一个讽刺掺假酒的俏皮话，说那孩子确实是"在地窖楼梯上酝酿"出来的。

🦋 梦境中的象征性

当天的这些经历萦绕在梦者的脑海里，强烈要进入他的梦中，所以梦者很容易就能将它们复现。不过，根据梦的机制还需要一段童年的回忆才行。梦中的楼梯是在梦者度过大部分时间的老屋中，而且在那里的楼梯上，梦者第一次有意识地接触到性的问题。

那时，他经常在楼梯间玩耍，有时会骑在楼梯的扶手从上往下滑，他从中感受到了一种性的刺激。在他这个梦中，也是同样迅速地冲下楼梯，根据他清楚的描述，冲下去时是没有碰到台阶的，就跟"飞"下来或者"滑"下来一样。如果结合童年时期的经历，那么梦开始就带有性刺激的因素。

梦者也曾和邻居家的孩子们一起，在自家的楼梯和相邻的屋里玩过跟性有关的游戏，并且采取跟梦中一样的方式得到欲望的满足。

根据对性象征作用的研究，我们知道梦中的楼梯和上楼通常代表着性交。知道这一点后，这个梦就很明显了。其实它的动机就是纯粹的力比多，正如它的结果显示的那样——遗精。在睡眠中梦者产生了性兴奋，这可从他从楼梯上冲下来、滑下来表现出来，这种性兴奋的施虐特质基于儿童时期的打闹嬉戏，这可从在梦中以追逐和制服那个小女孩表现出来。

由于力比多的兴奋增强，最终促成性行为的发生，在梦中表现为捉住小女孩并将她带到楼梯中央。直到这里，这个梦中的性意味都是纯粹象征性的，对于这点，可能没有什么经验的解梦者是完全不能理解的。但是，因为力比多兴奋的强度，这种象征的满足还不足以让梦者满意，于是在性刺激不断加强后终于达到了性高潮，从这可以看出，整个楼梯是象征性交的。弗洛伊德之所以认为上下楼梯代表性交，其中一个原因就是二者动作都具有律动性的特征，这个梦也很好地说明了这一点：因为梦者特别强调，在整个梦中最清晰的元素就是性行为和上上下下动作的节奏。

关于那两幅画，除了它们原有的意义之外，我还想补充一下，它们还象征着"女人"，一个很明显的表现就是它们是一大一小两幅，这正如梦中出现的一大（成年）女人和一个小女孩。至于那句"还有更便宜的画作"象征着娼妓情节；还有较小那幅画上签着梦者的教名，梦者认为这是给他的生日礼物，这象征着父母情结。

在梦结尾处，模糊中梦者看到自己可能躺在楼梯平台的床上，还感到了潮湿，这可以追溯到梦者比童年手淫期还要早的时期，原型可能是那时尿床的快感。

梦例一：真实的感觉和重复的表现

该梦来自一位 35 岁男人讲述的他在 4 岁时所做的梦。他记得很清楚：一天，那个被委任管理他父亲遗嘱（在他 3 岁时父亲就去世了）的律师带来两个大梨，他把其中一个吃了，把另一个放到卧室的窗台上。第二天醒来后，他坚信梦中的所见都是真的，于是非要他母亲把剩下的那个梨给自己。他母亲当时觉得这个太好笑了，梦中的事情怎么能当真呢？

分析：那位律师是一位很开朗的老绅士。在梦者的印象中，他确实有一次带了些梨子过来。窗台也跟他梦中所看到的一样。除之前不久他母亲告诉过他一个梦外，其他事情都跟这个梦没有关系。他母亲说她梦到有两只小鸟停在她头顶上，她心里暗想这两只小鸟什么时候才能飞走呢？结果不仅小鸟没飞走，其中一只还飞到她的嘴边并吮吸起来。

因为梦者再也联想不到什么事情了，于是我们只能尝试用象征代替的方法来解释这个梦。那两个梨子代表着他母亲曾经哺育过他的一对乳房，窗台象征着前突的前胸，这个象征跟梦中房子的阳台一样。

为什么他醒来后，真实感还是那么强烈？因为他母亲给他哺乳的时间远远超过一般的哺乳时间，很大后他才断奶，所以母亲的乳房对他很有用。这个梦可以这样解释："妈妈，再让我看看（再给我）那个我以前吸吮过的乳房吧。"在梦里用他吃了一个梨代表"以前"，而向他母亲要另一个梨则是通过"再"来表示的。一个动作在时间上的重复，通常在梦中是用某种物体在数量上的增加来表现的。

一个才 4 岁的小孩，在梦中已经会用象征作用了，这很让人惊讶，不过这也并不是什么特例。我们可以肯定，梦者从会做梦开始就能使用象征作用了。

梦例二：正常人梦中的象征作用问题

精神分析的反对者们，经常用来反驳精神分析的一个理由就是：梦的象征或许只是神经症患者的产物，正常人身上不会产生。这一点最近也得到了哈夫洛克·埃利斯的认同。

不过，精神分析的研究成果却表明，其实正常人和神经症患者的精神生活并没有质的区别，两者不过是在量上有差距而已。而且，通过对梦的研究分析我们也能看出，不管是在正常人那里，还是在精神症患者那里，被压抑在潜意识中的那些情结所发挥作用的方式是相同的，两者的运行机制和象征作用也完全一样。

通过对正常人和神经症患者所做梦的比较，我们发现，正常人的梦内容更加简洁，意义更加清晰，象征也更加具体；但是，在神经症患者的身上，因为审查作用更加严格，导致梦的伪装也更加广泛，所以对象征的解释也就更加艰难和勉强，所以象征作用也就变得模糊而难以解释了。我们还是用梦例来说明这一事实吧。

这是一个女孩的梦，这个女孩并没有患神经症，不过性格有些拘谨和保守。在跟她的交谈中，我得知她已经订婚了，不过因为某些原因，他们的婚期不得不延后。她亲口向我讲述了下面的梦。

"为了庆祝生日，我在桌子的中央布置了一些花朵。"这是她在回答我的一个问题时告诉我的，她说梦中她好像是在自己家里（她现在已经不住在那里了），当时有种很幸福的感觉。

通过象征作用的惯用解释，即便没有梦者的协助，我也能解释这个梦。这是梦想渴望做新娘的愿望的表达：桌子以及中央摆放的花朵代表着她自己以及她的生殖器。她表现的是对未来的愿望，因为她已经想到了要孩子，所以在她的意识里以为自己已经结婚很久了。

我跟她说"桌子的中央"是一个不寻常的表达，她认同了，不过在这里我并没有直接继续问下去，并小心翼翼地不去暗示她这个象征的意义，只问了问对于梦中别的内容，她有什么联想。

随着分析的展开，她对分析过程也越来越有兴趣，拘谨也慢慢消失了，话题的严肃性让她也变得坦率起来。

当我问她桌子上摆放的是什么花时，她最开始的回答是"一些贵重的花，人们需要为它付出代价"，然后她又说那些花是山谷百合、紫罗兰、石竹花或麝香石竹。我说，"百合"在梦中出现，通常象征着纯洁，她认同了我的观点，因为她对百合的联想也是纯洁。我又告诉她，在梦中"山谷"通常象征着女性。将这两个象征的名词结合在一起就是"山谷百合"，从而成为一种象征，是一种可以用来象征她贞洁可贵（贵重的花，人们需要为它付出代价），同时也表达了她对她未来丈夫的期望，希望他能真正明白她的价值。

接下来我们将分析，"贵重的花"这句话在三种不同的花那里，都分别代表了什么样的含义。

表面上看，"紫罗兰"（violets）跟性似乎无关，不过我觉得，这个词从潜意识上可以追溯到法文"viol"（强奸）一词的隐秘含义。让我感到惊讶的是，梦者从紫罗兰联想到的词是"violate"（强暴）这个英文词。梦利用了"violet"和"violate"之间的相似性（它们除最后字母的重音不同外，其他都相同），通过"花的象征"来表达梦者对于"破处"（利用花）这一暴力行为的看法，这也暴露出她性格上受虐的特点。

这是一个很好地利用词语连接从而通到潜意识的例子。"需要为它付出代价"指的是要成为妻子或母亲，必须付出贞操的代价。

对于她说的"石竹花"，后来又改口"麝香石竹"，我把这个词跟"肉体的"（carnal）一词联系起来。但梦者说她联想到的却是"颜色"这个词。她补充道，"石竹花"是她未婚夫送她次数最多的花。

在谈话接近尾声时，梦者突然主动坦白，前面她没有说真话，其实她想到的不是"颜色"，而是"肉体化"（incarnation）一词，这正是我所期待的。这里补充说一下，其实即使联想到的是"颜色"也没有离题，它是受"肉色"的意义决定的，也就是说它们是由同一情结决定的。

梦者在这一点上试图隐瞒，这说明阻抗最大的地方，也是象征作用最明显的地方，也是力比多与压抑作用最强烈的地方，即男性生殖器这个主题是斗争最为激烈的地方。对于梦者提到的她未婚夫常常送她花，梦者的理解是它不仅意味着"肉色"一词的双重意义，也暗示了它们在梦中的男性生殖器的意义。

☙ 梦中的暴力与童贞

现实生活中未婚夫送花的情景，被梦用来表达一种性礼物的交换：她把童贞当成一份礼物送出，期望得到充满感情的性生活作为回报。这样看来，"贵重的花，人们需要为它付出代价"这句话无疑也有金钱上的含义。所以，在这个梦里，花同时代表了女性的童贞、男性力量，并且还暗示着破坏童贞的暴力色彩。

前面我们已经说过，用花作为性的象征，在其他方面也是很常见的，因为盛开的花朵是植物的性器官，所以可以用来象征人的性器官。也许，情人之间以花作为礼物也包含了这种潜意识意义。

梦中，她正在为庆祝生日做准备，无疑指的是为婴儿的诞生做准备。梦中，她将自己当成了她未婚夫，为自己要孩子做好"安排"，也就是跟她发生性关系。可能梦的隐藏含义是："如果我是他，我就不会再等了，即使她不同意，我也会使用暴力破除她的童贞。"这一点可以从"暴力"一词中看出，并且力比多的虐待狂成分也从这里显露出来。

如果对这个梦再进行深入分析，梦者所说的"我在桌子的中央布置……"这句话明显有一种自体性欲的意义，也就是说跟童年的经验有关。

在这个梦里，梦者无意之间泄露了她对自己身体缺陷的察觉，也只有在梦中她才会觉得：自己的身体就像桌子一样扁平，这也因此而强调了"中央"部位的珍贵（她有时称自己就是"中央的一朵花"），也就是强调她童贞的珍贵。可能桌子的水平特性也有某种象征的意义。这是一个高度浓缩的梦，没有任何多余的成分，每个词都有一个象征。

后来，梦者又对这个梦做了些补充："我用绿色的纸点缀了那些花"，并特别强调用的是那些遮盖普通花瓶的，那种"杂色纸"。她继续说道："用来掩盖那些不整齐的东西，或者掩盖那些碍眼的东西，以防被别人看见。比如，花中间的小缝隙，花与花之间的小空当，这些纸看起来像丝绒或苔藓。"

梦者由"装饰（decorate）"联想到"体面（decoeum）"，并没有超出我的预料。她觉得绿色处在支配地位，由绿色她联想到"希望"，这是怀孕的另一个联系。这部分梦的主题不是她对男人的认同，而是害羞和自我表现。为了她的未婚夫，她把自己装扮了一番，并承认了自己身体上的缺陷，这让她感到很羞耻，还试图矫正。很明显，梦中的"丝绒"和"苔藓"代表的是阴毛。

对于梦中的这些涉及性爱和生殖器的思想，在清醒时这个女孩几乎没有意识到：她"为了庆祝生日"，指代的是性交，这也表达了她对破除童贞的恐惧，还夹杂着一种被性虐的快感，这些都通过梦表露出来。她承认自己的身体有缺陷，于是对自己的童贞加以高度的评价从而获得补偿。她开始对性生活产生渴望，但是很害羞，于是就用想要孩子来作为借口。在梦中，恋人之间从不考虑的物质也表现出来。

梦者借助这个简单的梦的感情，让一种幸福之感在梦中得到了满足。

梦例：一位化学家的梦

这是一名年轻男子的梦，他正在尝试戒掉手淫的习惯，从而能与女性发生正常的性关系。

在做梦的前一天，他指导一位大学生做格林尼亚实验。在实验中镁在碘的催化作用下，会溶解于纯粹的乙醚中。两天前，有人在做这个实验时发生了爆炸，其中一位工作人员的手被烧伤了。

第一段梦，他好像正在做合成苯镁溴合成物，那些实验设备他看得很清楚，突然他发现自己变成了镁，并且感觉自己处在一种非常不稳定的状态中，他不断地告诉自己："这是正常的，反应正在进行，我的双脚已经开始溶解，膝盖也开始变软了。"然后，他伸出自己的手气摸了摸自己的双脚，同时（他也不知道是怎样做到的）他将自己的双脚从烧瓶中拿出，并告诉自己："这不对，不过它的确是这样的。"这时，他已经开始有几分清醒了，并将这个梦回忆了一遍，因为他想讲给我听。因为担心梦中的内容会消失，所以在半醒半睡之际，他非常激动地反复叫着："苯，苯。"

第二段梦，他和家人正在某地（一个以 ing 结尾的地方），必须十一点半的时候赶到舍腾托尔那里，跟一位特殊的女士见面。不过，十一点半时他才醒，于是他自言自语道："来不及了，即使十二点半也赶不到那里。"然后，他看见全家人都围在桌子旁坐着，他很清楚地看到了他的母亲，还看到一名女佣正端着一只汤碗。因此他想道："我们都要开始吃晚饭了，现在出去也已经太晚了。"

分析：梦者本人坚信，梦的第一部分肯定跟那位他要会面的女士有关（这个梦是他在约会前一天晚上做的）。他很不喜欢自己指导的那个大学生。他曾经对那个学生说过："这不对！"因为没有任何迹象显示镁已经反应了。不过那个大学生很不在意地回答："那就不对呗！"那个大学生代表的应该是梦者自己，因为他对自己的分析也漠不关心，这就像那个大学生对合成实验一样。于是，在梦中，我代替了那个大学生进行实验操作，他对实验结果的漠不关心，让我对他很不高兴！

另外，患者变成了用来分析（合成）的材料。这个梦的主要思想在于如何获得治疗的成功。梦中的双腿让他联想到前一天晚上的经历。那天晚上，他在舞蹈课上遇到了自己心仪的女士，于是跳舞时他将她紧紧抱住，因为他抱得实在太紧了，让她尖叫起来。当他松开一些时，他感受到她向他施加的压力，从小腿直到膝盖以上，这部分正好是梦中提到的部分。

从这个角度来说，反应器中的镁代表着那个女人，事情终于有进展了。在我看来，他是女性化的，而他对那位女士来说，则是男性。他对那位女士的举动，代表我对他的治疗，如果他对那位女士有进展，那么我对他的治疗也会起作用。

在梦中，他抚摸自己的双脚以及膝盖的感觉，指的就是手淫，这跟他前一天的疲乏状态是一致的。事实上，他和那位女士的约会定在十一点半，他希望自己睡过头，从而能逃避跟那位女士的约会，跟家中的性对象待在一起（即保持自慰），这个愿望与他的抵抗是一致的。

对于他在梦中反复叫的"苯基"（phenyl）这个词，他的解释是，他一向喜欢以"yl"结尾的化学基团，因为它们都很好用，如"benzyl"（苯甲基）、"bacetyl"（苯己基）等。这个信息对我来说是毫无用处的信息，不过当我向他提到一系列基中的"schlemihl"时，他大笑起来，并告诉我，这个夏天他正好读了一本马歇尔·普雷沃斯特所写的书，书中有一章叫"被拒绝的爱"，里面讲的就是"倒霉蛋"（跟 schlemihl 很像）的故事。当他读到书中的一些话时，他自言自语道："这个倒霉蛋就是我啊。"他觉得，如果自己错过了那个约会，那么他就变成了那个"倒霉蛋"。

✎ 梦境与器官

当我们对梦中的象征作用做出正确的评价之后，我们就可以继续探讨前面暂时搁置的"典型的梦"了。对于这类"典型的梦"，我认为可以分为两类：一类是那些确实具有相同含义的梦；另一类是虽然在内容上相同或具有相似性，但是其解释却是多种多样的。

在第一类典型的梦中，我们已经对考试的梦做了相当详细的说明。对于没赶上火车的梦也可归为这类梦，因为他们所要表达的情绪是类似的，都是一些安慰的梦。这类梦感觉到的是另一种焦虑（或者对死亡的恐惧）。通常"别离"是最常用来表示死亡的典型特征之一，通常，梦会安慰道："别担心，你不会死的（离开）。"通常在考试中，安慰词则是："别害怕，你不会受到伤害的。"这两类梦之所以不好理解，主要是因为焦虑的感觉和安慰之词混合在一起了。

我的患者中，有不少关于"牙刺激"的梦，不过很长一段时间，我一直都无法解析清楚那些梦。让我惊讶的是，只要试图解释这类梦，都会遇到强烈的抵抗。后来，很多证据显示，男人在做这类梦时，其驱动力无疑来自青春期手淫的欲望。下面我将分析一下两个这类梦，其中一个也属于"飞行梦"，这两个梦都来自同一个年轻男人，他是一个具有强烈的同性恋倾向，不过在现实生活中又不得不压抑自己性倾向的年轻人。

他正在一家剧院里观看《费德里奥》，当时坐在正厅的前排，身边坐着L先生，L与他志趣相投，他很想跟他成为朋友。突然，他飞了起来，飞到了半空中，飞过大厅，并且把手放入嘴里并拔下了两颗牙齿。

梦者在形容自己"飞起来"的感觉是仿佛被"抛向"空中，因为正好看的是《费德里奥》，所以，他想到一句比较适合的台词："他赢得了一位可爱的女人的青睐……"

不过，即便赢得了一位可爱女人的青睐，但这并不是梦者的愿望，其实还有两句台词更合适他："他做出勇敢的抛弃，变成朋友的朋友……"

事实上，这个梦的主题就是"勇敢的抛弃"，不过这个"勇敢的抛弃"不仅仅是一种愿望的满足，里面还隐藏着痛苦的反思，也就是梦者在交友上面常常遭遇不幸，是个"被抛弃者"；在这个梦里，还包含着他的担忧，他害怕自己再次遭遇不幸，遭到坐在他身边跟他一起看《费德里奥》的 L 先生的拒绝。接着，这位可怜的梦者很难为情地坦陈，有一次他被朋友抛弃后，他受欲望引起的性兴奋的驱使，连续自慰了两次。

患者的第二个梦：

当时给他治疗的是他熟识的两位教授，不过不是我，其中一位教授对他的阴茎做了手术，他很害怕，于是另外一个教授用铁棒将他的嘴顶住了，结果将他的牙齿弄掉了一两颗，并且他还被四条绸布绑了起来。

毫无疑问，这是个具有性意义的梦。这里绸布意味着他将自己当作他所熟识的一位同性恋者了。事实上，梦者在现实生活中从未发生过性关系，也从未想过跟男人发生性关系，所以，在梦中他还是按照青春期时常用的手淫模式来想象性交的。

我认为，可以用一样的方式来解释那些牙刺激典型梦的许多变形的情况（如被人拔掉牙等）。不过，让我很困惑的是，为什么"牙刺激"的梦具有这样的意义呢？这里，我要提醒大家注意一下，梦常常利用身体下部向上部的移位来表现性，这种情况在癔症中就能看到，像各种需要在生殖器上展现出来的感觉和意图，可以在其他不受"非议"的部位表现出来。

在这种位移的例子中，通常生殖器在潜意识思维中的象征作用下被面部所替代。此外，语学惯用法也遵循这样的原则，比如："屁股"和"脸颊"是同一类词；"阴唇"与"嘴唇"也是同一类词；在很多暗示中，鼻子等同于阴茎，并且这两个部分都长了毛发，从而让二者的相似性就更高了。不过，面部中只有牙齿的结构无法进行这种比较，不过正是因为面部与阴部既有相似性，又有非相似性，才使得牙齿在性压抑的压力作用下更适合用来表达性。

对我来说，将牙刺激梦解释为手淫梦无疑是正确的，不过我不能说已经将它彻底弄清楚了。不过，我已经尽自己的最大努力来解释了，对于那些还没有解决的问题只能就此搁下了。这里，我还想提醒大家注意语言惯用法上面的另一个类似之处。在我们国家，关于手淫动作还有一个粗俗的说法，那就是"拔出来"或"拔下来"，我也不知道这个表达从何而来，到底基于什么样的想象，但是"牙齿"跟这两个说法中的前一个很匹配。

根据民间通俗的说法，梦见拔牙或掉牙则意味着有亲人离世，不过在精神分析看来，这种解释只是一个玩笑说法。

对于第二类典型的梦，梦者那些包括飞翔、飘浮、跌落或游泳等内容，它们又有什么意义呢？对于这些梦的意义，我们很难有一个一般性的回答，因为它们在不同的例子中意义都不一样，不过唯一相同的地方就是它们所包含的原始感性材料的来源相同。

通过精神分析，我认为这些梦都是童年印象的重现，也就是说，这些梦跟那些最能吸引孩子运动的游戏有关。孩子小时候都被大人们举到空中旋转过，从而让孩子有飞翔的感觉；孩子小时候还被大人按放在膝盖，然后突然将双腿伸直，或者孩子被高高举起，然后又假装让他失去支撑，从而让孩子有跌落的感觉。通常这样的感觉让孩子很喜欢，他们不厌其烦地要求再来一遍，如果在这过程中让他们感觉到害怕或眩晕，那就更有吸引力了。长大以后，他们就会在梦中重现这些经历，只是梦中支撑他们的双手没有了，所以他们就飘浮在空中或跌落下来。

我们都知道，孩子从这类游戏（比如荡秋千、跷跷板等）中获得了无尽的欢乐，当他们在马戏团看到杂技表演时，这些记忆就会重新被唤起。有些男孩在癔症发作时，仅仅是熟练地重复了这种动作。

孩子的这些运动游戏，虽然本身很单纯，但常常也能唤起性刺激。

那些飞翔、跌落、眩晕等的梦都源于孩童时期的嬉闹游戏，不过嬉闹时的快感被焦虑情绪所取代。每个母亲肯定能明白，之所以这样就是因为孩子的嬉闹常常以争吵和苦恼收尾。

所以，当有人认为这类飞翔或跌落的梦，是由于睡眠时的触觉或肺部呼吸动作等因素导致的时候，我有充分的理由去反驳。我认为，这些感觉本身只是梦中记忆的再现，也就是它们只是梦的内容，而不是梦的来源。

虽然这些运动感觉的材料有着相同的来源，不过却可表达出不同的隐藏含义。因为，这些飞翔或飘浮的梦大都带着欢愉感受，于是对这些梦的解释也各不相同：在某些人那里，这些解释带有明显的个人性质；而在另外一些人那里，这些解释又可能是典型的。

我的一位女患者曾经梦到自己脚不沾地地飘浮在大街上。因为她的个子很矮，常常担心别人碰着自己从而将自己弄脏，于是她的这个飘浮梦就满足了她两个愿望：一就是双脚离地，二就是比别人高。我的另一个女患者的飞行梦则表达了自己想变成一只鸟的愿望。还有一些梦者因为白天没人将他们称为天使，于是夜里就梦见自己变成了天使。

为什么说男人的飞翔梦常常具有十足的性意味呢？因为飞翔和鸟有着密切的联系。每当听到有些梦者炫耀自己的飞行能力时，我也就不足为怪了。

当我们越往深处寻求梦的解释，就越会发现，其实成人的梦大多都跟性的材料有关，并且通常表达的都是情欲上的愿望。只有对梦进行真正分析的人，才能做出这样的判断，才能透过梦的内容找到梦的隐藏含义；对于那些只会简单记录梦的内容的人来说，就无法做出这样的判断。

这个事实并不出人意料，并且完全符合我们解梦的原则。从孩童时代起，没有其他任何本能会像性本能那样被压抑，也没有任何其他本能会像性本能那样被保留下如此多和强烈的潜意识愿望，从而能在睡眠状态下促成梦的产生。所以，在解梦过程中，我们不要忽略"性"情结的重要性，当然也不可过分地夸大它，将它当作解梦的唯一重要因素。

如果对大多数的梦进行仔细的分析，我们就能断定它们都具有双重性的含义，因为这些梦都可以被"多重解释"，人们可以从梦中找到梦者的同性恋冲动，也就是跟梦者的正常性行为相反的冲动。不过，对于像斯泰克尔和阿德勒 ❶ 声称"所有的梦都可解释为双性的"的观点我是不同意的。因为在很多梦中有这样一个事实，它们根本不具备满足广义上的情欲需求，比如饥渴的梦、方便的梦等。

还有，比如说"所有的梦背后都藏有死亡的幽灵"（斯泰克尔），或者"每个梦都可表明从女性到男性的进展"（阿德勒），我认为这些都超出了对梦进行合理解释的范围。至于被评论界所愤怒抨击的"所有的梦都要从性的角度来解释"这个观点，跟我写的《梦的解析》无关，在本书的所有版本中，你是找不到这种观点的，并且这个观点明显跟书中的内容是矛盾的。

前面我说过，有些看起来很纯洁的梦可能表达的就是性欲望，这样的例子我还能列举很多。很多看起来稀疏平常的梦，如果仔细分析，都可以追溯到性欲望上。这是不是很让人意外呢？比如下面这个梦，如果不去分析，谁能想到它带着性欲望呢？

梦者说他梦到：两座金碧辉煌的宫殿，在这两座宫殿后面的不远处有一个小房子，小房子的房门是关着的。我的妻子带着我，穿过一条弯

---

❶ 译者注：阿尔弗雷德·阿德勒（Alfred Adler，1870—1937年），弗洛伊德的同胞，奥地利精神病学家，人本主义心理学先驱，个体心理学的创始人，阿德勒早年曾追随弗洛伊德探讨神经症问题，但也是精神分析学派内部第一个反对弗洛伊德的心理学体系的心理学家。

弯曲曲的街道来到小屋前，推开门，我很容易就快速溜进一个向上倾斜的院子。

听到这些，只要稍微有点解梦常识的人很容易就知道：进入狭窄的地方、打开紧闭的房门都象征着性。从梦者的这个梦很容易就能看出这是想要从后面性交，那条向上倾斜的通道象征着阴道。

梦中妻子带领他来到那个小屋让我们可以推断出，现实生活中梦者因为对妻子的顾虑放弃了这样的念头。梦者还说做这个梦那天，有一位年轻漂亮的女士来到他家，他觉得那个女士可能不会反对这种性交方式。之所以会梦到那两座宫殿，主要是因为梦者对布拉格哈拉钦城堡的回忆。如果我们进一步对这个梦进行分析，还能得出那个年轻漂亮的女士就是来自那里。

每当我问患者会不会做俄狄浦斯梦，也就是会不会梦见和自己的母亲性交时，他们总会说："我不记得做过这样的梦。"不过，一会他们就会想起一个常做的梦，这个梦好像很平常，也没什么特别之处，不过如果仔细分析这就是俄狄浦斯梦。我敢说跟那些正常的梦相比，俄狄浦斯梦更常见，不过它们不会直接呈现，而是经过伪装后才呈现出来。

下面就是一个典型的经过伪装的俄狄浦斯梦。

一位男子的梦：他跟一位即将结婚的女子有染，那个女子担心自己的行为被未来的丈夫发现，导致婚事取消，于是他就讨好那个男子，依偎在那个男子身边，还亲吻他。

现实中，梦者确实跟一位有妇之夫有染，并且那个女子的丈夫还是他的朋友，一天他的这位朋友说了一句模糊的话，让他觉得可能他朋友已经觉察到他们的奸情。解开这个梦的关键还有一点，不过梦中并没有提到：该女子的丈夫得了一种疾病，很快就要死了，她已经做好了丈夫随时去世的心理准备。梦者也做好了接手该女子的准备，他想等他朋友死后，就将该女子娶回家。

从这些信息我们可以看出，梦者现在正处于俄狄浦斯梦的情绪之中，他希望杀死他的朋友，然后娶他的老婆。不过梦没有直接表现这个愿望，而是将其伪装后才表现。所以，梦中跟他有染的不是有妇之夫，而是将要嫁人的女子，这也满足了他想隐瞒的意图，你看他还将对朋友的敌意隐藏在柔情蜜意之中，其实这种柔情来源于他小时候跟父亲相处的回忆。

我们有时会梦到一些风景和地方，感觉似曾相识，好像"曾经来过"，其实这是有特殊含义的。这些地方总是象征着母亲的生殖器，除此之外还有什么地方能让人如此确信自己"曾经来过"呢？

不过有一次，我对一位强迫性神经症患者的梦感到疑惑，他说他在梦中去过一座房子，他记得自己曾经两次来过这个房子。这位患者很久以前跟我讲过他6岁时发生的一件事：他跟母亲一起躺在床上睡觉，在母亲睡着的时候，他不小心将自己的手指插入母亲的生殖器中。

还有一些带有焦虑的梦，梦中还会出现穿过狭窄空间或漂泊在水中的感觉，其实这都是源于在子宫生活及分娩过程的幻想。下面我们来看看一位男士的梦，他幻想自己在母亲的子宫里看到父母性交的场面。

他处在一个深坑中，里面有一个像长长隧道那样的窗口。通过这个窗口，他看到了一幅很空旷的风景，于是他就展开想象，让美丽的景色填满了这空旷的风景。于是他看到了被犁具耕耘过的土地，深色的土都被翻了出来，洋溢着辛勤劳作的快乐，空气很清新，一切都是那么美。接着，他看到一本已经打开的有关教育方面的书，里面有很多性（儿童）知识，这让他想起了我。

　　下面我们来看一个女患者的梦，这个梦在治疗上也起到了一定的作用，是跟水有关的梦：

　　暑期她在某个湖边避暑，一天晚上，皎洁的月光洒在湖面上，波光粼粼，太美了，她忍不住跳入湖中。

　　其实这是个关于出生的梦，只要将显梦中的内容反过来看就明白了。你看，将梦中的"跳入水中"换成"破水而出"就一清二楚了，这就象征着"出生"。在法国"月亮"（lune）的俚语有"底部"的意思，这让人联想到出生的部位，于是"皎洁的月光"就让人联想到白色的屁股，孩子就是从那里生出来的。

　　我问患者为什么希望自己在避暑的地方出生呢？"难道你觉得我经过治疗痊愈就像获得新生一样吗？"患者反问道。其实，患者做这个梦是希望我能到那个避暑地去看她，并在那里继续为她治疗。这个梦还隐藏了患者想要一个孩子的愿望。

　　让我们再来看一个关于出生的梦。这个梦包括对该梦的分析都来自琼斯的一篇文章。

　　她在海边看到一个小男孩，好像是她的孩子，正向海里走去。那个小男孩越走越远，最后被海水淹没，只能看到他的头在海水中上下浮动。接着场景变换了，她置身于一家酒店的大厅中，大厅非常拥挤，她的丈夫离开了，而她却跟一位陌生人"进入谈话"。

　　很明显，该梦的第二部分表达了梦者想要背叛自己的丈夫跟别人发生亲密关系的愿望，第一部分是个出生幻想的梦。梦就像神话故事一样，通常将婴儿出生伪装成儿童走进水中，像大家熟悉的阿多尼斯、奥西里斯、摩西、巴克科斯的出生都是这样。梦中孩子的头在海水中上下浮动，源于这位女患者唯一一次在孕期体检中体验到的胎动。那个男孩走进水里让她产生一种幻想，她好像看到自己将孩子拉出海水，然后将他抱去洗澡，并穿好衣服，最后将他安置在自己家里。

于是，梦中第二部分背叛丈夫跟别人发生亲密关系这个隐意，跟第一部分，以及出生的幻想也联系起来了。这个梦除了次序上的颠倒外，梦中每一部分都还出现了其他的颠倒。比如，第一部分中是小男孩先走进海里，然后才是头部在海水中上下浮动，但是在梦的隐意中却是先出现胎动，然后才是婴儿出生（这是双重颠倒）；第二部分中是她丈夫先离开她，但是在梦的隐意中却是她想离开丈夫。

在阿布拉罕地区也报道过一个快要临产的女子所做的关于出生的梦，那是她第一次生孩子。她梦见房间中有一条地道，这条地道直接通向水中（产道——羊水），于是她掀开地板上的一个活门，从里面跳出一个长着棕色皮毛、看起来像小海豹的小动物，接着这个小动物就变成了她弟弟。对于弟弟，她就像个母亲一样爱护。

通过对一些梦例的研究，兰克博士发现出生梦和尿道刺激梦都会利用一样的象征手段来表示，并且情欲刺激也是以尿道刺激的形式表现出来。这些梦到底代表什么层次的意义，跟从孩童时期开始象征意义的不断变化有关。

讨论到这里，我们可以接着上一章中断的那个话题进行讨论了，那就是在梦形成过程中，干涉睡眠的机体刺激又起了什么作用？因为这些刺激而产生的梦，不仅会公开显示愿望满足的倾向和方便性，并且通常还表现出明显的象征作用。通常这类刺激会披着伪装的外衣在梦中出现，不过寻求满足的愿望都没有实现，常常让人从梦中醒来，像遗精的梦或大小便刺激所引起的梦都是这样。

从遗精梦的这种独特性质中，我们不仅可以看到某些具有典型意义，却又饱受争论的性象征，而且我们还能深信，即使某些看起来纯洁无邪的梦境，都可能是一些赤裸裸的性场景的象征。不过，通常赤裸裸的性场景很少在遗精梦中直接表露，它们常常积累成一些焦虑梦，然后让梦者惊醒过来。

在尿道刺激的梦中，象征的作用非常明显，这个很早以前就为大家所熟知了。希波克拉底曾认为"梦到喷泉或泉水，代表了膀胱失调"。施尔纳在研究完尿道刺激象征的多重性后，说："相当强烈的尿道刺激，总会转为性领域的刺激作用及其象征性……通常尿道刺激梦代表着性梦。"

兰克博士还写了一篇文章，专门探讨象征唤醒梦的层次问题。他认为很多尿道刺激梦其实就是由性刺激引起的，这种性刺激一开始就想从孩童时期尿道性欲的形式中得到满足。还有一些梦很有意义，它让人产生排尿的刺激，排完尿后人接着做梦，这时性欲望就毫不掩饰地表现出来。

肠胃刺激的梦也用类似的方式来表达自己的象征意义，并且这类梦还证实了"黄金和大便之间是有联系的"这个早就被心理学家充分证明了的关系。比如，一个正在治疗肠胃疾病的妇女梦见一个人正将金子埋藏在好像乡村厕所的小木屋里。接着她又梦见自己给一个小女孩擦屁股。

还有"救援"梦其实跟出生梦有关。如果是女子梦见自己去救援，特别是从水中救援，那么这样的梦就是出生梦了。这里需要注意，如果是男人做"救援"梦，意义就不同了。如果你对"救援"梦中的象征意义感兴趣，可以去看我写的报告《精神分析疗法在未来的机遇》及《爱情心理学第一部分：男性选择对象的一个特殊类型》。

关于强盗、盗贼和鬼怪这类梦，其实都源自童年时的记忆，他们都是幼年时的夜间访问者。这些夜间访问者会轻轻来到孩子的床边，看看他们被子是否盖好，睡觉时手放在哪里；这些夜间访问者会将孩子从梦中叫醒，逼迫他们去撒尿，以免他们尿床。通过对这类焦虑梦的仔细分析，我更加清楚了那些夜间访问者的身份：通常梦中的强盗、盗贼就是梦者的父亲，而鬼怪则是穿睡袍的女性。

第六节　一些梦例——梦中的计算和语言

🍂 在梦中出现的数字和语言

在讨论梦形成的第四种因素之前，我想先举几个自己收集的梦例，一方面用来证实前面提到过的三种因素之间的彼此协作，另一方面也是为那些还没有确凿证据的论证补充证据，或是用来说明从中得到一些必要的结论。

在对梦的工作进行解说时，我就发现很难通过例子来证明我的观点，只有将它们放在整体考虑的框架内，才能让这些特殊梦例具有说服力，如果抛开解梦的前后关系，它们也就失去了原有的意义，让原本浅显的分析也变得繁杂起来，进而失去了用来提供依据的思维线索。下面我直接将各种例子罗列在下面，它们只能靠前几节的内容才能联系起来。

首先我要列举几个特殊的、表现形式怪异的例子。

一位女士做的梦：一个女仆带着一只黑猩猩和一只星星猫（后来被更正为安哥拉猫），站在梯子上，好像是要擦窗户，女仆突然将两只动物抛给了她，那只黑猩猩便紧紧地抱住了她，她感觉很恶心。

其实这个梦就通过字面的意思来实现自己的目标，来表达隐藏含义，因为"猴子"等动物名称通常是用来骂人的，该女士梦中的情景意味着"遭受谩骂"。这种简单的表达方法在其他梦的工作中也有使用。

另一个相似的梦：一位女士产下了一个颅骨畸形的男婴，梦者听说这是由于胎位不正引起的，医生说可以通过挤压让孩子的颅形状变得好看一些，但是可能对孩子的大脑有损伤。她认为他是个男孩，畸形也没太多的影响。

在这个梦里，梦者通过形象化的方式将"童年印象"这一抽象概念表现出来了，这个概念是梦者在接受治疗时了解到的。

下面这个梦例中，梦应用了一种不同的工作方式。梦的内容是这样的：

一次在格拉茨近郊的希尔姆湖郊游时，天气很糟糕，正下着倾盆大雨，在一家十分破旧的旅馆里，雨水从一面墙壁上往下流，床单都湿透了（梦的后半部记不太清了）。

其实，这个梦主要向我们传达"过剩"的意思。不过开始时，隐藏含义中包含的抽象概念被迫扭曲成语义模糊的诸如"泛滥""淹没"或"液体"等词语，并通过一组相似的影像来叠加，比如外面的大雨、流水的墙壁、被浸湿的床单，一起都在流动，都在"过剩"。

我们发现梦为了表现自己的目的，词语的读音比拼写更加重要，这一点在诗韵中尤为明显。兰克曾经记录了一个女孩的梦，并做了充分的分析。在梦里，女孩在田野里散步，并收割成熟了的大麦和小麦的麦穗。这时她儿时的一个小伙伴向她走来，不过她却想避开他。

对这个梦分析后发现，这个梦跟接吻有关。一个"光荣之吻"的发音跟"麦穗"的发音相同。梦里，那个不是被拔而是被割的"麦穗"与"光荣"浓缩在一起，从而表达很多其他的隐藏含义。

在其他一些梦里，因为语言的进化而让我们对梦的理解变得容易许多。因为很多语言其最初的意义都是源于图形，并且具有一定的意义，只是在当前的用法中才变得平淡和抽象。梦的工作就是找出这些词语原来的意义，或者是追溯到该语言的某一个阶段就行。

比如，有人梦到自己的弟弟陷在一个盒子中，分析这个梦时我们只要将"盒子"换成"衣柜"就能找到这个梦的隐藏含义了，意思就是他的弟弟需要"约束自己"，而不是梦者约束自己。

有人专门搜集双关词语，并根据其内在原则加以分类，整理成书。在梦里，有些表现方式好像是"笑话"，如果没有梦者的帮助，人们根本就无法理解它的意思。比如：

（1）在梦里，一位男子被人问另一个人的名字，但是他无论如何也想不起来。他对这个梦的解释是"我完全不想梦到这样的事"。

（2）一位女病人向我讲述了她的一个梦，梦中的所有人都很高大。她解释道："这个梦肯定跟我的童年有关系，因为那时在我眼中所有成年人都很高大。"

（3）有位在工作中喜欢用抽象和不确定语言的聪明男士，有一次梦见，当他赶到火车站时，一列火车正好进站，不过当时奇怪的是，火车居然没动，反而是站台在向它驶来。这是反事实的荒谬事件。这个细节表示，在梦的内容中还存在着另一个颠倒。在对这个梦进行分析时，梦者想起了一些画册，里面画着一个男人头脚倒立用手走路的场景。

（4）一个男子梦见他将一位女士从床后拉出来。这个梦表示他对那位女士有好感。

（5）一个男士梦见他变成了一位官员，正坐在皇帝的对面。这个梦表示他正跟自己的父亲对立。

（6）一个男士梦见自己正为别人医治断肢。分析后表明，"断骨"象征着婚姻破裂（真正的意思是"通奸"）。

梦的工作会利用一切可能的手段将梦中的隐藏含义用视觉的形式表现出来，不论这些手段在真实生活中是否合理、合法。这样一来，有人可能没有亲自体验，只是听说过解梦的理论，于是就会产生疑问，甚至嘲笑。虽然在斯泰克尔写的《梦的语言》一书中有很多这样的例子，不过因为这位作者缺乏批判意识，导致解梦过于武断，所以我就不从他的书中选取例子了。

我们还是从 V. 托斯克的一篇关于"梦中服饰和颜色"的论文中选取例子吧：

（1）A 梦见他以前的女主人，穿着一件黑色的衣服，臀部绷得紧紧的。此梦的解释是，女主人非常淫荡。

（2）B 梦见一个女孩走在一条大道上，被白色光芒所包裹，并穿着一件白色的罩衫。梦者以前在此路上和一位姓白的小姐第一次发生暧昧。

（3）C 夫人梦见 80 岁的维也纳老演员布拉塞尔全副武装地躺在沙发上。后来，他跳过桌椅，抽出一把匕首，对着镜子中的自己挥舞着手中的匕首，好像正在跟敌人作战。对于这个梦的解释就是，梦者长期患有慢性膀胱病，在接受治疗时她躺在沙发上，这时她看见镜中的自己，并暗暗想到，尽管自己年老有病，但依然矍铄健康。

对梦中出现数字和计算进行研究，可以让我们更好地了解梦的工作以及其运用材料的性质。特别是梦中的数字还常常被迷信地认为具有预言色彩，下面我从自己收录的梦例中选取几个这方面的实例。

梦例一：这是一位女士在治疗即将结束的时候所做的梦。

她正要去付账，她的女儿从她（梦者）手里夺过钱包，并取出 3 弗洛林和 65 个克鲁斯，梦者问她女儿："你做什么？那东西只要 21 个克鲁斯就够了。"

因为我对梦者的情况比较熟悉，所以不需要再询问就能解析此梦。该女士从外国搬到维也纳，她女儿正在这里上学，如果她女儿不在这上学了，她就不能继续接受我的治疗了。而她女儿还有 3 个星期学习就要结束了，也就是说她在我这里的治疗要结束了。

在做梦前一天，校长问她是否考虑让女儿在这里继续读一年。这也提醒了她，她还可以继续她的治疗。这就是梦里数字的真正意义。一年有 365 天，距离女儿学期结束和终止治疗还有 3 个星期，也就是 21 天（实际用于治疗的时间可能比这个少）。这些数字在梦的隐藏含义中指的是时间，不过却通过币值来表示。

在梦中，数字和钱币联系在一起，其实这也没什么可奇怪的，因为"时间就是金钱"啊。365 天就是 365 个克鲁斯，正好等于 3 弗洛林 65 个克鲁斯的价值。你看，梦中出现的钱数很少，正好是愿望满足的结果，梦者希望自己继续治疗和女儿上学的费用都能减少。

梦例二：这个梦里涉及的数字就比较复杂了，有一位年纪轻轻却已经结婚多年的女士，在听到跟自己年龄相仿的朋友艾丽斯订婚后，就做了下面这个梦：

她梦见自己跟丈夫在一个剧院里，正厅前排的座位有一边全都是空的。丈夫跟她说：艾丽斯和她未婚夫本来打算也来看戏，但因为买不到好的座位，只剩下1个半弗洛林就能买到3张票的座位，所以他们就没买。她心想，他们就是买了这种便宜票也没什么害处啊。

为什么会是1个半弗洛林呢？这是因为做梦的前一天一件不重要的小事，她哥哥给她嫂子150弗洛林，而她嫂子马上就用这些钱买了一件珠宝。这里我们注意一下，150弗洛林是1个半弗洛林的100倍。那3张戏票的"3"又是从哪里来的呢？这里，我们找到了唯一有关联的解释，就是那位刚订婚的朋友恰好比她小3个月。而梦中的"正厅前排的座位有一边全都是空的"其含义暗示了一件小事，因为这件小事她丈夫曾嘲笑过她。原来，她计划去看一出预计下周将要上演的戏，于是提前好几天就去订票了，并且为此还多付了一些定金，结果等到该戏上演的时候，剧院里有一侧的座位都是空着的，她根本没必要那么心急。

这个梦中隐藏的真意就是："我真没必要这么早就结婚的，从艾丽斯那里可以知道，我最后肯定也能找到丈夫，而且，只要我有足够的耐心等待（和她嫂子的性急相对），我可以找到比现在好100倍的（丈夫、宝贝），而我的钱（或嫁妆）可以买3个现在这样的丈夫。"

跟上一个梦对比一下就会发现，在这个梦中出现的数字其意义和前后关系都发生了很大的变动，并且做了更复杂的伪装和改造工作。我们的解释就是，想要让这些隐藏含义能够在梦中表现出来，需要克服特别强烈的内部精神阻抗。

在这个梦里还有一个荒谬的地方不容忽视，就是两个人却要买3张票。通过对梦中这个荒谬的事件进行分析，就会发现它想表达的正是梦中的隐藏含义："这么早就结婚是荒诞的。"而"3"这个数字正好被巧妙地用来制造梦中的荒诞因素，它本是两人之间很不重要的年龄差——3 个月。现实中的 150 弗洛林变成 1 个半费洛林，跟梦者在内心看不上自己的丈夫是一致的。

通过对于梦例的观察，我们可以得出一个这样的结论：梦的工作并不进行任何计算，也无所谓对错，在隐藏含义中出现的一些数字，都可以用来暗指某些无法用其他方式来表现的材料，梦只是通过计算的形式将这些数字拼凑在一起而已。这样说来，数字只是梦的工作用来表现自己目的的一种媒介罢了，跟其他方式并没什么不同，包括那些专有名词和演讲。

☙ 梦境的意义

不管梦中出现多少语言和辩论，也不管那些语言是否有意义和理智，梦的工作本身不能创造新的语言。对梦的分析结果告诉我们，梦的工作过程不过是从现实说过或听过的言谈中摘取一些片段，将这些片段割裂打碎后，保留一些内容并扔掉一些内容，再将它们重新拼凑在一起，让它们在梦中以看起来连贯的对话出现。不过，只要对它们进行分析就会发现，它们事实上是由三四个分离的片段拼凑成的。在新的语言形式中，梦往往还会赋予它们某种全新的意义，抛掉其原有的意义。

如果对梦中出现的词语进行仔细的研究，你还会注意到，这些词语可以分为两类，一类是相对清晰且紧凑的，另一类是被用来作为连接材料的，也许它们就是后来加上的，就像我们在看书的时候自动补充进省略的字母和音节一样。所以，梦中语言的构造就像角砾岩一样，是由各种不同种类的大岩石块通过黏合介质紧紧联结在一起。

如果严格定义的话，上面描述的梦的言谈内容只有具有"感性"的性质，并且还被梦者本人视为"谈话"的部分才符合这种情况。其他相关的内容，如果梦者认为是自己没听过或没说过的语言（在梦中并没有听觉和嘴部运动的感觉），那么它们就只能是在清醒时产生的相同的思维，然后没有经过任何伪装就进入梦中。在这类没经过伪装的语言中，包括了我们阅读的很多材料，只是我们很难追踪它们的来源罢了。不过，无论如何，只要梦中的内容带有某些语言色彩，都能够溯源到梦者自己听过或说过的真实内容。

前面已经举了很多梦中语言的例子，结论都是一样的，这里再举一个很有代表性的梦例，它代表了许多具有相同结论的梦例。

梦者在一个正在焚烧死尸体的大院子里，他说："这样的场景我看不下去了，我要离开这里。"（这里语言不够清晰）随后，她遇到了屠夫的两个儿子，就问道："你们觉得这个味道好吗？"其中一个孩子回答道："感觉味道不好，有点像人肉。"

这个梦的诱因很简单，是这样的：晚饭后，梦者和太太一起去拜访一位邻居，这位邻居人很好，只是做的饭菜不符合自己的胃口。当他们到邻居家时，正好赶上那位好客的老太太在吃晚饭，于是非要强迫他也来尝尝她做的菜肴。虽然他谢绝了，并推说自己已经吃过了。但她还是坚持说："来，尝一尝吧。"最后，他只得尝了一下，并礼貌地恭维道："味道不错。"后来，在他和太太一起回家的路上，他跟太太抱怨了邻居老太太的勉强和她的饭菜实在很难吃。

在梦中所说的那句"这样的场景我看不下去了"，是当时太太非要她吃饭时的心里话，暗示了那位太太的体态给他的一个刺激，意思就是他根本不想看那位老太太。

接下来，我要讲一个由清晰语言构成的梦，从这个梦例中我们可得到更多的意义，不过这要等到我全面讨论梦中的感情时再详细说明。我那个非常清晰的梦是这样的：

一天夜里，我去了布吕克的实验室，然后听到一阵轻微的敲门声，我打开了门，然后看到弗莱切尔教授（已经去世了）站在门口，他带着一群陌生人走了进来。弗莱切尔教授跟我说了几句话后就坐到了自己的桌旁。

接着，我又做了第二个梦：7月时，我的朋友弗利斯偷偷来到维也纳。我在街上看见他正跟我的另一位朋友P（已经去世）在交谈，然后我们三个一起走到一个地方。他们两个好像是相对而坐的，而我则坐在桌子窄端的那边。

弗利斯说他妹妹在45分钟之内就死了，好像还加了类似"这就是极限"的话。当时因为P没能理解他的话，他便将头转向了我，问我跟P说了多少有关他的事。这时，我产生了一种奇怪的感觉，极力地向弗利斯解释，说P肯定不能理解任何事情，因为他已经死去了。

当时我说的是"Non vivit"，我也意识到了自己的错误，于是我一直瞪着P。在我的凝视下，P的脸色开始苍白，身形也变得模糊起来，他的眼睛也呈现出一种病态的蓝色，最后他消失不见了。

我感觉很高兴，因为我现在知道弗莱切尔也是一个幽灵或者"亡魂"。我想，这些幽灵你高兴让他们活多久，他们就能活多久，如果你不希望他们存在，他们就会消失。

这个精巧的梦里包括了许多梦的特征。比如说，在梦中我运用的批判能力，我知道自己把"Non vixit"错误地说成了"Non vivit"（既没说"已经死了"，而说"未曾活到"）。还有，在梦中我对待死人或者被认为已经死了的人的那种轻松态度等，我最后得出的那个荒谬的结论，以及这个荒谬的结论带给我的极度满足感，等等。

这个梦包含了太多谜一样的特征，想要完全解开这些谜，估计要花费我一生的时间，事实上我做不到这一点（就像我在梦中所做的那样），我不能像梦中那样为了自己的野心而不惜牺牲自己的好友。梦的意义我已经知道，任何隐瞒都会损坏这个意义。因此我只会选择其中的部分成分来讨论。

这个梦的核心是我极具杀伤力地看了 P，然后他的眼睛就变成古怪的蓝色，接着就消失了。其实这个场景是从我真实体验过的一件事中复制过来的。在我做生理研究所的指导员时，我很早就要上班，当布吕克得知我有时会迟到后，有一天他早早来到研究所等着我。当时他责备我的话简短而直指要害，不过我并没放在心上，不过他那双注视我的蓝眼睛很可怕，让我很恐慌，最后在他蓝眼睛的瞪视下，我就像梦中的朋友 P 一样逃跑了。幸运的是，在梦中我让角色调换了。因为只要知道这位大师的人，都知道一直到老他都还有一双美丽的蓝眼睛，不过如果你看过他发怒的时候，你就能明白当年我有多害怕。

不过，我花了很长时间都没找到"未曾活到"这句话的来源。最后我发现这两个字非常清晰，应该不是我听到或说过的，应该是看过的，于是我立刻知道了它的来源。在维也纳霍夫堡（皇宫）内凯撒·约瑟夫纪念碑上刻着以下感人的字句：

他为了祖国的利益，虽然他活得不长，却尽职尽责。

（Saluti patriae vixit Non diu sed totus。）

我从这个碑文中摘取了几个字来表达隐藏含义中的敌意观念，暗示着："在这件事上，这个家伙根本没有资格，因为他并没有活着。"我又想到，在做这个梦的前几天，我参加了弗莱切尔纪念碑的揭幕仪式，在那里我又一次见到了布吕克的纪念碑，当时在潜意识中我对朋友 P 深感惋惜。因为 P 天资聪慧，并且将自己的一生都献给了科学事业，可惜英年早逝，没能为自己换来一座纪念碑。于是，我便在梦里为他立了一座纪念碑，而我的朋友 P 正好也叫约瑟夫。

不过根据解梦的原则，这些信息不足以解释，为什么在梦中我用凯撒·约瑟夫纪念碑碑文记忆中的"未曾活到"（Non vixit）替代了隐藏含义中的"已经死去"（Non vivit），在隐藏含义中一定还有其他元素让这种置换成为可能。

于是我注意到，在梦中我对朋友 P 的感情既友好又怀有敌意，这是两种混合的感情，一个显于表面，另一个隐藏在暗处，不过却通过"未曾活到"这个短语表现了出来。因为 P 对科学的贡献，我在梦里为他竖立了一座纪念碑；但是因为我对他又怀有敌意，所以梦快结束的时候又消灭了他。

梦中最后一句的韵律非常特别，肯定是受到哪个范本的影响。对于同一个人同时持有两种相对的看法，并且这两种看法还能共存，在哪里可以找到这个类似的对偶句呢？只有莎士比亚剧本中的《恺撒大帝》中布鲁特斯为自己辩护的那段："因为恺撒爱我，我才为他哭泣；因为恺撒很幸运，我才为他高兴；因为恺撒很勇敢，我才敬佩他；然而，他野心勃勃，我才杀了他。"[1] 你看，这些句子的结构以及其对立的因素，跟上面的隐藏含义不是一样吗？

在我的梦中，我显然扮演了布鲁特斯的角色。虽然这种间接的关联感觉很勉强，但是如果我能在隐藏含义中找到一些关联来证实这点就好了。我想到了这样一种可能，"我的朋友弗利斯七月来到维也纳"，梦中的这一内容在现实生活中没有任何事实基础。因为据我所知，弗利斯从来没有在七月来过维也纳。不过，七月（Juli）是恺撒大帝提出来的，这可能巧妙地暗示了我的猜测，我在梦中扮演了布鲁特斯的角色。

巧的是，我还真有过一次扮演布鲁特斯的经历。那时，我根据席勒

---

❶ 原文注：出自《恺撒大帝》第三幕第二场。

的诗编了一出布鲁特斯和恺撒的戏，然后在一群孩子面前表演。那时我14岁，跟15岁的侄子一起合作，他从英国回来探望我们，也算是一个"亡魂"（游子），他是我童年的玩伴，我们很快又玩到了一起。在我3岁以前，我们俩简直形影不离，既相亲相爱，又相互敌对。

前面我曾说过，童年时代的这种关系很大程度上决定了我后来与同龄人交往的感受。从那以后，我侄子约翰的秉性深深印在我的潜意识中，有时是这一面，有时是那一面，于是他便有了很多化身。

他肯定对我不好过，而我在他这个暴君面前肯定也没有示弱，因为我长大后听家里人说了我当年为自己的辩护。那时我的父亲（即约翰的爷爷）责问我："你为什么要打约翰？"当时还不满2岁的我是这样回应的："因为他先打了我，所以我要打回去。"

一定是这一童年的印象让我把"Non vivit"替换成了"Non vixit"，因为少年时大家会用"wichsen"一词表示"打架"，这个发音跟"vixit"相近，对于这样的关联，梦的工作一定不会放过的。

在现实生活中，我没有什么理由对P怀有敌意，不过他比我优秀很多，所以，他可能成为我童年玩伴的新化身了，这样梦中的敌意就可以追溯到童年时期我跟约翰的复杂关系了。

第七节　荒谬的梦——梦中的理智活动

▲ 混乱而荒谬的梦境

我们在解梦过程中，经常会遇到一些荒谬的元素。因为梦的这些荒谬性，已经成为那些反对解梦理论人的一个主要武器，认为梦不过是精神活动被压抑、破碎的产物，根本没有任何价值，所以我们有必要探讨荒谬的梦的意义和起源（如果它有起源和意义的话）。

我们还是先从几个梦例开始吧。在这些梦例中，那些表面看起来荒谬的梦，你只要深入考察一下它的意义，就会发现掩饰在荒谬下面的深层次含义。下面的梦都跟梦者已故的父亲有关，看起来好像只是巧合。

梦例一：

这是一个患者的梦，在做这个梦之前他父亲已经去世六年了。他梦到父亲遇到一次重大的交通事故——他在夜间乘坐火车旅行的时候，列车突然脱轨了，车座都挤压在一起，他的头被夹在中间。然后，梦者看到父亲躺在一张床上，左眉角有一道竖直的伤口。对于父亲会遭遇车祸他非常惊诧（"因为父亲已经去世了啊！"他在给我讲述这个梦时补上的），父亲的眼睛非常明亮。

根据一般解梦者的观点，会这样解释：一开始，梦者梦到父亲遭遇车祸时，可能忘记自己的父亲已经去世好几年了。后来，随着梦的继续，他才想起这个事实，于是梦者就会在做梦期间对梦的内容感到惊诧了。

不过，分析理论告诉我们，这种解释无疑是多余的。原来，梦者请一位雕塑家为他父亲做了一座半身雕像，在做这个梦的前两天，他去看了一下父亲的雕像。因为，那位雕塑家没有见过梦者的父亲，只能根据照片来雕刻。做梦前一天，梦者又让家里的老仆人去看看，是不是也觉得那座雕像的前额雕得过窄了。

现在，他又陆续联想起一些构成这个梦的材料：每当他父亲遇到生意上的麻烦或家庭的问题时，都会用双手紧压两边的太阳穴，好像头太宽要把它挤窄些似的；梦者四岁时，一次手枪走火，把父亲的眼睛都弄黑了（对应于梦中的"父亲的眼睛非常明亮"）；父亲在世时，每当陷入沉思中，他的前额，也就是梦中伤痕的地方就会出现一道深深的皱纹，在梦中，这道皱纹被伤痕所取代；这个细节又导引出此梦的第二个诱因，有一次梦者给小女儿拍照时，不小心将底版掉在地上，结果底版上小女儿的前额那里出现一道裂痕，垂直直抵眉毛。他觉得这是一个很不好的预兆，因为曾经他母亲去世前几天，他就把母亲照片的底版弄碎了。

其实，这个梦的荒谬性只是因为语言表达上的疏忽，它没有将父亲的半身雕像、照片和真人区分开来。通常我们在看照片的时候，会问："你觉得相片跟父亲完全一样吗？"对于这样的荒谬性，其实是很容易就能避开的。在这个梦中，我们可以这样认为，这种表面上的荒谬性是被允许的，甚至是故意策划的。

梦例二：

在下面这个梦例中，我们能看到梦的工作故意制造出来的荒谬性，并且这种荒谬性跟梦的原始材料是毫无关系的。这个梦是我在度假时，遇到图恩伯爵后做的：

我正坐在一辆马车里，让车夫把我送到火车站。赶路时，他好像被我累得不行了，就抱怨起来，于是我就说："我又没让你在铁路上赶车。"好像我们已经在一段只有火车才能走的路上驱车行驶了一大段了。

看起来这是个混乱并且没有意义的梦，分析后我得到这样的结果：做梦前一天，我雇了一辆马车到维也纳市郊——多恩巴赫的一条偏僻街道。那个司机并不知道路，跟其他司机一样只是向前随意走着，后来还是我发现了线路不对，才给他指明了正确的方向，并责备了他。

　　在分析这个梦时，我由这个车夫联想到贵族的派头，贵族给我们这些中产阶级平民印象最深的就是他们喜欢坐在车夫的位置上。事实上，图恩伯爵是整个奥地利国家这架马车的车夫。

　　梦中的第二句指的是我哥哥，我将他等同为马车夫了。那一年，作为惩罚，我取消了跟他一起的意大利之旅（"我又没让你在铁路上赶车"），因为他总是抱怨我在旅行中让他疲惫不堪（这一点在梦中也有体现），说我为了在一天内多看风景，旅途太赶了。

　　在做梦那天晚上，哥哥陪我一起去火车站，不过还没到站他就跳下了车，他要乘郊线车到伯克斯多夫去。我跟他说，其实我们还可以再同行一段路，他可以坐干线车去伯克斯多夫。这就是梦中我走了那段只有火车才走的路。

　　这正好跟实际情况相反了。这是一种"你也是"式的争论。当时我对哥哥是这样说的："那段去郊区线的路，其实你可以和我一起坐干线车走。"但是，在梦里我用"马车"代替了"郊区线"，以至于把所有事情都弄乱了（这有利于我把我哥哥跟车夫联系起来）。这样一来，我就成功地在梦中创造了一些看起来没有任何意义的事，并且和我在梦中说的话也是相互矛盾的（"我又没让你在铁路上赶车"）。其实，我完全没有必要让郊区线和马车混淆在一起啊，肯定是因为某种目的才在梦中安排了这谜一样的事件。

　　到底是因为什么目的呢？现在，我们来分析一下这类荒谬梦的意义，以及探究引起它的动机。上面这个梦的荒谬可解释为：梦中必须为"驾"（"fahren"）这个字加上一些荒谬且难以理解的关联，这点对我来说很有必要，因为梦中的隐藏含义中包含了一个要被表现出来的特殊判断。

　　事情是这样的：有一天晚上，在一位聪明好客的女士（这位女士，在这个梦中的其他部分扮演着"女管家"的角色）家里，我被要求猜两个非常难的字谜。因为当时其他人都已经知道了谜底，只有我不知道谜底，于是我就乱猜一气，最后，我成为当晚的笑柄。这两个字谜分别是"Nachkommen"（后代）和"Vorfahren"（祖先），这是两个双关词语，谜语的内容是：

derherrbefiehlt's，（车夫遵从了，）

derkutschertut's。（主人的吩咐。）

einjederhat's，（它长眠在坟墓中，）

imgraberuht's。（为每个人所拥有。）

（答案是："Vorfahren"，意思是"驾驶""祖先"，字面的意思是"前辈"和"开到前面"。）

让人不解的是第二个谜语的前半部分跟第一个完全相同：

derherrbefiehlt's，（车夫遵从了，）

derkutschertut's。（主人的吩咐。）

nichtjederhat's，（它躺在摇篮中，）

inderwiegeruht's。（并非所有人都有。）

（答案是："Nachkommen"，意思是"跟在后面""后裔"，字面的意思是"跟着来"和"继承者"。）

当我目睹了图恩伯爵庄重地向前驾驶（Vorfahren）后，不禁坠入费加罗式的心境，根据他的观点，贵族绅士的伟大功绩就是他们被生出来了（成为后裔），于是梦的工作就把这两个字谜当作中介思想。又因为贵族和车夫很容易弄混，而且我们这里还常将车夫称为"Schwager"（"车夫"或"姐〔妹〕夫"），于是梦的浓缩作用又将我哥哥关联到梦中。

但是，透过这些表象，我们却看到梦的隐藏含义是："为自己的祖先骄傲是荒谬的，倒不如自己先成为祖先。"恰恰是这个说某事"荒谬的"这一判断，才造成了梦中的荒谬性。自此，梦中其他模糊的地方也清楚起来，即我为什么会以为我之前与车夫驾过一段路程。这是因为：Vorher gefahren（向前行驶）是由 Vorgefahren（驾驶过）和 Vorfahlen（祖先）两个词联想来的。

所以，如果隐藏含义中某些内容元素具有"荒谬的"成分，如果梦者的潜意识中包含了某种批判或嘲笑的动机，那么这个梦就会表现出荒谬的特征来。于是，荒谬就成为一个梦的工作用来表现矛盾对立的手段了。这个手段的道理跟其他手段的道理是一样的，比如颠倒隐藏含义和梦的内容材料之间的关系，以及利用运动障碍的感觉等。

梦中的理智

在这里，我要善意地提醒一下各位，不能将梦中的荒谬性简单地翻译成"不"。荒谬性梦的核心主要再现的是各隐藏含义之间的搭配关系，我们要将它们跟矛盾、讽刺合成一体才行。也是因为这样一个目的，梦的工作才会造出一些荒谬的场景来。借助这种方法，它再次将梦的一部分隐藏含义直接转变成梦的内容。

梦例一：

这是一个玩数字的荒谬梦：我的一位熟人 M 先生受到了猛烈的抨击，抨击的人居然是伟人歌德，他在一篇文章中痛批了 M 先生。这次抨击对 M 先生造成了很大的影响，于是 M 先生在餐桌上不停地跟同伴诉苦。即便如此，M 先生也没有因为自己的生活受到影响而减少对歌德的尊敬。

我觉得这件事是不太可能的，想要弄明白其中的时间关系。因为歌德在 1832 年就去世了，如果他要抨击 M 先生，那么肯定在这之前，但是那时我敢肯定 M 先生还是个年轻人，可能还没超过十八岁。并且，我也无法确定现在自己到底是在哪一年，所以整个计算简直是一团糟。对了，那个抨击就包含在歌德那篇著名的论文《论自然》之中。

这个梦是荒谬的，原因如下：我和 M 先生是在一次聚会上认识的。在我做这个梦前不久他请我给他弟弟做检查，检查中我发现他弟弟有瘫痪性精神病的症状。在这次拜访检查中，还发生了一个尴尬的小插曲：我跟患者闲聊中，患者突然说起他哥哥年轻时干过一些荒谬的事。我询问了患者的出生年月，并且还让他做了几道简单的计算题来测验他记忆力的损伤情况，他顺利完成了这个测试。

从这可以看出，我在梦中的表现简直就是个瘫痪性精神病人（我弄不清楚自己现在所处的年代）。

梦中其他部分的材料源自最近的另外一件事。最近，我柏林的朋友弗利斯最近出了一本书，我另外一位关系不错的朋友——一家医学杂志的编辑，在他的报纸上刊登了一篇对弗利斯猛烈的抨击的文章。写这篇抨击文章的是一位没有判断力的年轻评论家。我觉得我应该去干预这件事，于是就去找这位编辑朋友理论。编辑对这件事深表歉意，不过却不愿做出任何更正。我很生气，于是跟这家杂志社断绝了关系，不过在解约书中表明，希望这件事不要影响到我们的私人交情。

这个梦的第三个来源是我的一位女患者，她刚告诉我她那患精神疾病的弟弟的情形，他疯狂地喊着"自然！自然！"医生们认为，他弟弟是因为阅读了歌德那篇《论自然》的文章才这样喊的，并且推断他在自然哲学方面用劲太过了。不过我认为不是这样的，这应该是性的暗示，就像受教育很少的人使用这个词所含有的意义一样。后来这位患病的年轻人切掉了自己的生殖器，至少证明我的看法还是有道理的。这位患者初次发病的年龄是十八岁。

对于我朋友弗利斯那本受到抨击的新书（另一位评论家说，"不知道到底是作者疯了，还是我们读者疯了"），我还有话要说。弗利斯的新书讲的是关于人一生中的年代关系，并且在书中将歌德的一生描写成具有生物学意义的大量数字。从这里可以看出，梦中我替代了我的朋友（我企图弄明白年月），但是我的行为却像是一个瘫痪病人，梦也是一大堆荒谬的材料，于是梦的隐藏含义就是讽刺："自然啊，他（我的朋友）是傻瓜、疯子，而你们（评论家）都是天才，知识渊博，但是也许真实的结果恰好颠倒过来了。"

在这个梦中，这种颠倒的细节无处不在。比如：歌德抨击那位年轻人，这看起来很荒谬，到是年轻人抨击不朽的歌德才正常；还有，我本来要从歌德逝世的那年算起，结果却从他出生那年开始计算。

我曾经也说过，所有的梦都是源于利己主义驱使的。所以，我要解释一下为什么梦中我会替朋友受过，并取代了他的位置？在清醒状态下，我批评信念的力量还不足以让我做到这一点。不过，那位十八岁就患病的年轻人以及对他呼喊"自然"的不同解释给了我暗示，因为我认为精神神经症的病因有性的原因在内，这跟大多数医生的意见是相反的，于是我就站在大多数医生的对立面。

所以，我可以对自己这样说："你朋友受到的那种批评也可能会发生在你身上，事实上你已经在某些方面受到了批评。"于是，梦中的"他"可以替换成"我们"："是的，你们是对的，我们才是傻瓜。"梦中提到的歌德的那篇著名论文让我想起了"我正在思考中"的情形，当时我正好中学毕业，对未来的职业犹豫不决，因为在一次演讲中听到歌德的那篇论文，我才下定决心从事自然科学的研究。

从上面的例子我们可以看出，越是荒谬的梦其意义也就越深刻。从古至今，凡是想说些话，又明知说出来就会惹祸上身的人，往往都把自己装成智力障碍者，于是这些禁忌的话所针对的人就将他们的言论当作智力障碍者的胡言乱语，不太会放在心上。梦在现实中所扮演的角色就像戏剧中不得不靠装疯卖傻来掩饰自己的王子，我们也可以利用哈姆雷特的自白来为梦注释：用搞笑而晦涩的外衣来掩盖真相。哈姆雷特的原话是这样的："当刮西北风时我就会疯，如果刮的是南风，我就能分辨出苍鹰和白鹭了！"

现在，我已经解决了梦的荒谬性问题：精神正常的人梦的隐藏含义从来都不是荒谬的，当隐藏含义中有批评、讽刺、嘲弄的内容需要表达出来时，梦的工作就会制造出荒谬的梦或含有荒谬成分的梦。

我下面的任务就是要揭示梦的工作只存在于前面已经提到的三个因素（即浓缩作用、移置作用和梦的表现力），以及下面将要提到的第四个因素。梦的工作只是根据这四个因素将隐藏含义翻译过来而已。至于我们的头脑到底是全部参与到梦中，还是只是一部分参与到梦中，这个问题本身就是错误的，也偏离了事情真相。

不过，在很多梦中常常会出现一些评价、批评、赞赏的内容，甚至有时还会对梦的部分因素感觉惊讶，并试图对其进行解释或争辩，从而产生一些反对的意见，因此，我将选取一些梦例来澄清由这类事实造成的误解。

简单总结一下我的答复就是：所有在梦中表现为判断活动的内容，都不能当做梦工作的思维结果，只能当作隐藏含义中的材料，它们只是作为现成的构造，从梦的隐藏含义进入梦的内容。对这句话我还可以做更进一步的引申：即使是醒来后，对所做的梦做的判断，或者在回忆那个梦时内心所产生的感觉，大部分都是梦的隐藏含义的表露，都可以用来作为解梦的材料。

梦例二：

一个女患者因为"它太模糊了"，拒绝告诉我她所做的一个梦。她在梦中看到一个人，不过辨认不出到底是她丈夫还是她父亲。接着，她又做了第二段梦，梦的场景切换到一个垃圾桶（misttugerl），这引起了她的一段回忆：她刚结婚时，一天一个年轻的亲戚过来做客，她跟他开玩笑道，自己下一件事就是要一个新垃圾桶。结果，第二天一早她就收到一个新的垃圾桶，并且里面装满了山谷里的百合花。

这个梦可以用一句德国谚语来表示："不是长在属于自己的土壤中。"经过分析发现，这个梦的隐藏含义可追溯到梦者小时候听过的一个故事：一位姑娘怀孕了，却不知道孩子的父亲是谁。所以，在这个梦里，梦中的内容已经渗透到真实的思维中了，意思就是清醒时刻对整个梦的判断，被用来表现隐藏含义中的某个元素了。

梦例三：

这个梦例跟梦例二很相似：我的一位患者做了一个非常有意思的梦，醒来后他就决定将这个梦告诉我。对这个梦例分析后，我发现该梦例清楚地暗示了梦者在我这里接受治疗的时候，开始跟一个女人交往，但是他根本就没想告诉我。

梦例四：

这个梦例来自我自己的经历：我和P要一起到医院去，我们途经了一个满是房屋和花园的区域，当时我觉得这个地方曾经在梦中出现过多次。对这条路我不怎么熟悉，于是P给我指了我一条路，一拐弯就到一个餐厅（在屋内，而不是在花园里）。在那里，我打听到了多妮夫人正和她的三个孩子住在后面的一间小屋里。在我向那里走去时，碰到一个模糊的身影带着我的两个女儿，跟她们站了一会儿后，我把两个女儿带走了。我有些埋怨，觉得妻子不应该把两个女儿留在那里。

不过，从梦中醒来后，我有种极大的满足感，对这种满足感我的解释就是：通过分析，我发现了"这个地方曾经在梦中出现过多次"的真实意义。不过，分析并没有揭示这类梦的意义，只是向我表明，这种满足属于梦的隐藏含义，并不是对这个梦的判断。我感到满足，是因为婚姻给我带来了孩子。开始时 P 和我的生活经历相似，不过后来无论社会地位，还是物质条件都远超过了我，但是他婚后却一直没有孩子。

没必要对这个梦做全面的分析，通过它的两个诱因就可以证明这个梦的意义。在做梦的前一天，我看到了多娜（梦中变为多妮）夫人逝世的讣告，她死于难产。我听妻子讲，负责为多娜接生的助产士就是为我们两个女儿接生的那一位。

🍂 梦境与隐藏含义

我之所以会注意到多娜这个名字，是因为不久前我在读一本英语小说时第一次看到了这个名字。梦的第二个诱因跟做梦的日期有关，也就是我大儿子生日的前一天，他看起来有点诗人的气质。

梦例一：

接下来，我要找出梦中具有判断性表述的例子，这些判断性的表述只停留在梦中，而不会继续进入或转为清醒状态下的生活。在证明这一点时，如果我能引用为其他目的而记录下来的梦例，那么就能减少我的工作。

在那个歌德抨击 M 先生的梦例里，好像就包含了不少具有判断性的表述，比如："我觉得这件事是不太可能的，想要弄明白其中的时间关系。"这句话看起来好像是对歌德竟然去抨击一位年轻人这一荒谬说法进行反驳。"我敢肯定 M 先生还是个年轻人，可能还没超过十八岁。"虽然这句话有些含糊，但听起来好像是计算出来的结果。还有结尾处的那句："我也无法确定现在自己到底是在哪一年"，这是梦中感到不确定或怀疑的例子。

乍看之下，上面提及的这些判断好像是在梦中完成的，但是经过分析后却发现原来这些话都各有其他意思，并且是解梦中必不可少的成分，同时也能消除梦中的各种荒谬因素。

比如，这句"想要弄明白其中的时间关系"是我将自己置于朋友弗利斯的处境中，他的确在研究人生的年代关系。这样的话，这句话就失去了判断的性质，不能作为反对前面几句荒谬性的判断了。

插入的那句话"我觉得这件事是不太可能"，跟后面那句"我敢肯定"是联系在一起的。在那位女患者向我讲述她弟弟的发病经历后，我也使用了差不多一样的句子，在我看来"他呼喊'自然！自然！'和歌德有什么关系？""我觉得这件事是不太可能"；而"我敢肯定"，这种情况肯定跟大家所熟悉的性方面有关。

这确实是一种判断，不过不是在梦中做出的决断，而是在现实生活中做的，不过偶然间被梦的隐藏含义回忆起来，并加以利用而已。梦的内容对判断的利用，跟它利用其他隐藏含义材料中的片段方式并没有什么差别。

对于梦中被判断为"十八"的这个数字，是没有什么意义关联的，但保留了真实判断被抽离时留下的痕迹。结尾时的那句"我也无法确定现在自己到底是在哪一年"，这句话只是为了让自己跟那位瘫痪病人更加相像而已，这一点在我为他进行检查时曾经出现过。

通过对梦中明显判断行为的分析，让我回想起在本书开始时确立的解析梦的工作的原则：梦中各成分之间的表面关系只是非本质的假象，我们无须理睬，我们应该追寻梦中每一元素的来源，然后恢复其本来的面目。

梦是一个聚合体，为了研究它，我们必须将它分割成不同的片段。

但在另一方面，我们也注意到梦中有一种精神力量在运作，它的存在造就了梦中内容之间表面的联系，也就是说，这种精神力量将梦的工作所产生的材料加以"润饰"。于是，我们又遇到了另一种重要的力量，我们将其视为构成梦的第四种因素，将在下文探讨。

梦例二：
这是一个我已经报道过的判断过程发生在梦中的例子。

在那个关于家乡市议会寄来材料的荒谬梦中，我这样问父亲："在那不久，你不就结婚了吗？"我算了一下，我是1856年出生的，感觉信中提及的年份就是那一年之后的下一年。

表面上看这一切似乎都挺有逻辑的：因为我父亲是在他发病之后——1851年结婚的。而我是家中的长子，确实是在1856年出生的，这些都没什么问题。但是，我们知道，为了满足梦中的愿望，这个结论被歪曲了，这个梦的主要隐藏含义就是："四五年时间根本就不算什么，可以不加考虑。"

但是，这一套逻辑中的每一步，它们的形式和内容一样，都要通过隐藏含义中的另一种方式来解释。就像我的同事抱怨我给患者治疗的时间太长了，而这位患者决定治疗结束后马上结婚；梦中我和父亲的谈话方式，就像是一种审讯或考试，由此我想起了大学里的一位老教授，他在登记每一位选修他课程的学生资料时，喜欢问学生完整的个人情况："出生年份？"——"1856年"。"父亲名字？"学生要回答出自己父亲拉丁文字尾的教名。我们猜测，这位教授可能要从他们父亲的教名中推断出某些不能从他们本人姓名中得到的推论。因此，梦中推断结论的情节不过是对隐藏含义中的材料做出的推论的重复而已。

这里，我们又有了一个新发现：如果梦中出现了结论，那么这个结论肯定来源于梦的隐藏含义。不过这个结论在隐藏含义中呈现的形式，可以是一段回忆材料，也可以是逻辑上连成一串的隐藏含义。但不管怎样，梦中的结论都是在表现梦中隐藏含义中的某个结论。

知道这些后，我们将继续对上述梦例进行分析。通过那位教授的询问，我又联想到大学生的注册表（我当时是用拉丁文填写的），还联想到我的学生生涯。对我来说，医科规定的五年学制太短了，于是我又延期了好几年，熟悉我的人都觉得我是在浪费时间，而且对我能不能完成学业也很是怀疑。于是，我决定报名参加了考试，虽然耽搁了些时间，我还是通过了。这又强化了梦的隐藏含义，从而让我能向批评我的人发起挑战："虽然我延期了，你们不相信我，但最后我还是通过了。由此可知，我的医学训练最终也会取得成功，事实本就是这样的。"

这个梦开头的部分，有几句话明显带着某些争论性质。而且，这些争论也不是荒谬的，即便在清醒时也会出现这种思维：我因为收到家乡市议会寄来的材料而感到奇怪，主要是因为1851年时我还没出生呢。并且，肯定跟此事有关的——我的父亲已过世了。这两个论证本身非常正确，即便在清醒时收到这份材料，我也会提出这样的论证。

前面我分析过，这个梦的隐藏含义是源自内心深处的苦痛和嘲弄。如果我们假设审查作用的动机非常强烈，那么就能理解梦的工作有充分的理由，对隐藏含义中存在的某个荒谬要求作出一种完全有效的反驳。

不过分析的结果告诉我们，梦的工作并不能自由地构造这种平行物，它必须用到隐藏含义提供的材料，才能达到这个目的。这就好比在一道代数方程式中，除了数字，还要有加、减、根、幂等符号一样，让一个对代数一窍不通的人来抄写代数方程，虽然数字和运算符号都抄写了过去，但是却把这两者混淆在一起了。

这个梦中的两个论据可以追溯到下面的材料：每当我想起第一次提

出从心理学去解释神经症的前提条件时，我就感觉痛苦不安，因为当时刚提出时总是受到别人的怀疑和嘲笑。比如，我提出患者在一到两岁时的经历就在其感情世界中留下了不可磨灭的痕迹，虽然这些经历受到记忆的反复扭曲和夸大，但是还是构成癔症症状最初和最深的根基。每当我试图向患者解释这一点时，他们就会以嘲弄的语气模仿我的口吻说，他们正打算去寻找那些还未出生时的记忆。

我发现，在我的一些女患者最早的性冲动中，她们的父亲都扮演着出人意料的作用的角色。当我把这一发现告诉她们时，也遭到同样的嘲讽。

不过，不管这样，我都相信这两个假设是正确的。为了证明我的假设，我还回忆了一些当孩子还很小父亲就去世的例子。后来的事件证明，在孩子潜意识中仍然保留了早就离世父亲的身影。

我知道，我的这两个观点都是建立在推论的基础上的，它的正确性肯定会受到人们的怀疑。于是，正好是我害怕引起争论的那些推论材料，被梦的工作用来制造了毋庸置疑的推论，从而让愿望得到满足。

我想不需要再多举例子，前面的梦例已经能证实我的观点了：梦中的判断，不过是隐藏含义中某些原型的复现。通常，这些复现并不恰当，有时还会插入一些跟上下文情节毫不相关的内容，不过偶尔也会被使用得非常巧妙，以至于让人觉得它们就是梦中的独立思维活动。

于是，接下来我们应该将我们的注意力转向精神活动这一块儿。虽然，精神活动看起来并不总是参与梦的构建，但是一旦它参与进来，就能将梦中不同来源的元素都融合成一个整体，让其构成一个具有意义且不相互冲突的整体。

不过，在讨论这个主题之前，我们还要先对梦中出现的感情进行研究，并且将它们与我们在分析梦时所揭示的隐藏含义中的感情加以比较。

第八节　梦中的感情

🍂 梦不是真的，但情感是

斯特里克勒说："如果我梦见了盗贼，并且很害怕他们，虽然盗贼是虚构的，但我的恐惧却是真实的。"因为斯特里克勒一句犀利的点评，让我们注意到梦所表达的感情不像梦的内容那样，让我们在醒来后轻易就忘掉。

其实，我们在梦中体验到的感情强度跟清醒时的感受是不相上下的。并且，梦还会极力让我们在梦中体验到心灵的真实感受，但对于梦的内容却没有做这样高的要求。不过，我们在清醒状态时却很难做到这一点，因为，感情如果没有跟观念材料结合到一起，我们将无法对这种感觉做精神上的评估；如果感情和观念在性质、强度上没有融合在一起，那么我们在清醒状态就会无法判断了。

让人惊奇的是，梦中的观念内容竟然并不伴随着那种我们在清醒时刻肯定会产生的情感效果。斯特伦佩尔曾说梦中的观念已经剥离了自己的精神价值。不过在梦中也有很多相反的例子：有的看起来根本没有什么关系的事件，却伴随着强烈的情感；但在一些恐怖、危险或厌恶的梦中却并没感觉到恐怖或厌恶；可能在一些无害的事中感到了恐怖，在一些幼稚的事中感到高兴。

对于这种反差，我们不必迷惑和烦恼，因为只要从梦的内容进入隐藏含义，我们就能让这一谜团消散于无形。经过对梦的分析我们知道，梦在形成时其观念材料会被移植和替换，但是感情却维持不变，所以就会出现感情与内容不匹配的现象，对此我们无须大惊小怪，而且通过分析，将相应的内容材料回归到原来的样子，同样也无须惊讶。

在接受梦审查作用的抵抗影响而产生的心理情结中，受到影响最小的就是感情了。因为它几乎不受影响，所以我们可以仅凭它就能正确地去补上一些遗漏的信息。这种情况在精神性神经症中比在梦中表现得更加显著，至少感情在质的方面是妥当的；在强度方面，可能因为神经症注意力的移置会被增强。

如果一个癔症患者对自己因为一些微不足道的小事就担忧的行为感到惊讶，或者一个强迫症患者对自己因为一些根本不存在的事就痛苦自责的行为感到惊奇，那么他们就弄错了方向，他们把那些小事或不存在这些观念内容当作本质的东西了。于是他们的思维活动就以这种观念为起点，他们的抗争也就毫无效果了。

对于他们的这种错误，可以通过精神分析告诉他们这种感情本身是合理的，然后帮助他们重新找到因被压抑或被替代物所移置的观念，引导它们回归正途。不过，要做到这一点是有必要前提的，感情的释放和观念内容并不是一个有机统一体，它们只是勉强连接在一起，可以通过精神分析将这两个实体分离开来。对梦进行的分析也表明，事实确实如此。

下面，我还是以梦例来说明。在这个例子中，梦中的观念内容本应该促进感情的释放，不过看起来却没有感情的产生，对此我们进行分析解释。

梦例一：

在茫茫沙漠中，她看到三头凶猛狮子（Lions），其中一头还对着她咆哮，不过她并没感觉到害怕。后来，她应该还是逃离了狮子，因为她梦到自己正往一棵树上爬，并且她还看到自己那位教法文的表姐也在树上……

对于这个梦的分析，我得出以下材料：

梦者做这个梦的诱因，是她英语作文中一个无关紧要的句子，"鬃毛是狮子的装饰品"。而她父亲留的络腮胡跟鬃毛非常像。她英语的老师是莱昂斯（Lyons，发音跟 Lions 相近），并且一位熟人还送给她一本洛伊（Loewe，德文意为"狮子"）的民歌集。这就是梦中三头狮子的来源。所以她才不会害怕。

她还读过一本小说，里面描写了一个黑人鼓动同伴起来反抗，后来被猎犬追捕而不得不爬到树上的故事。说到兴奋处，她又想起其他一些记忆片段，比如曾在一本文选中看到如何捕捉狮子的文章："用筛子去筛一片沙漠，于是狮子就会被留下来。"她想起一则有趣但不太得体的故事：有人问一位当官的为什么不去讨好大领导，那人很无奈地说因为自己的上司已经捷足先登了。

这位女士做梦那天，她丈夫的上司正好过来拜访他们，对她也彬彬有礼，并吻了她的手。虽然他是这个国家的"社会名流"，是个"大人物"（德文为 Grosses Tier，意为大动物），但她并没感到一丝害怕。至此，对于这位女士的梦就不难理解了。因此，这头狮子跟《仲夏夜之梦》中的那头狮子一样，是指志同道合者。

所有梦见狮子却不害怕的，基本都属这种情况。

梦例二：

有一座碉堡，开始在海边，后来又不靠海了，而是在一条通往大海的狭窄运河上。我和 P 先生一起站在一个有三扇窗户的大厅里，窗前耸立着像是城垛的城堡，P 先生是负责管理此城堡的负责人，我是驻防部队的一员，类似于志愿海军官员这样的性质。

因为我们当时正处在作战之中，所以担心敌人的舰队会突然来袭。P先生准备走，离开之前他告诉我如果敌人来袭应该怎么应对。他那生病的妻子带着孩子们也生活在这个危险的堡垒里。如果遇到敌人的轰炸，这个大厅必须清空。

他呼吸很沉重，正准备转身离开，被我拦了下来，我问他必要的时候我该怎样跟他联系？他说了些什么，突然就倒地身亡了。肯定是我的问题加重了对他的刺激，不过他的死没对我产生太大的影响。

他死后，我考虑要不要把他的遗孀还留在城堡内？我是否要向上级汇报他的死讯？我是否要接替他来掌管这个碉堡？因为我的职位仅次于他。我站在窗前，看着过往的船只，它们都是一些商船，很快就匆匆驶进黑蓝色的大海，有几艘还冒着褐色的烟，有几艘则筑有甲板（就像序梦中提到的车站建筑那样，这里没有描述序梦）。

后来，弟弟站在我身边，我们一起望着窗外的运河。突然，我们看到一艘船，我慌忙喊道："敌人舰队来了！"不过仔细一看却是我们自己的船舰回航了。后来，又看到一只小船从中间断开了，样子很搞笑，甲板上摆放着一些杯形或箱形的物品。我和弟弟大喊道："是一艘餐船！"

梦中飞驰的船舰，黑蓝色的海面，褐色的烟雾，这些组成了一种紧张并透露着一种不祥之兆。

🌰 梦中的感情

出现在梦中的地点，是由我以前在亚得里亚海上几次航行的印象（米兰梅尔、杜伊诺、威尼斯和阿奎利亚）所构成的复合体。在做这个梦的前几个星期，我和弟弟进行了一次阿奎利亚的旅行，那次旅行虽然很短但很愉快，所以我印象深刻。此外，因为有亲人生活在美国，而现在美国跟西班牙之间正在海战，所以我对他们的安危很焦虑。

在这个梦里，有两个地方的情感是有问题的。第一处是本应该有感情但实际并没有，反而将注意力集中在 P 先生死后对我没有产生影响上面；第二处是我以为看到的是敌人的军舰，非常害怕，以至于整个睡眠都充满了恐惧感。

这个梦构造得非常完美，感情也分配得很巧妙，根本看不到什么明显的冲突。让我觉得根本无须为 P 先生的死感到害怕，并且觉得自己身为新任堡垒的总指挥，看见战舰感到害怕也是很自然的。

不过对这个梦研究分析后发现，P 先生不过是我自己的一个替身（我在梦中替代了他），我就是那位意外猝死的指挥官。这里的隐藏含义就是我担心自己如果早死了，我的家人以后该怎么办。隐藏含义中唯一让我痛苦的成分除了这个没有别的了，所以梦中的恐惧肯定也是从这里分离出来的，然后跟看到的战舰联系起来。

分析的结果还显示，跟战舰有关的那部分隐藏含义还有一段令人愉悦的回忆。一年前我和妻子来到威尼斯，并在希尔奥芬尼河岸住下来。在一个阳光灿烂的日子，我们站在窗子前向外望去，看到黑蓝色的水面，眼前的场景热闹非凡，大家为了迎接一只英国的舰队，举行了一场盛大的接待仪式。突然，我的妻子欢呼道："英国舰队来了！"不过，在梦中我却对这样的话感到恐惧（你看，梦中的词语都是来源于真实生活；我将在下文对我妻子欢呼的"英国"一词，也是梦的工作的结果做出解释）。

所以，在隐藏含义向梦的内容转变的过程中，我也将欢乐转变成恐惧了。这里，我想要提醒大家的一点，这种转换本身就是隐藏含义的一种表达方法。

这个梦例也证明了，梦的工作能够自由切断情感与隐藏含义之间原有的联系，并能将它随意安插在经它挑选的梦中的任何位置。

　　现在，我想对"早餐船"再详细分析一下，因为它的出现让之前一直很合理的梦境被打破，会让人得出它根本就是毫无意义的结论。我仔细回想梦中的物体，惊讶地发现，它是黑色的，而且在中间最宽的地方被截断了，有一端很像我在伊特拉斯坎博物馆里看到的那个大套器皿。它们是由黑色陶土做成的长方形托盘，上面有着两个把柄，托盘上面还摆放着喝咖啡或茶用的杯状物，很像我们现在使用的早餐器皿。经过询问，我才知道这器皿居然是伊特拉斯坎妇女用来装化妆用具的梳妆盒，上面的小盒是用来盛装胭脂和香粉的。当时我们还开玩笑道，如果能将它们带回家给太太用就好了。

　　因此，梦中的餐船指代黑色的丧服，也直接表示死亡。此外这个梦还让我想起了葬船。古时候，人们将死尸放在船上，任其自由漂流到大海之中，这可以用来解释梦中船只的返航。

　　"静静地坐在船上，老人平安地返回海港。"

　　因为早餐船是从中间最宽处断裂的，所以这是在遇难后的返航（Schiffbruch，德语意思是"船断裂"）。不过"早餐船"这个名字又是从哪里来的呢？其实，它来自舰队前面漏掉的"英国"一词。英语"早餐"（breakfast）有着"打破斋戒"（breakingfast）的意思，于是"打破"便和"船难"（断裂）相互关联，而"斋戒"又和"黑色丧服"建立了联系。

　　就这艘早餐船来说，只有名字是在梦中新创造的，而其他梦中的内容早就有了。我还想到最近一次旅游中最开心的一件事，因为我们不敢确认是否习惯阿奎利亚的食物，所以在来之前自己就带了一些食物，并在阿奎利亚买了一瓶上好的伊斯特拉酒。

　　当我们乘坐的小游船驶过德拉密运河、空旷的环礁湖，慢慢地向格拉多靠近时，只有我们在甲板上愉快地吃着早餐，这是我们吃得最痛快的一次了。梦中的"早餐船"就是这样来的。正是在这快乐记忆的背后，梦却插入了对未来不可捉摸的最伤感的思想。

在梦形成的过程中，感情和产生感情的观念材料分离开来，这是最让人关注的事，不过这在从隐藏含义进入梦的内容的过程中并不是唯一的和最重要的变化。如果我们将隐藏含义中的感情和梦中的感情进行比较的话，就能很明显地看到：不管什么情况，梦中出现的感情都能在隐藏含义中找到，但是反过来却不成立。

通常来说，经过了重重处理的梦的情感要比作为梦的精神材料贫乏不少。当我对梦的隐藏含义进行重建时，我发现那些最强烈的精神冲动一直都试图进入梦中让人有所觉察，并试图压倒那些与之相对立的精神力量。当我们回过头来再看看这个梦时，我们会觉得它非常平淡，而且缺少强烈的感情色调。

我认为，梦的工作不仅将梦的内容降低到平淡无奇的水平，并且就连我们梦中的感情在梦的工作下也变得激不起一点涟漪。或者也可以说，梦的工作可能会抑制情感。

可能有时也会出现一些特例，将一些真实的情感带到了梦中；但是我们要记住这样一个事实，那就是很多看起来平淡无奇的梦，仔细分析其隐藏含义后，都带有强烈的感情。

目前，对于梦的工作进程中感情受到抑制问题，我还无法给予充分的理论解释，想要解释清楚就要对感情的理论以及压抑的机制进行更加详细的探究。

这里，我只提两点：因为一些原因，我只能将情感的释放看作向身体内部的一种输出过程，这个过程跟运动系统和分泌系统的神经刺激过程类似。就像外部世界的运动冲动会在睡眠中遇到阻碍一样，潜意识思维对情感的输出式唤醒也会在睡眠中遇到阻碍。在这种情况下，隐藏含义的感情冲动就会变得微弱，所以进入梦中的情感也不会很强烈。由此可知，不是梦的工作让感情受到抑制，而是因为睡眠状态造成的。

也许这是真的，不过并不完全正确。我们知道，对于那些相对复杂的梦，都是各种精神力量抗衡后相互妥协的产物。一方面，那些生成愿望的隐藏含义思想不得不同审查作用的反抗作艰苦的斗争；另一方面，我们常常看到在潜意识思维中，每一个思想都有一个与之对立的思想。

因为这些思想都可能带有释放某种情感的能力，所以，如果我们认为梦中情感遭到抑制，是因为这些对立的各方力量之间的相互抑制和审查作用对这些冲动施行压抑的结果，那我们就错了。所以，感情的抑制应当被看作梦审查作用的第二种结果，就像梦的伪装是审查作用的第一个结果一样。

我还是用一个令人恶心的短梦来解释梦中情感的平淡与梦的隐藏含义之间的对立关系吧。

梦例：

在一个小山坡上，有一个看起来像是露天厕所的地方，里面有一条长长的坐板，坐板的尽头有一个用来排便的大洞，它的后面堆满了一堆堆的粪便，这些粪便大小不一、新鲜程度各不相同。坐板的后面是一片灌木丛。我对着坐板小便，在绵长尿流的冲刷下，一切都干净起来，粪便随着尿流流入洞内，不过在坐板的末端好像还有一些残留。

让人奇怪的是，在这样令人恶心的梦中，我为什么没有觉得恶心呢？

通过对梦的分析，我发现这个梦是由一些很愉快、美好的思想构成的，所以才没有觉得恶心。在分析中，我突然想起了大力士海格立斯将奥基斯王的牛栏清理得很干净。在梦中，我就是海格立斯。梦中的小山坡和灌木丛来源于奥塞湖，现在我的孩子们就住在那里。当我发现神经症是因为儿童期引起的之后，为了让他们避免患上神经症，所以就将他们送到了那儿。

那个坐板（当然不包括那个洞），很像一位女患者送给我的答谢礼物，那是一件家具，这让我想起我的患者对我的感激和尊敬。这让粪便的排列也可以得到一个令我愉悦的解释，虽然现实中粪便很让人讨厌，但是在梦中因为对意大利那么美好的回忆，在意大利小镇中就有跟梦中那样的厕所，所以梦中我没有产生恶心的感觉。

梦中将一切冲洗干净的尿流，它暗示着伟大的意义，当年利立普特的大火就是格列佛用这种方式扑灭的，正因为如此他也失去了小人国王后的宠爱。在拉伯雷大师的笔下，超人高康大对拜火教徒进行报复时也是采用了这种方式，他站在巴黎圣母院塔楼上，对着巴黎撒尿。

在做这个梦的前一天晚上，我刚好看到了加尼尔为拉伯雷作品所配的插图。说来也怪，还有一点证明梦中我就是那位超人。我最喜欢在巴黎圣母院的平台上休息，每个休闲的午后，我总会攀上大教堂的塔楼，在妖魔鬼怪之间攀爬。尿流冲刷粪便的场景让我联想到一句名言："它冲垮了它们。"将来的某一天，我一定要用这句话作为治疗癔症作品中的某一章节标题。

❧ 如何引发梦中情感

现在我们再来说说引发这个梦中情感的真正原因。那时一个酷热的夏日午后，我做了一个关于"癔症与行为倒错关系"的讲座，我对那天整个演讲的过程都很厌烦，觉得它根本没什么价值。繁重并且没有任何乐趣的工作让我觉得很疲惫，我渴望尽快摆脱这一切关于人类肮脏的唠叨，回到孩子们身边，跟他们一起欣赏意大利的美丽。

在这种心情下，我离开讲演室来到了一家露天咖啡厅，因为没胃口，我随便点了些东西吃。不过，在我喝咖啡吃卷饼的时候，一位尾随而来的听众要求跟我坐在一起，然后便开始对我大加奉承，说我的讲演让他受益匪浅，让他以新的眼光看待所有的事物，还说我那关于神经症的理论冲洗了他那奥基斯王牛栏式的错误和偏见。总之，我就是一位伟人。但是，我当时心情很糟糕，他的赞美让我越来越烦躁，我抑制住内心的恶心，赶紧摆脱了他，早早回到了家。那天临睡前，我翻阅拉伯雷的著作，并阅读了迈耶尔的短篇小说《一个男孩的烦恼》。

我的那个梦就是由这些材料引发的。白天的那种烦躁和厌恶一直持续到梦中，从而为梦的内容提供了全部材料。不过在夜晚时，我又产生了一种相反的心情替代了前者的梦，那是一种强烈的甚至是夸张的自我肯定。这时就需要梦的内容找到一种材料，这个材料既能表现出自卑，又能表现出自大妄想。在自卑与自大的妥协下，于是梦的内容就暧昧不清了，不过因为两个对立冲动的相互抑制，于是就让梦的情感基调显得非常平淡。

根据愿望满足的理论，我们知道如果作为对立的自大联想（虽然受到抑制，但却具有愉快的感情），没有加入厌恶的想法的话，那么这个梦是无法形成的。因为，苦恼的事在梦中是无法表现出来的，只有伪装成愿望的满足，这些苦恼的事才能进入梦中。

梦的工作对隐藏含义中情感的处理方式，除了让其通过和清除之外，还有就是将这种感情置换成它们的对立面。根据对梦进行解析的原则，梦中的每一个元素即可表达它自身，也可表达它的对立面。至于它到底代表哪一面，我们无法事先知道，只能从它们的前后关系来确定。

可能有人会对这一点的真实性产生怀疑，因为一些"解梦书"总是根据相反性的原则来解梦的。之所以会这样，那是因为我们思维在作怪，我们的思想中一个事物的观念总是跟它的对立面紧密联系起来。正如其他移置作用一样，它也是为躲避审查作用服务的，但它往往也是一种愿望的满足，因为愿望的满足也是一种移植作用，将不愉快的事换成愉快的事。

就像事物的观念可以变成其对立面，从而得以在梦中呈现一样，隐藏含义中的情感也能在梦中通过其对立面去表现，之所以要这样去表达，主要是因为梦中的审查作用。

其实在现实生活中，我们也有这样的时候，为了掩饰自己的真实情感，我们常常将情感压抑或者颠倒。比如，在与他人交谈时，虽然心里很想骂他一顿，但是表面上还要装着毕恭毕敬的样子，这时最重要的就是极力克制自己不让真实情感流露出来，其次才是表达思想的语句。因为虽然能假装跟他友好地交谈，但是说话时如果流露出仇恨的目光或者蔑视的表情，那么产生的效果跟直接对他表示轻蔑是一样的。所以，审查作用会让我们先抑制自己的感情，如果是个伪装的高手，就会表现出相反的情感，即使很生气也会面带微笑，即使心里想置对方于死地，却表现得跟对方很亲密。

对于梦中这种感情颠倒的现象，费伦齐曾经记录过一个绝妙的梦例，一位老绅士在睡眠中大笑不止，结果被他的妻子从梦中唤醒了。后来，这位老绅士讲了他做的一个梦：

当时我正躺在床上，熟悉的一位绅士来到我们的卧室，我想把灯打开，却怎么也打不开。于是我的妻子就过来帮忙，但灯还是没有打开，因为我妻子突然意识到自己正衣衫不整地站在那位绅士面前，觉得很难为情，最终还是没有勇气开灯并回到了被窝。这非常滑稽，我不禁大笑起来。妻子问我："你笑什么？你笑什么？"但我忍不住，还是笑个不停，最后被妻子唤醒了。

第二天，那位老绅士很沮丧，并且头也疼，他想可能是因为昨晚笑太多累坏了。

其实，对这个梦展开分析后，就不觉得好笑了。

在梦的隐藏含义中，那位走进他们卧室的熟悉绅士，代表着"伟大未知"的死亡形象，这个形象是前一天在他脑海中浮现的。这位老绅士患有动脉硬化，他在前一天想到死亡也是在情理之中，他在梦中大笑不止，是因为他想到死亡后而产生的悲伤和哭泣，那个怎么也打不开的灯则代表着生命之灯。

老绅士忧郁的心情可能跟不久前的性交失败有关，当时尽管他的妻子"衣衫不整"协助他，也没有成功。他知道，自己的身体已经不行了，于是梦的工作就把他对阳痿和死亡的恐惧转换成一个滑稽的场景，并把哭泣转成大笑了。

还有一类梦很特别，可以称之为"虚伪的梦"，这类梦对梦是愿望的满足构成了极大的挑战。我看到希尔费丁女士引用罗塞格记录的一个梦之后，才开始注意到这一类梦。梦者是一位作家，年轻时曾从事过裁缝工作，在他的梦里很难发现愿望满足的作用，他全部的快乐都产生于白天，到了晚上他在梦中总是笼罩在不愉快的阴影中。

因为我自己也做过相似的梦，所以我可以说明这一主题。我刚当医生时，曾在化学研究所工作过很长一段时间，不过那时没有掌握这门学科的基本技能，可以说是毫无收获，所以对于这段时期的生活，我在清醒时都是极力回避的。但是，在梦中我总是梦见自己在实验室里忙碌地工作着，做各种分析和实验等。这些梦和考试梦一样，虽然内容模糊不清，但是不愉快的感情却很清晰。

我在分析其中一个梦时，终于注意到了"分析"这个词，它给了我解析这些梦的钥匙，从那时开始我就成了一位"分析家"。现在我进行的分析工作虽然属于"精神分析"的范畴，但是却受人称赞。

直到现在我才明白，只要我对白天的分析工作感到自豪，并吹嘘自己的成功，那么晚上我就会做关于当年化学研究所的梦，梦将那些失败的分析呈现在我的眼前来提醒我，让我毫无骄傲可言。这些梦的一种惩罚，是针对暴发户的惩罚之梦，就像那位裁缝变成大作家之后所做的梦一样。

但是，在暴发户式的骄傲和自我批评之间，梦是怎样选择站在后者这边，又是怎样将梦的内容变成一种理智的警告，而不是一种非法的愿望满足呢？

我已经说过，这个问题是一个很难回答的问题。我们可以这样推断：开始是被夸大的雄心构造了这个梦，不过跟这个雄心相对应的各种羞愧感也进入了梦中。我们知道，人的精神有受虐的倾向，可能就是它们造成了这些感情的颠倒。

隐藏含义中的情感想要转化成梦中的情感，必须经过删改、浓缩和颠倒这些复杂的处理，这些处理可以在对梦进行全面分析后，在重新合成的梦中明显地看出。

神经质患者一个明显的特征，就是情感的释放虽然在质上是正常的，但是在量上却过度了。这个特征也可以从心理学的角度做出类似的解释。引起过度的原因就是，之前这种情感一直被抑制在潜意识中，当这种情感跟真正的原因联系起来以后，于是这些被压抑的情感获得释放的理想通道就被打开了，这是合法而不会遭到反对的，于是就像脱缰的野马无法控制了。

所以，在考察对被抑制和起抑制作用的各种动因时，不能将它们之间的关系仅仅看作相互抑制的，我们还要注意到，有时这两种动因也会通过彼此合作而相互强化，从而产生某种病理的效果。

对于精神机制的一些提示，我们可以将它们用于理解梦中情感的表达。梦中表现出来并且能很快在隐藏含义中找到恰当位置的满足感，常常不能仅用这种关系就获得充分的说明。我们还需要在隐藏含义中找到它的另一个来源，因为这个来源正好受到审查作用的抑制，不能产生满足感，只能生产相反的感情。

因为感情第一来源的存在，让第二个来源有可能把本身的满意感情从被压抑的影响中摆脱出来，并让第一来源得到强化。从这可以看出，梦中的情感可能来源于好几个地方，然后再根据隐藏含义材料做出决定。在梦工作的过程中，能够产生相同情感的来源组合在一起共同制造了这种感情。

对于梦中的情感，我还想从另外的角度多说几句。在睡眠者的心灵中，可能有一种由"心境"或某种感情倾向构成的，属于主导地位的元素，这个元素对梦者的梦产生决定性的影响。这种"心境"可能来自白天的经历和思想，也可能源自躯体。这两种情况下，心境都会伴随与之相适应的思想。

至于到底是隐藏含义中的这些观念内容决定了情感倾向，还是因为躯体的情绪倾向唤醒了隐藏含义中的观念内容，从梦的构造来看，这二者是没有什么区别的。因为在任何情况下，梦都是愿望的满足，梦只能从愿望中汲取自己的精神动力。

对于当前正在活动的心境和在睡眠中出现的感情，是可以用同样的方式去对待的，或者被忽略，或者可以从愿望的满足角度来重新解释。

因为睡眠中的痛苦心境可以唤醒强烈的愿望，所以痛苦心境能变成梦的驱动力，能直接用于表现愿望的满足。那些依附于心境的材料，不断受到审查，直到伪装成能用来表达愿望的满足为止。并且隐藏含义中的痛苦心境越强烈，越具有支配地位，那么那些被压抑的强烈愿望就越会寻找机会来表现自己。因为，那些需要被创造的不愉快思想它们本来就有了，也就是能进入梦中表现自己这个任务中最艰难的部分它们已经完成了。我们这里又碰到了焦虑梦这个问题，这个后面就会讲到，在梦的功能中焦虑梦属于边缘性质。

第九节　梦的再次润饰

☙ 它不仅仅是个梦

现在，我们将集中讨论梦形成过程中的第四个因素了。对于第四个因素的研究，如果我们继续用以前那种研究梦内容的方法，也就是从梦的内容中找到它对应的隐藏含义的来源，那么我们就会需要用到一些新的假设才能解释的因素。

前面我们说过，在有的梦中，梦者会因梦的某些内容而感到诧异、气愤或厌恶。对于这些梦中的评判前面我们已经分析过，它们往往针对的不是梦的内容，而是因为某些特定目的，才被借过来的部分隐藏含义材料。不过，这种解释并不适合梦中所有的评判，像那些与隐藏含义材料没有关联的评判就不适合。

比如，我们在梦中经常会出现这样的一些评判"这仅仅是一个梦而已！"这句话是对梦的真实评判，就像在清醒状态下一样。通常情况下，得出这个评判后我们就会从梦中清醒过来，不过因为这句评判，之前的那种痛苦情绪会平复下来。

梦中的这种"这仅仅是一个梦而已"，其目的是将降低刚刚经历事情的重要性，从而让自己更容易接受接下来发生的事情，就跟奥芬巴赫剧中漂亮的海伦在舞台上所说的话效果是一样的。因为这句话，让某个有理由活跃起来的精神要素又被麻痹下去，从而让这个梦（或这个场景）能继续下去。这样，就能更舒服地继续睡眠了，而且对梦中的所有内容都接受，因为"这仅仅是一个梦而已"。

我觉得，"这仅仅是一个梦"是个具有蔑视的评论，其产生过程应该是这样的：当某个梦突破从不休眠的审查作用时，再要抑制已经来不及了，于是审查作用就用这句评判来化解这个梦带给自己的担忧和焦虑。其实，这句话就是精神审查作用的"马后炮"。

这让我发现，梦中的所有内容并不都是来自隐藏含义，还可能来自某种跟清醒时思维不相上下的某种精神功能。这又产生了一个问题，那就是这种情况到底是特例，还是说在构建梦方面一直都在发挥作用呢？我们毫无怀疑地赞同是后者。

之前我们只说了审查作用对梦的内容的删减和抑制作用，其实它还能对梦的内容进行增加或插入。通过对梦的观察和分析，我们可以很容易就分辨出这些插入和增加的内容。通常来说，当梦者在陈述这些内容时，如果表现得不太确定，比如说采用"也许""好像"等这样的词语来修饰它，那这些内容就是插入和增加的。

其实，这些内容本身并不太引人注意，通常只是将梦的两部分内容联系起来，跟那些真正来自隐藏含义的内容相比，它们很容易就被忘记，在梦的遗忘过程中，这部分内容是最先被忘记的。

我们经常听到有人抱怨，自己做了很多梦，但是大部分都忘记了，只记住了一点。我认为，这种情况就是因为那些插入和增加材料迅速消散导致的。对这些插入的内容全面分析后，我发现这些插入的内容跟隐藏含义的材料根本没关系，不过进一步研究发现这种情况很少见。

梦的这部分工作的目的就是，在梦的工作中区分出这一功能，这也是为了将其身份更清晰地揭示出来，这很像诗人对哲学家的恶意讽刺：用自己的破烂玩意将梦结构的残缺处修补上了。

梦的这种功能虽然让梦不再荒诞并具有连贯性，而且让梦看起来很理智，不过并不是每次都能成功。表面上来看，这些梦都是从某种合理的情景开始，然后展开一系列变化，最后得出一个基本合理的结论（此情况不太常见），好像都是合乎逻辑且合理的，其实这一切都是因为有一种跟清醒思维差不多的精神功能在对梦做了深度润饰而已。虽然让梦也具有了一定的意义，不过这种意义可能跟梦真实的含义完全不同。

只要对这些梦加以分析，我们就能发现梦中的材料已经被随心所欲地润饰过了，并且各材料之间的关系也大多被消除。也就是说，在我们清醒时分析这个梦之前，这个梦就已经在梦中被分析过一次了。在其他一些梦中，像这样有倾向性的润饰也只获得了部分成功，它让梦有时连贯合理，有时又变得没有意义并非常混乱，可能随着情节的推动，梦又变得合理起来。还有一些梦，润饰作用是完全失败的，这就使得我们不得不面对一堆毫无意义的内容无从下手。

构建梦的第四种因素，其实是我们的旧相识了，它是这四种因素中唯一一个我们所熟知的一个。不可否认，在梦的构建过程中，第四种因素也做出了创造性的新贡献。当然，跟其他三种因素一样，第四种因素也是根据隐藏含义中现存精神材料的偏好来选择的。

有时梦中还会出现这样一种情况，因为隐藏含义材料中已经有了一个现成的结构，所以梦就不用再辛苦地搭建结构了，只要随手拿来用就好。我将这种隐藏含义元素称为"幻想"，可能我用清醒时的白日梦来类比，将有助于让大家消除误会。

关于这种元素在我们精神生活中的作用，目前精神学家们还没有深入的了解。不过，具有敏锐目光的作家们却没有无视白日梦的重要意义。比如，都德在《富豪》中就描绘了一个小人物的白日梦。

在对精神性神经症研究的过程中，人们发现这些"幻想"或白日梦是癔症症状的直接前兆，至少很多是这样的情况。癔症跟记忆本身没有关系，而是跟构建在记忆基础上的幻想有关。因为有意识的白天幻想经常出现，让我们对这类结构有所认识，不过除这种有意识的幻想外，还有很多幻想因为其内容和来源而被压制在潜意识之中。

对这些白天幻想的特征进行仔细研究后，我们会发现这些幻想的结构跟夜间的思想产物"梦"是一样的。这些白天幻想跟夜间的梦有很多的共性，因此想要了解夜间的梦，对这些白天幻想进行研究就是最直接的佳径。

这些白天的幻想跟梦一样，也是愿望的满足，也大都来源于童年时期的印象，在形成的过程中也喜欢利用审查作用的大意。如果对这些白天幻想的结构进行细致分析的话，很容易就能发现，那些幻想目标跟幻想的材料混合在一起，然后重新排列组合，从而形成一个全新的整体。这些白天幻想跟童年时期印象之间的关系，就像罗马的巴洛克宫殿与古代废墟之间的关系——古代废墟的石块和圆柱为巴洛克宫殿提供了材料。

我们还发现，形成梦中内容的第四种因素——润饰作用，在构建白日梦的过程中不受任何影响。也就是说，第四种因素将提供给它的材料装扮成与白日梦类似的东西。不过，如果这种白日梦在隐藏含义中已经构造好了，那么，梦的工作就会优先使用这个现成的材料，并将它们想方设法地纳入梦中。

在此，我想要举一个梦例，这个梦例看似由两个完全对立但在某些方面又是彼此吻合的幻想构成，这两个幻想一个在梦的内容中有所表现，另一个似乎是对第一个幻想的解释。梦的内容如下：

一个未婚的小伙子，梦见自己坐在一家常去的酒吧，这个酒吧在梦中非常清晰。然后进来几个人，要把他带走，其中有一个人还想逮捕他。被带走时他对同伴喊道："等我回来付账，我很快就会回来的！"同伴却嘲笑道："这话我们已经听得太多了，每个人都这样说的。"甚至还有一位顾客喊道："又走了一个！"

后来，他被带到一间小屋子里，里面还有个抱着孩子的女人。其中一个带他过来的人说："这是缪勒先生。"有位像是警官或政府官员的人，正一边翻看卡片或文件，一边嘴里念叨叨："*缪勒，缪勒，缪勒*。"最后，这个人问了梦者一个问题，梦者回答道："*我愿意*。"然后，在他转过头来看那个女人时，却发现她居然长出了胡子。

很容易就能看出，这个梦包含两部分，表面上看，这是一个关于逮捕的幻想，好像是梦的工作新创造的产品，背后却暗含了结婚的幻想，不过被梦的工作加以改造了。这两个幻想共同的特征很明显，就像高尔顿的合成照片一样。

那个未婚小伙许诺自己会回来，不过却遭到经验丰富同伴们的质疑，他们在后面打趣道："又走了一个（去结婚）"，所有这些都是用来解释后面一个幻想的。梦中，他用"我愿意"回答警官或政府官员的提问也是这样的作用。因为一边翻看文件一边叫人的名字，跟婚礼中的一个不太重要却很有代表性的细节——致贺词很相符。其实，结婚的幻想比表面上的那个被捕幻想更加成功，因为梦中新娘都出现了。

为什么梦中的新娘会长着胡子呢？原来，在做这个梦的前一天，梦者和一位同样害怕结婚的朋友在街上散步时，看到有一位黑人美女走来，他的朋友评论道："真的很漂亮，不过希望这美人不会在几年以后像她父亲那样长出胡子。"

在这个梦里，也有伪装得很隐秘的元素，比如"等我……回来的"，这里其实暗含了他担心岳父在嫁妆上的态度。梦者还通过被逮捕的情节，表现了害怕因为结婚而失去自由的担心。因为各种忧虑，让梦者无法沉浸在结婚幻想的喜悦中。

让我们再回到梦的工作喜欢利用现成的幻想，而不是从隐藏含义材料中再制造一个幻想这个问题上来，也许我们能解开一个跟梦有关的谜呢。

前面我们讲过莫里做过的一个梦，因为一小块木板砸中了他的后颈，让他从一个长梦中惊醒，于是一个发生在法国大革命期间的故事也就完结了。因为这个梦非常连贯简直就是一气呵成，如果要对这个梦唤醒刺激做个解释的话，而这个刺激到底什么时候出现也不是他所能决定的，所以只有一种可能了：这个长梦就是在木板打中莫里的后颈和他惊醒之间，这短暂的时间内构建和上演的。在清醒时，我们不敢想象思维能有这样的速度，所以我们只能假设，梦的工作能显著加快我们的思维活动。

对于这个很快盛行起来的结论，有一些学者表示了强烈地质疑。他们一方面对莫里报告的这个梦的准确性持怀疑态度；另一方面他们又想证明，如果排除掉梦中缩减的内容，那么清醒时思维活动的速度肯定不慢于梦中的思维速度。

他们的争论引出了一些原则性的问题，不过我觉得这些问题现在都无法解决，但我想说明一点：他们对莫里这个断头台的梦的反驳，在我看来并不令人信服。我对此梦的解释是这样的，如果莫里这个梦是他长期以来一直储存着的完整的幻想，那么当他被木板砸中的那一刻，这个幻想就被唤醒了，或者用"暗示出来"可能会更合适。谁说这种假设就没有可能呢？如果真这样，那么在短时间内就构建出一个这样详细的长梦就迎刃而解了，因为整个故事早就已经形成了。

如果在清醒时，莫里的颈部受到木块的打击，他可能会想："这种感觉很像在断头台被斩首啊。"但是，因为莫里是在睡眠中被木板击中的，于是梦的工作便迅速地利用这个刺激，来制造出了一个愿望的满足。它可能会想："现在正好有个机会，可以满足我阅读时常常冒出的那个幻想愿望了。"并且，这个早就存在的幻想根本不需要在睡眠中完整地展现出来，只需要轻轻一碰就被激发了。

关于梦持续时间的讨论，我觉得由马卡里奥报告的一个剧作家的梦最有代表性。有一天，这位剧作家想去看自己一部作品的首演，当时他太累了，大幕才刚拉开他就在自己的座位上睡着了。在睡梦中他看完了全部的五幕戏，并且还注意到了现场观众的表情。演出结束时，他听到了观众热烈地鼓掌，并且听到观众呼唤他的名字，他很开心。突然，他清醒过来，却发现舞台上面第一场才开始几句，他睡了两分钟都不到。

对于这个梦，我可以大胆地推测，梦者梦中呈现的场景不是睡眠中刚刚制造的新产品，而是将之前一个现成的幻想复制出来而已。

拓博沃尔斯卡跟其他研究者一样，强调这种观念加速流动的梦有个共同特征，就是跟其他的梦不同，这类梦看起来都很流畅，并且它们的回忆也是概括式的，没有细节。这恰好就是那些现成的幻想被触发的典型特征，但是研究者却没有得出这个结论。

❧ 梦的润饰作用

是不是所有被刺激而惊醒的梦都能这样解释呢？或者说，能否通过这种方式去解决所有梦中观念加速流动的问题？我无法给出一个确切的结论。

对梦的润饰作用和梦的工作中其他几个因素之间的关系，我们有必要再讨论一下。我们先来假设一下梦的过程是这样的：构建梦的各种因素，如浓缩作用，躲避审查作用的需要，以及对梦所能接受的精神手段表现力的顾及等，首先从得到的材料中构造出一个临时的梦，然后再对这个临时的梦进行改造，直到可以达到润饰作用的要求，不过这个过程似乎无法实现。

那我们就换一种假设：一开始，润饰作用就成了梦必须满足的一个条件，这个条件跟浓缩作用、审查作用，以及精神手段表现力的顾及所制造的那些条件一样，在诱导和选择上对隐藏含义中的大量材料同时施加影响。不过，不管这样，在梦形成的这四个因素中，最后这个因素对梦的影响是最小的。

我们认为所谓的润饰作用的精神功能与很可能跟清醒时的思维活动是一回事。这样认为的理由如下：在处理任何知觉材料上，清醒时的（前意识）思维方式跟润饰作用对待梦的内容的作用方式是完全一样的。

我们清醒时的思维的本质就是，找出知觉材料中的秩序，然后建立起各种联系，让它们成为一个可以理解的整体。事实上，在这方面我们总是做得太过，以至于魔术师利用我们的这个理智习惯，来用小把戏欺骗我们。有时，我们为了把呈现给我们的各种感觉印象变成一个可以理解的整体，往往陷入各种奇怪的谬误之中，甚至不惜扭曲事实的真相。

有很多证据可以证明这点。比如在阅读过程中，我们常常会自动忽略一些印刷的错字，并坚持认为自己的阅读材料是正确的。据说有位法国流行杂志的编辑跟人打赌说：如果让印刷工人在一长篇论文的每一个句子中都插入"之前"和"之后"这两个词，那么就不会有读者能注意到。最后事实证明，他是正确的。

很多对梦进行研究的工作者已经注意到梦的润饰作用只是梦工作的一个因素，并对润饰作用做出了评价。

哈夫洛克·埃利斯曾这样有趣地描述润饰作用的意义："我们可以想象睡眠意识可能会说'我们主人的清醒意识就要进来了，他具有很强的理智和逻辑性，所以在他进来之前，我们要快点把这些东西整理一下，什么顺序都行，只要让它们看起来有条理就好！'"

关于润饰作用和清醒思维在工作方式的一致性，狄拉克罗斯是这样清晰评价的："梦的解释功能并不是它特有的，我们在清醒状态下对感觉材料所做的逻辑协助工作也是这样的。"

詹姆斯·萨利也是这样的观点。此外，托波沃尔斯卡的意见也是这样，她说："心灵会对这些不连贯的幻想进行逻辑上的协调，就像白天时它对感觉所做的协调一样，它通过想象将这些支离破碎的材料联结起来，并将它们之间巨大的空隙填补上。"还有一些研究者认为，在做梦期间已经开始的这种整理与解释活动，在清醒后还会继续延续。

这样的话，润饰作用在构建梦的过程中所起到的作用无疑被夸大了，让人认为所有的梦都是由润饰作用创造出来的。比如，戈布洛特和福考特就认为，这种创造性的工作是在清醒时刻完成的，因为他们认为，清醒时刻的思维具有将梦中形成的思想制造成梦的能力。

对润饰作用进行探讨的同时，我还要加入一个梦工作的新因素，这个新因素是赫伯特·西尔伯勒发现的，他在通过对梦细致的观察才发现。

在极度疲倦和睡意蒙眬的状态下，西尔伯勒强迫自己进行思维活动，于是发现了由思维转变为图像的过程。那时，他正在考虑的思想不见了，被一个幻觉图像所取代。不过此时，在这个实验中所产生的可当作梦中元素的图像，它所表现的内容跟正在考虑的思想并不一样，这个图像表现的是疲倦本身以及工作中的困扰和不愉快等。也就是说，这个图像表现的是这个人的主观状态和这个人正在做出的努力功能模式，而不是这个人正在努力考虑的思想。西尔伯勒将这种经常出现在自己身上的现象，称为"功能现象"，这跟他所期待的"物质现象"形成对照。

例如："某天下午，虽然我很疲倦地躺在沙发上，但我还是强迫自己去思考康德与叔本华两个哲学家对时间不同的观点。因为睡意蒙眬，我没法同时将他们两人的观点并列在脑海中，这样就没法展开比较。在尝试几次后，我又一次将康德的观点浮现在自己的脑海中，希望能跟叔本华的观点进行比较，于是我就将注意力转移到叔本华的观点上，但是等我再去回想康德的观点时却发现它又不见了。

我努力想要找回，却总是徒劳。就在我紧闭双眼时，突然间，这种想要重新找到藏匿在脑海某处康德的观点的徒劳心情以一种生动的图像形式出现在我面前，好像是梦境：我正向一位倔强的秘书询问某些事情，但是他趴在办公桌上，毫不理会我的要求，我不肯离开，于是他半直起腰来，愤怒地瞪了我一眼。"

西尔伯勒所观察到的"功能现象"，就是一种"状态而不是对物体的表现"，主要发生在他入睡和醒来时，这就很容易理解他对梦的解析只会考虑醒来这种情况了。西尔伯勒的例子很好地证明了，在很多梦的内容中，结尾时所呈现的内容已经不过是醒来的意象或觉醒的过程。

这种表现的意象可能有许多种形式，比如跨过门槛（门槛象征），从一个房间离开进入另一个房间，启程，回家，与朋友告别，潜水等。

不过，我遇到类似这样与门槛象征相关的梦的元素并不多，远没有西尔伯勒描述得那样多，不管是我自己做的梦还是我分析过的梦。这种"门槛象征"可以用来解释一些做梦期间的元素，比如说，关于睡眠深度的波动问题，或者梦的出现中断的倾向等，这也不是不可能的，尽管目前这方面还未找到令人信服的例子。

接下来我想对前面关于梦工作的详细讨论做一个总结。曾经有一个问题是：在梦形成时，心灵到底是动用了全部的精神官能，还是只动用了部分精神官能来参与呢？对于这种提问方式，我们的研究成果表明它与研究事实不符。如果非要追寻一个答案，那我们只能说它们都是对的，虽然这两种方式看起来是对立的。

在梦形成的过程中，我们能看到两种不同功能的精神活动：即生成梦的隐藏含义和将隐藏含义转化为梦的内容。梦的隐藏含义是完全理性的，它是集合了我们全部的精神能量制造出来的。这些隐藏含义还没进入意识层，只存在于潜意识思维里，只有经由某些转化才能成为有意识的思想。虽然在这过程中还有很多令人费解的问题需要探讨和解决，但是这都和梦没有任何关系，所以我们无须在这里展开讨论。

而梦形成过程中的第二个精神功能活动，也就是将潜意识中的思想转化成梦的内容这个活动，却是梦现象所独有的。梦的工作的这种独特性，跟我们清醒时的思维模式之间有很大的差异，这个差异可能比我们想象的要大。跟清醒时的思维相比，梦的工作不仅更无理性、更不仔细、更容易健忘、更不完整，而且还因为性质完全不同，根本不存在什么可比性。

第二个精神功能活动根本不进行思考、不做计算或判断，只是为了赋予事物以全新的形式。对于这点，前面我们已经做了详尽的描述，只要看一下它实现其结果所必须满足的各种条件就明白了。这个结果就是梦，想要达到这个目的，首先就得避开审查作用的审查，于是梦的工作会通过各种精神强度的移置作用，甚至对一切精神价值进行重新评估，从而实现精神价值的全部转换。

为了能让隐藏含义思想完全或主要借由视听记忆的零散材料来再现，梦的工作在进行新的置换时，还必须考虑到强烈的表现力。为了能制造出比夜晚隐藏含义更大的精神强度，就要对隐藏含义的组成部分展开大量的浓缩工作。

这时不要在意隐藏含义材料之间的逻辑关系，因为它们已经被伪装了，跟其他观念内容相比，隐藏含义中的情感很少会产生较大的改变。一般来说，隐藏含义中的情感是受到抑制的，如果它们能够在梦中表现的话，那么就会与原来依附的观念相脱离，并与具有相同性质的情感结合在了一起。梦的工作中只有一部分受到唤醒思维的润饰作用，这些经过润饰作用的材料才跟其他研究者关于构成梦的全部观点有某种程度的吻合。

第七章　做梦过程的心理学

在我听到的诸多梦中，有一个是非提不可的，虽然对于这个梦的真实来源我到现在还没弄清楚。这个梦是一位女患者告诉我的，不过她也是在一个关于梦的讲座中听到的。当时这个梦给她留下了非常深刻的印象，于是她在梦中又重现了那个梦中的部分内容，以此来表达了她对这个梦某部分的认同。

当时讲座中所讲述的梦是这样的：

一个孩子病得很严重，孩子的父亲日夜守护在孩子的床前，期盼孩子的好转，不过很不幸孩子最终还是死了。孩子死后，伤心过度的父亲在隔壁的房间躺着睡着了，房间的门按照他的要求开着，方便他能随时看到孩子。孩子就躺在一圈点燃的蜡烛中间，一个老人在照看着，并小声为孩子祷告。

睡了几个小时后，这位父亲开始做梦了，他梦到孩子站在他床前，拉着他的胳膊，跟他抱怨道："爸爸，我都烧坏了，你怎么没看见呢？"这位父亲一下惊醒过来，只见停放孩子尸体的屋里发出很大的亮光，于是他急忙跑了过去，只见那位老人已经睡着了，一支燃烧着的蜡烛正好倒在孩子身上，点着了孩子的裹尸布，孩子的一条胳膊正烧着呢。

其实解释这个感人的梦很简单，那位演讲者当时也做出了正确的解释。明亮的火光从那扇开着的门发出，投射到那位睡着父亲的眼睑上，让他得出在清醒时会得出的结论——可能有蜡烛倒了，点着了尸体旁边的某些东西才会发出这样亮的光。还有可能，那位父亲在临睡前就对那位老人不放心，担心老人不能好好地看护自己的孩子。

我觉得那位演讲者解释得挺好，不过如果再加上一些就无懈可击了：那位父亲之所以会做这个梦，是由很多因素共同作用的结果，比如梦里孩子所说的那些话肯定在生前就说过，而且在该父亲的心中那些话一定跟一些重要的事情有关。就像"爸爸，我都烧坏了"这句话，很可能就跟导致孩子死亡的高烧有关；而"你怎么没看见呢？"这句话，可能跟某件我们不知道的事件有关。

虽然我们已经了解梦的过程都有一定的意义，而且多半与做梦者的精神体验有关，但是我们还有一个问题没弄明白：人为什么会在这种急需醒来的时刻做梦？

其实，那位父亲的那个梦也是一种愿望的达成。在梦里，那个已经死去的孩子就跟活着时一样，他站在父亲的床前，拉着他的胳膊，这样的动作可能就是他发高烧时常做的。这位父亲为了实现这个愿望，于是才让自己多睡一会儿，这样他就能看到自己的孩子。因为相对于清醒状态下的痛苦，他宁愿在梦里再次看到自己的孩子。如果这位父亲先醒来做出一系列推断，然后再跑到旁边的停尸间，那么孩子的生命好像少了这一段时间。

对于这个感人至深的短梦的特征，我们是毋庸置疑的。不过直到现在，我们讨论的重点都是围绕梦的意义，发现这些意义的方法，以及梦是如何运用伪装手段隐藏其真实意义进行的。也就是说，我们之前的核心工作一直都是关于梦的解析的。

但是，现在我们遇到这样一个梦，它的意义很明显，它的解析也很简单，但是它的某些特征却跟清醒时的思维有明显的分歧，对于这些分歧我们必须加以解释。而这项工作要求我们要先将梦的解析放置在一边，这时我们才发现，原来我们对梦的心理了解是如此贫乏！

不过，在我们即将踏上探寻"梦的心理"这条道路之前，还是先静下心来仔细检查一下过去曾经走过的路途，看看过去是否遗漏了某些关键性的东西。这样做是为了确信之前所走的路都是正确的，这样以后的路才走得顺利。直到现在，我们走的路都是为了寻找光明，也就是让我们对梦的了解更深入。

不过，如果我们想要更加深入地了解做梦时的精神过程，那么前途就会是一片黑暗。因为我们不能用心理过程来解释梦，解释就是用某些已知的知识来说明某个事物，但是目前我们还没有一些确定的心理学知识来做梦的心理探讨基础。

并且，我们还要设立很多跟心灵结构有关的新的假设及其与内部力量的运作有关的一些假设。我们还要注意，所做的这些假设要在一级逻辑连接关系的范围之内，否则它们就会因为偏离主题而模糊了意义。

即便我们的推论是正确的，并将所有逻辑的可能性都考虑在内，但是可能因为假设上的残缺就会导致整个推演过程是错误的，最后无功而返；即便我们用尽全力，将有的梦或者其他一些心灵活动进行了充分的研究，我们还是不能证实或者至少不能完全判定精神机能的结构及其运作方式。

为了达到这个目的，我们必须对一系列的心理机能进行研究比较，然后再将在此基础上所得的所有确定的知识综合起来。这要求我们要先把由梦的解析而获得的一些假设放在一旁，直到这些假设可以与由另一角度对同一主题的探讨发生关系为止。

第一节　梦的遗忘

🍂　你还记得做过的梦吗

现在，我们先将注意力转移到一个被忽视的异议上来，这个异议可能会撼动梦的解析工作的根基。曾经很多人问我：其实我们根本不了解那些需要解释的梦，你怎么就能保证那些梦就像你所描绘的那样发生呢？

首先，我们能回忆起来的梦，以及在此基础上所做的解释，本身就是建立在不可信赖的记忆基础上面的，它们原本就不完整。因为我们的记忆好像不太擅长保存梦，会常常把梦的重要部分忘掉。当我们努力想要回想起某个梦时，却发现虽然我们做了很多梦，但能记得的不过是一些零星的片段，并且对这个片段的真实性我们也是持怀疑的态度。

其次，种种证据表明，我们对梦的记忆不但不完整，而且在记忆的过程中还有意做了曲解。一方面，真实的梦难道真的像记忆中的那般混乱和不连贯吗？对此我们表示怀疑；另一方面，真实的梦真像记忆中的那样连贯和准确吗？对此我们同样也深表怀疑。

我们在回忆梦时，是否随意增加了一些新材料，将那些原本不存在或被遗忘的地方填补上了呢？是否对梦做了一些润色和修饰？这些都让我们无法断定那些才是梦最原始的内容。一位学者——斯皮塔曾说，那些有条理的、连贯的梦，都是我们后来在回忆梦时会添加进去的。果真如此的话就麻烦了，因为我们关注的、有价值的地方可能根本就不是梦的真实部分。

之前我们一直都忽略了这个危险，还将梦中那些琐碎、次要的以及不确定的成分和那些确定的成分都加以解释，并做出同等的对待。比如，在伊尔玛打针的梦中，对于那句"我立即把 M 医生叫来"，当时的解析是如果没有一些特殊的缘由，它肯定不会进到梦里来，于是我就联想到了那个不幸女患者的故事，因为我曾经"立即"将同事叫到她的病床前。

在那个把"51"和"56"看作"没什么区别"的荒谬梦中，数字"51"被反复提及，我们没有想当然地认为这是无关紧要的小事，而是对它进行了推导，最后发现隐藏在"51"背后的是我的恐惧，我在害怕51 岁这个人生大限，这恰好跟炫耀长寿的主题思想相反。

在"还没活到"那个梦中，开始时我忽略了一个中间插入的不太起眼的小细节——因为 P 没明白他的意思，于是佛里斯转过身来问我，当解梦陷入困境时，我忽然想起了那位大诗人的几行诗：

你们无法理解我，我也无法理解你们，只有我们都遭到诽谤时，我们才能彼此了解！

这让我联想到一个童年的想象，那个童年的想象就是协调隐藏含义之间的连接点。

从上面对梦的解析我们可以看出，在解析梦时任何琐碎的成分都是不容忽视的，如果我们没有充分重视它们，常常会让解梦工作无法继续下去。在解析梦时，哪怕是梦中语言表达方式的细微差别，我们都要给予同样的重视。有时，我们会遇到一些毫无意义或者表达不完整的说法，即便对于这样有缺陷的表达，我们都要同样重视起来。总的来说，那些被研究者认为是匆忙之中胡乱堆砌的东西，我们都视为珍宝。对这个矛盾，我认为有必要加以解释。

这个解释虽然对我们非常有利，但也不能因此说那些研究者就是错的。从我们最新获得的跟梦的产生有关的知识来看，其实上面的矛盾是可以解释的。

我们在重新叙述梦时，确实对它进行了伪装，而且还存在一些润饰性的、让人产生误解的修正工作。但是这些伪装本来就是修正工作的一部分，也是梦的隐藏含义想要通过审查机制必须接受的一个过程。这样，被其他研究者注意到的其实是梦伪装作用表现在外面的部分，对于这部分内容我们没有多大兴趣。但是被其他研究者质疑的梦的修正部分，在我们这里就是需要关注的对象，因为我们知道梦的伪装工作要深广得多，并且不容易理解。

那些研究者的错误之处在于：他们觉得在对梦进行回忆和文字表述时，所有的伪装都是随意糅合的，所以才无法对其进行进一步的解释，否则就会误导我们对梦的理解。

只是，他们太小看精神活动中确定性的强大力量。在精神事件中，没有什么是随意的。对于这一点，我们很容易就能证明。在梦中，如果某个思路没能决定某个元素，那么马上会有另一个思路过来取代。比如，如果让我随意想出一个数字，不过这是不可能的，也许我想出的数字跟当前的意图南辕北辙，但是它肯定经过了我的思考。同样的道理，在清醒时对梦的编辑肯定也不是随意进行的，肯定是经过我们的思考，通过联想作用，它们与那些被取代的梦联系在一起，其目的就是替我们指出通往该内容的途径，而这部分内容可能又是另一个内容的替代品。

我解析患者的梦时，总会用下面的方法去验证我的判断，结果从未失手过：当患者向我描述的梦很难理解时，我就让他们再讲一遍。通常他们复述时，很少会用原来的话，那些改变措辞的地方恰好就是梦伪装得最脆弱的地方，也是揭示梦的伪装的突破点。对我而言，这些不同的描述就是解析他们梦的起点。

当我让患者重新述说他们的梦时，对患者来说这是个警告，出于一种受反抗压力的作用，为了保护梦在伪装上的那些弱点，在复述时，他们就会用一些看似无关紧要的话来取代那些有可能会暴露弱点的话。这样一来，只要我注意他们在复述中有变动的地方，就能解析出他们极力保护的梦。

那些研究者一直强调要用怀疑的态度去对待患者复述的梦，其实这是完全没有必要的，因为这种怀疑根本没有任何理智的依据。虽然我们不敢明确保证我们的记忆是否准确，但我们却不得不相信它对梦的记忆。

对于梦以及梦中细节是否被准确描述的怀疑不过是梦的审查机制在背后作用而已，因为它要阻止梦的隐藏含义进入意识之中。虽然经过移置作用和替代作用，梦的抵抗被消耗了一些，但是并没有消失，它们还会以怀疑的形式依附在被允许通过的材料上。我们很容易对这些怀疑产生误解，因为它们很谨慎，不会去触动那些强烈的元素，只会对那些微弱的元素展开攻击。

不过现在我们已经知道了，梦所呈现的是完全颠倒的精神价值，已经和梦的隐藏含义完全不同了，梦的伪装只是精神价值遭到消除后的产物。它通常用这个方式来表达，有时还会安于现状。所以，如果梦中某个模糊的元素因受到怀疑而无法确定，那么我们就可以根据提示断定，这个元素一定是个违禁隐藏含义的直接派生物。所以，在解析梦的时候，我放弃了一切关于确定性的说法，对于所有可能出现在梦中的内容，我都以完全确定的内容去对待。

在追溯梦中的任何一个元素时，如果不坚持"抛弃确定性"的原则，那么梦的解析工作将很难进行下去。如果我们对某个元素的精神价值持怀疑态度，那么就会影响到接受分析治疗的患者，使得那些隐藏在该元素背后的观点不会自动进入患者的脑袋，那么结果也就不会很清楚，患者可能会说："我也不清楚梦里有没有出现这些，不过我的确有这样的想法。"不过根本没人说过这样的话。事实上，正是怀疑导致了阻碍效果，表明这种怀疑也是精神抵制作用的工具和衍生物。精神分析的怀疑也是合理的，它奉行的一个原则就是：所有让梦的解析工作难以进行的都是抵制。

如果不考虑精神审查作用的力量，那么我们将很难理解梦的遗忘。很多时候，人们觉得自己做了很多梦，但是醒来后只能记得很少的一部分，这可能还有其他的含义。比如，人们明显感觉梦一整晚都在运作，但最后只留下了一个短暂的梦。并且醒来后，时间过去得越久，我们就忘记得越多。虽然我们努力想要回忆起来，却还是无能为力。

不过我却不这么认为。在我看来，我们不但夸大了遗忘的范围，还夸大了遗忘给我们认识梦带来的不利影响。其实，对于遗忘的内容，我们能通过分析工作将它们重新唤回。很多例子显示，虽然我们无法复原整个梦境，但是我们可以从梦的一个残片出发，找出梦中所有的隐藏含义。所以，我们在对梦进行解析时要付出更多的注意力和自制力——仅此而已。不过这也说明，我们之所以会遗忘梦，敌对意图也功不可没。

🐾 梦境遗忘与梦境抵制

在分析梦遗忘现象的早期阶段时，我们搜集到了足够的证据，这些证据都表明梦的遗忘是有倾向性的，其本质还是逃避精神审查。如果在分析时，我们经常会遇到曾经被遗忘的片段突然又被记起，这说明这部分内容是最重要的。因为它是解开梦的最近路途，所以也意味着受到的精神抵制更大。

在本书所举的例子中就有一个这样的梦，里面有一段内容就是我"后来想起"才加进来的。那是一个关于旅行的梦，梦中我报复了两个让人讨厌的旅伴，因为梦中的内容粗陋，所以我一直没有对它进行深入的分析。"后来想起"的部分是：我在对这对兄妹谈到席勒的某部著作时，开始我说的是"这是从……"但随即我就改成："这是由……"然后那个哥哥便对他妹妹说："他说的对。"

虽然这种梦中还能自我更正很神奇，但是我们没有必要过多地去关注它们。对于梦中出现的语言表达错误，我们还是从我的一段回忆开始吧。

19岁那年，我第一次去英国时就在爱尔兰的海边玩了一整天，在沙滩上开心地捡着被潮水遗留的海洋生物。当我正被一只海星吸引的时候〔所以，梦的开始字母是"hollthurn"并联着"holothurian"（海参类）〕，走过来一个可爱的小女孩，她问道："它是海星吗？它还活着？"（Is it a starfish？ Is it alive？）我回道："是的，他是活的。"（Yes，he is alive.）说完我就意识到自己犯了一个语法错误，有些尴尬，赶紧重新说了一遍正确的。

不过在梦中，我的口误不再是曾经那个语法错误，而是一个德国人爱犯的错误："这是席勒的一本书"（Das Buch ist von Schiller）翻译成英语时应该用"由"（by），而不是"从"（from）。如果我们知道，梦为了达成自己的目的根本不在乎选择什么表达工具时，我们就不会对它使用"from"这个词感到奇怪了，因为"from"跟德文"fromm"（虔诚）发音相同，所以促成了完美的浓缩作用。

不过，那个海滩的回忆跟这个梦结合在一起，它又向我暗示着什么呢？其实，它是通过一个简单的例子暗示我把性别词汇搞混了，这正是解开此梦的关键地方。

对于梦的遗忘大多是由抵制造成的，我还可以用亲眼所见的一个事实来证明。一位患者告诉我，他做了一个梦，不过却完全忘记了，于是我就开始分析，但是却遭到了抵制，于是我就鼓励并帮助他回忆，结果收效甚微。就在我要放弃时，他突然叫道："我想起自己梦见什么了。"之前让他遗忘梦的那个抵制，正好也是我们分析时遇到的那个，通过分析克服这个抵制，才让患者又想起了那个遗忘的梦。

通过分析进程的特定阶段，我们可以让患者回忆起一直被遗忘的梦，这个梦可以是三四天甚至更长时间之前的。

通过精神分析的经验，我们发现跟那些研究者所强调的不同，梦的遗忘主要由精神抵制造成的，而非清醒与睡眠状态不同的原因。我有过这样的经验，可能别的分析师和患者也有过这样的经验，就是我们被梦惊醒后，马上开始对这个梦进行解析，等解析清楚后再去睡觉，结果第二天醒来后，不仅之前的那个梦被忘得干干净净，就连解梦的结果也忘得一干二净。这根本不像那些研究者认为的那样：梦的遗忘是因为解梦工作和清醒思维之间有道精神上的鸿沟。

莫顿·普斯林对我关于梦的遗忘的解释有不同的意见，他认为我的解释只适用于精神分裂症状的特殊记忆缺失的情况，对于其他类型的记忆缺失根本不适合，所以我的分析是毫无价值的。他还跟读者说，自己在描述这类精神分裂时，从来没有从背后的动因去解释。不过，如果莫顿真的从背后的动因去寻求解释后，一定会发现其实精神抵制才是产生精神分裂的原因，也是记忆缺失的原因。

在书写本书时，我发现梦跟其他精神活动一样，并且它们的记忆也跟其他精神功能类似，很少被遗忘。

为了撰写本书，我曾记录了很多自己的梦，有的当时无法完全解释，有的根本没有解释。但是，现在经过一两年后，为了得到更多的验证，我再试图对它们进行解析，我发现经过长时间的间隔后，这些梦反而更容易解析了，这可能是因为这段时间我已经克服一些抵制了。

在分析这些梦时，我会把之前分析得出的隐藏含义跟现在重新分析得出的隐藏含义进行比较，我发现新的隐藏含义比之前的丰富得多，并且老的都包含在新的里面了。开始时我还很惊奇，但是见多了也就不奇怪了。

接下来我将谈到几个解梦的问题，不过它们之间是没有关联的，如果你想通过自己的梦来验证我的观点，那么这些说法也许对你有引导作用。

不要觉得解释自己的梦很轻松。即使没有任何精神动机出来干扰你的观察活动，对自己内心现象或其他一些不会注意的感觉进行观察，也是需要训练的。如果想要把握那些不自主的观念，那就更难了。

如果你想做到这一点，那就按照本书的要求来开展工作，不要先入为主，不要带有任何情感或则理智上的偏见，不要提任何批评，当然还要像牛一样勤奋地工作，坚持不懈，不要对自己的成果斤斤计较，只有这样才能将这份工作顺利进行下去。

通常，我们对梦的分析不是一次就能顺利完成的。如果进行一系列的分析，我们已经很疲倦，觉得当天很难再有进展时，那就先停下来，第二天再继续。也许第二天，我们就会注意到梦的另外一些内容，然后从中发现梦的另一层的隐藏含义。这就是梦的"分段"解析法。

对于初学者来说，最困难的就是要认清一个事实：即便他已经将梦解释得很完整了，并且将梦中所有的内容元素都解释清楚了，也不要说自己已经彻底完成解梦工作了，因为同一个梦可能还有其他解释，即多重解释。这恰好是他漏掉的。

对于初学者来说，想要理解潜意识思想线索的多样性的确有一定的难度，因为有无数的思想都在我们的思维中挣扎，想要被表达出来。梦的工作常常借助于多种模糊的表达方式，这让初学者很难适应。

不过，我却不能接受西尔伯勒提出的一个观点：任何一个梦（或是很多梦，或是某种梦）都有两种不同的解释，并且这两种解释之间的关系也是固定的。西尔伯勒将其中一种解释称为"精神分析式"，它会将梦赋予某种意义，一般都是儿童性欲方面的；不过西尔伯勒认为还有一种更重要的解释就是"秘密意义式"，它所揭示的是更为严肃、深刻的意义，并且梦的工作取材于它。虽然西尔伯勒用他的两种解释，去解释了大量的梦例，不过他并没能证实自己的观点。我必须反对西尔伯勒的观点，因为它们并非事实。其实大多数的梦是不需要多重解释的，尤其是不需要对它们做出"秘密意义式"的解释。

是否所有的梦都可以解释呢？我们的答案：不是。前面我们说过，在对梦进行解释时，会遇到来自精神力量的抵制，我们能否解释梦就看我们借助的理智兴趣、自制力、心理学知识以及解梦的经验等，能否对抗内心的抵抗力量。通常来说，解梦工作总会有所收获，这让我们可以确信梦具有一定的意义，然后对它的意义有所感悟。

一般来说，随后出现的一个梦常常能证实前一个梦的假设性解释，并且还会不断推进这种解释。对于相连的两个梦，我们常常发现，在一个梦中处于中心位置的元素，可能在接下来的梦中处于边缘地带，或者只是被暗示一下而已，反之亦然。所以，在解释这两个梦时，可以互相补充。在解梦时，对于同一个晚上所做的梦应该当作一个整体来对待，这点前面我们也已经在例子分析中说过。

如果仔细观察连续几个星期或几个月的一组梦，你会发现它们常常有一个共同的基础，所以对它们进行解释时要联系起来，不能孤立地去解释。

在解梦的时候，我们常常发现即使是那些已经很好解释的梦，也存在晦暗难解的地方，这里有一些隐藏含义纠缠不清，根本没法解释清楚，不过对梦的内容并没有什么新的贡献，这就是梦的中心，梦从这里开始走向未知的深渊。梦的那些隐藏含义向四方八方不停地发散，流入盘根错节的那张思想世界的大网。梦的愿望就在那张网上某个格外纠结的地方，生根发芽，不断地生长。

现在，我们还是回到关于梦的遗忘这个问题上来吧，因为我们还没有得出什么重要的结论。我们知道，清醒生活总是想将晚间形成的梦忘掉，要么在醒来后马上忘掉，要么在白天一点点地忘掉。我们还发现，导致梦被遗忘的主要原因就是夜里对梦起到抵制作用的精神抵制力量。这样我们就面临一个新的问题：在这种抵制力量的作用下，梦是怎样形成的呢？

我们先来假设一种最极端的情况，即清醒后就将整个梦全忘了，好像它从来没有存在过一样。考虑到精神力量的因素，我们认为：如果晚上的抵抗跟白天一样强烈的话，那么梦根本就形成不了。由此，我们可以推断在晚上这种抵抗作用失去了一部分力量，这才让梦的形成有了一种可能，不过我们知道它们并没有消失，因为我们在梦的伪装中发现了它的踪迹。

这样的话，我们就理解为什么清醒之后我们就忘记自己的梦了，因为一旦清醒，这种抵抗就恢复了全部的力量，就会行动起来清除自己在微弱时被迫形成的梦。描述心理学说，梦形成的主要条件就是心灵处于睡眠状态时。这里我们做个补充说明：梦之所以形成，是因为睡眠状态下精神内部的稽查作用减弱了。

♣ 梦境、大脑与奇思妙想

虽然我们很想将这个结论视为从梦的遗忘事实中得出的唯一结论，并且从这里进一步去研究睡眠和清醒状态下的力量对比，但我并不想止步于此。因为，在深入研究梦的心理学之后，我发现其实我们完全可以从另外的角度去探索梦的形成问题。这个角度可能还能避开反对隐藏含义进入意识的抵抗作用。

我们现在必须面对那些解梦过程中的反对意见了。

我们的解梦程序是：首先，将平时掌控着思考的所有观念都摒弃掉，把全部注意力集中到梦中的单个元素上；其次，将由这个元素联想到的所有观念全部记录下来；最后，用同样的方法去对待梦中的其他元素。记住，不管我们的思绪往哪里走，都让它自由发挥，随波逐流。我们相信，用不着我们去干涉，最终必将到达这个梦的隐藏含义。

可能有人会觉得，梦中某个元素会引起某种联想，这个还能说得通，因为通过联想，每个观点都可以跟某物联系起来；不过，这种漫无目的、随意的思想流淌竟然能引导我们恰好找出隐藏含义，这是让人无法理解的，可能这只是一种自我欺骗。

因为，当我们跟随某个元素链条进行联想，直到由于某种原因而被迫中断，然后我们又捡起另外一种元素进行联想，这样的话，之前那些不受约束的联想就越来越窄了。因为我们的脑海中还存着上一个的联想，所以在分析第二个观念时，我们的大脑就会自然而然地注意到与第一个联想有关的事件中去。然后我们就会想当然地认为，我们已经找到了梦中这两部分共同的联结点。因为只要我们任由思绪自由发挥，最终会找到很多"中间思想"。

不过，这一切都是随意编造的，这种联结只是一种富有技巧的机会组合而已。任何人都能根据这种方式为梦编造出一个任何他想要的解释，只要他不觉得这是徒劳无功。

对于这样的反对意见，我们可以这样反驳他：在我们追踪单个观念时，我们会发现它跟梦中的其他元素都是有关联的；我们追踪的精神联系，如果不是之前已经生成，那么我们根本不可能将梦解释得如此透彻。

当然，我们在反驳时还可以加上：我们对梦的解析程序和治疗癔症症状的程序是一样的，并且其方法是否正确还可以由症状的出现与消失来证实。也可以这么说，本书结论的正确性是由其旁证的正确性得出的。不过这些都不能说明为什么追随某个漫无目的、随意的思想链条就能达到事先已存在的目标这个问题。对于这个问题，我们无须说明，因为它根本就不成立。

　　虽然我们在解梦的时候摒弃了一切意见，让思绪任意浮现，但是我们并不是漫无目的。我们摒弃的只是那些已知的、有明确意义的观念，当我们放弃了它们，那些不知道有什么目的的观念就会出来把持局面，并控制不自主观念的流动。无论我们对自己的精神过程施加什么样的影响力，都不能让它去做无益的思考。据我所知，即便精神受损状态下也不会出现这样的状况。对于这个问题，我觉得精神病专家过早放弃了他们关于不同精神彼此相关的信念。据我了解，在癔症和偏执狂中，其实也很少出现漫无目的的思想，梦的形成和终结也是这样。

　　可能，在一切内源性精神疾病中都不可能产生这种漫无目的的思想。不过，如果按照劳里特的假设，那么即使在谵妄的精神错乱状态下它也是有意义的，只不过因为缺少中间环节，才让我们很难理解罢了。当我有机会观察到这种错乱状态时，我便会从中得到一样的观点：其实人之所以谵妄是因为审查作用的原因，当审查作用不再掩饰自己的角色，不再同心协力地完成一些修正工作，而是将它所反对的所有内容都直接删除，那么剩下的思想就会变得支离破碎，让人不明其意。打个比喻来说，审查作用的这种做法就像俄国边境上的新闻审查员，他们要先将有外国的新闻涂黑，让读者看不出原来的意思后，才将它们送到读者手上。

　　也许，在器质性脑损伤患者的身上，我们可以发现观念会自由联想；但是在精神性神经症患者那里，这种自由联想通常用审查作用对一系列联想施加作用来说明。

　　如果是那些所谓的"表面联想"将出现的观念或图像联结在一起了，那么可以将它们看作自由联想未受意向观念压制的明确标志。这些表面联想被认为是所谓的"表面的"关联，也就是无意的关联，如通过谐音、歧义或一切与字义无关的巧合等，或者是通过谐音、拼字游戏所运用的那种关联等——这些特殊的关联一向是摆脱目的性观念影响的明显象征，它们存在于各种成分通往中间思想的过程之中和由中间思想通往梦念本身的过程中。

这种情况可以存在于很多梦例中。在此类梦中，构架于两思想之间的联系是很紧密的，诙谐也并不是太过粗鲁而不能用的，因而完全可以连接起两个思想。但是这其中的真正解释却非常简单：当两个精神元素以牵强或很表面的联想相联系时，它们之间一定有一个正统且更深刻并受到稽查作用抵抗的联系。

因为审查作用的压力，而不是意向观念的压制，让表面联想占尽了优势。当正常联系的渠道被审查作用封住时，表面联想就会取代深层联想表现出来。对于这个理解，我们用山区交通受阻的情况作为类比：比如因为山洪暴发导致山区的主线干道都受阻，但是人们的交通仍然可以通过那些不方便的陡峭小道进行。

这里，我们要分辨以下两种情况，不过从本质上来说它们是一样的：

第一种情况就是，审查作用破坏的只是两个思想之间的联系，对于这两个思想本身并不会起作用，它们不会受到审查作用的阻挠。当这两个思想相继进入意识后，它们之间的联系就隐藏了，呈现出来的不过是两者之间的一些表面联系，是一些我们通常不会想到的关联，它往往附着在那些没有受到压制的片段上，而且通常不是主要联系存在的部分。

第二种情况就是，因为这两个思想的内容都受到审查作用的抵制，所以它们只能隐去本来真实的面目，用另外一种替代物的形式呈现出来。这两种被筛选出来的替代物的表面联想也重复着之前那两个思想的主要联系。

在这两种情况下，审查作用的压力使得原本正常、严肃的联想变成了表浅的、看起来有些荒诞的联系。

因为这种移植作用的存在，所以我们在解梦的时候，即便是这种表面的联系我们也会毫不迟疑地信赖它。

在精神分析中有两个常用的原则：其一，当意识层面的观点被舍弃后，观念流动进程的控制权就转移到潜意识中有意义的观念上。其二，表面联系只不过是更深层被压抑的深层联想的替代物而已。这两个原则已经成为精神分析的支柱了。

在治疗时，我之所以要求患者不要做深入的思考，只将他脑中浮现的事物告诉我，是因为我坚信他不可能丢掉那些与治疗有关的意向观念。他跟我讲述的那些看起来单纯、随意的事情，其实也跟他的疾病有关。此外还有一个意向观念，患者根本不会怀疑，这是我的人格。

因为，对于这两个原则的论证和深入探讨已经属于精神分析治疗法方法的领域了，这里我们就不再继续了，关于解梦的话题我们又将暂且放一放了。

最后，我们得出一个正确结论：我们无须将解梦中产生的所有联想，都归结成梦的夜间工作。事实上，在清醒时对梦所做的分析过程正好跟梦的工作过程相反。在分析梦时，我们从梦中的元素开始，回溯到梦的隐藏含义，而梦的工作恰好是相反的途径。这些途径并不都是双线大道，不过却每条途径都是两面相通的。

我们在白天寻求梦的思想关联就好像驾驶着小船去探秘，有时会遇到中间的思想，有时在这里遇到隐藏含义，有时在那里遇到隐藏含义。这时，白天的材料也会加入解梦的序列中。此外，因为晚上的抵制会增强，可能迫使我们不得不改变原有的道路。不过，我们白天所遵从的思想旁支数目多少并不重要，只要它们能带领我们找到隐藏含义就行。

第二节　回归现象

梦对隐藏含义的改变

既然我们已经对那些反对意见给予了回击，并且还展示了我们的防御武器，现在我们就要进入准备很久的心理学研究了。

现在，让我们先来回顾一下迄今为止取得的主要研究成果：梦是一种重要的精神活动；梦的动机是为了达成的愿望；梦的愿望之所以不明显，并具有很多特征和荒谬性，主要是因为在形成过程中受到的精神审查作用的影响；影响梦形成的因素，除回避审查作用外，还会受到以下材料的影响：像梦精神材料的浓缩、用影像来表现感性形象，以及需要构造一个合理的、可理解的外表结构。

我们可以从上面的每一种主张出发，继续开展心理学上的假设和推测；我们需要探讨梦的愿望动机和梦形成的四种条件之间的关系，以及这四种条件本身的关系；我们还要找出梦在复杂精神生活中的位置。

为了提醒我们还有很多谜团没有解开，我在本章开头引述了一个孩子被烧的梦。解析这个梦并不难，不过从分析的内容来看，它并没有被完全解释清楚。我当时问过这样一个问题：在这种情况下，梦者为什么是做梦而不是醒过来？我们发现想要孩子仍然活着的愿望是他做梦的一个动机。进一步讨论后，我们会发现这个梦的背后还有一个愿望也在起作用。但是，眼下我们只能说之所以产生这个梦，是因为睡眠状态下的思想程序形成的愿望。

如果我们将此梦的愿望达成排除掉，那么，能将做梦与梦的隐藏含义这两个精神事件区分开来的，就只有一个特征了。梦的隐藏含义可能是："我看到停尸体房里有亮光，可能是蜡烛倒了，把孩子烧着了。"于是梦就将这个思想毫无改变地表现出来，只不过是以一种真实存在的景表现的，就好像清醒时刻可以借助感官进行感知那样。而这，正好就是做梦过程中最广泛、最显著的心理学特征：在梦中，某个思想，通常是具有某个愿望的思想，被物象化了，并且表现为某个场景，就好像是我们亲身体验一样。

那么，我们要如何理解梦在工作时所表现的这个特征并加以解释呢？或者，再具体一点，我们要将梦的工作安放在精神过程的什么位置呢？

进一步探究这个梦，我们发现在这个梦的表现形式中，其实有两个相互独立的特征：第一个是思想直接用一个省去了"可能"字眼的场景表现了出来；第二个是思想直接被转化成视觉图像和语言了。

在这个梦中，隐藏含义中表达出来的期望思想，转变成现在式的思想并不显著，这是因为，在这个梦中的愿望达成只起着辅助作用。让我们来看看伊尔玛打针那个例子吧。在这个梦里，梦的愿望还跟那个将其带入梦境的清醒时刻的思想有联系。梦的隐藏含义是这样的："如果是奥托为伊尔玛的病情负责，多好！"不过梦抑制了这种语气，只是用一个简单的句子来表达："是奥托要为伊尔玛的病情负责。"这就是梦对隐藏含义所做的第一个改变。对于第一个特征，我不想再浪费时间了，就到此为止吧。

梦所具有的第二个特征，就是将思想直接转化成视觉图像和语言，这不仅得到了梦者的信任，还让梦者以为正在身临其境。不过，我还想再补充一点，并非所有的梦都能将思想转化成可感觉的景象，有一些梦就只有思想组成，不过我们不能因此而否认梦的实质。此外，我们还要注意一点：并不是只有梦中才会将思想转化成感性形象，健康的人或精神神经症患者在幻觉或幻象中也会产生这样的转化。

总而言之，我们这里所探讨的这种关系并非只有梦才有。不过，只要梦中出现了这个特征，我们就会对其格外重视。如果将这个特征从梦中删除，那么我们将无从理解梦的世界。不过想要真正理解它，我们还需要做一番深入的探讨才行。

在关于梦的理论的所有著作中，费希纳的观点很值得一提，他曾指出梦的性质：梦中动作的景象是不同于清醒时刻的世界的。这是迄今为止唯一一个指出梦具有特殊性的假说。

于是，"精神位置"这个概念便出现在我们眼前。在讨论这个问题时，我将忽略精神机构也属于一种解剖式的结构，并且谨慎地避免用解剖学方式确定这种精神的位置，只在心理学的范畴中去讨论。在讨论时我将遵循以下思路：将推动我们精神功能的装置想象成复式显微镜、照相机一类的器材。在这个基础上，"精神位置"就像这类器材中初步成像的位置。

我们知道，显微镜和望远镜以及多有类似器材得到的图像都存在不完美的地方，对此我们不要太过纠结。这里的类比只是为了方便大家理解：我们所探讨的这种精神功能是错综复杂的，为了理解这种功能，我们将这种功能进行拆分，然后将各种不同的具体功能归属到精神机构的各个部分。

通过先拆分再综合的方式，来探究精神机构这种大胆的试验，目前除了我还没有别人做过。我认为这样做并没有什么不妥之处。我相信只要我们保持冷静，不把构建的骨架搞乱，我们就可以让思想自由地驰骋。因为在研究未知事物的初始阶段，都需要一些辅助性的观念来协助，所以我们还是提出一些最粗略、最具体的假设吧。

于是，我们把精神装置想象成一个复杂的构造，我们将它的组成部分称为"机构"，不过为了更加形象我们还是称它为"系统"吧。然后，我们可以预测在这些系统中可能存在某个恒定的空间秩序，就像望远镜中的不同透镜系统是按序排列一样。不过严格来说，我们没有必要让精神系统具有某种空间秩序，事实上我们只要有个确定的先后顺序就行了。因为在某个特定的精神事件中，系统的激发会遵循一个确定的暂时顺序。在别的程序中，先后顺序可能就变了。这也是可能的。为了简洁，我们将精神机构的各种组成部分称作"φ系统"。

首先，这个由各种φ系统所组成的机构是有方向的，我们的每个精神活动都是从刺激开始，然后终结于神经传导分布。所以，我们让这个机构从感觉端开始到运动端结束。在感觉端那里有个接收知觉的系统，在运动端那里有个能够产生各种运动活动的系统。通常，精神运动的方式是从感觉端开始，到运动端结束。所以，精神机构的总框架图式如图1所示。

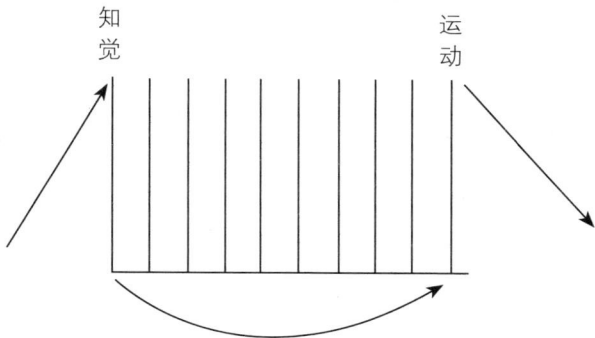

图1

不过，该图仅仅满足了一个我们早已熟知的那个需求——精神机构必须具有一个反射装置的构造。一切精神活动仍然是以反射过程为模型。接下来，我们将在感觉端引入第一次分化。

当感觉受到刺激后，就会在神经机构里留下一道痕迹，我们称之为"记忆痕迹"，而与这个记忆痕迹有关的功能，我们称为"记忆"。如果我们坚持精神过程必须在系统中展开，那么记忆痕迹必定引发该系统的永久变化。但是想要让同一个系统既能留住不动，又要一直保持新鲜度以持续地接受新的刺激这是很困难的。于是，依据实际需求的原则，我们将这两个功能分配到两个不同的系统中。我们假设：在精神机构最前端的那个系统只能接受知觉刺激，并不会保留任何痕迹，所以也就不会有记忆。紧接在第一个系统后面的第二个系统，则将第一个系统的短暂刺激转化成永久的痕迹，于是精神机构的框架就变成了图2这样。

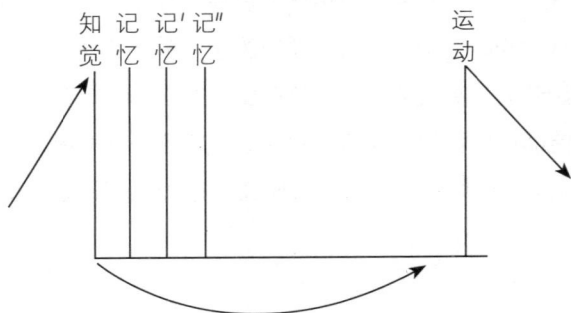

知 记 记' 记"   运
觉 忆 忆 忆   动

图 2

我们知道，记忆保存的东西远不止知觉系统所接收到的知觉联系。各种知觉在我们的记忆中也是互相联系的，特别是当它们同时发生时，我们把它称为"联想"事实。显然，如果知觉系统中根本没有任何记忆，那么也就不存在什么联想的痕迹。如果旧联结的残痕对新的知觉有什么不利影响，那么知觉系统在执行其功能时就会难以施展。所以，我们必须假设，记忆系统才是联想的基础。这样，联想的事实就是：可能某个回忆元素降低了抵抗作用，并建立了平滑的通道，那么刺激就会比较容易向某个给定记忆元素进行传导，而不是另一新的元素。

这里，我想插入一些评语，对我们可能有重要的启示。因为知觉系统没有保存变化的能力，所以它没有记忆，于是知觉系统便为我们的意识供给各种多样性的感觉性质的材料。此外。我们的回忆本质上都属于潜意识，即便是那些脑海深处的回忆。还有，被称为"性格"的东西，其实就是我们对各种印象的记忆痕迹。不过，那些对我们影响至深的印象（它们通常发生在我们的童年时期），却几乎不会变成意识。不过，即便这些回忆能重新进入我们的意识，它也不会表现出感觉的性质，或只有很少。如果我们能证实这一点，即在 φ 系统中，记忆与特质对意识的性质是相互排斥的，那么就可以让我们更好地了解神经元刺激的各种条件。

对于精神机构在感觉端的结构，我们还没考虑到梦，也还没考虑到我们可由梦推论出来的心理学知识。不过，以梦的证据为起点，我们可以认识精神机构的另一部分。前面我们说过，如果没有大胆假设两种精神动因的话，我们不可能对梦的形成做出解释的。这两种精神动因，一种对另一种动因的批判活动，导致后一种动因遭到意识的排除。

于是，我们得出结论：跟被批判的动因相比较，批评性动因与意识的关系更为密切，它就像一道墙，挡在被批判动因与意识之间。此外，我们还可以将批判性动因跟被批判的动因看作一体，来指导我们清醒时的生活，并决定我们自主的、有意识的行动。

如果根据前面的假设，并结合刚才的观点，我们用系统来代替这些动因，那么这个批判性的系统肯定会被放置在精神机构的运动端。现在我们将这两种系统引入我们所设立的示意图 3 中，并赋予它们不同的名字，用它们来表示它们与意识的关系。

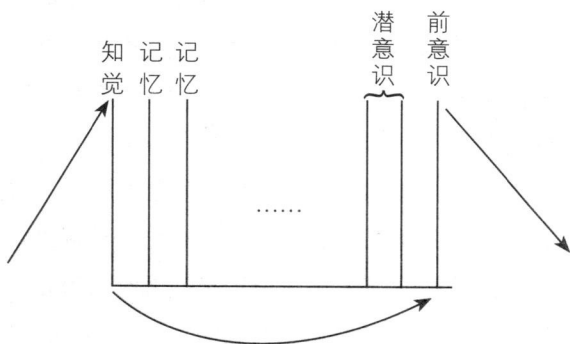

图 3

我们把运动端的最后一个系统称为"前意识"，它表示该系统的刺激过程可以不受阻碍地进入意识层。同时，前意识也是掌握自主运动之匙的系统。紧承前意识系统之后的就是潜意识系统了，因为只有在前意识的协助下它才能进入意识，而要通过前意识，其刺激过程必将受到某种改动。

那么，构成梦的原动力又在哪个系统呢？为了简便，我们就把它放在潜意识系统中。不过在后面的探讨中，我们发现这并不完全正确，因为梦的形成必须依靠前意识中的隐藏含义，但是如果考虑梦的愿望，我们将会发现又是潜意识为梦提供驱动力的。根据后一个因素，我们就把潜意识系统当作梦形成的起始点。梦的这个刺激因素也跟其他所有思想结构一样，先努力让自己进入前意识，然后再进入意识中。

🐟 梦境与回归作用

根据经验我们知道，在白天时因为审查作用的抵抗，这条由前意识通向意识的途径对梦的隐藏含义来说是封闭的。只有到了夜晚梦的隐藏含义才能进入意识。不过，它们是通过什么变化才做到的呢？如果说梦的隐藏含义之所以能进入意识，是因为夜晚时潜意识与前意识之间的抵制作用变小了，那么我们做的梦应该是观念性的，而不会具有那种幻觉特征才对。所以，前意识和潜意识系统之间抵制作用的降低，只能用来解释像"Autodidasker"之类的梦，无法用来解释像本章开头所举的那个小孩烧着这类的梦。

那么幻觉式的梦是如何发生的呢？我们所能做的唯一解释就是：刺激的传导方向是反向的，即它不是向精神机构的运动端传导，而是向感觉端传导，最终进入知觉系统。如果我们把清醒时由潜意识所产生的精神过程称为"前行式"的，那么，幻觉式的梦就是"回归式"的。

这种回归作用是做梦过程的心理特征，不过这种现象并非只有梦才有。在我们有意的回忆和正常的思维过程中，也都具备这种回归作用，不过，在清醒时这种回归作用从没超过我们的记忆意象，并且也不会产生知觉意象的幻觉或者让它们重现。但是，为什么在梦中我们会这样呢？在我们对梦的浓缩作用进行研究时，我们曾假设：梦的工作可以将附着于某个观念的强度完全转移到另一个观念上。可能就是因为这个正常精神程序的改变，才导致知觉系统的回归作用，结果从思想开始，退回到高度清晰的感觉上。

如果我们将梦形成的过程看作我们所假定的精神结构中的一种"回归作用"，那么我们就能解释为什么梦中所有的逻辑关系在梦活动中都会消失不见，或者很难找到了。依据前面的示意图可知，第一个记忆系统并不包含这些逻辑关系，这些逻辑关系存在于后来的一些记忆系统中。所以，在回归过程中，除了感觉图像外，它们必然失去所有表达能力；在回归作用中，梦的隐藏含义结构被分解成它的原来材料了。

但是，为什么白天就不能发生回归作用呢？对于这个问题，我们也只能提出一些推测了。肯定是因为各系统的能量有所改变，这些改变能增加或减少刺激过程通过这些系统的难易程度。虽然刺激通道想要达到同样的结果不止一种方式，但是，我们首先想到的就是睡眠状态对感觉端所造成的能量改变。白天，知觉刺激会持续经由感觉系统传向运动端；不过到了晚上，这种流动就会中断，于是刺激的反向流动就没有了阻碍。这时，我们好像处在"与外部世界隔绝"的状态，于是某些研究者就认为这正好可以用作解释梦的心理特征的依据。

不过我们需要谨记，在解释梦的回归作用时，如果在病态的清醒状态发生回归作用，那么就不能用上面的解释了。因为此种状态下虽然知觉刺激不断地向前流动，但是还是发生了回归作用。

我认为癔症和妄想症患者产生的幻觉跟正常人看到的幻象都属于回归作用，也就是思想被转化成图像了。但是能转化成图像的，只有那些与被抑制的或者属于潜意识中的记忆有密切联系的思想。

比如，在我的癔症患者中有一位年仅 12 岁的小男孩，他因为害怕"青脸红眼"而无法入睡。其实这个就是因为过去一个被压抑的，偶尔也能意识到的记忆所引起的。有一个男孩给他看了一张吓人的画，画上画的是很多不良习惯的后果，其中就包括了手淫，而我的小患者正在为手淫问题自责。小患者的妈妈曾经告诉过他，坏孩子都会长着一张绿脸和一双红色的眼睛。

这就是小患者心中鬼怪的来源。这个鬼怪又让他想起了他母亲另外说的话：这样的孩子会变成白痴，在学校里什么也学不会，并且还活不长久。因为小患者恰好学习不好，于是他对活不长久恐惧不已。幸运的是，经过积极治疗，小患者已经不再害怕，也能睡着觉了，并且学年结束时还考了一个好成绩。

上面我所举的例子跟睡眠状态还是有联系的，这对阐述我的观点好像并不适合。所以，这里我再提一个自己对一位患有幻觉性妄想狂的女病人的分析，还有我还没发表的关于精神性神经症的心理学研究论文。它们可以证明在这些回归思想的转化中，记忆的力量是不容小视的，尤其是那些源于童年时期的记忆，因为它们或被压抑或仍然保留在潜意识中。跟这些记忆有联系的，因为审查作用而得不到表达的思想，似乎也被回忆拉到了回归作用中，但是记忆本身却隐藏起来，只通过某种形式才表现出来。

如果我们关注过童年的经历，以及源于那些经历所产生的幻想在隐藏含义中所起的重要作用，同时没有忽略它们的片段在梦中出现得多么频繁，以及梦的愿望大都源于它们，那么我们不得不承认梦中思想之所以会转变成图像，很可能就是渴望去复活那些记忆吸引力的结果。如果是这样的话，那么梦可以视为童年经历的替代物。因为童年的经历无法重现，所以只能通过梦来实现。

现在我们来总结一下，梦能将其观念内容转化为感觉图像的特征。虽然我们还没有对梦工作的这个特征展开分析，也没有用任何已知的心理学法则来解释它，但是我们还是认为它将有助于我们对未知的理解，并且用"回归的"来形容它的特征。前面我们说过，只要出现这种回归作用，我们就将它看作某种反对思想试图沿着正常途径进入意识遭到抵抗的结果，同时也是具有鲜明感觉的记忆对这种思想吸引的结果。

也许，感觉器官在白天不断产生的感觉流在夜间停止下来，这样更加有利于回归作用的产生。在其他形式的回归中，因为没有这个辅助作用，只能通过强化其他回归动机来弥补。不过，不管是在病态情况下还是在梦中，回归作用的能量的转移过程跟正常心理生活还是有所不同的，因为梦的过程可以使知觉系统产生一种完全幻觉性活跃。而我们前面在分析梦的工作时讲到的"表现力"因素可能跟隐藏含义所引起的视觉回忆景象的选择性吸引力有关。

关于回归作用，它不仅在梦中起到重要作用，并且在神经症症状的理论中也有着重要的地位。接下来我们将回归作用分为以下三类：

（1）局部性的回归作用，指的是上述 φ 系统图像的意义；

（2）时间性的回归作用，指的是回归到旧的精神结构；

（3）形式性的回归作用，指的是用原始方法替代了表达与常用的表现方法。

不过，从本质上来说，这三种回归作用说的其实就是一个事，而且总是同时产生：凡是在时间上较早的，在形式上也更为原始，在精神区域中也就与感觉端更接近。

在要结束梦的回归这个讨论前，我们还是提一下那个无法回避的问题，即总的来说，做梦是梦者回归到早期状态的一个例子，是梦者复现童年时期的主要本能冲动及当时有效的表现方法。

其实，在人类进化的进程中，个体的发展不过是一次短暂的、偶然的重复而已。尼采曾经说过，梦中还"残存着一种我们现在无法再直达的原始人性"。他的这句话非常正确，我们期待梦的解析可以帮助我们理解人类的古老文明，并对人类的天赋精神实质有所了解。看起来，梦和神经症保存的人类精神古迹，可能比我们想象的还要多。因此，对那些试图重建人类起源的最早、最晦暗阶段的各门学科来说，精神分析应占很高的地位。

虽然我们对梦心理的初步研究不是很满意，但是聊以自慰的是，只要我们没有完全迷失方向，起步是正确的，我们就能在黑暗中找到出路。等我们的结论被别人证实时，我们将会无比自豪。

第三节　愿望满足

🍃 梦境与愿望满足

我们从本章开头那个孩子烧着的梦中看到了愿望满足理论所面临的困难。如果说梦不过是愿望的满足，大家肯定会惊讶不已，这并非因为与焦虑梦有所矛盾的原因。通过前面的分析，我们认识到梦的背后隐藏着一种意义或精神价值，不过我们根本没想到梦具有的性质是如此单一。

根据亚里士多德对梦的定义：梦是思维在睡眠状态中的延续。那么，为什么我们白天思维所产生的那些繁多的精神活动，像判断、推理、否定、期待、意向等，在夜晚时就只能产生愿望呢？

并且还有很多梦例向我们表明，其他精神活动也能转换为梦的形式，比如，"焦虑"，就像本章开头的那个梦不就是这样一种梦吗？当那位父亲在睡眠时，火光照在他的眼睑上，他就焦急地推想可能有蜡烛倒掉，并烧着了他孩子的尸体。于是他把这个联想变成了一个梦，并且用一种现在时的场景表达出来。

在这个梦中，愿望的满足起什么样的作用呢？难道我们真的看不出来，在这个梦里占支配地位的影响其实是来自清醒生活，来自一种新的感觉刺激激发的思想的持续吗？这些想法都是对的，这就迫使我们进一步去探究愿望满足在梦中所起的作用，以及考虑那些能入梦的各种清醒思想的重要性。

根据愿望的满足，我们将梦分成了两大类：第一类是明显表达了愿望满足的梦；第二类是不易察觉到愿望满足的梦，在这类梦中通常会用各种手段进行掩盖。我们知道第二类梦主要是因为梦中审查作用导致的。此外，我们还发现没有经过伪装的第一类梦主要出现在孩子身上，在成年人身上虽然可能也有这样简短、直接表现愿望的梦，但很少。

那么，梦中实现的愿望又从哪里来的呢？不过在提出"从哪里来时"，我们设想的对立面又是什么呢？我们又想到了哪些可能？我能想到的对立面就是，白天有意识的生活，以及那些只有在夜间才会被我们觉察到的潜意识的精神活动。

对于这种愿望的来源，我认为有三种可能性：

（1）这个愿望在白天时就可能被刺激到了，不过因为一些外部原因没有得到满足，于是这样一个已经被唤起但还未被满足的愿望就留到了晚上；

（2）这个愿望可能在白天已经产生，不过却遭到了抵抗，于是这个愿望只能留到夜晚，这个愿望是没有被满足并且还被压抑的；

（3）这个愿望跟白天的生活毫无关系，不过是头脑中某个被压抑的愿望的浮现，到了晚上，这个愿望才活跃起来。

从我们前面讲述过的精神机构示意图来看，第一类愿望属于前意识系统；我们猜想第二类愿望属于从前意识系统被赶到潜意识系统中，并留存下来的；对于第三类愿望，我们认为它根本就无法通过潜意识系统。这样的话，我们又要面临一个新的问题：这些不同来源的愿望，它们对梦的形成是否具有同样的重要性？是否具备同样刺激梦生成的能力呢？

如果我们带着这个问题去检验那些可以利用的梦，我们很快就会意识到，还要为这个梦的愿望加上第四个来源，即当晚出现产生的愿望冲动（如口渴或性需求）。所以我们认为，梦的愿望的来源可能对它生成梦的能力并没影响。

这让我想起一个小女孩的梦，她因为白天划船游湖的计划被打断，于是就在夜里做梦去玩了。还有一些其他孩子的梦，它们都可以用来解释白天未满足也没被压抑的愿望。对于在白天的愿望受到抑制，于是就在晚上通过梦来渲释的例子比比皆是，这里就不再举例说明了。

通过对大量梦例的分析，我们发现所有伪装的梦，其愿望都来源于潜意识，并且在白天我们是觉察不到的。这样看来，所有的愿望在梦的形成过程中都具有同样的重要性和同样的激发能力。

在这里，我虽然找不到任何表示相反的例证，不过我还是倾向于：梦中愿望是被严格限定的。虽然我们可以用儿童的梦来证实，因为白天没有得到满足的愿望可以在夜间促成梦的产生。但别忘了，那只是儿童的愿望，这是一种儿童所特有的愿望冲动力量！对于成年人白天没能满足的愿望其力量能否强大到可以产生梦，我深表怀疑。

我认为，随着我们逐渐学会了用思维活动来控制本能的欲望，我们会觉得形成或保留儿童那样的强烈愿望是不好的，从而放弃这种愿望。不过，可能会有个体的差异，有些人可能会比他人更长久地保持这种幼稚式的精神过程，这跟视觉想象减弱的现象类似。

总的来说，我的看法是：在成人那里，白天没满足的愿望很难形成梦。我更倾向的意见是：来自意识的愿望冲动仅限于有助于形成梦而已；如果前意识的愿望无法得到其他外援的强化，那么是不会形成梦的。

事实上，这种外缘的强化的力量来自潜意识。我的假设就是，一个意识的愿望只有能不断唤醒类似潜意识的愿望，并从唤醒的愿望那里得到助力时，才能成功地形成梦。

通过对神经症所做的精神分析来看，我发现这些潜意识的愿望始终处在活跃状态，每时每刻都在寻求表达自我的机会。一旦拥有这样的机会后，它们就会结合意识层的愿望，并将自己较为强大的力量传递给较弱的后者。表面上看，好像只有意识的愿望被实现了，不过从梦形成的一些细微特征中，可以认出那些源于潜意识的痕迹。

这些一直活跃在潜意识中的愿望，可以说是永生的。它们就像希腊神话中的泰坦人，虽然被诸神用大山压在下面，但是直到今天他们的四肢仍然不断地抽动着，并让山石不停地振动着。补充一点，经过对神经症的研究分析得出，这些被压抑的愿望本身来源于童年时代。

对于之前我所说的那个"梦的愿望来源于何处是不重要的"的观点，这里我要用另外一个说法来取代了：梦中的愿望一定是来源于童年时期的。在成人那里，它来自潜意识；在孩童那里，它就是清醒时候未被满足又没受到抑制的愿望。因为孩童时期，前意识和潜意识之间还没区分或产生稽查作用，或者这种区分还处在慢慢形成中。我知道，这个观点肯定不能得到广泛的证实，但是只要经常被证实有效，我觉得就可以将它当作一个普遍命题来对待。

所以，我认为在梦的形成过程中，意识在清醒生活中所保留下来的愿望冲动只起次要的作用。我认为清醒生活的愿望只是增添了梦的内容而已。

接下来我们沿着相同的思路来研究白天生活中的其他精神刺激。通常当我们决定去睡觉的时候，我们需要暂时中断清醒思维的能量，能做到这一点的都是会睡眠的人，据说拿破仑一世就是其中的佼佼者。不过我们并不能总做到这一点，那些还没有解决的问题、扰人的烦忧，好友难忘的印象等，都会随着思维活动延续到睡眠中，并在我们称为前意识的系统中继续展开精神活动。

我们将这些在睡眠中继续保持活动的思维冲动分为这五种类型：

（1）由于某种偶然原因，在白天没有得出结论的思维；

（2）因为我们的思考能力有限，而不能解决的问题；

（3）那些在白天受到拒绝和抑制的思维；

（4）由于在白天前意识的活动而被激起的潜意识思维；

（5）那些在白天无关紧要也并没处理的印象。

我们不要低估了那些在白天遗留下来，而进入睡眠中的精神强度，尤其是那些没有被解决的问题，它们肯定会在夜间努力寻求表现；而且，我们还能肯定地假设，睡眠状态这种兴奋不可能按惯有的方式在前意识中进行，以至于最终成为意识。因为，在夜晚只要思维过程按惯有方式进入意识，那么我们肯定没处在睡眠状态。

我虽然不清楚睡眠究竟给前意识系统带来了什么变化，但毫无疑问，我们要到这个特殊系统的能量变化中去寻找睡眠的心理特征，同样这个系统还控制了运动能力，那些瘫痪的人在睡眠中可获得运动的能力。

另外，从梦的心理学研究中，除了继性从属性变化以外，我们实在找不出睡眠还能导致潜意识出现什么其他变化。所以，梦中除了由潜意识产生的愿望冲动外，前意识系统是不会出现任何愿望冲动的。并且前意识的愿望冲动必须得到潜意识的强化，并且与潜意识冲动共用一条通道，才得以出现在梦里。

但是，白天的印象在前意识中的残留跟梦又有什么关系呢？它们不断探寻进入梦的途径，即使在夜间它们也试图借由梦的内容进入意识之中。其实，有时候它们支配了梦的内容，迫使梦表现白天的活动，白天活动的残留物除愿望外还表现出了别的性质。因为这点，我们观察白天活动的残留物在什么条件下才能入梦是很有启发性的，可能还对"梦是愿望的满足"这一理论有着正面的决定性意义。

🦋 梦境、愿望与潜意识

我们以曾经提到的那个我的朋友奥托好像患了巴塞杜氏症的梦来说明。做梦那天，我曾为奥托脸上的病容担心，这件事跟其他所有与他有关的事一样，让我忧心忡忡。我想，这个担忧一定随我一起入眠了，可能是我想弄明白他身上到底出了什么问题？于是这个担忧就在那晚的梦中表露出来。

当晚梦的内容既没有意义，也跟愿望满足没有关系。于是我就开始研究：白天的那种担忧为什么会不恰当地表现在这个梦中？经过分析，我发现，原来在梦里我把他当成了 L 男爵，自己成了 R 教授。为什么我会建立这种联系，唯一的解释就是：在潜意识中，我肯定一直将自己等同为 R 教授，之所以会这样，是为了实现我孩童时期一个自大狂的愿望。

白天时，敌视朋友的丑恶思想肯定会受到抑制，但是到了夜晚，它就抓住机会偷偷溜进梦里让自己被表现出来。不过，我白天的担忧也通过梦得到了些许实现。白天的忧虑本来就不是一个愿望，而是一种担忧，于是它只能通过某种途径与潜意识中的某个遭受压抑的童年愿望结合在一起，然后经过一定的改装，再进入意识之中。这担忧的支配性越强，那么它建立起来的关系也越牢固。所以，愿望的内容和担忧的内容之间根本不需要什么关联。在我的这个梦例中也是这样的。

现在，我们继续思考这一问题，不过却是从隐藏含义提供给梦的材料与愿望的达成完全相反的角度出发，譬如说，合理的忧虑，痛苦的自省，苦难的现实一起表现出来时，梦又是如何应对的呢？我们将其可能产生的结果分成两种：

（1）梦的工作成功地用相反的观念取代了所有痛苦的观念，并将那些痛苦的情绪都压制下去，制造出一个圆满的"愿望满足"的梦来，这就没什么可讨论的。

（2）经过伪装后，痛苦的观念出现在显梦中。正是这类梦，让我们对"梦是愿望的满足"理论产生了怀疑，所以需要进一步研究。对于这种带有痛苦内容的梦，有的人觉得无所谓，有的人却能真切体验到梦中的所有痛苦，有时还会出现因为痛苦而惊醒的情况。

经过分析，我们能证明这种痛苦的梦跟其他梦一样，也是愿望的满足。某个属于潜意识并受到抑制的愿望，利用白天痛苦经验的残留物仍持有的精力，抓住机会，进入梦中。

在第一种梦中，潜意识的愿望和意识的愿望是吻合的；在第二种梦中，潜意识和意识之间（被抑制内容和自我）是不协调的，这种情况很像那个神仙给妇人许下三个愿望的神话故事。受到抑制的愿望被满足后会产生极大的满足感，其强度完全可以中和白天遗留物所附带的痛苦。在这种情况下，梦的感情基调是平淡的，虽然它同时实现了愿望与痛苦。或者，睡眠状态的自我在梦的形成中也起到了更大的作用，它对被抑制愿望的满足产生强烈的愤怒，可能会在焦虑的爆发下终止这个梦。你看，痛苦的梦和焦虑的梦跟那些愿望满足的梦一样，都是愿望的满足。

不过梦满足的可能也是"惩罚做梦者"。我们只有承认和认识到这一点，才能在一定意义上为梦的理论添加一些新的内涵。这种梦实现的同样也是潜意识的愿望，不过这个愿望就是惩罚做梦者，因为它具有某种被抑制并受到禁止的愿望冲动。这种梦具有促使梦形成的驱动力量，并且是由潜意识中的某个愿望供给。

　　然后，经过更加仔细的心理学分析，这类梦跟其他表示欲望的梦大不同。在第二类梦里，构成梦的愿望是潜意识的、被压抑的材料；在惩罚性的梦中，虽然构成梦的愿望也是潜意识的，但并不是被压抑的材料，而是属于"自我"的材料。

　　这里我要指出一点：惩罚的梦不一定就是白天痛苦意识的残余，并且它容易在梦者感觉满意时产生，不过它们所表达的是被禁止的满意。所以，惩罚梦的主要特征就是：其形成梦的愿望并不来源于受压抑的材料（潜意识系统）的潜意识愿望，而是属于"自我"的愿望，它是一种潜意识（即前意识）的惩罚愿望。

　　我还是用自己的一个梦来阐述上面的观点，主要看梦的工作是如何来处理白天的痛苦残余的：

　　梦的开头已经记不太清了。我告诉妻子，我有一个消息要告诉她，是一件很奇怪的事。她十分惊讶，表示自己不愿意听，不过，我对她保证这件事肯定是她感兴趣的事。于是我开始告诉她，我们儿子所在的兵团给我们汇来一笔钱（5000克朗？）……奖章……分配……同时我和她一起走入一间类似储藏间的小房间去找什么东西。但是，在那里我突然看见了我们的儿子，不过他没穿军装而是穿着一套非常紧身的运动服（像只海豹？），还戴着顶帽子。

　　他站在橱柜边的篮子上向上爬，可能要把什么东西放到橱柜上。我喊他，他不回应我。我看见他的脸上或前额上都扎着绷带，他正把什么东西往嘴里塞，他的头发也有一些灰白。我心想："他怎么看起来这样累啊？难道是他装了假牙？"我还没来得及再叫他，就醒过来了。醒来后，我虽然没有焦虑的感觉，但心却跳得非常厉害。当时是凌晨两点半。

对于这个梦，我只想强调一下其中的几个重点。做这个梦主要是因为白天不愉快的预感：我们已经有一个多星期没接到儿子的音讯了，他正在前线打仗。显然，梦的内容表达的是我的一个预想，即他可能受伤或阵亡了。我们可以看出，梦一开始就用相反的信息来取代这种令人痛苦的想法，像我要说好消息，诸如汇钱、奖章、分配等（那笔钱源于我行医实践中的一件令人愉快的事中得来的，在这里出现，就是为了试图颠倒话题）。

不过，这种努力却失败了，因为我的妻子怀疑是一些可怕的事情，所以她拒绝听我的消息。你看，这个梦的伪装实在是太单薄了，它努力压抑的思想却漏洞百出。如果我儿子阵亡了，那么他的战友肯定会将他的遗物寄回来，那么我肯定会将他留下的东西分给他的兄弟姐妹及别人留作纪念。而且，"奖章"往往是授予阵亡军官的。所以，梦一开始就想表达它当初想要否定的事情，并且是以伪装的形式满足了愿望。

我现在还不知道到底是什么给这个梦提供了动机力量，让我用这样的方式来表达我的痛苦。在梦中，我儿子并没有"倒下"，而是"向上爬"。他以前是一个登山运动迷，梦中他穿着运动衫而非制服，这表明我现在担心他发生的意外，就是他之前运动中发生过的，他原来在滑雪运动中把大腿摔断过。还有，他穿得像海豹让我联想到我们那活泼的小外孙，而梦中我儿子的灰白头发让我联想到那个小外甥的父亲，即我们那位从战场上死里逃生的女婿。这又意味着什么呢？

关于此梦，我已说得太多了，不过我还是再说一点吧。梦中的场地是储藏室，以及他想从中拿出某些东西的橱柜（在梦中，他想往橱柜里面放点东西），这些细节让我联想到两三岁时所发生的一次意外。那次我爬上储藏室的凳子上，想从橱柜或桌子上找到一些什么吃的，结果凳子翻了，并且打中了我的下颌，几乎把我的牙齿全都磕掉了。这个回忆有告诫的意思："你活该！"这似乎又是对勇敢士兵的一种敌意冲动。

通过更加深入的分析，我找到了这个梦的缘由，那就是在我儿子发生可怕的意外背后隐藏着我的满足。这便是老年人对年轻人的嫉妒，在现实生活中，这种嫉妒完全被压制了。不过，在梦中借助不幸产生的悲痛的力量，就会让这种被压制的愿望获得满足，让自己有所缓解。

我们现在能将潜意识愿望在梦中所起的作用明确下来了。我承认，有一大类梦的诱因主要甚至全部源自白天印象的残余。我们再来看看关于我朋友奥托的梦，如果当天我没有一直对朋友的健康担忧的话，那么那个我期待自己成为一名伟大教授的愿望也不会在梦中表现出来。不过，只有担忧还是不能产生梦的，还需要一个潜意识中的愿望来为梦提供形成所需的驱动力，并且担忧还要抓住一个愿望，这样才能成为梦的动力。

打个比喻来说，白天的思想在梦中就像一个企业家，虽然企业家有想法也有实现它的动力，但是如果没有资本就什么也干不了，他需要一个资本家来给他提供资金。而在梦中为梦提供精神资本的"资本家"，就是源自潜意识中的某个愿望。

现实中资本家也可以是企业家，在梦中这种情况更为常见。因为受到白天活动的刺激，某个潜意识愿望被激活了，于是它就会生成梦。我们还是用经济关系来比喻梦中的其他可能性：企业家可以投入一些资本；一位资本家可以向好几位企业家投资，多位资本家共同向一个企业家投资。同样，有的梦可能不止一个愿望驱动，其他情况就不一一列举了。关于梦的愿望的讨论以后再说吧。

通过以上讨论，我们知道白天印象的残余在梦中所占据的重要性已经被降低了，但是它们还是值得我们多加关注的。在梦的形成过程中，它们必然是重要的成分，因为我们从经验中发现，每个梦的内容都跟最近的白天印象有关联，并且这些印象通常都是一些无关紧要的印象。

虽然我们目前还无法解释为什么在梦的构成中非要有这个添加物，

但是我们只要坚信潜意识愿望的作用，并到神经症心理学中寻求答案，肯定能领会到其中的道理。

从神经症心理学那里我们知道，潜意识观念是不能直接进入前意识的，只有借助一个已经跟前意识的观念发生联系，并把自身的强度转移到这一观念上来为自己打"掩护"，才能进入前意识。这里我们发现了"移情"这个事实，这个发现能解释神经症患者精神世界中的很多惊人现象。移情作用让前意识中的某个观念无端获得强度极大提升，这个观念要么没受到移情作用的影响，要么被迫改变自己。

为了方便大家理解，我喜欢用日常生活中的现象来做类比，对此希望大家谅解。对于这种被抑制观念的处境，就像生活在奥地利的美国牙医，如果他找不到一位合法的医生为自己担保，那么他就不能在这里开业。不过，那么业务繁忙的医生不愿意跟这类医生结盟，通常只有那些业务清闲的医生才愿意与之结盟。

同样，那些已经引起大量注意的前意识和意识观念不愿意跟被压抑的观念联合，常常是那些在前意识中被漠视的、不受注意的，或是受排挤的而暂时不受注意的印象和观点才愿意跟被压制的观念结盟。联想理论中有一条人尽皆知并且已经被经验所证实的法则：如果一个观念在某一方面已经建立了紧密联系，那么它就会排斥其他所有新的联系。

如果我们假设发现的移情作用在梦中也同样需要，那么就能解开梦的两个谜团了：第一个是对每个梦的分析都发现它与某个近期的印象有关联，第二个是这个近期印象往往都是毫不起眼的。

这里补充说明一下，这些近期的、毫不起眼的印象之所以能够不断进入梦中，并替代那些最古老的隐藏含义，就是因为它们最不害怕审查作用的抵抗。如果说毫不起眼的元素得以入梦，是因为它们可以逃避审查的作用，那么近期的元素如果能频繁则是因为移情作用的需要。这两组印象都满足了被抑制观念对还没发生任何关联材料的需要，其中毫不起眼的印象是因为它们缺少形成关联的机会，而近期的印象是因为它们还没有时间去形成关联。

从上面的分析我们可以看到，那些毫不起眼的白天印象的残余，它们成功地参与梦的形成时，不仅从潜意识那里借来了可以自由支配的被压抑愿望的本能力量，而且还给潜意识供给了某些移情作用必不可缺的依恋点。

关于白天印象的残余，我还要再补充一点：扰乱睡眠真正的罪魁祸首是白天印象的残余而不是梦，梦反而是睡眠的守护者。对于这一问题，我们以后再来讨论。

❧ 让精神体验获得满足的睡眠愿望

到目前为止，我们的研究都是围绕梦的愿望展开的：我们已探究了梦的愿望的潜意识来源，并分析了它们与白天遗留物之间的关系，而白天遗留物既可能是愿望，也可能是一种精神冲动，或者是一些最近的印象。同时，通过梦的愿望，我们还对各种清醒时刻的思维活动在梦的形成中发挥的重要作用进行了解释。它甚至也可以用来解释各种极端的梦例。比如说，梦可以继续白天的工作，可以让清醒时无法解决的问题得到满意的解决。

然而，为什么在睡眠状态下，潜意识只能为愿望满足提供动力，不能再提供其他东西呢？想要回答这个问题，我们还需要对愿望的精神实质加以研究。我想利用前面讲述的精神机构示意图可以来说明。

精神机构肯定是经历了漫长的发展之后才达到目前这样完美的程度。我们可以设想一下它发展的最初阶段，这个必须由一些其他领域已证实的假设来推测。最初时，精神机构是为了保护自己避免被刺激。所以，它的原始结构采用了一种反射机构设计的，这样能让它马上将所有外部的感觉刺激沿着运动通道释放掉。然而，因为生活环境的干扰，这种简单的精神机构也不断地发展着。

最初，精神机构面临着基本躯体需求的挑战；我们把这种由内部需求所产生的刺激力图在运动中得到释放称之为"内部变化"或"情感的表达"。比如，一个饥饿的婴儿会通过哭闹来宣泄，但是饥饿还是存在并没有改变，因为这种源自内部需求的刺激不是某个暂时性的冲击力，它是一直作用着，直到得到"满足体验"消除那个内部刺激后，情况才会发生改变。

这种满足的体验主要是由一种特殊的知觉构成的，在婴儿的例子中就是食物，从此以后，这种知觉在脑海中留下的记忆形象，并与记忆痕迹相关联。关联的结果就是，以后只要一出现这种需求，就会马上出现一种精神冲动，并且这种冲动会再次激活对此知觉的回忆，进而将知觉本身再度叫醒，也就是说要复制最开始体验到满足时的情景。

我们将这样的冲动叫"愿望"，而知觉的再现就是这种愿望的满足。而满足愿望的最佳捷径，就是由需求产生的刺激直接造成知觉的精力倾注。

我们完全可以这样假设：最初的精神机构是这样运行的，愿望最终在其中变成了幻觉。因此，最初精神活动的目标是"知觉认同"，也就是复现那种与需求的满足相关的知觉。

不过，肯定是生活的痛苦经历把这种原始的思维活动改变了，变成了一种更合适的、继性的思维活动。

精神机构内部借助回归作用的捷径建立了知觉认同，这种建立起来的反应跟外部的精力贯注的结果不同。对后者来说，只要没有生成满足，需求就依然存在。如果想要内部的关注与外部具有同样的价值，只有一直维持这种状态。就像在幻觉型精神病和饥饿所产生的幻想中，它们将自己全部的精神力量都消耗在了愿望的对象上。为了让这种精神力量发挥出最大的作用，就必须在回归作用还没结束前中断，让它保留在记忆形象之内，不让它找到其他途径，最终产生它所期望的知觉同一性。

于是，这种对回归作用的阻断行动，以及由此产生的刺激转向，就构成了支配自主运动的第二个系统的工作，正是因为这个系统的作用，运动才会被变成预期目标。但是从记忆图像到外部世界所构建的知觉同一性等一系列复杂的思维活动，仅仅构成一条通往愿望满足的迂回途径。

其实，思维不过是幻觉性愿望的替代物而已。梦显然是愿望的满足，因为能驱使我们的精神机构展开运作的只有愿望了。这样看来，那种借由回归的捷径来满足愿望的梦，不过是我们所保存的精神机构的原始工作方法的一个样本，因为这种方法没有效果而被舍弃了。

当人心灵尚未成熟，能力也不强时，那些曾经一直操纵着清醒生活的方法，现在似乎被搁置到晚上的梦中了，就像被成年人舍弃的原始武器——弓、箭出现在幼儿园时一样。做梦其实是那已被替代了的童年精神生活的一部分。精神机构的运作方式在清醒时通常是被压制的，但是在精神病患者那里却会重新运作起来，这就泄露了它们不满足我们对外部世界的需求。

很明显，潜意识的愿望冲动也想在白天发挥作用，像实际发生的移情作用和精神病症表明它们使出浑身解数，只为从前意识系统进入意识，最终获得控制运动的力量。所以，我们可以将在潜意识与前意识之间的审查作用视为精神健康的守护者，它应该受到我们的尊重。

那么，我们是否可以说，因为这个守护者在夜间的粗心大意，让被抑制的潜意识冲动得以表达，并使得幻觉性的回归作用再度成为可能呢？我认为不能这样说，原因就是如果这个严厉的守护者要休息（我们可以证明，它睡得并不深），它可以将运动的能量之门关上，这样的话，不管那些被压制的潜意识如何冲动、嬉闹，都不会造成什么影响，因为它们根本不能让运动机构产生运作，而只有这个运动机构才能使外部世界发生变化。睡眠状态保证了这个城堡的安全。

不过，如果这种力量移置作用不是因为审查作用在夜间的松懈，而是因为力量的病态减弱，或潜意识冲动的病态加强，并且前意识也持续获得能量，通向运动的大门也是敞开的，那么情况就会有害了。在这种情况下，守护者就会抵抗不住，前意识就会败给潜意识，于是变成潜意识控制我们的言行了，或者它们强制生成幻觉式回归作用，进而借助知觉吸引所造成的精神能量分配，来控制着本不该由它们控制的精神机构。这种状态，就是我们所称的精神病了。

这里，对于"愿望是形成梦的唯一精神动力"这一结论，我们还需要继续讨论一下。现在我们已经接受了这样一个观点：所有梦都是愿望的满足，因为梦是潜意识系统的产物，而潜意识的工作除了愿望的满足之外再无其他目标，而且除了愿望冲动之外，潜意识并没有其他可以支配的力量。

现在，如果我们坚持在解梦的基础上设立一种意义深刻的心理学推测，那么我们就要证明，我们可以将梦放置在一种也包括其他精神结构内的关系中。如果真有一个"潜意识"系统之类的东西（为了方便讨论，我们可以用类似的东西来代替）存在的话，那么梦就不可能只是它的唯一表现形式。

虽然所有的梦都是愿望的满足，但是除了梦，肯定还有其他非正常形式的愿望满足。事实上，所有精神性神经症症状的理论，都主张这一点：这些症状也可以被视为潜意识愿望的满足。在精神病学家眼中，我们的解释不过是让梦成为对他们具有重大意义的一个重要因素，对梦的了解不过意味着对精神病学问题的纯心理学方面的回答。

对于这类病态愿望的满足，如癔症症状，还具备一个主要特征，而这个特征是我在梦例中没有发现的。我了解到，癔症的形成必定是精神世界中两个相互冲突系统的汇合。

到目前为止，我们只知道梦所表现出来的是潜意识中愿望的满足，而占优势的前意识系统中的愿望，只有经过伪装后才能被满足。通常，我们不能在梦里找到与愿望截然相反，并且作为其对立面被实现的思想序列。只有在对梦进行分析时，我们才能偶然察觉到一些反对态度的迹象。不过，我们也能从一些别的前意识的地方，找到一些遗漏的成分。

梦可以通过各种伪装手段来表现潜意识的愿望，不过占优势地位的系统则退回到"睡眠愿望"中，并通过精神机构内部产生的能量变化来实现这个愿望，最后让该愿望不断贯穿在整个睡眠过程中。

这种被前意识所坚守的"睡眠愿望"，对梦的形成有促进作用。我们再回想一下本章开头的那位父亲的梦，通过映入眼帘的停尸房的亮光，这位父亲推断出他孩子的尸体可能燃着了。这位父亲在梦中得出这个推论，而不是让自己被亮光惊醒，我们曾指出，造成此种结果主要是他希望自己孩子的生命能在梦里活得长久些。

因为我们无法对这个梦进行分析，所以还有其他一些被压制的潜意识愿望没有引起我们的注意。不过，我们还可以将这个梦的第二驱动力量加进来，那就是父亲对睡眠的需求。通过这个梦，孩子的生命和父亲的睡眠都可以延长一点，这里的动机可能是："让梦做下去吧，不然我就醒来了。"

不仅在这个梦里，在其他所有的梦里，我们都能够明显地看到睡眠愿望的作用。我们可以从惊醒的梦中看到这种继续睡眠的愿望。这种梦会巧妙地把外部感官刺激伪装成与睡眠毫不冲突的形式，并且还将这些感官刺激完美地编入梦中，从而降低它们向梦者提醒外部世界的可能性。

在有些梦中，即便惊醒刺激来自身体内部，但是继续睡眠的愿望也充分发挥着同样的作用。有时梦境很糟糕，前意识就会告诉意识："别理它，接着睡吧，这只是一个梦而已！"

于是我们得出以下结论：我们在整个睡眠状态中，既知道我们是在睡眠，也知道我们是在做梦。不过有反对的意见认为，我们的意识从来不知道我们自己在做梦。对于这点，我们没必要去过多关注。因为有的人在夜里很清楚自己是在睡觉还是在做梦，并且还有控制梦境的能力。比如，有人对自己梦境的转折感觉不满意，于是就中断梦境，并不醒来，然后重新开始一个新的梦，这就好比剧作家在压力之下将自己的作品加上一个美好的结局一样。

费伦齐在讨论梦时这样说过："梦会从各个角度审查占据我们心灵的思想，对于危及愿望满足的意象，它会统统删除，转而尝试另一种解决方式，直到让愿望得以满足，用妥协的办法让心灵中的两种动因都得到满足。"

第四节　梦中惊醒——梦的功能——焦虑的梦

☙ 潜意识中的愿望

既然我们已经了解到，前意识在整晚都会关注于睡眠愿望，那么我们当然可以对做梦的过程做进一步的研究了。不过在此之前，我们还是对之前所了解的内容做一个总结吧。

梦，要么是白天清醒活动的残余还依然保持着的精神能量；要么是白天清醒时刻的活动激活了潜意识中的某个愿望；要么是因为偶然事件这两种情况的结合体（前面我们已经讨论过了）。

激起来的潜意识愿望跟白天活动的残余结合起来，并对活动残余产生了移情作用，这种情况可能发生在白天，也可能发生在睡眠状态。这时，愿望可能将自己移情到近期的材料上，也可能因为被潜意识强化而重新激活最近某个受到抑制的愿望。

当这个愿望企图借助思维过程的正常途径由前意识通往意识，不过在这个过程中会遇到始终处于警戒状态的审查作用，并且受到抵制。为了顺利通过审查，它只能伪装自己，因为愿望已经将自己移情到近期的材料上，为自己顺利通过审查铺平了道路。

直到现在，愿望已经走上了一条实现诸如强迫观念、妄想观念之类的道路上，正在变成一种因移情作用而强化，因审查作用而不得不伪装的思想。不过，如果愿望想要继续前进，还要打破前意识睡眠状态的阻挠（因为前意识为了保护自己而减少了自身的兴奋）。于是，梦便踏上了回归作用的道路，因为睡眠状态的特殊性，这条道路恰好是通畅的。

梦选择回归作用不是偶然，是因为它受到记忆群的吸引，这些记忆群有的只是以视觉能量的潜在形式存在，并没有转化为后继系统中的文字符号。在回归的道路上，梦的过程获得了表现力。现在梦已经完成了其迂回曲折道路中的第二部分。

在梦曲折道路的第一部分是前进的，由潜意识景象或幻觉通往前意识；而第二部分则是退行的，是由审查作用边界退回到知觉。不过，梦的过程成为知觉之后，它就可以避开潜意识的稽查作用和前意识睡眠状态为它设置的阻挠，它就能将注意力吸引到自己的身上，并获得意识的关注。

我需要做这样的假定：因为睡眠状态的缘故，指向知觉系统的感觉面比指向前意识的意识感觉更容易接受兴奋的程度。此外，夜间不对思维过程感兴趣还有另一个原因：前意识需要睡眠，随意思维活动应该中断。

不过不管怎样，梦一旦变成了知觉，它就能利用其获得的新材料去刺激意识。这种感觉刺激会使用它的主要功能——引导前意识中的部分可支配的潜在能量去关注刺激的来源。所以，我们说任何梦都具有唤醒功能，能调动起前意识中处于休息状态的部分力量，让其活跃起来。

在这种力量的作用下，梦又要经历我们称为润饰修正过程的改造，以保证梦的连贯性和可理解性。也就是说，这种力量对待梦跟对待其他知觉是一样的，在梦材料所允许的范围内，梦同样也受到预期观念的影响。只要梦过程的第三部分有了某个方向，那肯定是前进性的过程。

为了避免大家的误解，我再说一下这些梦过程中的时间关系。受到莫里那个断头台梦的影响，戈布洛特提出一个推测，他认为梦的时间是不会超过从睡眠到觉醒那段时间的，梦就是在觉醒那段时间发生的。人们以为，因为最后的梦象太强烈了，以至于迫使我们醒来，其实，梦象之所以如此强烈，是因为我们已经达到清醒时刻了。"梦是刚刚开始的觉醒。"

根据我们对梦的了解，很难认同说梦所占据的时间只是觉醒的那段时间。相反，在前意识的控制之下，梦的工作的第一部分可能从白天就已经开始了；不过它的第二部分，如因审查作用而做的伪装、被潜意识景象吸引、向知觉前进等无疑是在夜间进行的。

所以，有时我们觉得好像整晚都在做梦，但是又想不起做的是什么梦时，还是有道理的。

我们认为梦的过程的时间顺序是：首先要有发生移情作用的愿望，接着是因审查作用而出现的伪装，然后是方向上的回归等。对于梦的过程的时间顺序，我是不得已才这样说，在实际发生时无疑是同时探索这个或那个途径，并且兴奋的方向也是摇摆不定的，直到最后一刻才在一个最合适的方向上聚集起来，然后变成一个永久的组合。

根据我个人的某些经验，我推断梦的工作想要得到一个好的结果，通常需要的时间不止一天一夜。如果事实果真如此的话，那么我们对梦精巧的构思也就不足为怪了。我认为，即便是要把梦变成一种可理解的知觉事件，也需要吸引意识的注意才能做到这点。当梦引起注意后，就能享受跟其他知觉一样的待遇了，其过程自然就加速了。这就像放烟花，虽然准备过程很漫长，但是燃烧只在片刻。

到了现在，梦的过程要么通过梦的工作已经获得足够的强度，从而引起了意识的注意并成功将前意识唤醒，根本不用去考虑睡眠的时间和深浅；要么因为自己的强度还不够，只能处在准备状态伺机而动，直到将要醒来前，注意变得活跃时才会与之配合。大多数梦的精神强度似乎都较低，因为它们都在等待觉醒的时刻。这正好解释了，为什么我们从沉睡中醒来时首先感知到的是我们梦见的东西。这就如同我们自动醒来，第一眼看到的是梦创造的知觉内容，然后才能看见外部世界提供的知觉内容。

不过，人们似乎对那些能够在睡梦中将我们惊醒的梦，更有研究兴趣。我们可能会问，为什么一个梦，也就是一个潜意识愿望具有干扰睡眠，也就是干扰前意识愿望满足的能力呢？

对于此问题的答案，无疑还存在于我们尚不了解的能量关系上。如果我们弄清楚了这点，那么可能就会发现：如果夜间对潜意识的掌控也像白天那样严格的话，其需要的能量会比让梦自行其是或者给予有限的关注多得多。

经验表明，做梦和睡眠是可以和谐相处的，即便在夜间做梦多次打断睡眠。我们常常醒来后又立刻睡去，这就像赶走干扰我们的一只苍蝇一样，只是一种固定的觉醒状态。如果我们醒后又能再度睡去，则表明干扰已排除。

不过在这一点上，因为对潜意识过程有了更深入的了解，于是出现了一种反对意见。我自己曾经也认为，潜意识愿望一直保持在活跃的状态，不过即便如此，在白天它们的强度还是没有达到可以觉察的程度。然后，如果睡眠状态持续下去，潜意识愿望就表现出具备生成梦的力量，并且通过梦来唤醒前意识；那么，梦在被觉察到之后这种力量为什么又逐渐消失了呢？梦可以像苍蝇那样反复出现吗？我们认为梦消除了对睡眠的影响，其理由又是什么呢？

🍂 梦境与精神治疗

对于潜意识愿望永远处于活跃状态，这一点是肯定的。这表明，只要稍微有一些兴奋去刺激利用它们，那么梦的路径就会永远畅通无阻。这种不可毁灭的性质，是潜意识过程的一个明显特征。

在潜意识中，没有终点，没有过去，没有遗忘。这个特征在神经症，尤其是癔症的研究中非常明显。在那些引起疾病的潜意识中，只要兴奋刺激累积到足够多，就会获得通行。即使是三十年前所受的屈辱，只要被纳入潜意识的情绪源泉，那么他就会重新体验那个三十年前的侮辱。只要一回忆，它就会再度活过来，并得到刺激，引发运动的发作、释放自己。这正好是精神治疗所要干预的地方。

精神治疗的目的，就是让潜意识过程得到处理或者被忘记。我们认为记忆会消失、印象也减弱这些都是理所当然的，这些主要是因为时间对心理记忆痕迹所造成的结果。但，事实并非如此，这些主要是因为精神辛勤劳作所带来的继发性变化。这个工作的执行者就是前意识，精神治疗只是将潜意识带入前意识的管辖范围内，除此之外再无他法。

所以，任何一个具体的潜意识兴奋过程都可能产生两种结果：一种是，这种兴奋过程保持不动，最后在某点上实现自我突破，将自身的兴奋释放而变成行动；另一种是，受到前意识的影响，导致其兴奋被前意识所束缚，无法释放。第二种结果是在做梦过程中发生的。

虽然梦原本是一个没有什么用途的过程，但是经过各种精神世界力量的作用后，便可能拥有了某些功能。梦肩负着将潜意识中的那些兴奋引回到前意识的控制下。这时梦起着释放潜意识兴奋的作用。其他精神结构一样，梦也是一种妥协，并且同时服务于两个系统，双方的愿望只要不冲突，都要给予满足。

"双方的愿望只要不冲突"这个限定性的条件还暗含了另外一种可能：做梦的功能还存在失败的可能性。我们知道，做梦的初衷是为了让潜意识的愿望得到满足，如果这个愿望太过强烈，对前意识刺激太过强烈最终导致睡眠中断，那么梦就破坏了这种和谐的关系，接下来梦的第二部分工作也就无法实现。这时，梦会立刻被终止，并被完全清醒的状态所取代。这时梦由睡眠状态下的守卫者变成了干扰者，不过这不是梦的错，我们不能因此就对梦的有用价值产生怀疑。

在有机体中，因为之前的条件已经发生改变，所以之前有用的结构也可能变得不再有用，有时甚至变成了干扰因素。不过这些干扰因素也有一种用途，就是提醒我们注意这个变化，进而利用有机体的调节手段来应付这些变化。对于这种情况，我首先想到的就是焦虑的梦，不过为了避免大家说我，只要遇到反驳愿望满足的理论就会避开，我还是先来解释一下焦虑的梦吧。

对于焦虑的精神过程可以说是某个愿望的满足这个观点，大家应该不会再有异议。对于这个观点我们可以解释为，愿望属于被前意识排斥和压制的潜意识系统。即便是精神正常的人，其前意识对潜意识的压制也不是完全彻底的，我们可以用压抑措施来衡量我们精神的正常程度。

神经症症状表明，这两个系统之间是冲突的，症状则是让这种冲突暂时告一段落。一方面，它们让潜意识有一个可以释放兴奋的出路；另一方面，它们又让前意识对潜意识有一定的控制。我们可以思考一下癔症恐惧症和广场恐惧症的意义，也许有所启发。

比如，我们将一个无法独自上街的神经症患者的情况看作症状的话，如果我们非要强迫该患者一个人上街，想以此来消除该患者的症状，那么最后将会导致该患者焦虑发作。而大街上爆发的焦虑往往也是广场恐惧症的导火线。因此，我们认为症状的生成是为了应对焦虑的发作，而恐惧症就像对抗焦虑的边防哨所。

如果我们不考察感情在这过程中所起的作用，那么我们的讨论将无法进行，但是目前我们也只能这样将就了。我们先假设，对潜意识的压制是非常必要的。因为，虽然潜意识中的观念自由发挥时引发的是属于快乐的感情，但是当它们受到抑制后，就产生了痛苦的感情。压制作用的目的和结果就是阻止这个痛苦的释放。

这种压制作用会延续到潜意识的观念内容之中，因为痛苦感情的释放可能就是由潜意识的观念内容开始的。这就需要一个关于感情发生性质的具体假说作为讨论的基础。该假说将感情的发生看作一种运动或分泌功能，它神经分布的关键在于潜意识中的观念。因为前意识的控制作用，所以这些观念都被抑制住了，不能发出可以产生感情的冲动。这样一来，如果源于前意识的潜在能量停止倾注的话，潜意识兴奋释放出来的情感就会有一种危险，即释放一种体验像焦虑那样的痛苦感情。

如果任由梦这样自由进行下去的话，那么这种危险就有可能会发生，这个危险变成现实的条件主要有两个：一是肯定产生了抑制作用；二是被抑制的愿望冲动要能增加到足够大的程度。其实，这两个决定因素都不属于梦形成的心理学研究的相关问题。如果不是因为我们所讨论话题中的一个因素，即潜意识在睡眠状态下的释放跟焦虑产生这个话题有关的话，我绝对不会在这里探讨焦虑梦的问题，所以对于那些模糊的问题我们也就不再详谈了。

我多次强调过，焦虑梦的理论其实是从属于神经症心理学的。在这里，我们只需交代焦虑梦理论和梦过程相连的部分就行了，至于别的就不需要再解释什么了。现在，我还有一个问题需要去解释。因为，我曾经说过神经症的焦虑起源于性，这里我将列举一些焦虑梦加以解析，来表明在它们中确实存在着性的材料。

我已经有几十年没有做过真正焦虑的梦了，还记得在七八岁时做过一个这样的梦，现在差不多过了三十年后才对它进行分析。梦中的情景是这样的：我看到敬爱的母亲很安详地睡着了，两三个长着鸟嘴的人把她抬进卧室，放到了床上。我哭喊着从梦中醒来，把父母都吵醒了。

这种身材高大、衣着怪异、长着鸟嘴的怪兽来自菲利普森圣经里的插图，我猜想它们应该是古埃及坟墓上雕刻的鹰头神祇。这个分析让我联想到一个看门人的坏孩子，他的名字叫菲利普，小时候我们总在屋前的草坪上玩。我第一次听到的性交的粗话就是他说出来的，梦中的鹰头指的就是那个粗话。当时，通过一个阅历丰富老师的眼睛，我猜到了那个词所包含的性的意思。

其实，梦中母亲的表情是抄袭祖父的神态，因为在他去世前几天，我就看到他那样在昏迷中打着鼾地躺在床上。于是，梦的润饰作用解释为我的母亲快要死了，而且梦中出现的墓雕也证实了这个意思。我记得当时从焦虑中醒来后，把父母吵醒了也没能平息，直到看见目前的脸才平静下来，好像是为了看到她没有死的确切证据。

不过，之所以会产生这个梦，肯定是受到已经产生的焦虑情绪的影响。我产生焦虑不是因为梦见母亲生命垂危，而是因为我在焦虑情绪的影响下，已经在前意识中做出了这种解释。如果把抑制作用考虑进来，这种焦虑就会追溯到一种虽然模糊但明确是性的渴望，是它在梦的视觉内容中得到了表达。

一位二十七岁的男子在重病一场后跟我说：他在十二三岁的时候，经常梦见（伴有强烈的焦虑）自己被一个拿着斧头的男人追赶，他想要逃走，但是他的脚好像是被钉在了那里，无法动弹。

这是一个很常见的焦虑梦，看起来跟性根本没什么关系。不过，在分析时，梦者首先想到的是他叔叔告诉他的一件事情（这件事是在做梦之后才告诉他的）。他叔叔说有一天夜里，他在路上走着的时候，遭到了一个举止可疑人的袭击。

梦者自己解释说，可能他在做梦那段时间还听过类似这样的事。斧头让他联想到，有一次他用斧头劈柴时伤到了手。接着，他又想起了自己和弟弟的关系，他喜欢虐待弟弟，并对他拳打脚踢。他清楚地记得，有一次，他用穿着靴子的脚去踢弟弟的头，并且把弟弟的头都踢破了，流了不少血。他母亲得知后，跟他说："我担心有一天你会把他打死。"

当他的思绪好像还停在那次暴力事件中时，他又突然回忆起他九岁时发生的一个事件。有一天，他的父母很晚才回家，他假装睡着了，在他父母也上了床不久，他便听到了喘息声和其他一些古怪的声音，他甚至能猜出他们两个在床上的姿势。他将父母间的这种关系跟他和弟弟之间的关系做了类比，于是他将父母之间发生的事形容为暴力和挣扎，而且他总会在他母亲的床上发现血迹，这就更加证实了他的观点。

我想说，当小孩意外看到成人之间的性交时，会感觉到惊奇和焦虑，这是很正常的。我对这种焦虑产生的解释就是：因为孩子还无法理解成年人的性兴奋，并且因为牵涉父母可能也会被明显排斥，于是性兴奋在孩子那里就会转移为焦虑。不过，在生命的更早时期，孩子对父母中异性一方的性兴奋还没有被压抑，是可以自由表达的。

对于小孩经常在夜里发作带有幻想的夜惊现象，我给予同样的解释，这也是一个没有得到理解并被拒绝承认的性冲动问题。研究结果证明了这种冲动的具有周期性，因为这种力量的增强不仅可以是偶然刺激性印象的结果，也可以是由自发的周期性发展过程来实现的。

不过，对于这种解释，我还缺乏足够的材料来证实。

此外，儿科医生也无法找到一条途径来解释这些现象，不论是从儿童身体方面还是精神方面。这里，我用一个可笑的例子来证明，如果受到医学神话蒙蔽的话，将会让观察者错过正确理解这类现象的机会。

一个十三岁的小男孩，身体很虚弱，开始感到焦虑，并且总是做噩梦，他的睡眠也变得很不安稳，几乎每周的睡眠都被一次严重的焦虑并伴有幻觉所打断。他对所做的梦记忆很清晰，他说在梦里总会有恶魔对他吼叫："我们捉到你了！我们捉到你了！"然后，就会闻到一股沥青和硫黄的味道，接着他就感觉自己的皮肉被火焰灼伤了，最后他因为恐惧而从梦中惊醒，吓得连话都不能说。当他能发声时，他清晰地听见自己说："不，不，不是我。我什么都没做！"或者说："请不要抓我，我再也不会那样做了。"有时候还会说："艾伯特从来没有做过这个！"后来，他睡觉时不肯再脱衣服，他说"脱了衣服，火就会来烧他"。

因为他一直做类似这样的魔鬼的梦，已经威胁到他的健康了，只能将他送到乡下让他换一个环境生活试试。经历了一年半的乡村生活，他终于不再做噩梦，也恢复了健康。直到他十五岁的时候，他才坦诚道："我一直不敢承认，但我的那个位置总觉得有针刺的感觉，而且很兴奋让我感到神经紧张，有时候甚至有想从窗户跳下去的冲动。"

其实，这个小男孩之所以会这样，原因很好推测出来：这个小男孩在童年期肯定手淫过，不过他可能拒绝承认这件事，因为这是个不良习惯，他可能因此受到过要重罚的威胁（例如，他说的"请不要抓我，我再也不会那样做了。""艾伯特从来没有做过这个！"）。进入青春期后，由于他的生殖器有刺痒的感觉，他可能又想手淫了，但是他竭尽全力地抑制这种想法，不过被他压制的性冲动却被转化为焦虑，这种焦虑又让他想起来以前所受的威胁和惩罚。

现在让我们来看看原作者对此是怎么解释的：

（1）青春期让这个身体羸弱的男孩变得更加羸弱，结果导致了高度的脑贫血现象。

（2）脑贫血让该男孩的性格发生了变化，让他产生魔鬼狂幻觉和强烈的夜间（甚至白天）焦虑状态。

（3）该男孩的魔鬼狂想和自我谴责是因为他童年时期受到的宗教对他的影响。

（4）乡下的生活，让他的身体得到锻炼，所以在青春期后他的体力到恢复，症状也就不见了。

（5）影响该男孩大脑出现这种状况的先天因素可能是遗传，而且他父亲曾经感染过梅毒。

最终该作者得出的结论是：我们认为，该病例应归入虚弱引起的无热性谵妄症，此症状产生的原因就是大脑局部贫血。

第五节　原发过程和继发过程——压抑

❧　前意识与被忽略

我们提出了一个关于梦的全新理论，这个理论兼顾了以往学者的各种不同观点，有的甚至是矛盾的，使之结合成一个更高级的系统。其中，对于某些发现，我们赋予了新的意义，不过也有少数观点被我们舍弃了。不过，我们的理论结构还是不完善的。

现在，除了那些复杂的心理学问题困扰我们之外，我们似乎又面临一个新的矛盾：一方面，我们假定梦的隐藏含义都来自完全正常的心理活动；另一方面，我却在梦的隐藏含义中发现了大量不正常的思想过程，并且它们还进入了梦的内容，我们在解析梦的过程中又会遇到它们。

你看，那些所谓的梦的工作的过程，跟我们所熟悉的正常思想过程截然不同，以至于当早期的研究者尖刻地判断梦中的精神功能非常低下时，我们也只能认为也许他们是对的。

或许，只有进一步的研究才能帮助我们解决这一难题。现在让我们在导致梦形成的各种情况中，选择其中的一种来做更加详细地说明。

我们知道，梦中出现的许多思想源自我们的日常生活，并完全符合逻辑关系，所以，我们不能在怀疑这些思想是否均来自正常的精神生活了。我们认为在我们思想系列中，所有价值的思想，以及使人类取得更高成就的思想，都能从梦的隐藏含义中找到。不过，我们没有必要认为这些思维活动都是在睡眠过程中完成的，那样会严重动摇迄今为止我们对睡眠期间精神状态的理解。

这些思想极有可能是源于白天，不过从一开始我们的意识就没注意到而已，它们一直工作着，直到入睡前才完成。从这一点，我们可以得出一条结论：最复杂的思想活动可能不需要意识的协助就能完成。这一点可以从那些癔症患者或强迫症患者的精神分析中证实。

其实，这些隐藏含义本身是可以进入意识的，我们之所以没有在白天意识到它们，肯定极有可能是因为其他一些缘故。"被意识到"与一种特殊的精神功能是联系着的，这种特殊的精神功能就是注意力，并且需要达到一定的数量后才能发挥作用，还很容易因其他目标的吸引而偏离当前的思维进程。

此外，还有另外一种方式妨碍隐藏含义进入意识层。意识的反省过程显示，我们是沿着一条特殊的道路运用注意力的。在这条道路上，如果我们遇到一个不能承受的批判观念，我们就会中断这条道路，将注意力转移到别处。似乎，这种开始又被遗弃的思维过程此后还会继续运行，当它在某个地方达到极高的精神强度时，会再次引起意识的注意。所以，如果一个思维过程从一开始就被判定是错误的，或者因对当前的理智活动无用而遭到排斥，那么结果就是这个思维活动在未受到意识注意的条件下，可能会继续下去，直到睡眠开始。

总之，我们将这种思维过程称为"前意识"，并假定它完全是有理性的，相信它不是被忽略、中断，就是被抑制了。现在，简单描述一下这种观念的进程：当某个有目的的观念产生后，就会有一定数量的兴奋转移到这种观念所选择的各种联想路径上。这种兴奋就是"潜在能量"。

"被忽略"的思维过程是一个没有接收到潜在能量的过程；而"被压制"或"被拒绝"的思维过程，则是这种潜在能量被收回了。在这两种情形下，它们都只能依靠自身的兴奋了。在一些特定的情况下，一个具有目的的思维过程能够吸引意识的注意，然后通过意识的作用得到"潜在能量过剩"。接下来，我要阐述一下意识的性质和功能的看法了。

这样被激起的思维过程，在前意识中要么自动中断，要么持续前进。我们认为自动中断是这样产生的：它所具备的能量会向所有的联想的途径发散，从而让整个思维网络都兴奋起来，并持续一段时间，当企图释放的兴奋转化为静止的潜在能量时，这种状态就逐渐消退了。如果是这种结果的话，那么这个过程对梦的形成就没有意义了。

不过，在我们的前意识中还潜伏着其他一些有目标的观念。这些有目的的观念来源于潜意识中一直处于活跃状态的愿望，它们可能会掌控那些依附在思想群上并能自由活动的兴奋，并让这个兴奋与某个潜意识愿望建立联系，然后把潜意识愿望所具备的能量转移到兴奋上去。这样一来，那些被忽略或受到压制的思维过程就会继续下去，不过它所接收的能量还不足以让它进入意识之中。对此，我们可以这样认为：这个以前一直是前意识的思维过程被带入潜意识中了。

此外，还有两种联结形式导致了梦的形成：可能前意识的思维过程从一开始就跟潜意识愿望结合在一起，所以才遭到了居于主导地位的目标潜能的排斥。或者，某个潜意识愿望因为某些原因（如身体方面的原因）变得兴奋起来，它自动将自身的能量转移到那个不被前意识所关注的残次精神材料上。

不管怎样，最后这三种情况都造成了同一个结果：在前意识中形成的一系列思维过程不被前意识所关注，不过却从潜意识愿望那里获得了潜在能量。

此后，这些思维过程就开始了一系列的变形，这些变形不再是我们认为正常的精神过程了，最终它产生一个奇怪的结果——精神病理学结构。下面我将阐述这些过程，并加以分类：

那些个别观念的强度都可以全部释放，并且从一个观念传到另一个观念，这就让某些观念具有很大的强度。因为这种过程可以不断重复好几次，所以最后可能会导致整个思维过程的全部强度，集中在某个单独观念元素上。这就是我们所熟悉的梦的工作中的浓缩作用。

☙ 压抑与梦的浓缩作用

有时，我们之所以很难理解梦，就是因为浓缩作用。因为在我们正常的、有意识的精神生活中，根本看不到任何与此相类似的现象。我们在正常的心理生活中，也看到了一些具有极高精神意义的观念，它们是整个思想的联结点或最终的结果，不过它们的重要性却不是以对内部知觉有明显感性特征来表现的，并且它们的知觉表现也不会因为自身的精神意义而变得更加强烈。

在浓缩作用下，每一个精神联系都是对观念内容的强化。这就好比我在写书时，会对那些关键的词语或句子采用斜体或粗体将它们标注出来一样。

（1）梦浓缩作用的行进方向，主要取决于两个方面：一方面是隐藏含义在理性的前意识中的关系，另一方面取决于潜意识中那些视觉记忆的吸引力。浓缩作用的目的，就是为进入知觉系统不断积累所需要的强度。

（2）因为强度的自由转移，在浓缩作用的支配下，便会形成在正常观念链中没有听说过的，一些类似妥协的"中介观念"。因为在正常的观念链中，它的重点是在选择和维持"适当的"观念元素上。此外，生活中出现的"口误"，就是我们试图将潜意识的思想用语言表达出来，尤其是在复合式结构和妥协式中尤为突出。

（3）那些强度可以相互转移的观念，其相互之间的联系是非常松散的。是那些我们正常思维所不屑的，通常只用来开玩笑的联想将它们联系在一起。我们注意到，那些同音异义和双关语的联想，其价值与其他联想相同。

（4）还有一些彼此矛盾的思想，它们不但不相互排斥，还可以同时共存，互不影响地各自发展。有时，它们还会像根本没有矛盾一样相互连接起来，或者相互妥协，形成浓缩物。尽管这种妥协是我们的意识思想所不能容忍的，但我们在行为中却可以接受。

上面这些就是在合理基础上构成的隐藏含义在梦的工作过程中所表现出来的几个最显著的异常过程了。我们可以看出，这些异常过程的重点都是，它们只关注将潜在能量活动起来，并释放出去，至于这些潜在能量所具备的精神元素的内容及其具体意义却是无关紧要的。

可能有人认为，浓缩作用和妥协形成的作用不过是为了促成回归作用，也就是把思想转化为图像。但是，对那些不具备回归至图像内容的梦，它们跟其他梦一样也具有移置作用和浓缩作用，比如，那个"自学者"的梦。

所以，我们可以得出这样一个结论：梦的形成跟两种性质完全不同的精神过程有关，一个过程所产生的是完全合理、跟正常思维一样有效的隐藏含义，另一个过程所产生的则是让人惊诧的和不合理的隐藏含义。在第六章中，我们曾认为第二种精神过程就是梦的工作本身。现在，我们对这一精神过程的来源又将如何解释呢？

如果我们没有对神经症心理学特别是癔症的心理做过深入的研究，那么对于这个问题我们就无从回答了。通过那些研究我们发现，正是那些不合理的精神过程及其他一些我们还没注意的过程，主要导致癔症的生成。

在癔症症状中，我们曾发现一些有效性跟有意识的思想一样合理的思想，不过开始时我们并不知道它们以这种方式存在着，直到后来我们才将它们重建起来。如果我们曾经注意过它们的任何一点，那么我们就能借着对已形成的症状分析，发现这些正常的思维被非正常地处理了。

它们通过浓缩作用和达成妥协，并不管现有的矛盾而形成表面的联结，并且沿着回归作用的途径，最后将这些正常的思维变成了外在的症状。从中可以看出，梦的工作的特征和形成神经性神经症症状的精神活动完全相同，所以我们认为将研究癔症得出的结论完全可以应用到梦上。

于是，我们从癔症的理论中借来了以下论点：只有当一个源于童年时期并遭受压制的潜意识愿望转移到一个正常的思维过程中时，才会受到非正常的精神处理。根据这个论点，我们才将梦的理论建立在下面这样的假设上：给梦提供驱动力的愿望都来自潜意识。虽然这个假设我们无法证明普遍有效，但是也无法反驳，所以我自己准备承认它。

为了能让大家理解我们总提到的"压抑"这个词是什么意思，这里有必要对之前建立的心理学构架进行更深入的探讨。

前面我们已经对原始精神机构的假设做了详细的研究，并假设其活动的目的就是尽可能地避免刺激的累积。所以，它是根据反射原理构造的，其行动能力可以自由支配释放的渠道。接下来我们又讨论了"满足体验"所带来的精神后果，并且在这里我们又提出了第二个假设：兴奋累积（其方式可以有很多种，不过我们不必去理会）会给我们带来痛苦的体会，为了重新获得满足的体验，精神机构会被启动，随着累计兴奋的减弱，满足的感觉就会增强。我们将精神机构内部这种从痛苦向满足的流动，称之为"愿望"。

我们还说过，只有愿望才能让这个机构运作起来，并且机构内部的兴奋过程则是通过对满足和痛苦的体验来自动调节。第一个愿望似乎是对满足记忆的幻觉性激发，如果这种幻觉不能持续到能量完全耗尽，就无法停止需要，也就是说无法实现因满足而体会到的愉快感。

所以，我们有必要提出第二种活动，即第二个系统的活动。第二个活动不让回忆潜能进入知觉范围，并对精神力量加以束缚。在第二个活动中，梦将源自需求刺激的兴奋引入一条曲折的道路，最终通过自主行动去控制外部的世界，从而让个体能够真切地体会到那个可以实现的满足对象。我们对精神机构框架的解释说明就到此而止。

✎ 压抑的本质

为了能让行动能力去合理改变外部世界，我们需要在回忆系统内积累海量的经验，并且让这些不同的目的性观念在这种回忆材料中产生大量的永久性联想。

第二个系统的活动是探索式地前进，交互地发出或收回潜能。一方面，这种活动需要自由地支配全部的回忆材料；另一方面，如果它毫无目的地向不同的思想通道发出潜能，那么将降低改变外部世界的潜能，从而造成不必要的能量浪费。

所以，我认为合理的假设应该是这样的：第二个系统让其大部分的能量都处于静止状态，只让很少一部分的能量用到移植作用上。对于这个过程的运行机制我还不太了解，如果有人想要研究的话，我想从物理学的角度出发找到一些类比，可能会开辟出一条新的途径来。

我持有的观点是：第一个系统的活动目标是让那些兴奋的能量能够自由地流出，第二个系统则是借助自己所发出的潜能来阻止能量的自由流出，并将其转化成静止的潜能，进而提升其能量水平。

所以，我假设第二个系统控制兴奋释放的机制，跟第一个系统的控制机制完全不同。第二个系统结束自己的实验性思维活动以后，就会解除抑制作用，解除对兴奋的束缚，将它们释放从而产生运动。

如果我们研究第二个系统中，释放所施加的压制与痛苦原则的产生的调控作用二者之间的关系，我们就会得到一些有趣的推想。

我们还是先来看看满足这些基本体验的对立物——对外部的恐惧体验。假设，原始的精神机构受到某个知觉的刺激，并成为痛苦的来源，接着便会导致一系列失调的运动表现，直到其中某种运动使得这个机构可以离开知觉，并同时也能摆脱痛苦体验为止。如果知觉再次出现，那么这种过程也就会重现，直到知觉再一次消失才结束。如果是这样的话，机构就不会倾向于到底是用幻觉还是别的方式来唤醒对痛苦的知觉了。

不过，在原始机构中会有这样的倾向，随时将唤起的痛苦回忆图像予以删除，因为一旦兴奋的能量流入知觉，就会产生痛苦的感觉。这种对记忆的回避，事实上就是重复了对当初知觉的回避。在成人正常的精神生活中，这种对痛苦的回避，也就是鸵鸟政策还是很常见的。

根据痛苦原则，除了愿望以外，其他所有不愉快的事都被第一个系统隔离在思维大门之外。这个系统除了愿望什么都不做，如果一直保持这种状态的话，那么就会阻碍第二个系统的思维活动了，因为第二个系统需要能够自由运用经验的回忆。

这样，就出现了两种可能性：一种是第二个系统根本不顾忌回忆所带来的不愉快感受，完全不受痛苦原则的束缚，继续走自己的路。另一种就是，第二个系统找到可以避开痛苦的方法，懂得让不愉快的回忆得以展开，还能避免释放不愉快的感受。

对于第一种可能，我们完全可以排除掉，因为痛苦原则在第二个系统跟第一个系统中一样，起着调节兴奋过程的作用。现在只剩下第二种可能了，即第二个系统在促成某个回忆时，也会通过抑制其释放的方式，让痛苦发展的方向受到压抑。

所以，我们从两方面出发，即痛苦原则和上面提到的能量消耗最小原则，最后我们得出一个同样的结论：第二个系统在发出潜能的同时也会抑制兴奋的释放。我们必须牢记这一点，因为它关系到我们能否了解压抑理论：只有能够将某个观念释放的不愉快感受抑制住时，第二个系统才能将潜能倾注在这个观念上。对于那些逃避这种抑制作用的观念，痛苦原则会立即将它们剔除，所以它们根本无法接近第二个系统和第一个系统。不过对痛苦的抑制不需要非常彻底，因为只有在痛苦产生以后，第二个系统才能知晓这个回忆的性质，并确认它是否适合此时思维所追求的目标。

我把第一个系统内的精神过程称为原发过程，把第二个系统进行抑制的所引起的精神过程称为继发过程。

我之所以将发生在精神机构内部的一个精神过程叫原发过程，除其重要性和有效性外，我还想借助这个名字来反映这个过程在时间上的先后顺序。虽然，没有哪个精神机构只有原发过程，所谓的原发过程只是一个虚构的理论，不过下面的情况却是事实：最初存在于精神机构的是原发过程，继发过程只在生命的发展过程中才逐渐形成，然后将原发过程抑制、覆盖。可能到了壮年之后，继发过程才能完全支配原发过程。

由于继发过程出现得比较晚，我们的生命核心要素，包括各种潜意识的愿望冲动，才能不被前意识支配和抑制，而前意识的作用也只局限于将潜意识的愿望冲动引导向最便捷的路径。然后，这些潜意识冲动就对前意识的所有精神倾向施加压力，这些精神倾向或者屈服于压力，或者努力将压力支开并将它们引到更高级的目标。此外，因为继发过程出现得晚，还会让大部分记忆材料得不到来自前意识的潜能。

那些产生于幼年时期，不能被毁和压制的愿望冲动，有些愿望的满足跟继发性思维持有的目标观念相冲突，于是这些愿望满足就会带来痛苦的感情，正是这种感情的转变才构成了"压抑"的本质。

对于这种压抑作用是怎样转变的？它的动机力量又来源于哪里？在这里我们只会稍微涉及一下。我们只需要知道在发展过程中确实出现了这种转变（只要想想幼年时期，我们并没有什么厌恶感，后来什么时候开始有这样的厌恶感就好了），以及这种转变与继发系统之间的关系就好了。

我们知道，潜意识愿望想要实现情感的释放，必须借助回忆的力量，而这些回忆又是永远也不能接近于前意识的，最后的结果就是这些依附于回忆的情感释放也就不会受到抑制了。正是因为这种原因，这些回忆观念就是把自身全部的愿望力量都转移给前意识思想，前意识也还是接收不到。

此外，因为痛苦原则掌握大权，它会使前意识远离这些移情思想，于是，这些移情思想就会遭到无情的抛弃，也就是被抑制了。因此，那些大量的从一开始就被前意识排斥而储存起来的童年回忆，就成了压抑形成的必要条件。

理想情况下，前意识中的移情思想没有潜能后，痛苦情感也就结束了，这说明痛苦原则的干预还是适当的。不过，如果是器质性对压抑的潜意识愿望进行了强化，然后再将其转移给移情思想，那么情况就会有所不同了。这时，即便没有潜意识的帮助，这些移情思想也能带着自身的兴奋冲出重围。接着便是一种防御性大战，前意识对压制思想的反抗增强了，于是，这些作为潜意识愿望工具的移情作用，通过生成症状，从而获得了某种形式的妥协，得以突破重围。

从这时开始，那些被压抑的思想在获得潜意识愿望冲动潜能后能量得到了增强，不过还是遭到了前意识潜能的抛弃，所以只能受到原发性精神过程的支配，其目标之一就是求得运动的释放，当然如果道路通畅，它们还会通过幻觉的方式复活愿望的知觉同一性。由经验，我们知道那些不合理过程只出现在被压抑的思想中。而这些不合理的过程就是精神机构内部的原发过程。

那些不合理过程的产生是因为，当有些观念遭到前意识潜能的抛弃，不被理会，并且还能从潜意识中取得不受压抑的能量时，就会寻求能量的释放，于是这些不合理的过程就产生了。这个观点也得到其他观察结果的证实：这些不合理的过程事实上并不是对正常过程的歪曲，也不是思维逻辑的错误，而是某些从压抑状态中解脱出来的精神机构的某些运作方式而已。

精神性神经症理论有一个很肯定的主张：只有孩童时期的性冲动，才能为每一种精神神经症症状的形成提供驱动力。这些性欲冲动在童年时期会受到压制（情感的转变），不过在随后的成长阶段又得以复活。

我们只有将这种性的力量引入进来，才能将压抑理论中明显的缺陷补上。至于梦的理论是否同样也一样需要这种性和童年的因素，这里就不做讨论了。

不过，不管怎样，梦绝不是一种病态现象，它既不会对精神平衡造成困扰，也不会对精神的工作效率造成降低。可能反对者会说，不能从我或那些神经症患者的梦去推论健康人的梦，但是我觉得这样的反对意见根本不成立。

因为，如果我们从现象追溯到它的驱动力，那么我们肯定会看到：神经症所应用的那套精神机制，并不是在神经世界受到病变后才创造的，而是早就存在于神经机构的正常结构中了。

这两种精神系统，两个系统之间的审查作用，不同活动间的压制和覆盖，以及二者和意识的关系等，这些都构成了我们精神机构的一个正常结构的组成部分，而梦正好给我们提供了一条去了解这种结构的途径。

即使我们只是保守地从那些已知的、正确知识出发，我们仍然可以说：梦已经向我们证明，无论是对正常人还是对精神患者来说，那些受压制的材料同样都是存在的，并且都能保存其精神的功能。梦本身就是这种被抑制材料的一种表现。从理论上来说，每个梦都是如此；从实际经验来说，大多数梦都是如此，那些具有明显特征的梦例更是如此。

在清醒的时候，因为彼此对立态度让这些被压抑的材料无法得到表达，通往内部知觉的道路也被切断了，所以被抑制的材料无法进入意识。只有到了夜间，因为妥协结构的支配地位，才能让这些被压制的材料找到强行进入意识的方法和手段。

"如果我不能打破上天，那么我就要搅动地狱！"

对梦的解释，依然是理解潜意识活动的一条康庄大道。

第六节　潜意识和意识——现实

潜意识的地位

通过前几节对心理学的讨论，我们可以做出以下假设：存在于精神机构运动端附近的不是两个系统，而是有两种兴奋的过程或释放形式。不过，这对我们来说并没什么太大的差别，因为当我们发现有更接近未知真理的理论框架时，对于之前不完善的框架我们随时都会放弃，现在让我们将之前可能会引起误会的某些观点修正一下。

比如我们只从字面把两个系统看作精神机构上面的两个位置，那么"压抑"和"强行进入"就会引起人们的误解。当我们说某个潜意识思想努力进入前意识，然后在强行进入意识时，我们要说的并不是这个潜意识思想会在一个新的地方形成第二个思想，就像原件和复印件可以并存那样，并且那个进入意识的思想指的也不是位置的变化。

同样的道理，当我们说某一个前意识思想遭到压抑，或者被潜意识所替代，这样的表达让我们很容易联想到争夺地盘上面，这就会让我们错误地以为某个精神位置处被另外一个精神结构取代了。

所以，我们要摒弃这种让人产生误解的表达，采用另外一种更加符合真实情况的东西来比喻：潜在能量有时可以被转移到某个特定的集合结构上，有时也可以从集合结构上撤回，进而使得这个集合结构受到某特殊动因的支配，或是脱离这个动因的支配。

这里，我们再一次用一种动力学的观念来代替了之前地形学的观点。我们认为的灵活性指的不再是精神结构本身，而是它的神经分布。

不过，尽管如此，我觉得使用两个系统来比喻还是很方便和合理的，只是在使用时我们要尽量避免滥用这种表现方法就行：比如我们不要将某些观念、思想、精神结构等视为神经系统内的有机元素，而是将它们视为因阻抗、联想等处理生成的关联物。还有，所有能成为内部知觉的对象都是虚构的，它们就像望远镜中形成的图像一样。

不过，我们认为有系统（本身并非精神的，并且也不能被我们的精神知觉所感知）存在是合理的。如果我们将这两个系统看作望远镜形成影像的透镜类的东西，也是适当的。如果采用这样的比喻，那么两个系统之间的审查作用就像光线从一种介质进入另一种介质所发生的折射现象。

任何有意识的事物都有一个潜意识的初始阶段，可能潜意识会止步于这个阶段，不过却具有整个精神过程的全部价值。潜意识是真正的精神现实，不过我们对它内在本质的了解就像对外部现实世界一样少得可怜。并且，我们用意识提供给我们的资料去表现潜意识也是不完备的，这就像我们用自己的感觉器官去观察到的外部世界一样片面。

因为我们确定了潜意识的地位，所以意识与梦之间的长久以来的对立关系已经消失，那些之前研究者所重点关注的很多关于梦的问题也就失去了意义。对于梦中出现的很多让人惊讶的活动，现在也不再认为是梦中的产物，而是来源于白天的潜意识思维。正如施尔纳所说，梦似乎不断地生成身体的象征性表达。

现在我们应该知道，这些表象是某些特定潜意识想象的产物（可能源自性冲动），它们不仅出现在梦中，而且在癔症性恐惧症或其他症状中也存在。如果梦延续了白天的活动，并且进行了一些伪装，还加上了一些有价值的新观点，那么我们所要做的就是去掉梦的伪装。因为这种伪装是梦的工作的产物，也是心灵深处隐秘力量进行援助的标志。梦中的智慧成就跟白天所产生的结果一样，都是由同一种精神力量实现的。

对于梦的历史性意义，我觉得没有必要用一个独立的主题去研究。可能会出现某个人因为一个梦而开辟了一番宏伟的事业，进而改变了历史，不过这也是那个人将梦当作一种神秘的力量才会发生。只要我们把梦看作一种冲动的表现形式，就不会出现这种问题了。

古人之所以会那样敬畏梦，其实是因为一种正确的心理预见，是对人类心灵世界中那些不可控制、无法摧毁力量的敬畏。那种神秘的力量产生了梦的愿望，并且在我们的潜意识中还混进了对那"魔鬼"力量的敬畏。

上面所提到的"我们的"潜意识是有特殊用意的。因为我这里的潜意识跟哲学家所描述的潜意识不同，跟利普斯的潜意识也不同。他们认为潜意识就是意识的对立面，他们认为除了意识，还存在潜意识的精神过程。利普斯则进一步主张，精神的全部内容都存在于潜意识中，而其中一部分也有意识地存在着。

不过，我们讨论梦的现象以及癔症的现象并不是为了证明这个问题的，因为我们只要观察一下清醒时的生活就足以证明了。

通过对一些精神病原理学结构，尤其是对其首要成员——梦的解析，我们能得出一个新的发现：潜意识（即精神现象）是两种独立系统功能的组合，不管是对正常人，还是对病态的人都是一样的。所以，人们是存在两种潜意识的，不过到目前为止，心理学家还没有将它们区分开来。

从心理学角度来看，两者都属于潜意识，不过我们把其中一种不能进入意识层的叫作潜意识；而把另一种可以进入意识层的叫前意识，因为它的兴奋满足了一定的规则，或者经受了新的审查作用的考核。

近几年，我们经常会在一些精神性神经症文献中看到"超意识"与"下意识"，我们要注意它们之间的区别，因为它们正好强调了精神与意识之间的等同性。

有一些哲学家认为，即便没有意识的合作，也会生成一些理性的、极其复杂的思想结构。这让他们在对意识的功能的认识上陷入困境之中，因为在他们看来意识好像是个多余的精神过程。不过，我们却通过意识系统和知觉系统间的类比摆脱了这个困境。

🐾 梦境与癔症思维

我们知道，感官发挥知觉作用的结果就是将注意力的潜能，引导到感觉兴奋的输入途径上，也就是知觉系统中不同性质的兴奋都起着调节器的作用，调解精神机构兴奋流的运动量。我们也可以认为，意识系统上面的感官也有着同样的功能。当感知到新的性质时，就会产生一种新的作用，然后控制运动潜能并将其合理分配。通过对快乐和痛苦的感知，它可以对精神机构内部潜能的流动施加影响。

因为意识的感觉器官对兴奋流运动量的调节作用，从而导致了潜能过剩的情况。从目的论来说，这种潜能过剩创造出一种新的性质，开辟了一种新的调节过程，从而构成了人类高于其他动物的优越性。

其实，思想过程除了伴有快乐和不快乐的兴奋刺激，根本不具备任何性质，不过因为它们有可能打扰思维过程，所以才会受到限制。为了让思维过程具有某种性质，于是就跟人的词语记忆联结在一起，从性质上讲，这些性质的剩余足以吸引意识的注意，从而让思维过程从意识那里获得一种崭新的运动潜能。

通过对癔症思维过程的剖析，我们发现了意识问题的多样性，由此我们得出的印象就是：潜能由前意识转移到意识时，也要经受像潜意识与前意识之间的那种审查作用。这种审查作用也只会在能量达到某个临界值时才会开启，所以只有强度低一些的思想结构才不会受到审查。

我们还是用一个例子来说明，思想是怎样逃脱意识的，或者在什么条件思想才能进入意识层。下面，我将用一个这样的例子来结束有关心理学研究的探讨。

去年，我受邀对一位看上去聪明自信的女孩会诊。通常，女人会对自己的衣着的每一个细节都会很讲究，但是那个女孩的着装却很奇怪：她穿了一双长筒袜，但是有一只却垂了下来；罩衫上面也有两颗扣子没扣。她跟我抱怨说她腿疼，我还没说什么她就主动露出自己的小腿。用她的话说，就是感觉体内好像有什么东西"刺进全身"，并且"时进时出"，还不停地"摇动着"，让她全身颤动，有时她会感到全身都"僵住了"。

当时，跟我一起会诊的另一位同事会意地看着我，显然已经明白这个女孩诉说的意思了。不过让我意外的却是，女孩的母亲好像对女儿所描述的情况毫无反应，她肯定已经经历过了啊。这个女孩肯定还不知道自己话中的意思，否则她就不会这样说了。

在这个例子中，因为审查作用受到了蒙骗，让一个本应该保留在前意识中的幻想通过伪装得以进入意识。

我认为对梦的研究有助于积累心理学方面的知识，并且加强对精神性神经症的理解。虽然，根据目前所掌握的知识，已经可以用来治疗一些精神性神经症，并取得不错的治疗成果，但是谁又能猜得出，当我们彻底认识到精神机构的结构和功能后，又将产生多大意义呢？

我听到有人提问道：梦的研究对了解自己的心灵，或发现自己隐藏的性格特质到底有什么实际的价值呢？梦中所显示出来的潜意识冲动，难道在心理生活中具有真实力量的意义吗？我们是否可以轻视那些被压抑愿望中的道德？这些愿望今天创造了梦，那么将来会创造出别的东西吗？

对于这些问题，我还不能准确地回答，因为对于梦这方面的问题我还没来得及做进一步的思考。不过我认为，罗马皇帝因为梦到一个臣子要谋杀自己就将其刺死，是错误的。他首先应该弄明白这个梦的意义，可能这个梦的意义跟它的内容完全是两码事。或者内容完全不同的梦，实际却是弑君的含义呢。我们真该想想柏拉图的一句名言："恶人亲往犯法，而止于梦者便为善人。"所以，我觉得梦中的罪恶应该被赦免。对于我们是否要将潜意识愿望变成现实，这个我也不知道。不过，所有过渡的、中间的思想都不应该被认为是现实。

如果潜意识愿望是以其最原始、最真实的形象出现在我们梦中的话，那么我们肯定会果断地判定：精神现实也是一种特殊形态的存在，根本不能与现实混为一谈。所以，我们大可不必为梦中的不道德行为是否接受惩罚而苦恼。

如果我们想要判断一个人的性格，那么从他的行动和有意识表现出来的观点就足够了，完全没有必要通过梦去判断。因为很多强行进入意识的冲动，在变成行动之前都被心灵世界中的真正力量给消除了。

不管怎样，了解一下我们值得骄傲的美德赖以生存的地方还是有好处的。人类的性格是复杂多变的，并且还受到各方面因素的牵扯，已经很难像古老道德那样非此即彼了。

梦是否能预知我们的未来呢？当然不能。因为梦的来源总是过去，如果说梦给我们传递了过去的知识，反而会比较真实一些。不过，古人相信梦可以预测未来也不是没有一点道理，因为表示愿望满足的梦总会把我们引到未来。只是，这个未来（梦者的现在）却是根据梦者的愿望为原型塑造的，最后通过长久的奋斗终于变成了现实。